de-Jahrbuch 2020 · Elektrotechnik für Handwerk und Industrie

de-Jahrbuch 2020

Elektrotechnik für Handwerk und Industrie

Herausgegeben von *Peter Behrends* und *Sven Bonhagen*

Hüthig · München/Heidelberg

Bibliografische Information der Deutschen Nationalbibliothek
Die Deutsche Nationalbibliothek verzeichnet diese Publikation in der Deutschen Nationalbibliografie; detaillierte bibliografische Daten sind im Internet über https://portal.dnb.de/ abrufbar.

Möchten Sie Ihre Meinung zu diesem Buch abgeben?
Dann schicken Sie eine E-Mail an das Lektorat
im Hüthig Verlag:
buchservice@huethig.de
Autoren und Verlag freuen sich über Ihre Rückmeldung.

ISSN 1438-8707
ISBN 978-3-8101-0485-4

Printed in Germany
Titelbild, Layout, Satz: schwesinger, galeo:design
Titelfoto: Fond: © shutterstock_ 51912619, sollia
Schaltung: © shutterstock_ 51912619, sollia
Zangenmessgerät F205 der Firma Chauvin Arnoux
Druck- und Bindearbeiten: Westermann Druck Zwickau GmbH

Immer schneller

Die letzten Jahre waren von vielen Schlagwörtern wie Elektromobilität, Internet der Dinge (IOT), Industrie 4.0 geprägt. Oftmals werden diese anfänglich leeren Worthülsen von Politikern und Visionären zuerst genannt. Dann obliegt es den Herstellern, Planern, Errichtern und Anwendern diese Schlagworte in die alltägliche Praxis zu überführen.

Hierbei ist festzustellen, dass die Zyklen immer kürzer werden und die Entwicklungsprozesse immer schneller sein müssen. Wir, die Herausgeber dieses Jahrbuches, empfinden, dass sich der Technologiewandel sehr schnell vollzieht und immer vielfältiger wird.

Umso schwieriger ist es, bei immer knapper werdender Personalressource, mit diesen hierfür notwendigen großen Schritten zu folgen.

Nicht immer lassen sich Entwicklungen und Trends auch genau bestimmen. Nur Merkels Aussage *„bis 2020 eine Million Elektroautos auf deutschen Straßen"* haben zu wollen, reicht nicht. Hier sind Forschungseinrichtungen, Hersteller, Errichter und vor allem Käufer gefragt, dieses Ziel umzusetzen. Doch müssen wir feststellen, dass das reine Formulieren von Wünschen nicht ausreicht. Es müssen Entwicklungen vorangetrieben, politische Weichen gestellt und ein allgemeines Interesse geweckt werden, damit derartige Pläne aufgehen.

Wir bewegen uns in einer spannenden Zeit. Der Elektromaschinenbau und die Energie- und Informationstechnik sind die bestimmenden Größen unseres heutigen Handelns.

Sie als Planer, Berater, Installateure oder Instandhalter/-setzer im Bereich der Elektrotechnik und des Elektromaschinenbaus sind ständig mit neuen Technologien, erhöhtem Wettbewerbsdruck und steigenden Umwelt- und Sicherheitsauflagen konfrontiert.

Wir möchten Ihnen helfen, einen guten Überblick über Trends, Entwicklungen und normative Vorgaben zu erhalten. Außerdem geht es darum, aus der Flut der Informationen die wichtigen herauszufiltern und die richtigen Schlüsse daraus zu ziehen.

Mit dem Jahrbuch 2020 möchten wir Ihnen wieder neue Perspektiven und Anregungen für die alltäglichen Aufgaben geben und wünschen beruflich und im Privaten viel Erfolg.

Viel Spaß beim Lesen!

Peter Behrends, Sven Bonhagen
Herausgeber

Dipl.-Ing. Peter Behrends hat das Handwerk des Elektromaschinenbauers von der Pike auf gelernt. Nach dem Studium der Elektrotechnik/Energietechnik startete er seine Berufstätigkeit zunächst bei der AEG. Heute arbeitet er als Dozent am Bundestechnologiezentrum für Elektro- und Informationstechnik e.V. in Oldenburg in Präsenz. Zu seinen Aufgaben gehört die Wissensvermittlung rund um die elektrische Maschine und die redaktionelle Bearbeitung der Zeitschrift *ema.*

Des Weiteren wirkte er an mehreren Fachbüchern für die Meisterausbildung und Ausbildungsmedien für die Erst- und Aufstiegsfortbildung mit.

Sven Bonhagen ist Elektrotechnikermeister, Betriebswirt und Fachplaner für Elektro- und Informationstechnik.

Heute ist er Inhaber des Sachverständigenbüros – elektro-Xpert. Das Unternehmen befasst sich mit allen Fragen rund um Elektrotechnik, Photovoltaik, Blitz- und Überspannungsschutz sowie Arbeitsschutz.

Er gilt als erfahrener Experte in diesen Bereichen und ist von der Handwerkskammer Oldenburg öffentlich bestellter und vereidigter Sachverständiger.

Für die Versicherungswirtschaft ist er anerkannter VdS-Sachverständiger zum Prüfen elektrischer Anlagen und VdS-Sachverständiger für Photovoltaikanlagen.

Darüber hinaus ist er VDE/ABB geprüfte Blitzschutzfachkraft und Blitzschutzfachkraft für Anlagen mit explosionsgefährdeten Bereichen. In diesem Bereich verfügt er über umfassende Kenntnisse aus Theorie und Praxis.

Die hohe Praxiserfahrung und das Fachwissen wird in zahlreichen Seminaren im gesamten Bundesgebiet weitergegeben.

Inhaltsverzeichnis

Inhaltsübersicht de-Jahrbuch 2020 Elektromaschinen und Antriebe

- Wichtige Vorschriften, Regeln, Normen und Gesetze,
- Rotierende elektrische Maschinen,
- Komponenten,
- Explosionsschutz,
- Antriebstechnik,
- Schaltanlagen und Verteiler,
- Steuerungs- und Automatisierungstechnik,
- Formeln und Gleichungen,
- Schaltzeichen.

Mehr Infos unter
www.elektro.net/shop

Herausgegeben von *Peter Behrends*
2019 (50. Jahrgang).
336 Seiten.
EUR 29,80, Abopreis EUR 24,80 (D).
ISBN Printausgabe 978-3-8101-0487-8
ISBN E-Book 978-3-8101-0488-5

Inhaltsübersicht de-Jahrbuch 2020 Lichttechnik

- Wichtige Vorschriften, Regeln, Normen und Gesetze,
- Lichtplanung,
- Smart Lighting,
- Smart Building,
- Not- und Sicherheitsbeleuchtung,
- Licht in der Praxis,
- Messen und Veranstaltungen.

Mehr Infos unter
www.elektro.net/shop

Herausgegeben von *Andrea Alpers*
2019 (1. Jahrgang).
232 Seiten.
EUR 29,80, Abopreis EUR 24,80 (D).
ISBN Printausgabe 978-3-8101-0483-0
ISBN E-Book 978-3-8101-0484-7

Januar					
Mo		6	13	20	27
Di		7	14	21	28
Mi	1	8	15	22	29
Do	2	9	16	23	30
Fr	3	10	17	24	31
Sa	4	11	18	25	
So	**5**	**12**	**19**	**26**	

Februar					
Mo		3	10	17	24
Di		4	11	18	25
Mi		5	12	19	26
Do		6	13	20	27
Fr		7	14	21	28
Sa	1	8	15	22	29
So	**2**	**9**	**16**	**23**	

März						
Mo		2	9	16	23	30
Di		3	10	17	24	31
Mi		4	11	18	25	
Do		5	12	19	26	
Fr		6	13	20	27	
Sa		7	14	21	28	
So	**1**	**8**	**15**	**22**	**29**	

April					
Mo		6	13	20	27
Di		7	14	21	28
Mi	1	8	15	22	29
Do	2	9	16	23	30
Fr	3	10	17	24	
Sa	4	11	18	25	
So	**5**	**12**	**19**	**26**	

Mai					
Mo		4	11	18	25
Di		5	12	19	26
Mi		6	13	20	27
Do		7	14	21	28
Fr	1	8	15	22	29
Sa	2	9	16	23	30
So	**3**	**10**	**17**	**24**	**31**

Juni					
Mo	1	8	15	22	29
Di	2	9	16	23	30
Mi	3	10	17	24	
Do	4	11	18	25	
Fr	5	12	19	26	
Sa	6	13	20	27	
So	**7**	**14**	**21**	**28**	

Juli					
Mo		6	13	20	27
Di		7	14	21	28
Mi	1	8	15	22	29
Do	2	9	16	23	30
Fr	3	10	17	24	31
Sa	4	11	18	25	
So	**5**	**12**	**19**	**26**	

August						
Mo		3	10	17	24	31
Di		4	11	18	25	
Mi		5	12	19	26	
Do		6	13	20	27	
Fr		7	14	21	28	
Sa	1	8	15	22	29	
So	**2**	**9**	**16**	**23**	**30**	

September					
Mo		7	14	21	28
Di	1	8	15	22	29
Mi	2	9	16	23	30
Do	3	10	17	24	
Fr	4	11	18	25	
Sa	5	12	19	26	
So	**6**	**13**	**20**	**27**	

Oktober					
Mo		5	12	19	26
Di		6	13	20	27
Mi		7	14	21	28
Do	1	8	15	22	29
Fr	2	9	16	23	30
Sa	3	10	17	24	31
So	**4**	**11**	**18**	**25**	

November						
Mo		2	9	16	23	30
Di		3	10	17	24	
Mi		4	11	18	25	
Do		5	12	19	26	
Fr		6	13	20	27	
Sa		7	14	21	28	
So	**1**	**8**	**15**	**22**	**29**	

Dezember					
Mo		7	14	21	28
Di	1	8	15	22	29
Mi	2	9	16	23	30
Do	3	10	17	24	31
Fr	4	11	18	25	
Sa	5	12	19	26	
So	**6**	**13**	**20**	**27**	

Karfreitag 10. April · Ostern 12./13. April · Maifeiertag 1. Mai
Christi Himmelfahrt 21. Mai · Pfingsten 31.Mai./1. Juni
Fronleichnam 11. Juni · Tag der Deutschen Einheit 3. Oktober

Januar

Mo		4	11	18	25
Di		5	12	19	26
Mi		6	13	20	27
Do		7	14	21	28
Fr	1	8	15	22	29
Sa	2	9	16	23	30
So	**3**	**10**	**17**	**24**	**31**

Februar

Mo	1	8	15	22
Di	2	9	16	23
Mi	3	10	17	24
Do	4	11	18	25
Fr	5	12	19	26
Sa	6	13	20	27
So	**7**	**14**	**21**	**28**

März

Mo	1	8	15	22	29
Di	2	9	16	23	30
Mi	3	10	17	24	31
Do	4	11	18	25	
Fr	5	12	19	26	
Sa	6	13	20	27	
So	**7**	**14**	**21**	**28**	

April

Mo		5	12	19	26
Di		6	13	20	27
Mi		7	14	21	28
Do	1	8	15	22	29
Fr	2	9	16	23	30
Sa	3	10	17	24	
So	**4**	**11**	**18**	**25**	

Mai

Mo		3	10	17	24	31
Di		4	11	18	25	
Mi		5	12	19	26	
Do		6	13	20	27	
Fr		7	14	21	28	
Sa	1	8	15	22	29	
So	**2**	**9**	**16**	**23**	**30**	

Juni

Mo		7	14	21	28
Di	1	8	15	22	29
Mi	2	9	16	23	30
Do	3	10	17	24	
Fr	4	11	18	25	
Sa	5	12	19	26	
So	**6**	**13**	**20**	**27**	

Juli

Mo		5	12	19	26
Di		6	13	20	27
Mi		7	14	21	28
Do	1	8	15	22	29
Fr	2	9	16	23	30
Sa	3	10	17	24	31
So	**4**	**11**	**18**	**25**	

August

Mo		2	9	16	23	30
Di		3	10	17	24	31
Mi		4	11	18	25	
Do		5	12	19	26	
Fr		6	13	20	27	
Sa		7	14	21	28	
So	**1**	**8**	**15**	**22**	**29**	

September

Mo		6	13	20	27
Di		7	14	21	28
Mi	1	8	15	22	29
Do	2	9	16	23	30
Fr	3	10	17	24	
Sa	4	11	18	25	
So	**5**	**12**	**19**	**26**	

Oktober

Mo		4	11	18	25
Di		5	12	19	26
Mi		6	13	20	27
Do		7	14	21	28
Fr	1	8	15	22	29
Sa	2	9	16	23	30
So	**3**	**10**	**17**	**24**	**31**

November

Mo	1	8	15	22	29
Di	2	9	16	23	30
Mi	3	10	17	24	
Do	4	11	18	25	
Fr	5	12	19	26	
Sa	6	13	20	27	
So	**7**	**14**	**21**	**28**	

Dezember

Mo		6	13	20	27
Di		7	14	21	28
Mi	1	8	15	22	29
Do	2	9	16	23	30
Fr	3	10	17	24	31
Sa	4	11	18	25	
So	**5**	**12**	**19**	**26**	

Karfreitag 2. April · Ostern 4./5. April · Maifeiertag 1. Mai
Christi Himmelfahrt 13. Mai · Pfingsten 23./24. Mai
Fronleichnam 3. Juni · Tag der Deutschen Einheit 3. Oktober

© galeo

Überblick über wesentliche, geänderte bzw. neu erschienene Regelwerke des Arbeitsschutzes und der Betriebssicherheit

Bezeichnung	Titel	Kurzinformation	Ausgabe-datum	Ersatz für
ASR A 5.2	Technische Regeln für Arbeitsstätten – Anforderungen an Arbeitsplätze und Verkehrswege auf Baustellen im Grenzbereich zum Straßenverkehr – Straßenbaustellen	Diese ASR gilt für das Einrichten, Betreiben und den Abbau von Arbeitsplätzen und Verkehrswegen auf Baustellen im Grenzbereich zum Straßenverkehr, bei denen durch den fließenden Verkehr Gefährdungen für die Beschäftigten entstehen können. Sie findet auch Anwendung für die dazugehörenden Verkehrssicherungsarbeiten. Sie unterstützt bei der Ermittlung und Beurteilung dieser Gefährdungen sowie bei der Planung und Umsetzung von Schutzmaßnahmen zur Gestaltung sicherer Arbeitsplätze und Verkehrswege auf Baustellen im Grenzbereich zum Straßenverkehr.	2018-11	Neu-ausgabe
DGUV Grundsatz 313-003	Grundanforderungen an spezifische Fortbildungsmaßnahmen als Bestandteil der Fachkunde zur Durchführung der Gefährdungsbeurteilung bei Tätigkeiten mit Gefahrstoffen	Dieser Grundsatz beschreibt die Grundanforderungen an spezifische Fortbildungsmaßnahmen als Bestandteil der „Fachkunde zur Durchführung der Gefährdungsbeurteilung bei Tätigkeiten mit Gefahrstoffen". Dieser Grundsatz gilt nicht für den Erwerb der Fachkunde zur Durchführung von Gefahrstoffmessungen am Arbeitsplatz.	2018-11	Neu-ausgabe
DGUV Information 202-051	Feueralarm in der Schule	Dieses Dokument will allen Lehrkräften, die mit ihren Schülerinnen und Schülern über richtiges Verhalten im Alarmfall sprechen, Hinweise und Ratschläge geben. Daneben will sie Schulleiterinnen und Schulleitern, Vertreterinnen und Vertretern des Schulträgers, Sicherheitsbeauftragten und Feuerwehrangehörigen eine Unterstützung bei der Umsetzung der bestehenden Anforderungen geben.	2019-01	DGUV Information 202-051 (2017-10)
DGUV Information 203-019	Arbeiten an Fahrleitungsanlagen	Arbeiten an und im Bereich von Fahrleitungsanlagen sind mit einer Vielzahl von Gefahren verbunden. So können neben den Gefahren, die vom elektrischen Strom ausgehen, Gefahren durch den Bahnbetrieb, durch Verkehrsbetrieb und den Individualverkehr, Gefährdung durch Absturz, aber auch durch Gefahrstoffe vorliegen.	2018-11	BGI 769 (2000-05)
DGUV Information 207-027	Neu- und Umbauplanung im Krankenhaus unter Gesichtspunkten des Arbeitsschutzes – Anforderungen an Pflegebereiche	Neu- und Umbauten von Krankenhäusern stellen besondere Herausforderungen an die am Bau beteiligten Personen. Für unterschiedliche Zwecke müssen die Krankenhäuser so gestaltet werden, dass sie den Patientinnen und Patienten ebenso wie den Beschäftigten und den Besuchenden gerecht werden.	2019-01	Neu-ausgabe

Teil 1/4

Bezeichnung	**Titel**	**Kurzinformation**	**Ausgabe-datum**	**Ersatz für**
DGUV Information 208-026, BGI 5043	Sicherheit von kraftbetätigten Karusselltüren	Diese Information beschäftigt sich ausschließlich mit kraftbetätigten Karusselltüren, deren Bewegung automatisch oder manuell eingeleitet werden kann. Im Anschluss finden Sie die Bedingungen für deren sicheren Betrieb. Neben den Sicherheitsanforderungen enthält sie Informationen, die Betreiber bei der Planung, im Austausch mit Fachleuten und im Betrieb unterstützen sollen.	2019-03	BGI 5043 (2006-09)
DGUV Information 209-092	Risikobeurteilung von Maschinen und Anlagen – Maßnahmen gegen Manipulation von Schutzeinrichtungen – Ein Leitfaden für Hersteller, Konstrukteurinnen und Konstrukteure	Diese DGUV Information richtet sich an Hersteller, Konstrukteurinnen und Konstrukteure von Maschinen und Anlagen. Sie hilft zu prüfen, ob die angewandten technischen und organisatorischen Gestaltungsgrundsätze ausreichen, die Manipulation von Schutzeinrichtungen zu verhindern. Dieses Papier beschreibt keine konkreten technischen Lösungen zur Konstruktion von Maschinen.	2019-04	Neuausgabe
DGUV Information 213-013, BGI 753	SF_6-Anlagen und -Betriebsmittel	Diese DGUV Information findet Anwendung auf die Herstellung, den bestimmungsgemäßen Betrieb, die Wartung und Instandhaltung, die Außerbetriebnahme sowie Demontage SF_6-isolierter elektrischer Anlagen und Betriebsmittel, die Schwefelhexafluorid (SF_6) enthalten.	2019-01	BGI 753 (2008-05)
DGUV Information 213-725	Manuelles Kolbenlöten mit bleifreien Lotlegierungen in der Elektro- und Elektronikindustrie – Empfehlungen Gefährdungsermittlung der Unfallversicherungsträger (EGU) nach der Gefahrstoffverordnung – Verfahrens- und stoffspezifisches Kriterium (VSK) nach der TRGS 420	Dieses Dokument findet Anwendung für bestimmte Weichlötarbeiten mit bleifreien Lotlegierungen mit elektrisch beheizten Lötkolben an elektrischen und elektronischen Baugruppen oder deren Einzelkomponenten. Es handelt sich dabei um das Fugenlöten punktförmiger Lötstellen mit bleifreien Lotlegierungen an Arbeitsplätzen, die der Herstellung oder Reparatur dienen.	2018-11	BGI/GUV-I 790-025 (2012-01)
DGUV Information 213-731	Vergießen elektronischer Bauteile mit Vergussmassen, die Methylendiphenyldiisocyanat (MDI) enthalten – Empfehlungen Gefährdungsermittlung der Unfallversicherungsträger (EGU) nach der Gefahrstoffverordnung	Dieses Dokument gibt dem Betrieb praxisgerechte Hinweise, wie sichergestellt werden kann, dass Arbeitsplatzgrenzwerte und andere Beurteilungsmaßstäbe eingehalten werden oder anderweitig davon ausgegangen werden kann, dass ein Stand der Technik erreicht ist.	2018-12	Neuausgabe

Teil 2/4

Bezeichnung	Titel	Kurzinformation	Ausgabe-datum	Ersatz für
DGUV Information 213-732	Quecksilberexpositionen bei der Sammlung von Leuchtmitteln – Empfehlungen Gefährdungsermittlung der Unfallversicherungsträger (EGU) nach der Gefahrstoffverordnung – Verfahrens- und stoffspezifisches Kriterium (VSK) nach der TRGS 420	Dieses Dokument gibt dem Betrieb praxisgerechte Hinweise wie sichergestellt werden kann, dass die Grenzwerte für Quecksilber, wie der Arbeitsplatzgrenzwert (AGW) und Kurzzeitwert nach TRGS 900 sowie der Biologische Grenzwert (BGW) nach TRGS 903 eingehalten werden oder anderweitig davon ausgegangen werden kann, dass ein Stand der Technik erreicht ist. Werden die Verfahrensparameter sowie die Schutzmaßnahmen eingehalten, kann davon ausgegangen werden, dass das Minimierungsgebot nach §7 Abs. 4 der GefStoffV erfüllt wird.	2018-12	Neuausgabe
DGUV Information 215-220	Nichtvisuelle Wirkungen von Licht auf den Menschen	Nur mit Licht können wir sehen und Kontraste erkennen, Farben unterscheiden und Bewegung von Objekten wahrnehmen. Licht bewirkt aber noch mehr: Es beeinflusst den biologischen Rhythmus, den Schlaf, wichtige Körperfunktionen und das Wohlbefinden. Licht hat immer visuelle und nichtvisuelle Wirkungen und ist somit bedeutsam für unsere Gesundheit. Die nichtvisuellen Lichtwirkungen werden in der Literatur auch biologische Lichtwirkungen genannt.	2018-09	Neuausgabe
DGUV Regel 113-004, BGR/GUV-R 117-1	Behälter, Silos und enge Räume – Teil 1: Arbeiten in Behältern, Silos und engen Räumen	Diese Regel findet Anwendung auf Arbeiten in Behältern, Silos und engen Räumen. Es handelt sich hierbei um Bereiche, die allseits oder überwiegend von festen Wandungen umgeben sind, in denen aufgrund ihrer räumlichen Enge, von zu geringem Luftaustausch oder der in ihnen befindlichen bzw. eingebrachten Stoffe, Gemische, Verunreinigungen oder Einrichtungen besondere Gefährdungen bestehen oder entstehen können.	2019-02	BGR/GUV-R 117-1 (2013-07)
LASI LV 35	Leitlinien zur Betriebssicherheitsverordnung (BetrSichV) – Häufig gestellte Fragen und Antworten	Die Leitlinien zur Betriebssicherheitsverordnung (BetrSichV) enthalten häufig gestellte Fragen und geben entsprechende Antworten.	2018-09	LASI LV 35 (2008-08), LASI LV 35 Änderung (2011-03)
LASI LV 45	Leitlinien zur Gefahrstoffverordnung	Diese Leitsätze sollen dazu beitragen, Unterschiede in der behördlichen Vollzugspraxis zu vermeiden und den Aufsichtsbehörden eine verlässliche Grundlage für ihr Handeln in diesem konfliktreichen Aufgabenbereich zu geben. Besonders drängend sind Fragestellungen, die den einheitlichen Vollzug bei Tätigkeiten mit Asbest betreffen, insbesondere die Klarstellung, welche Tätigkeiten an Asbest als zulässig bzw. unzulässig im Sinne der Gefahrstoffverordnung einzustufen sind.	2018-10	LASI LV 45 (2012-11)

Teil 3/4

Bezeichnung	Titel	Kurzinformation	Ausgabe-datum	Ersatz für
TRBS 2121 Teil 2	Technische Regeln für Betriebssicherheit – Gefährdungen von Beschäftigten bei der Verwendung von Leitern	Diese Technische Regel gilt für die Ermittlung von Maßnahmen zum Schutz von Beschäftigten vor Gefährdungen bei der Verwendung von Leitern. Sie konkretisiert diesbezüglich die Vorgaben der Betriebssicherheitsverordnung (BetrSichV). Sie ist in Verbindung mit der TRBS 2121 „Gefährdung von Beschäftigten durch Absturz – Allgemeine Anforderungen" anzuwenden.	2018-12	TRBS 2121 Teil 2 (2010-01)
TRGS 460	Technische Regeln für Gefahrstoffe – Vorgehensweise zur Ermittlung des Standes der Technik	Diese Regel konkretisiert § 2 Absatz 15 GefStoffV: *„Stand der Technik ist der Entwicklungsstand fortschrittlicher Verfahren, Einrichtungen oder Betriebsweisen, der die praktische Eignung einer Maßnahme zum Schutz der Gesundheit und zur Sicherheit der Beschäftigten gesichert erscheinen lässt. Bei der Bestimmung des Stands der Technik sind insbesondere vergleichbare Verfahren, Einrichtungen oder Betriebsweisen heranzuziehen, die mit Erfolg in der Praxis erprobt worden sind."*	2018-07	TRGS 460 (2013-10), TRGS 460Ber (2014-01)

Teil 4/4

Überblick über wesentliche, geänderte bzw. neu erschienene VDE-Bestimmungen

Bezeichnung	Titel	Kurzinformation	Ausgabe-datum	Ersatz für
DIN CLC/TR 50600-99-1 (VDE 0801-600-99-1)	Informationstechnik – Einrichtungen und Infrastrukturen von Rechenzentren – Teil 99-1: Empfohlene Praktiken für das Energie-management	Dieser Technische Bericht enthält empfohlene Praktiken zur Verbesserung des Energiemanagements (d. h. Reduktion des Energieverbrauchs und/oder Zunahme der Energieeffizienz) von Rechenzentren. Er ist mit dem EU Code of Conduct for Data Centre Energy Efficiency abgeglichen, der vom Joint Research Centre (DG JRC) der European Commission betrieben wird. Die genannten Praktiken sind ggf. nicht allgemein auf alle Größen und Geschäfts-modelle von Rechenzentren anwendbar oder werden ggf. nicht von allen Parteien benutzt, die Rechenzentren betreiben, besitzen oder benutzen.	2018-11	DIN CLC/TR 50600-99-1: 2017-09
DIN CLC/TR 50600-99-3 (VDE 0801-600-99-3)	Informationstechnik – Einrichtungen und Infrastrukturen von Rechenzentren – Teil 99-3: Anwendungsleitfa-den für die Normenreihe EN 50600	Dieser Technische Bericht bietet zusätzliche Informationen zum Hintergrund der Anforderungen und Empfehlungen der Normenreihe EN 50600. Des Weiteren ist das Dokument eine Anleitung für die korrekte Anwendung und Auslegung dieser Normen.	2018-11	DIN CLC/TR 50600-99-3: 2018-11
DIN EN 50173-1 (VDE 0800-173-1)	Informationstechnik – Anwendungsneutrale Kommunikationskabelan-lagen – Teil 1: Allgemeine Anforderungen	Diese Norm aktualisiert DIN EN 50173-1 bezüglich des technischen Fortschritts: neue Kategorien 8.1 und 8.2 für symmetrische Kupferverkabelungskompo-nenten zur Unterstützung der neuen Übertragungsstreckenklassen I und II; Streichen der symmetrischen Kupferverka-belungskomponenten und Übertragungs-streckenklasse SRKG; Streichen des Konzepts der Übertragungsstreckenklassen mit Lichtwellenleitern; Definition der Kategorie OM5 des im Lichtwellenleiter verwendeten Kabels; Aktualisierung von Anhang F „Unterstützte Netzanwendun-gen"; strukturelle Vereinheitlichung aller Normen der Reihe; ändert diverse Unterabschnitte, Tabellen und Bilder.	2018-10	DIN EN 50173-1: 2011-09
DIN EN 50173-2 (VDE 0800-173-2)	Informationstechnik – Anwendungsneutrale Kommunikationskabel-anlagen – Teil 2: Bürobereiche	Diese Norm passt den Inhalt der Norm an den Stand der Technik an. Insbesondere werden die neuen Kategorien 8.1 und 8.2 für symmetrische Kupferverkabelungskom-ponenten zur Unterstützung der neuen Übertragungsstreckenklassen I und II eingeführt, die Struktur aller Normen der Reihe ist vereinheitlicht und diverse Unterabschnitte, Tabellen und Bilder wurden geändert.	2018-10	DIN EN 50173-2: 2011-09

Teil 1/8

Bezeichnung	Titel	Kurzinformation	Ausgabe-datum	Ersatz für
DIN EN 50173-3 (VDE 0800-173-3)	Informationstechnik – Anwendungsneutrale Kommunikationskabelanlagen – Teil 3: Industriell genutzte Bereiche	Diese Norm passt den Inhalt der Norm an den Stand der Technik an. Insbesondere werden die neuen Kategorien 8.1 und 8.2 für symmetrische Kupferverkabelungskomponenten zur Unterstützung der neuen Übertragungsstreckenklassen I und II sowie die Lichtwellenleiter-Kategorie OM5 eingeführt, die Struktur aller Normen der Reihe vereinheitlicht und diverse Unterabschnitte, Tabellen und Bilder geändert.	2018-10	DIN EN 50173-3: 2011-10
DIN EN 50173-4 (VDE 0800-173-4)	Informationstechnik – Anwendungsneutrale Kommunikationskabelanlagen – Teil 4: Wohnungen	Diese Norm aktualisiert den formalen Aufbau und technischen Inhalt der Vorgängernorm. Unter anderem werden die neuen Komponentenkategorien 8.1 und 8.2 für symmetrische Kupferverkabelung sowie OM5 für Lichtwellenleiter eingeführt, die SRKG-Verkabelung und deren Komponenten entfernt, die funktionellen Elemente angepasst und die zu Grunde liegenden Designprinzipien für die Heimverkabelung definiert.	2018-10	DIN EN 50173-4: 2013-04
DIN EN 50173-5 (VDE 0800-173-5)	Informationstechnik – Anwendungsneutrale Kommunikationskabelanlagen – Teil 5: Rechenzentrumsbereiche	Diese Norm passt den Inhalt der Norm an den Stand der Technik an. Insbesondere werden die neuen Kategorien 8.1 und 8.2 für symmetrische Kupferverkabelungskomponenten zur Unterstützung der neuen Übertragungsstreckenklassen I und II sowie die Lichtwellenleiter-Kategorie OM5 eingeführt, die Struktur aller Normen der Reihe vereinheitlicht und diverse Unterabschnitte, Tabellen und Bilder geändert.	2018-10	DIN EN 50173-5: 2013-04
DIN EN 50173-6 (VDE 0800-173-6)	Informationstechnik – Anwendungsneutrale Kommunikationskabelanlagen – Teil 6: Verteilte Gebäudedienste	Diese Norm passt den Inhalt der Norm an den Stand der Technik an. Insbesondere werden die neuen Kategorien 8.1 und 8.2 für symmetrische Kupferverkabelungskomponenten zur Unterstützung der neuen Übertragungsstreckenklassen I und II sowie die Lichtwellenleiter-Kategorie OM5 eingeführt, die Struktur aller Normen der Reihe vereinheitlicht und diverse Unterabschnitte, Tabellen und Bilder geändert. Anhang B bezüglich der unterstützten Dienste und Anwendungen wurde komplett überarbeitet.	2018-10	DIN EN 50173-6: 2014-05

Teil 2/8

Bezeichnung	Titel	Kurzinformation	Ausgabe-datum	Ersatz für
DIN EN 50174-1 (VDE 0800-174-1)	Informationstechnik – Installation von Kommunikationsverkabelung – Teil 1: Installationsspezifikation und Qualitätssicherung	Anforderungen an Fernspeisung mit Leistungen nach IEEE 802.3bt aktualisiert; Anhang B über LWL-Steckverbinder in normativen Teil (Anhang B) und informativen Teil (Anhang C) aufgeteilt; neuer Anhang G zu Euroklassen bezüglich des Brandverhaltens von Kabeln; diverse andere Anforderungen (z. B. Tabelle 4) aktualisiert.	2018-10	DIN EN 50174-1: 2015-02
DIN EN 50174-2 (VDE 0800-174-2)	Informationstechnik – Installation von Kommunikationsverkabelung – Teil 2: Installationsplanung und Installationspraktiken in Gebäuden	Anforderungen in Abschnitt 4 und 5 an Halterungen, Kabel, Stapelhöhe von Kabelwegsystemen und Überspannungsschutzgeräte; neue Anforderungen an Planung und Bewertung von Verkabelung für Fernspeisung; Anforderungen an Kabeltrennung (Abschnitt 6); Stromverteilungsanlagen und Blitzschutz (Abschnitt 7); neue Abschnitte 12 zur Verkabelung von verteilten Gebäudediensten und 13 über gemeinsame Infrastrukturen in Mehrfamilienhäusern; Anhang C zu Installationsbedingungen und Anhang D zur Unterbringung von Einrichtungen.	2018-10	DIN EN 50174-2: 2015-02
DIN EN 50600-4-2 Beiblatt 1 (VDE 0801-600-4-2 Beiblatt 1)	Informationstechnik – Einrichtungen und Infrastrukturen von Rechenzentren – Teil 4-2: Kennzahl zur eingesetzten Energie; Beiblatt 1: Leitfaden für die korrekte Anwendung der Kennzahl zur eingesetzten Energie (PUE) und ihrer Derivate	Dieses Beiblatt enthält Hinweise für die korrekte Ermittlung der Kennzahl zur eingesetzten Energie in Rechenzentren nach DIN EN 50600-4-2 (VDE 0801-600-4-2). Des Weiteren stellt es eine Reihe ausführlicher Berechnungsbeispiele für die PUE und ihre Derivate zur Verfügung.	2018-11	Neuausgabe

Teil 3/8

Bezeichnung	Titel	Kurzinformation	Ausgabe-datum	Ersatz für
DIN EN 50647 (VDE 0848-647)	Basisnorm für die Evaluierung der beruflichen Exposition gegenüber elektrischen und magnetischen Feldern ausgehend von Komponenten und Anlagen zur Erzeugung, Übertragung und Verteilung elektrischer Energie	Diese Norm enthält die Deutsche Fassung der Europäischen Norm EN 50647 mit Festlegungen für die Bewertung der Sicherheit von Arbeitnehmern in elektromagnetischen Feldern von Betriebsmitteln und Anlagen, die der Erzeugung, Übertragung und Verteilung von elektrischer Energie dienen. Hierzu wird der Frequenzbereich von 0 Hz bis 20 kHz erfasst. Das Arbeiten an unter Spannung stehenden Teilen wird ebenfalls abgedeckt. Die Festlegungen dienen dem Nachweis, dass die in der Europäischen Arbeitsschutz-Richtlinie 2013/35/EU festgelegten Expositionsgrenzwerte und Auslöseschwellen eingehalten sind. Hierzu werden in dieser Norm Bewertungsverfahren festgelegt: vereinfachte Verfahren sowie weitergehende Betrachtungen, wenn die vereinfachten Verfahren nicht ausreichend sind, um die Einhaltung der Expositionsgrenzwerte oder Auslöseschwellen zu zeigen. Mess- und numerische Berechnungsverfahren für die Evaluierung der Exposition werden ebenfalls festgelegt.	2018-07	Neuausgabe
DIN EN 60204-1 (VDE 0113-1)	Sicherheit von Maschinen – Elektrische Ausrüstung von Maschinen – Teil 1: Allgemeine Anforderungen	Dieser Teil von IEC 60204 gilt für elektrische, elektronische und programmierbare elektronische Ausrüstungen und Systeme für Maschinen, die während des Arbeitens nicht von Hand getragen werden, einschließlich einer Gruppe von Maschinen, die abgestimmt zusammenarbeiten. Dieser Teil von IEC 60204 gilt für die elektrische Ausrüstung oder Teile der elektrischen Ausrüstung, die mit Nennspannungen bis einschließlich 1.000 V AC oder bis einschließlich 1.500 V DC und mit Nennfrequenzen bis einschließlich 200 Hz betrieben werden.	2019-06	DIN EN 60204-1: 2007-06
DIN EN 60529 Berichtigung 2 (VDE 0470-1 Berichtigung 2)	Schutzarten durch Gehäuse (IP-Code)	Diese Berichtigung enthält eine Korrektur zu den Grenzabmaßen ohne Toleranzangabe in Bild 1 zu DIN EN 60529 (VDE 0470-1):2014-09.	2019-06	Neuausgabe
DIN EN 60728-11 (VDE 0855-1)	Kabelnetze für Fernsehsignale, Tonsignale und interaktive Dienste – Teil 11: Sicherheitsanforderungen	Diese Norm konsolidiert die gemeinsamen Abänderungen zu EN 60728-11:2017, die ausgearbeitet wurden, um die Listung der Norm unter der Niederspannungsrichtlinie (2014/35/EU) im Amtsblatt zu ermöglichen.	2019-02	DIN EN 60728-11 (VDE 0855-1):2017-10

Teil 4/8

Bezeichnung	Titel	Kurzinformation	Ausgabe-datum	Ersatz für
DIN EN 62446-1 (VDE 0126-23-1)	Photovoltaik (PV)-Systeme – Anforderungen an Prüfung, Dokumentation und Instandhaltung – Teil 1: Netzgekoppelte Systeme – Dokumentation, Inbetriebnahmeprüfung und Prüfanforderungen	Netzgekoppelte PV-Systeme haben eine erwartete jahrzehntelange Lebensdauer, bei Wartung oder Modifikationen wahrscheinlich über diese Dauer hinaus. Bau- oder Elektroarbeiten in der Nähe des PV-Arrays sind sehr wahrscheinlich, z. B. Dacharbeiten direkt neben dem PV-Array oder Modifikationen (konstruktiv oder elektrisch) an einem Haus, welches ein PV-System besitzt. Ebenso können sich auch im Laufe der Zeit die Besitzverhältnisse ändern, besonders an Systemen, die an Gebäuden montiert sind. Das Langzeitbetriebsverhalten und die Sicherheit des PV-Systems sowie Arbeiten an oder direkt neben dem PV-System können nur durch die Bereitstellung einer angemessenen Dokumentation von Anfang an gesichert werden.	2019-04	DIN EN 62446-1 (VDE 0126-23-1):2016-12
DIN VDE 0100-410 (VDE 0100-410)	Errichten von Niederspannungsanlagen – Teil 4-41: Schutzmaßnahmen – Schutz gegen elektrischen Schlag	Dieses Dokument enthält wesentliche Anforderungen für den Schutz gegen elektrischen Schlag, einschließlich Basisschutz (Schutz gegen direktes Berühren) und Fehlerschutz (Schutz bei indirektem Berühren) von Personen und Nutztieren. Er behandelt die Anwendung und Koordinierung dieser Anforderungen in Beziehung zu äußeren Einflüssen.	2018-10	DIN VDE 0100-410 (VDE 0100-410):2007-06
DIN VDE 0100-551 Beiblatt 1 (VDE 0100-551 Beiblatt 1)	Errichten von Niederspannungsanlagen – Teil 5-55: Auswahl und Errichtung elektrischer Betriebsmittel – Andere Betriebsmittel – Abschnitt 551: Niederspannungsstromerzeugungseinrichtungen; Beiblatt 1: Ausführungen von Notstromeinspeisungen mit mobilen Stromerzeugungseinrichtungen	Dieses Beiblatt enthält Informationen zu Ausführungen von Notstromeinspeisungen mit mobilen Stromerzeugungseinrichtungen und enthält somit ergänzend zu DIN VDE 0100-551 (VDE 0100-551):2017-02; Anhang ZC weitere Hinweise und Erläuterungen für Notstromeinspeisungen durch elektrotechnische Laien, elektrotechnisch unterwiesene Personen und Elektrofachkräfte. Außerdem werden beispielhaft technische Ausführungen von Notstromeinspeisungen sowie Maßnahmen für Installationen in Gebäuden, die für eine Notstromeinspeisung vorgesehen sind, aufgeführt.	2019-06	Neuausgabe
DIN VDE 0100-701 (VDE 0100-701)	Errichten von Niederspannungsanlagen – Teil 7-701: Anforderungen für Betriebsstätten, Räume und Anlagen besonderer Art – Orte mit Badewanne oder Dusche	Die besonderen Anforderungen dieses Teiles von DIN VDE 0100 (VDE 0100) sind anzuwenden für elektrische Anlagen für an Orten und deren umgebenden Bereichen in Innen- oder Außenbereichen, die eine dauerhaft errichtete Badewanne und/oder Dusche enthalten oder enthalten werden.	2018-09	DIN VDE 0100-701 (VDE 0100-701):2016-11

Teil 5/8

Bezeichnung	Titel	Kurzinformation	Ausgabe-datum	Ersatz für
DIN VDE 0100-704 (VDE 0100-704)	Errichten von Niederspannungsanlagen – Teil 7-704: Anforderungen für Betriebsstätten, Räume und Anlagen besonderer Art – Baustellen	Die speziellen Anforderungen dieses Teils sind anzuwenden bei für die Dauer von Bauarbeiten oder Abbrucharbeiten errichteten Anlagen.	2018-10	DIN VDE 0100-704 (VDE 0100-704):2007-10
DIN VDE 0100-722 (VDE 0100-722)	Errichten von Niederspannungsanlagen – Teil 7-722: Anforderungen für Betriebsstätten, Räume und Anlagen besonderer Art – Stromversorgung von Elektrofahrzeugen	Die besonderen Anforderungen dieses Teils der Normen der Reihe DIN VDE 0100 (VDE 0100) sind anzuwenden für: – Stromkreise für die Versorgung von Elektrofahrzeugen und – Stromkreise für die Rückspeisung von elektrischer Energie von Elektrofahrzeugen zum Versorgungsnetz.	2019-06	DIN VDE 0100-722 (VDE 0100-722):2016-10
DIN VDE 0132 (VDE 0132)	Brandbekämpfung und technische Hilfeleistung im Bereich elektrischer Anlagen	Diese Norm dient zur Unterrichtung der Personen, die für die Brandbekämpfung und technische Hilfeleistung in elektrischen Anlagen und in deren Nähe zuständig sind.	2018-07	DIN VDE 0132 (VDE 0132):2015-10
DIN VDE 0800-173-100 (VDE 0800-173 100)	Informationstechnik – Anwendungsneutrale Kommunikationskabelanlagen – Teil 100: Klassifizierung von Lichtwellenleiter-Übertragungsstrecken	Diese Norm definiert die Klassifikation von Lichtwellenleiter-Übertragungsstrecken für anwendungsneutrale Kommunikationskabelanlagen nach DIN EN 50173-1 (VDE 0800-173-1).	2019-06	Neuausgabe
DIN VDE V 0108-100-1 (VDE V 0108-100-1)	Sicherheitsbeleuchtungsanlagen – Teil 100-1: Vorschläge für ergänzende Festlegungen zu EN 50172:2004	Dieses Dokument legt die Anforderungen für die Errichtung von elektrischen Sicherheitsbeleuchtungsanlagen an Arbeitsplätzen und baulichen Anlagen für Menschenansammlungen je nach Art und Nutzung fest und gibt Hinweise zum Betrieb.	2018-12	DIN VDE V 0108-100-1 (VDE V 0108-100-1):2010-08
DIN VDE V 0108-200 (VDE V 0108-200)	Sicherheitsbeleuchtungsanlagen – Teil 200: Elektrisch betriebene optische Sicherheitsleitsysteme	Diese Norm legt die Kennzeichnung, Markierung und Ausleuchtung von Fluchtwegen in Arbeitsstätten oder in baulichen Anlagen für Menschenansammlungen mit einem ergänzend zur Sicherheitsbeleuchtung installierten elektrisch betriebenen optischen Sicherheitsleitsystem fest.	2018-12	Neuausgabe
VDE-AR-E 2100-550	Errichten von Niederspannungsanlagen – Teil 550: Auswahl und Errichtung elektrischer Betriebsmittel – Schalter und Steckdosen	Diese VDE-Anwendungsregel gilt für die Auswahl und Errichtung von Schaltern und Steckdosen innerhalb der festen Installation und nur in Verbindung mit den entsprechenden Normen der Reihe DIN VDE 0100 (VDE 0100).	2019-02	Neuausgabe

Teil 6/8

Bezeichnung	Titel	Kurzinformation	Ausgabe-datum	Ersatz für
VDE-AR-E 2100-712	Maßnahmen für den DC-Bereich einer Photovoltaikanlage zum Einhalten der elektrischen Sicherheit im Falle einer Brandbekämpfung oder einer technischen Hilfeleistung	Diese VDE-Anwendungsregel fasst die Festlegungen mit Empfehlungen zusammen, die gefährliche Berührungs-spannungen beim Versagen der Schutzmaßnahme „Doppelte oder verstärkte Isolierung" (z. B. im Brandfall) verhindern können.	2018-12	VDE-AR-E 2100-712:2013-05
VDE-AR-E 2418-3-100	Elektromobilität – Messsysteme für Ladeeinrichtungen	Diese Anwendungsregel legt die mess- und eichrechtlichen Mindestanforderungen an die Energie- und Zeitmesseinrichtungen für konduktive Gleich- und Wechselstrom-Ladestationen bei der Lieferung von Elektrizität an oder von Elektrofahrzeugen fest, die nach den geltenden Produktnormen, z. B. der Reihe DIN EN 61851, in Verkehr gebracht werden. Diese VDE-Anwendungsregel legt hierfür Begriffe, Piktogramme, Konfigurationen, Anforderungen und Prüfungen fest. Sie enthält Mindestanforderungen sowie Kriterien zur Bewertung von Messeinrichtungen. Der Begriff „Mindestanforderungen" bedeutet, dass sich aus technischen Regeln und Rechtsvorschriften weitergehende Anforderungen ergeben können. Diese VDE-Anwendungsregel gilt nicht für Messeinrichtungen für Schienenfahrzeuge. Die Mindestanforderungen im Anwendungsfall Direktverkauf können von dieser VDE-Anwendungsregel abweichen und sind aktuell in Bearbeitung.	2018-07	Neuausgabe
VDE-AR-N 4100	Technische Regeln für den Anschluss von Kundenanlagen an das Niederspannungsnetz und deren Betrieb (TAR Niederspannung)	Diese VDE-Anwendungsregel, TAR Niederspannung, fasst die technischen Anforderungen zusammen, die bei der Planung, bei der Errichtung, beim Anschluss und beim Betrieb von elektrischen Anlagen an das Niederspannungsnetz des Netzbetreibers zu beachten sind.	2019-04	VDE-AR-N 4101:2015-09, VDE-AR-N 4102:2012-04
VDE-AR-N 4105	Erzeugungsanlagen am Niederspannungsnetz – Technische Mindestanforderungen für Anschluss und Parallelbetrieb von Erzeugungsanlagen am Niederspannungsnetz	Die VDE-Anwendungsregel fasst die wesentlichen Gesichtspunkte zusammen, die beim Anschluss von Erzeugungsanlagen und Speichern an das Niederspannungsnetz des Netzbetreibers zu beachten sind. Sie dient gleichermaßen dem Netzbetreiber wie dem Errichter als Planungsunterlage und Entscheidungshilfe. Außerdem erhält der Betreiber wichtige Informationen zum Betrieb solcher Anlagen.	2018-11	VDE-AR-N 4105:2011-08

Teil 7/8

Bezeichnung	Titel	Kurzinformation	Ausgabe-datum	Ersatz für
VDE-AR-N 4110	Technische Regeln für den Anschluss von Kundenanlagen an das Mittelspannungsnetz und deren Betrieb (TAR Mittelspannung)	Diese VDE-Anwendungsregel fasst die wesentlichen Gesichtspunkte zusammen, die beim Anschluss und beim Betrieb von Kundenanlagen an das Mittelspannungsnetz des Netzbetreibers zu beachten sind. Sie dient gleichermaßen dem Netzbetreiber wie dem Errichter als Planungsunterlage und Entscheidungshilfe. Außerdem erhält der Anlagenbetreiber wichtige Informationen zum Betrieb solcher Anlagen.	2018-11	Neuausgabe
VDE-AR-N 4120	Technische Regeln für den Anschluss von Kundenanlagen an das Hochspannungsnetz und deren Betrieb (TAR Hochspannung)	Diese VDE-Anwendungsregel legt die Technischen Regeln (TAR) für Planung, Errichtung, Betrieb und Änderung von Kundenanlagen (Bezugs- und Erzeugungsanlagen, Speicher sowie Kombinationen daraus) fest, die am Netzanschlusspunkt an das Hochspannungsnetz eines Netzbetreibers der allgemeinen Versorgung angeschlossen werden. Als Hochspannungsnetz wird in dieser VDE-Anwendungsregel das 110-kV-Drehstromnetz mit einer Netzfrequenz von 50 Hz betrachtet. Für andere Netzspannungen im Hochspannungsbereich ≥ 60 kV bis < 150 kV sind die angegebenen Werte anzuwenden und ggf. anzupassen. Bei Mischanlagen mit Anschluss an Hochspannungsnetze, in denen Erzeugungsanlagen mit Anschluss an kundenanlagen-interne Mittel- und/oder Niederspannungsnetze betrieben werden, sind für diese Erzeugungsanlagen die Anforderungen der VDE-Anwendungsregel für die jeweilige Spannungsebene maßgebend.	2018-11	VDE-AR-N 4120:2015-01
VDE-AR-N 4130	Technische Regeln für den Anschluss von Kundenanlagen an das Höchstspannungsnetz und deren Betrieb (TAR Höchstspannung)	Diese VDE-Anwendungsregel legt die Technischen Anschlussregeln (TAR) für Planung, Errichtung, Betrieb und Änderung von Kundenanlagen (Bezugs- und Erzeugungsanlagen, Speicher sowie Mischanlagen) fest, die am Netzanschlusspunkt an das Höchstspannungsnetz eines Netzbetreibers der allgemeinen Versorgung (öffentliches Höchstspannungsnetz) angeschlossen werden. Als Höchstspannungsnetz wird in dieser VDE-Anwendungsregel das Drehstromnetz mit Spannungen ≥ 220 kV mit einer Netzfrequenz von 50 Hz betrachtet.	2018-11	Neuausgabe

Teil 8/8

Überblick über wesentliche, geänderte bzw. neu erschienene DIN-Normen

Bezeichnung	Titel	Kurzinformation	Ausgabedatum	Ersatz für
DIN EN 12665	Licht und Beleuchtung – Grundlegende Begriffe und Kriterien für die Festlegung von Anforderungen an die Beleuchtung	Dieses Dokument definiert grundlegende Begriffe für alle lichttechnischen Anwendungen. Es legt auch Rahmenbedingungen für die Festlegung der Anforderungen an die Beleuchtung fest. Dabei werden Einzelheiten zu den Gesichtspunkten dargestellt, die bei Festlegung dieser Anforderungen zu berücksichtigen sind.	2018-08	DIN EN 12665:2011-09
DIN EN 1366-11	Feuerwiderstandsprüfungen für Installationen – Teil 11: Brandschutzsysteme für Kabelanlagen und zugehörige Komponenten	Diese Europäische Norm legt das Verfahren zur Bewertung der Leistung von Brandschutzsystemen für elektrische Kabelanlagen und Stromschienen hinsichtlich des Erhalts der Stromkreisintegrität (Funktionserhalt) bei einer Brandbeanspruchung mit dem Ziel fest, dem Brandschutzsystem die Klassifizierung P nach EN 13501-3 zu verleihen. Die Prüfung untersucht das Verhalten der Brandschutzsysteme für Kabelanlagen bei einer Brandbeanspruchung von außen. Die in dieser Norm festgelegten Prüfungen zielen nicht darauf ab, die Leistung des Brandschutzsystems und der Abschottung in Hinblick auf die Erfüllung der Anforderungen an die Wand oder Decke mit Durchführung (Klassifizierung E/I) zu beurteilen. Dieses Prüfverfahren unterscheidet sich grundsätzlich von den in EN 50200 für die Klassifizierung PH sowie in IEC 60331-11, IEC 60331-21, IEC 60331-23 und IEC 60331-25 beschriebenen Verfahren, die nicht für Brandschutzsysteme für elektrische Kabelanlagen ausgelegt sind. Diese Norm sollte in Verbindung mit EN 1363-1 angewendet werden. Die Prüfergebnisse gelten für Brandschutzsysteme für elektrische Kabelanlagen mit einer Nennspannung bis 1 kV. Dieses Prüfverfahren sollte auch angewendet werden, um die Leistung von Brandschutzsystemen zur Anwendung mit Daten- und Lichtwellenleiterkabeln zu ermitteln. Die Beurteilungsverfahren für solche Kabel sind jedoch noch in Erarbeitung. Vorschläge werden in Anhang C aufgeführt. Das Brandschutzsystem darf Lüftungsvorrichtungen, Revisionsklappen, fest installierte oder abnehmbare Verschlussdeckel usw. enthalten. Die in dieser Norm festgelegten Prüfungen dienen nicht der Beurteilung der Leistungsfähigkeit von durch Aufspritzen oder Aufstreichen aufgebrachten Beschichtungen (z. B. dämmschichtbildende oder wärmeabsorbierende Beschichtungen, Kunststoffbeschichtungen, Epoxidharze) oder vergleichbaren Schutzschichten (z. B. Umwicklung, Bandage), die direkt auf den Kabeln bzw. Stromschienen als Brandschutzsystem angewendet werden. Kabel und Stromschienen mit einem intrinsischen Feuerwiderstand sowie ohne umgebende Brandschutzsysteme sind ebenfalls ausgenommen (siehe CENELEC-Norm EN 50577). Dieses Prüfverfahren gilt nicht für Schaltschränke für elektrische Zubehörteile wie Bussysteme, Relais u. ä.	2018-07	DIN 4102-12:1998-11, DIN EN 1366-11:2014-11

Teil 1/2

Bezeich-nung	Titel	Kurzinformation	Ausgabe-datum	Ersatz für
DIN EN 1838 Beiblatt 1	Angewandte Lichttechnik – Notbeleuchtung; Beiblatt 1: Erläuterungen und Anwendungshinweise	Dieses Dokument enthält ergänzende Informationen zu DIN EN 1838 Angewandte Lichttechnik – Notbeleuchtung sowie Hinweise zur Anwendung einzelner Anforderungen.	2018-11	Neuausgabe

Teil 2/2

Überblick über wesentliche, geänderte bzw. neu erschienene VDI-Richtlinien

Bezeichnung	Titel	Kurzinformation	Ausgabedatum	Ersatz für
VDI 2050 Blatt 5	Anforderungen an Technikzentralen – Elektrotechnik	Die Richtlinie gibt Empfehlungen zu Festlegungen für Technikzentralen der Elektrotechnik mit Anschlussleistungen > 200 kW, Zentralen für Sicherheitstechnik und Anlagen für Informations- und Kommunikationstechnik sowie für Gebäudeautomation. Die Richtlinie versetzt Architekten und Planer bereits bei Planungsbeginn in die Lage, die oben genannte Räume richtig zu dimensionieren und auszustatten.	2018-11	VDI 2050 Blatt 5:2010-10
VDI 2166 Blatt 2	Planung elektrischer Anlagen in Gebäuden – Hinweise für die Elektromobilität	Die individuelle Mobilität verändert sich, neben reinen Verbrennungsfahrzeugen steigt die Anzahl der elektrisch ladbaren Hybridfahrzeuge, Elektrofahrzeuge und elektrisch angetriebener oder elektrisch unterstützter Zweiräder. Elektromobilität kann einen wesentlichen Beitrag zur Erreichung der klima- und energiepolitischen Ziele leisten. Gebäude werden langfristig geplant, diese Richtlinie bietet Planern, Architekten und Bauherren eine Hilfe, Ladeinfrastruktur für zuvor genannte Fahrzeuge in oder an Gebäuden zu integrieren. Diese Richtlinie dient als Ergänzung zu VDI 2050 Blatt 5 und erweitert die gegebenen Anforderungen um die Elektromobilität.	2019-06	Neuausgabe
VDI 2881 Blatt 1	Instandhaltung von Windenergieanlagen – Grundlagen	Die Richtlinie behandelt die Instandhaltung von netzgekoppelten Windenergieanlagen (WEA). Sie gibt Hinweise zu Wartung, Inspektion, Instandsetzung, Prüfung, Dokumentation und Ersatzteilhaltung. Dabei werden vor allem die Aspekte „Sicherheit", „Wirtschaftlichkeit" und „Schutz" der Investition durch effektive und effiziente Instandhaltung über ihre geplante Betriebsdauer berücksichtigt. Sie behandelt in ihrem Schwerpunkt die Betriebsphase WEA, soll als Überblick und Handlungsempfehlung dienen und richtet sich im Wesentlichen an Betreiber und Betriebsführer gewerblicher WEA. Aus technischer Sicht ist eine Windenergieanlage (WEA) immer eine Kombination aus Bauwerk und Maschine. Daraus ergibt sich, dass an die Instandhaltung besondere Maßstäbe angelegt werden. Die Richtlinie gibt vor, welche Instandhaltungsmaßnahmen in Verbindung mit einem individuell ausgearbeiteten Instandhaltungskonzept ganzheitlich und sicher, wirtschaftlich und effektiv durchgeführt werden sollen.	2019-03	Neuausgabe
VDI 4707 Blatt 3	Aufzüge – Energieeffizienz – Aufzüge nach Maschinenrichtlinie	Die Richtlinie beschreibt eine Klassifizierung der Energieeffizienz von Aufzügen nach Maschinenrichtlinie in Abhängigkeit von deren Energieverbrauch und der sicherheitstechnischen Ausstattung. Die Richtlinie richtet sich an die Hersteller von Aufzügen und Aufzugskomponenten, aber auch an Bauherren, Architekten, Fachplaner, Montage-/Instandhaltungsunternehmen und Betreiber sowie an Prüforganisationen.	2018-11	VDI 4707 Blatt 3:2016-11

Teil 1/3

Bezeichnung	Titel	Kurzinformation	Ausgabedatum	Ersatz für
VDI 5208	Planung von energie- und materialeffizienten Fabriken	Mit der Richtlinie wird Unternehmen ein Leitfaden zur Schaffung einer höheren Energie- und Materialeffizienz in der Produktion gegeben. Die genaue Kenntnis und die effiziente Gestaltung der Energie- und Materialverbräuche sind z. B. im Hinblick auf das steigende Umweltbewusstsein von Kunden von großer Bedeutung. Unternehmen benötigen die genauen Daten ihrer Verbräuche, um Kunden das Bewusstsein des Unternehmens für ihre Verantwortung im Umgang mit natürlichen Ressourcen belegen zu können. Zur Erfüllung dieser Ansprüche ist eine methodische Vorgehensweise unumgänglich. Eine der Grundlagen für diese VDI-Richtlinie stellt die Richtlinie VDI 4800 zur Ressourceneffizienz dar. Darin werden methodische Grundlagen, Prinzipien und Strategien der Ressourceneffizienz erläutert. Der Beitrag produzierender Unternehmen zur Steigerung der Ressourceneffizienz liegt verstärkt im schonenden Umgang mit Material und Energie in der Produktion. Daher ist der Betrachtungshorizont der hier vorliegenden Richtlinie enger gefasst und enthält eine Vorgehensweise zur Steigerung der Energie- und Materialeffizienz. Die Beschreibung erfolgt dabei praxisorientiert, um anwendenden Unternehmen einen Leitfaden zur Implementierung der Inhalte der Richtlinie zu geben. Dabei orientiert sich das Planungsvorgehen an der VDI 5200. Die Richtlinie richtet sich an alle produzierende Unternehmen, sowohl an kleine und mittlere Unternehmen (KMUs) als auch an Großunternehmen, die ihre Energie- und Materialeffizienz erhöhen möchten. Dazu wird ein Planungs- sowie Bewertungsvorgehen entwickelt, um einen energie- und materialeffizienten Fabrikbetrieb sicherzustellen. Betrachtet werden dabei bestehende Fabriken mit ihrem Energie- und Material-In- sowie -Output. Eingeschlossen sind dabei sowohl Anlagen in der Produktion als auch die technische Gebäudeausrüstung (TGA). Nicht betrachtet werden beispielsweise Verwaltungsgebäude. Der Fokus der Richtlinie liegt auf der Planung energie- und materialeffizienter Fabriken im Bestand, was entsprechend der VDI 5200 dem Planungsfall II (Umplanung) entspricht, da es sich um eine Verbesserung des laufenden Fabrikbetriebs handelt. Die Richtlinie ist teilweise auf den Planungsfall I (Neuplanung) übertragbar, sofern ausreichend Informationen zur geplanten Fabrik und zum dazugehörigen Energiebedarf vorliegen.	2019-04	Neuausgabe
VDI 6010 Blatt 1	Sicherheitstechnische Anlagen und Einrichtungen für Gebäude – Systemübergreifende Kommunikationsdarstellungen	Bisher wurden sicherheitstechnische Funktionen und der funktionelle Zusammenhang verschiedener Systeme in unterschiedlichen Dokumenten erfasst. Es gibt keine klare Vorgabe, wer wann in welcher Tiefe welche Zusammenhänge dieser Funktionen darstellen soll. Diese Richtlinie zeigt eine Strukturierung der Beschreibung und Darstellung der Zuständigkeiten, Verantwortlichkeiten und Detaillierungsstufen für die Planung und Dokumentation von sicherheitstechnischen Funktionen von der Vorplanung bis zum Betrieb auf. Hiermit kann eine durchgängige und zusammenhängende Anwendbarkeit der notwendigen Dokumente erreicht werden.	2019-01	VDI 6010: 2005-09

Teil 2/3

Bezeichnung	Titel	Kurzinformation	Ausgabedatum	Ersatz für
VDI 6010 Blatt 4	Sicherheitstechnische Einrichtungen für Gebäude – Funktionale Sicherheit in der technischen Gebäudeausrüstung (TGA)	Diese Richtlinie bietet Werkzeuge und Methoden an, mit denen eine Risikobewertung in Gebäuden nach DIN EN 61508 durchgeführt werden kann und dient als Konkretisierung zur DIN EN 61508.	2018-07	Neuausgabe
VDI 6011 Blatt 2	Lichttechnik – Optimierung von Tageslichtnutzung und künstlicher Beleuchtung – Planungshinweise	Die Richtlinie gilt für alle Räume in Gebäuden, in denen sich bestimmungsgemäß Personen aufhalten. Sie soll zur Optimierung von Tageslicht und künstlicher Beleuchtung angewendet werden. Optimiert werden kann dabei nach den Zielen: Aufenthaltsqualität, Gesundheit, Energieeffizienz oder nutzungsspezifischen Zielen wie der Sehaufgabe.	2018-07	VDI 6011 Blatt 2:2006-04

Teil 3/3

Überblick über wesentliche, geänderte bzw. neu erschienene VdS-Richtlinien

Bezeichnung	Titel	Kurzinformation	Ausgabedatum	Ersatz für
VdS 2095	VdS-Richtlinien für automatische Brandmeldeanlagen – Planung und Einbau	Diese Richtlinien gelten für das Planen, Errichten, Erweitern, Ändern und Betreiben von Brandmeldeanlagen zusammen mit DIN VDE 0833-1 (VDE 0833-1) und DIN 14675-1. Sie enthalten Festlegungen für Brandmeldeanlagen zum Schutz von Personen und Sachen in Gebäuden. Ist eine Sprachalarmierungsanlage Bestandteil der Brandmeldeanlage, gelten diese Richtlinien zusammen mit DIN VDE 0833-4 (VDE 0833-4). Diese Richtlinien enthalten keine Festlegungen für das Zusammenwirken von Brandmeldeanlagen mit anderen Anlagen, die keine brandschutztechnischen Funktionen erfüllen. Gefahrenwarnanlagen nach der Reihe DIN VDE V 0826 (VDE V 0826) sowie den Richtlinien VdS 3431 und VdS 3438 sind keine Brandmeldeanlagen im Sinne dieser Richtlinien. Rauchwarnmelder nach DIN EN 14604 und deren Zusammenschaltung bzw. Vernetzung sind keine Brandmeldeanlagen im Sinne dieser Richtlinien, auch wenn diese nach DIN 14676 geplant, eingebaut, betrieben und instand gehalten werden.	2019-05	VdS 2095: 2010-05
VdS 2465-5	VdS-Richtlinien für Gefahrenmeldeanlagen – Übertragungsprotokoll für Gefahrenmeldungen mittels TCP/IP – Ereigniscodetabelle	Diese Richtlinien erläutern den Inhalt und die Anwendung der Ereigniscodetabelle des Übertragungsprotokolls VdS 2465-4. Die Ereigniscodetabelle führt alle Meldungsarten der VdS 2465 sowie von diversen Fremdprotokollen auf, die mittels Ereigniscodes in den XML-Strukturen gemäß VdS 2465-4 übermittelt werden können. Diese Richtlinien sind nur in Verbindung mit den nachfolgenden Teilen der VdS 2465 – Richtlinienfamilie gültig: VdS 2465-2 (Beschreibung der Protokoll- und Übertragungsprozedur); VdS 2465-3 (Allgemeiner Satzaufbau und Satztypenbeschreibungen); VdS 2465-4 (Beschreibung der Schnittstellen S6/S7).	2019-02	Neuausgabe

Teil 1/3

Bezeichnung	Titel	Kurzinformation	Ausgabedatum	Ersatz für
VdS 2466	VdS-Richtlinien für Übertragungsanlagen – Alarmempfangseinrichtungen – Anforderungen und Prüfmethoden	Diese Richtlinien enthalten Mindestanforderungen und Prüfmethoden an Alarmempfangseinrichtungen und gelten in Verbindung mit den Richtlinien für Einbruchmeldeanlagen, Allgemeine Anforderungen und Prüfmethoden, VdS 2227, und den Richtlinien für Gefahrenmanagementsysteme, VdS 3534. Zusätzlich gelten die Richtlinien für Gefahrenmeldeanlagen, Softwaregesteuerte Anlageteile, Anforderungen und Prüfmethoden, VdS 2203. Die Anforderungen an Übertragungswege sind in den Richtlinien VdS 2471 sowie VdS 2471-S1 festgelegt. Das Übertragungsprotokoll für Gefahrenmeldeanlagen ist in den Richtlinien VdS 2465-1, VdS 2465-2, VdS 2465-3 und VdS 2465-4 spezifiziert. Die AE empfängt Meldungen aus Gefahrenmeldeanlagen, quittiert diese, wertet sie aus, zeigt sie an und registriert sie. Weiterhin können von der AESW aus Steuersignale an die Übertragungseinrichtung (ÜE) gesendet werden. AE und BE können aus unterschiedlichen Geräten bestehen oder aber als ein Gerät ausgeführt sein. Sofern die in diesen Richtlinien formulierten Anforderungen und Prüfmethoden auch auf Bedieneinrichtungen anwendbar sind (z. B. Anforderung an Anzeigen), sind diese bei der Prüfung zu berücksichtigen. In diesen Richtlinien sind die Anforderungen und Prüfmethoden der Europäischen Norm DIN EN 50136-3: 2013, Alarmanlagen – Alarmübertragungsanlagen und -einrichtungen, Anforderungen an Übertragungszentralen enthalten. Hinweis: Diese Richtlinien gelten nicht für Teile, die Bestandteil des jeweiligen Übertragungsnetzes sind (z. B. Teilnehmer-Anschlusseinrichtungen, Modems), sofern diese vom Netzbetreiber gestellt wurden.	2018-10	VdS 2466: 1996-04
VdS 3134-2	Technische Kommentare – Einbruchmeldetechnik – Erläuterungen und Informationen zu Begriffen der Sicherungstechnik	Der Abschnitt 3134-2 Einbruchmeldetechnik ist als Information, Erklärung und als Sammlung technischer Fakten zu verstehen. Dieser Abschnitt der Technischen Kommentare soll in erster Linie dazu verhelfen, das Verständnis aktueller Anforderungen an Einbruchmeldeanlagen, die auf dem VdS-Richtlinienwerk bzw. auf einschlägigen Normen basieren, zu verbessern. VdS 3134-2 beschreibt hierzu die Unterschiede zwischen Regelwerken nach VdS einerseits und deutschen sowie internationalen Normen (DIN EN / DIN VDE) anderseits.	2019-02	VdS 3134-2: 2017-10

Teil 2/3

Bezeichnung	Titel	Kurzinformation	Ausgabedatum	Ersatz für
VdS 3134-5	Technische Kommentare – Videoüberwachungsanlagen – Erläuterungen und Informationen zu Begriffen der Sicherungstechnik	Die Technischen Kommentare sind als Information, Erklärung und als Sammlung technischer Fakten zu verstehen. Dieser Abschnitt der Technischen Kommentare soll in erster Linie dazu verhelfen, das Verständnis aktueller Anforderungen an Videoüberwachungsanlagen, die auf dem VdS-Richtlinienwerk bzw. auf einschlägigen Normen basieren, zu verbessern.	2019-02	VdS 3134-5:2017-10
VdS 3488	Prüfungsordnung – Prüfungsordnung für die Prüfung zum Nachweis der Grundkenntnisse (Prüfung der Basisqualifikation) nach VdS 2859	Diese Prüfungsordnung gilt für die Prüfung zum Nachweis der Grundkenntnisse (Prüfung der Basisqualifikation) nach den „Richtlinien für die Anerkennung von Sachverständigen für Elektrothermografie" (VdS 2859).	2019-05	Neuausgabe
VdS 3489	Prüfungsordnung – Prüfungsordnung für die Prüfung zum Nachweis der Qualifikation von Sachverständigen für Elektrothermografie nach VdS 2859	Diese Prüfungsordnung gilt für die Prüfung zum Nachweis der Qualifikation von Sachverständigen (Prüfung für die Anerkennung als Sachverständiger für Elektrothermografie) nach den „Richtlinien für die Anerkennung von Sachverständigen für Elektrothermografie" (VdS 2859).	2019-05	Neuausgabe
VdS 3515	VdS-Richtlinien für Rauchwarnmelder – Rauchwarnmelder mit Funk-Vernetzung – Anforderungen und Prüfmethoden	Diese Richtlinien legen Anforderungen, Prüfverfahren und Leistungsmerkmale für untereinander drahtlos per Funkübertragung vernetzbare Rauchwarnmelder (auch mit integriertem Repeater) nach dem Streulicht-, Durchlicht- oder Ionisationsprinzip fest, die in Wohnhäusern, Wohnungen und Räumen mit wohnungsähnlicher Nutzung eingesetzt werden. Per Funkübertragung vernetzbare Rauchwarnmelder werden folgend mit Funkrauchwarnmelder bezeichnet. Anmerkung: Unter "Räumen mit wohnungsähnlicher Nutzung" verstehen die Richtlinien "Räume bzw. Raumgruppen in wohnungsähnlicher Struktur". Dazu gehören z. B. Wohnungen, Wohnhäuser, Hotels, Pensionen o. Ä. mit weniger als 12 Gastbetten, Containerräume, Freizeitunterkünfte u. Ä., soziale Einrichtungen wie Kindergärten, Schulen, für die keine bauaufsichtlichen Auflagen bezüglich einer Überwachung mit automatischen Brandmeldern bestehen. Funkübertragungen zu Gefahrenwarnanlagen oder Brandmelderzentralen sind nicht Gegenstand dieser Richtlinien. Anmerkung: Funkübertragungen zur Verwendung in Home-Gefahren-Managementsystemen werden in den Richtlinien VdS 3438 Teil 3 behandelt.	2019-05	VdS 3515: 2007-06

Teil 3/3

Erdungsanlagen in Gewerbe- und Industriebauten

Michael Heyen

Warum braucht man eine Erdungsanlage? Weil die Erdung in elektrischen Anlagen einen wesentlichen Beitrag zur Personen- und Anlagensicherheit liefert. Eine besondere Bedeutung erhält die Thematik, wenn die elektrische Anlage durch kundeneigene Verteiltransformatoren mit Nennwechselspannungen > 1 kV versorgt wird. In diesem Fall ergibt sich unter Einbeziehung der Energieverteilungsanlagen mit Nennwechselspannungen ≤ 1 kV i.d.R. eine gemeinsame Erdungsanlage. Hierdurch entstehenden weiterführende Anforderungen für die Bemessung.

Aktuelle Regelwerke bestätigen die Bedeutung und fordern die Einhaltung wichtiger Planungsgrundsätze. Die im November 2018 erschienene VDE-AR-N 4110 (TAR Mittelspannung) [2] nennt im Kapitel „Erdungsanlage" wichtige Anforderungen für eine wirksame Erdungsanlage. Hierbei spielen im Wesentlichen die Einhaltung:

- der Schritt- und Berührungsspannung sowie
- die Beachtung der Kurzschlussfestigkeit

eine wichtige Rolle. Die ebenso im April 2019 neu erschienene VDE-AR-N 4100 (TAR Niederspannung) [3] enthält ebenfalls Vorgaben zur Erdung. Beim Anschluss an das Niederspannungsverteilnetz sind die Anforderungen im Vergleich zum Mittelspannungsnetz jedoch geringer, da hier der Verantwortungsbereich für eine wirksame Erdungsanlage beim Verteilnetzbetreiber liegt und über die Erdung der Stromquelle (Sternpunkterdung) keine nennenswerten Fehlerströme zu erwarten sind. Die Forderung nach einem Fundamenterder nach DIN 18014 [4] für alle neuen Gebäude stellt hier die wichtigste Anforderung dar.

Die Technischen Anschlussregeln (TAR) beschreiben die Mindestanforderungen zum Anschluss von Kundenanlagen am Mittel- bzw. Niederspannungsverteilnetz. Mit dem Erscheinen der TAR erfuhr auch der Bundesmusterwortlaut der Technischen Anschlussbedingungen (TAB) eine Überarbeitung.

Der neue Musterwortlaut der TAB verzichtet weitgehend auf technische Anforderungen, da diese jetzt bundeseinheitlich in der TAR aufgeführt sind. Die TAB beschränkt sich hauptsächlich auf organisatorische Inhalte mit weiterführenden Erläuterungen zu technischen Ausführungen. Diese Informationen sind beim jeweiligen Energieversorger einzuholen.

Insbesondere die netzspezifischen Planungsgrundlagen sind den TABs zu entnehmen.

Normative Anforderungen für die Projektierung und Errichtung von Erdungsanlagen für Starkstromanlagen in Netzen mit Nennwechselspannungen über 1 kV beschreibt die DIN EN 50522 (VDE 0101-2) [1].

Folgende Planungsgrundsätze sind zu beachten:
- Werkstoffe und Mindestmaße,
- maximal zulässige Schritt- und Berührungsspannung,
- Vermeidung von Potentialverschleppung und
- Stromtragfähigkeit.

Im folgenden Text sollen die Planungsgrundsätze zur Einhaltung der maximalen Schritt- und Berührungsspannung, zur Vermeidung von Potentialverschleppungen sowie zur Stromtragfähigkeit erläutert werden.

Einhaltung der Schritt- und Berührungsspannung

Bei einer möglichen Überschreitung der zulässigen Berührungsspannung besteht die größte Gefahr durch Herzkammerflimmern. Eine wirksame Maßnahme, um gefährliche Berührungsspannungen zu vermeiden, ist die Sicherstellung niederohmiger Erdungsanlagen. Hier besteht der direkte Einfluss auf die Einhaltung der Schritt- und Berührungsspannungen.

Aufgrund der Potentialverläufe im Einflussbereich der Erdungsanlage kann davon ausgegangen werden, dass die Anforderungen an die Schrittspannungen erfüllt sind, wenn die zulässige Berührungsspannung eingehalten wird (**Bild 1**).

Zuerst sollen die Anforderungen nach DIN EN 50522 (VDE 0101-2) [1] in Starkstromanlagen > 1 kV betrachtet werden. Üblicherweise befinden sich diese

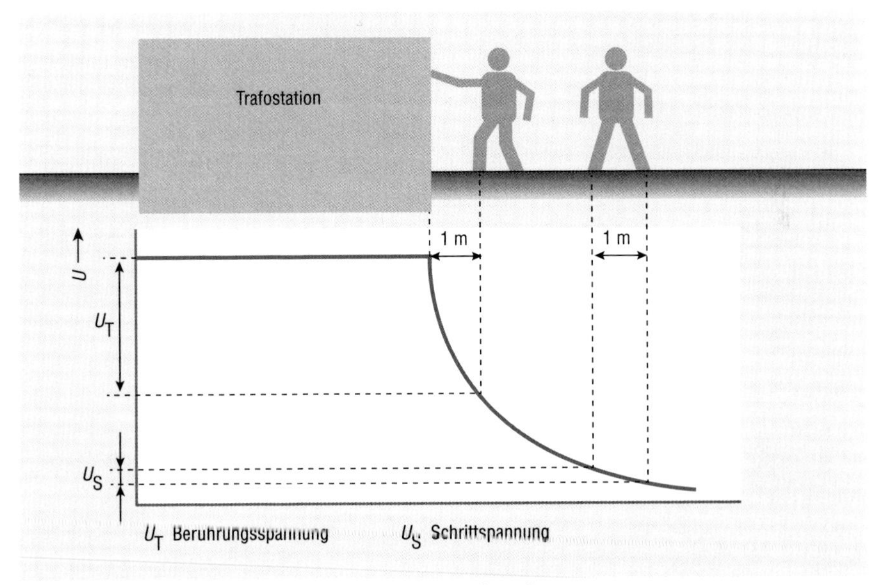

Bild 1: Schritt- und Berührungsspannung an einer Trafostation

Anlagen in abgeschlossenen elektrischen Betriebsstätten, weshalb hier aufgrund des eingeschränkten Personenkreises eine geringere Gefährdung als in Niederspannungsanlagen angenommen wird. Die zulässige Berührungsspannung ergibt sich unter Einbeziehung der Fehlerdauer (**Bild 2**) [1].

Bei einer Fehlerdauer von mehr als 10 s ist von einer zulässigen Berührungsspannung von 80 V auszugehen. Eine Fehlerdauer von mehr als 10 s ist in Mittelspannungsnetzen üblich, wenn der Sternpunkt isoliert oder kompensiert betrieben wird. Hier kann bei einem 1-poligen Erdschluss, aufgrund geringer Erdfehlerströme, das Netz vorübergehend weiterbetrieben werden. Befinden sich Hochspannungsanlagen außerhalb der abgeschlossenen elektrischen Betriebsstätten (z. B. Motoren) ist die zulässige Berührungsspannung auf 50 V AC zu reduzieren. Die Anforderungen gelten als erfüllt, wenn eine von beiden Bedingungen erfüllt ist:

- Die Anlage ist Teil eines globalen Erdungssystems (geschlossene Bebauung),
- die Erdungsspannung U_E überschreitet nicht den zweifachen Wert der zulässigen Berührungsspannung U_{Tp}.

Bei erhöhten Erdungsspannungen (bis zum vierfachen Wert der zulässigen Berührungsspannung) kann alternativ eine anerkannte festgelegte Maßnahme M nach Anhang E der DIN EN 50522 (VDE 0101-2) [1] umgesetzt werden.

Auswahl:

- Potentialsteuerung
- Isolierung des Standortes

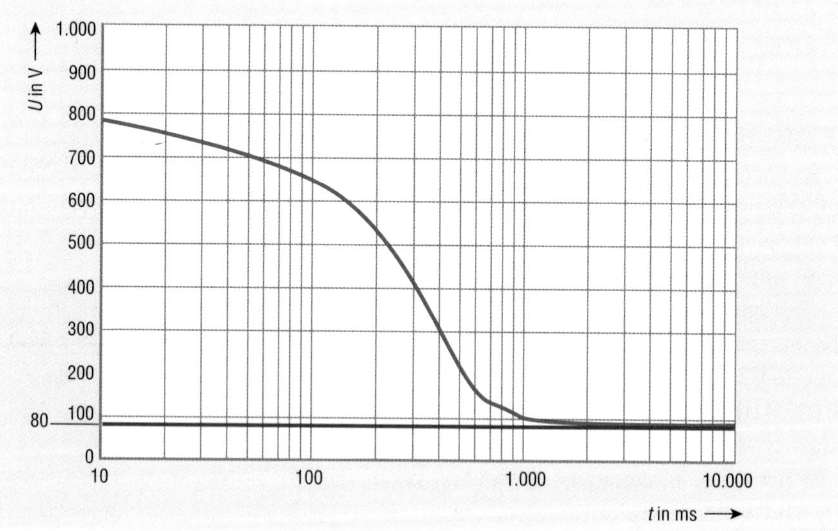

Bild 2: : Zulässige Berührungsspannung U_{Tp} in Starkstromanlagen über 1 kV [1]

Folgende umgestellte **Gleichung 1** aus DIN EN 50522 (VDE 0101-2) [1] stellt die Grundauslegung der Erdungsanlage hinsichtlich der zulässigen Erdungsimpedanz Z_E dar:

Gleichung 1: Erdungsimpedanz Z_E

$$Z_E = \frac{U_E}{I_E}$$

Maßgebend für die Einhaltung der zulässigen Schritt- und Berührungsspannung ist nach Tabelle 1 der DIN EN 50522 (VDE 0101-2) [1] der Erdungsstrom I_E. Dieser ergibt sich auf Basis der Art der Sternpunktbehandlung im Mittelspannungsnetz. Die Sternpunktbehandlung und der Wert für den maximalen Erdungsstrom ist mit dem jeweiligen Energieversorger abzuklären. Üblich ist ein Erdungsstrom von 60 A. Außerhalb von globalen Erdungssystemen ergibt sich somit nach **Gleichung 2** für die Hochspannungsschutzerdung eine Erdungsimpedanz von 2,67 Ω.

Gleichung 2: Berechnungsbeispiel Erdungsimpedanz Z_E

$$Z_E = \frac{U_E}{I_E} = \frac{2 \cdot U_{Tp}}{I_E} = \frac{2 \cdot 80\,\text{V}}{60\,\text{A}} = 2{,}67\,\Omega$$

Damit sind die Anforderungen des vorgelagerten Mittelspannungsnetzes erfüllt. Abweichende Werte sind mit dem Energieversorger abzustimmen.

Mit anerkannten Maßnahmen nach Anhang E der DIN EN 50522 (VDE 0101-2) [1] ergibt sich die in **Gleichung 3** maximal zulässige Erdungsimpedanz Z_E in Höhe von 5,3 Ω [1].

Gleichung 3: Berechnungsbeispiel Erdungsimpedanz Z_E

$$Z_E = \frac{U_E}{I_E} = \frac{4 \cdot U_{Tp}}{I_E} = \frac{4 \cdot 80\,\text{V}}{60\,\text{A}} = 5{,}3\,\Omega$$

Der Nachweis ist durch Erdungsmessungen zu erbringen. Auch wenn aufgrund niedriger Erdungsimpedanzen keine weiteren Maßnahmen notwendig sind, empfiehlt es sich, in der Praxis einen Ringerder zur Potentialsteuerung um die Station oder um das Gebäude zu verlegen.

Bezüglich der Höhe der Erdungsimpedanz, hinsichtlich der Anforderungen des Niederspannungsnetzes, ist eine weiterführende Betrachtung nötig. Aufgrund des höheren Risikopotentials außerhalb elektrischer Betriebstätten ist gemäß DIN VDE 0100-410 (VDE 0100-410) [5] eine Berührungsspannung von nur 50 V AC zulässig.

Durch einen Außenleitererdschluss besteht in TN-Systemen die Gefahr, dass durch Potentialverschleppungen eine gefährliche Berührungsspannung an berührbaren elektrisch leitfähigen Teilen in der Verbraucheranlage entsteht (**Bild 3**).

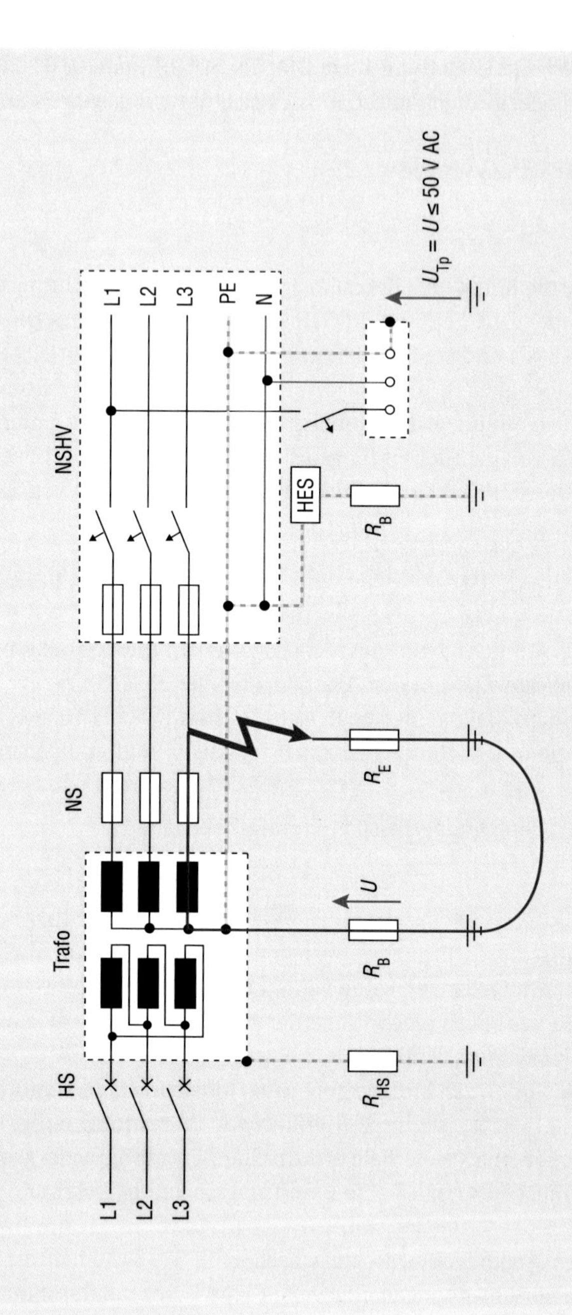

Bild 3: Außenleitererdschluss im Niederspannungsnetz

Diese Spannung darf die zulässige Berührungsspannung von 50 V AC nicht überschreiten. Eine niederohmige Erdung der Stromquelle (R_B) beeinflusst direkt die Auswirkungen eines Außenleitererdschlusses. Die Bedingung nach **Gleichung 4** muss nach DIN VDE 0100-410 (VDE 0100-410) [5] eingehalten werden:

Gleichung 4: Bestimmung des Betriebserders (Spannungswaage)

$$\frac{R_B}{R_E} \leq \frac{50\,V}{U_0 - 50\,V}$$

R_B *Erderwiderstand in Ω aller parallelen Erder (Erdung der Stromquelle)*

R_E *kleinster Widerstand in Ω von fremden leitfähigen Teilen, die sich in Kontakt mit Erde befinden, die nicht mit einem Schutzleiter verbunden sind und über die ein Fehler zwischen Außenleiter und Erde auftreten kann*

U_0 *Nennwechselspannung Außenleiter gegen Erde in V*

Es ist ersichtlich, dass es für die Niederspannungserde keinen „festen Grenzwert“ gibt. Es handelt sich lediglich um ein Widerstandsverhältnis zwischen der Erdung der Stromquelle und dem Erdungswiderstand an der Fehlerstelle (Außenleitererdschluss). Aber welcher Erderwiderstand ist im Bereich der Niederspannung nun zulässig?

Maßgeblich ist in einem TN-System nicht der einzelne Widerstand einer Erdungsanlage, sondern der Gesamtwiderstand aller parallelen Erder. Die DIN VDE 0100-410 (VDE 0100-410) [5] verweist hier in einer nationalen Ergänzung auf die Verantwortung der Betreiber der Niederspannungsverteilnetze hin. In internen Anweisungen von Energieversorgern ist ein Erderwiderstand von $R_B \leq 2\,\Omega$ üblich.

Vermeidung von Potentialverschleppung

Bestehen die Mittel- und Niederspannungserdungsanlagen in unmittelbarer Nähe zueinander, müssen gefährliche Potentialverschleppungen zwischen den Erdungsanlagen vermieden werden. Von getrennten Erdungsanlagen wird laut DIN EN 50522 (VDE 0101-2) [1] bei einem Abstand von 20 m ausgegangen.

Es wird grundsätzlich empfohlen, die Erdungsanlagen miteinander zu verbinden. Für gemeinsame Erdungsanlagen sind die Anforderungen der DIN VDE 0100-442 (VDE 100-442) [6] einzuhalten. In dieser Norm werden Maßnahmen zum Schutz von Niederspannungsanlagen bei vorübergehenden Überspannungen infolge von Erdschlüssen im Hochspannungsnetz und bei Fehlern im Niederspannungsnetz beschrieben (**Bild 4**).

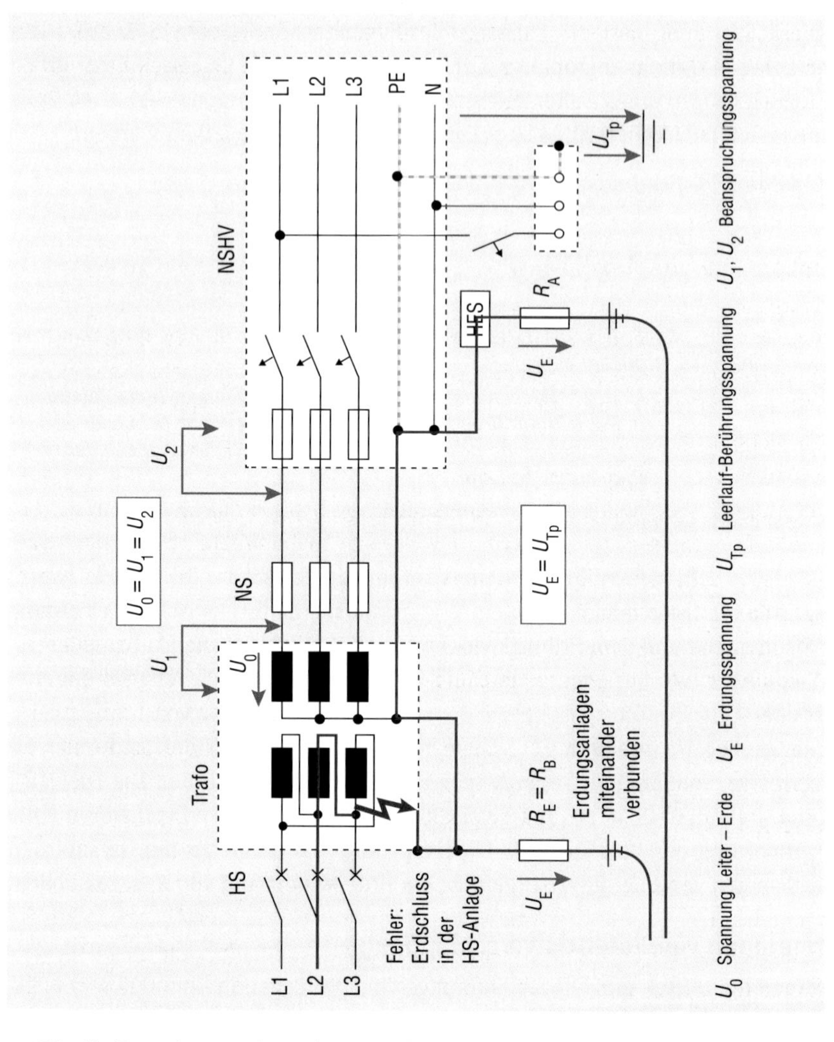

Bild 4: Gemeinsame Erdungsanlage Mittel- und Niederspannung

Für die Berechnung der zulässigen Erdungsimpedanz unter Einhaltung der zulässigen Berührungsspannung (**Gleichung 5**) gilt der gleiche Ansatz wie nach DIN EN 50522 (VDE 0101-2) [1].

Gleichung 5: Bestimmung des Betriebserders (Spannungswaage)

$$Z_E \leq \frac{F \cdot U_{Tp}}{I_E} = \frac{2 \cdot 80\,\text{V}}{60\,\text{A}} = 2{,}6\overline{7}\,\Omega$$

üblich $F = 2$ (PEN min. 2-mal mit HS-Erde verbunden)

Hinsichtlich der Erdungsimpedanz ist festzuhalten, dass sich die üblichen Erdungsanlagen innerhalb geschlossener Bebauung befinden (globales Erdungssystem). Hier wird durch den Energieversorger i.d.R. kein spezieller Nachweis der Erdungsimpedanz gefordert. Mittels einer Erdungsmesszange ist lediglich die niederohmige Wirksamkeit zu prüfen.

Stromtragfähigkeit

Hochspannungsfehler

„Erdungsfestpunkte müssen entsprechend der maximal auftretenden Kurzschlussströme im Mittelspannungsnetz bemessen sein […]“ [2]. In der aktuellen TAR Mittelspannung zeigt sich die Bedeutung der auftretenden Kurzschlussströme.

Um den Anforderungen der verschiedenen Regelwerke gerecht zu werden, ist es aus Sicht des Autors ratsam, die Erdungsanlagen für die Mittel- und Niederspannungsanlagen hinsichtlich der Bemessung der Stromtragfähigkeit getrennt zu betrachten. Abweichend zur Niederspannungsanlage kann es auf den Erdungsleitern der Mittelspannung zu beachtlichen Fehlerströmen kommen. Im ersten Ansatz soll daher die Bemessung der Erdungsmaterialien im Strompfad der Hochspannungserde erfolgen (**Bild 5**).

Der maßgebende Strom für die Hochspannungsschutzerdung R_{HS} in isolierten oder kompensierten Netzen ist gemäß Tabelle 1 der DIN EN 50522 (VDE 0101-2) [1] der Doppelerdschlussstrom I''_{kEE} mit einer Fehlerdauer von normativ 1 s. Dieser Strom kann mittels dem 3-poligem Anfangskurzschluss-Wechselstrom I''_{k3} berechnet werden (**Gleichung 6**).

Gleichung 6: Berechnung 3-poliger Anfangskurzschluss-Wechselstrom I''_{k3}

$$I''_{kEE} = 0{,}85 \cdot I''_{k3}$$

Der netzspezifische 3-polige Anfangskurzschlusswechselstrom I''_{k3} muss für die jeweilige Anlage ermittelt werden. Die Werte können beim Energieversorger über die Technischen Anschlussbedingungen ermittelt werden. Bei kundeneigenen Erzeugungsanlagen sind zudem die Kurzschlussbeiträge der Anlagen zu berücksichtigen. Am in **Gleichung 7** dargestellten Beispiel soll der Doppelerdschlussstrom ermittelt werden.

Annahme: Am Einspeisepunkt ermittelt $I''_{k3} = 14{,}4\,\text{kA}/1\,\text{s}$

Gleichung 7: Berechnung Doppelerdschlussstrom I''_{kEE}

$$I''_{kEE} = 0{,}85 \cdot I''_{k3} = 0{,}85 \cdot 14{,}4\,\text{kA} = 12{,}2\,\text{kA}$$

Der Erdungsleiter von R_{HS} ist somit auf die Stromtragfähigkeit von 12,2 kA zu dimensionieren. Ergeben sich im weiteren Verlauf parallele Stromwege, kann eine

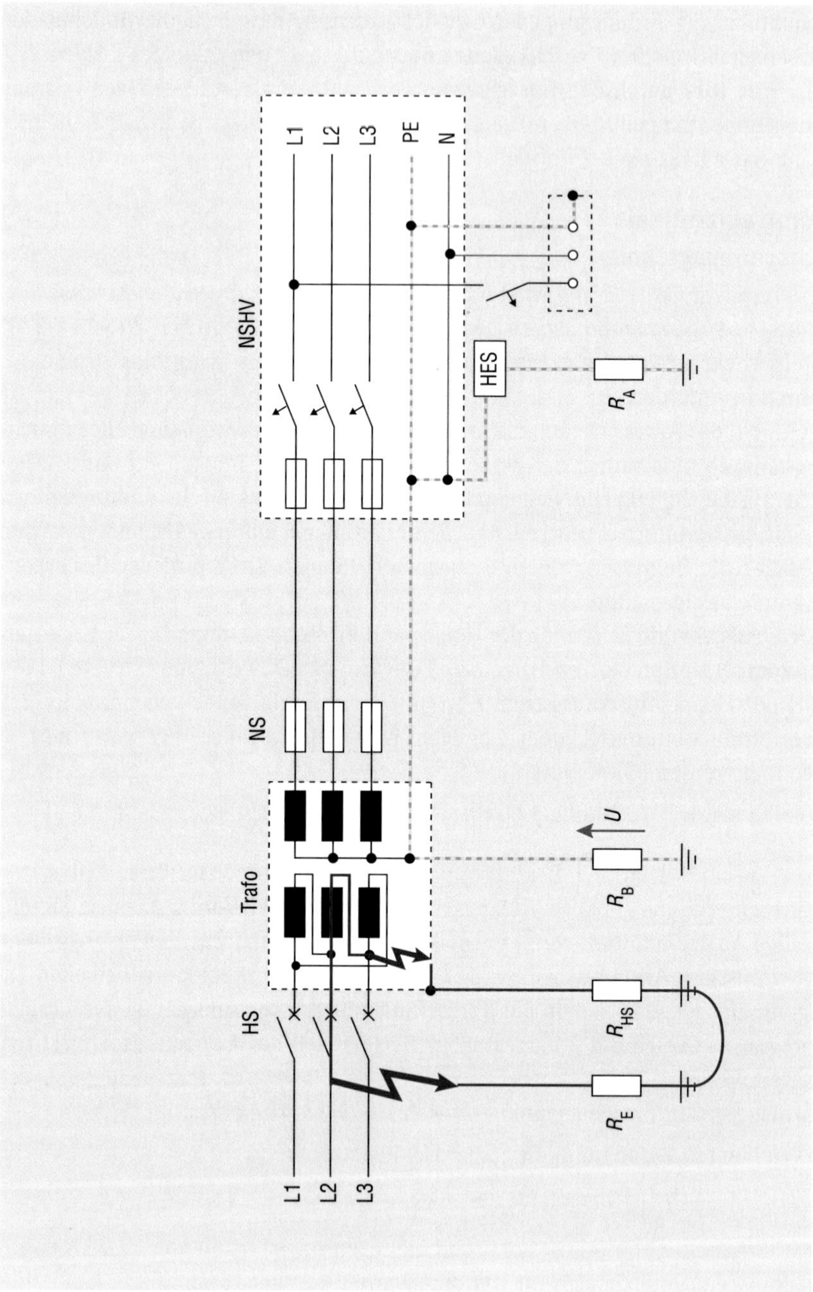

Bild 5: Doppelerdschluss im Hochspannungsnetz

Stromaufteilung angenommen werden. Im folgenden Beispiel wird die Trafozelle mit einem Erdungssammelleiter (Kupferband blank), einem Tiefenerder (Stahl verzinkt) zur Sicherstellung der geforderten Erdungsimpedanz und einem Ringerder (Kupferseil blank) zur zusätzlichen Potentialsteuerung ausgerüstet (**Bild 6**).

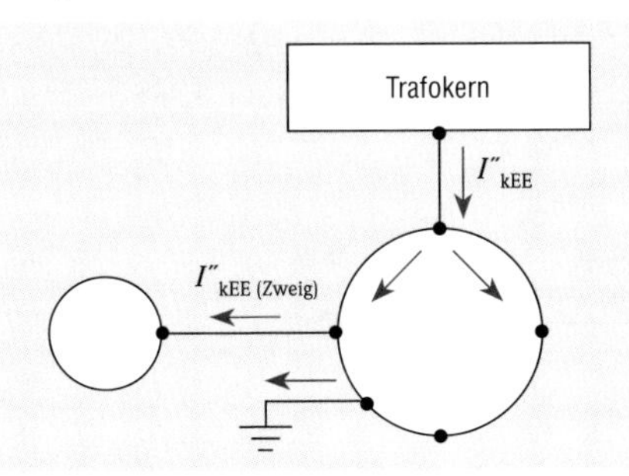

Bild 6: Stromaufteilung Hochspannungserde

Somit ergibt sich für den Erdungssammelleiter sowie für den Tiefen- und Ringerder die Stromaufteilung $I''_{kEE(zweig)}$. Der Aufteilungsfaktor r kann in der Praxis mit ausreichender Genauigkeit mit 0,65 (30 % Sicherheit) bis 0,75 (50 % Sicherheit) angenommen werden. Für den Zweigstrom ergibt sich ein Wert von 8 kA nach **Gleichung 8**.

Gleichung 8: Berechnungsbeispiel Doppelerdschlussstrom I''_{kEE} im Zweig

$$I''_{kEE} = 0{,}85 \cdot I''_{k3} \cdot r = 0{,}85 \cdot 14{,}4\,\text{kA} \cdot 0{,}65 = 8\,\text{kA}$$

Der notwendige Querschnitt ergibt sich nun aus der Auswahl des Materials (**Bild 7**).

Der Erdungsleiter am Trafokessel in einer PVC-isolierten Ausführung ist jedoch mit diesen Kennlinien nicht zu berechnen. Hierfür ist die Bemessungs-Kurzzeitstromdichte aus **Tabelle 1** für PVC-isolierte Schutzleiter zu entnehmen, die nicht Bestandteil in Kabel und Leitungen sind. Die Werte in Tabelle 1 beziehen sich auf die Leitertemperatur zu Beginn des Kurzschlusses und auf eine normierte Fehlerdauer von 1 s.

In dem in **Gleichung 9** dargestellten Praxisbeispiel wird die Bemessung des PVC-isolierten Erdungsleiters verdeutlicht (Leitertemperatur zu Beginn des Kurzschlusses 30 °C).

Gleichung 9: Berechnungsbeispiel Mindestquerschnitt Erdungsleiter

$$A_{min} = \frac{I''_{kEE}}{G} = \frac{12{,}2\,\text{kA}}{143\,\text{A/mm}^2} = 85\,\text{mm}^2$$

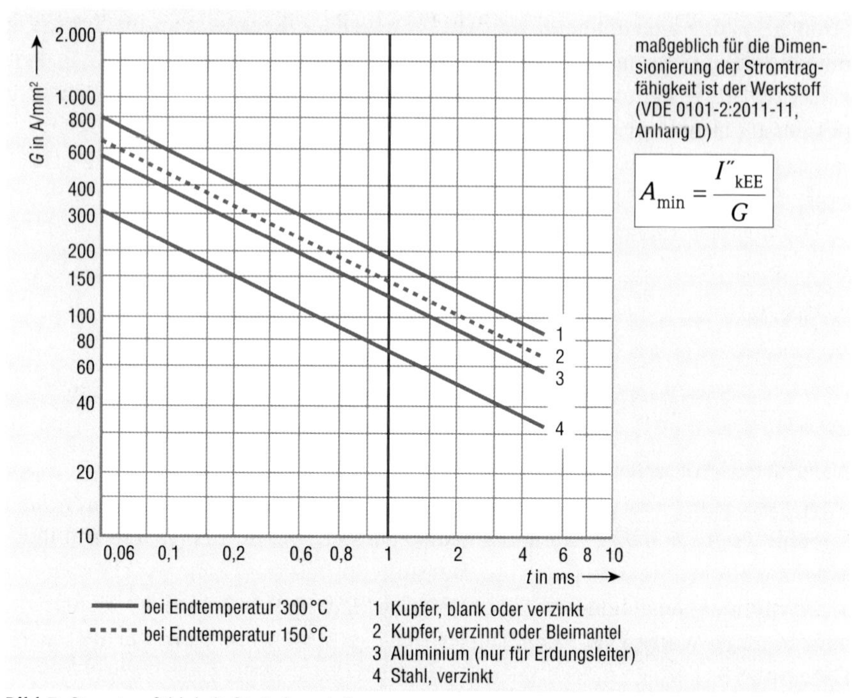

Bild 7: Stromtragfähigkeit für Erdungsleiter

Kabel mit Kupferleiter Querschnitt in mm²	zulässige Kurzschluss-temperatur in °C	Bemessungs-Kurzzeitstromdichte in A/mm² für eine Bemessungs-Kurzschlussdauer von 1 s					
		Leitertemperatur zu Beginn des Kurzschlusses in °C					
		70	60	50	40	30	20
≤ 300	160	115	122	129	139	143	150
> 300	140	103	111	118	126	133	140

Tabelle 1: Strombelastbarkeit für isolierte Schutzleiter, die nicht Bestandteil in Kabel und Leitungen sind – Auszug aus der DIN VDE 0276-603 Tabelle 17

Gewählt wird ein Erdungsleiter vom Typ NYY mit einem Querschnitt 1 x 95 mm². Für den Erdungssammelleiter in der Trafozelle [Kupfer blank (Linie 1)] ergibt sich unter Berücksichtigung einer Stromaufteilung ein Mindestquerschnitt von 41 mm² nach **Gleichung 10.**

Gleichung 10: Berechnungsbeispiel Mindestquerschnitt Erdungssammelleiter

$$A_{min} = \frac{I''_{kEE\,(Zweig)}}{G} = \frac{12{,}2\,kA \cdot 0{,}65}{195\,A/mm^2} = \frac{8\,kA}{195\,A/mm^2} = 41\,mm^2$$

Gewählt wird ein Bandeisen aus dem Material Kupfer blank mit den Abmessungen 20 x 2,5 mm (50 mm²).

Die Zuleitungen zum Tiefen- und Ringerder sind gemäß der VDE-AR-N 4110 (TAR Mittelspannung) [2] so auszuführen, dass sie in ihrem Verlauf keinen weiteren Kontakt mit geerdeten Teilen bekommen. Daher fällt hier die Wahl auf PVC-isolierte Einzelleiter NYY mit einer Kurzzeitstromdichte nach Tabelle 1.

Für die Berechnung des minimalen Querschnittes (**Gleichung 11**) ist der ermittelte Zweigstrom $I''_{\text{kEE(zweig)}} = 8\,\text{kA}$ nach Formel 8 heranzuziehen.

Gleichung 11: Berechnungsbeispiel Mindestquerschnitt Erdungsleiter

$$A_{\text{min}} = \frac{I''_{\text{kEE (Zweig)}}}{G} = \frac{12{,}2\,\text{kA} \cdot 0{,}65}{143\,\text{A/mm}^2} = \frac{8\,\text{kA}}{143\,\text{A/mm}^2} = 55\,\text{mm}^2$$

Aufgrund der eingerechneten Sicherheiten sowie dem vernachlässigen weiterer Stromzweige (z. B. die angeschlossenen Kupferschirme der Mittelspannungskabel) wird für den Anschluss der Erder der Normquerschnitt von 50 mm² gewählt (NYY 1 x 50 mm²).

Im **Bild 8** ist eine dem Beispiel angelehnte Hochspannungserdung dargestellt.

Bild 8: Praxisbeispiel Hochspannungserde

Niederspannungsfehler

Neben dem Hochspannungsfehler sollte auch ein möglicher Fehler an der Sekundärseite des Transformators betrachtet werden. Bei einem 1-poligen Kurzschluss auf der Niederspannungsseite gegen den Trafokern können beachtliche Kurzschlussströme fließen (**Bild 9**).

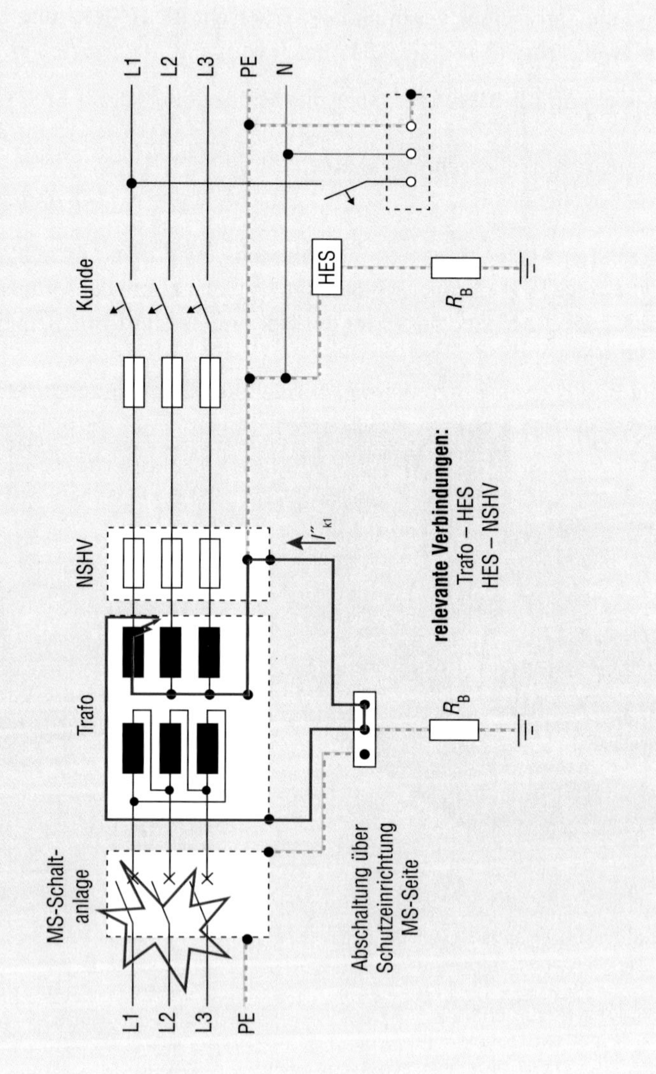

Bild 9: Fehler auf der Niederspannungsseite des Transformators

Dem in rot dargestellten Fehlerweg ist zu entnehmen, dass der Erdungsleiter vom Trafokern sowie die Verbindungen über die Haupterdungsschiene bis zur NSHV mit dem 1-poligem Kurzschlussstrom I''_{k1} belastet werden. Dieser Strom kann trafonahe Werte bis zum 3-poligen Kurzschlussstrom I''_{k3} annehmen.

Daher empfiehlt der Autor diese Verbindung möglichst niederimpedant auf direktem Wege zwischen Trafokern und der Schutzleiterschiene PE zu verbinden, ohne den „Umweg" über die Erdungsschienen. Als maßgebender Strom kann der 3-polige Kurzschlussstrom I''_{k3} auf der Sekundärseite des Transformators ermittelt werden. Hierfür kann die in **Gleichung 12** enthaltende überschlägige Berechnung angewendet werden.

Gleichung 12: Berechnung 1-poliger Kurzschlussstrom I''_{k1}

$$I''_{k1} \approx I''_{k3} = \frac{S_N}{\sqrt{3} \cdot U_N \cdot u_k}$$

Mögliche Kurzschlussbeiträge aus der Niederspannungsanlage sind dabei zu berücksichtigen (z. B. Erzeugungsanlagen).

Alternativ kann als maßgebender Strom auch die Bemessungskurzzeitstromfestigkeit I_{cw} der Niederspannungshauptverteilung angenommen werden. Im Berechnungsbeispiel in Gleichung 13 wird eine baumustergeprüfte NSHV mit I_{cw} = 65 kA versorgt. Der notwendige Querschnitt ergibt sich nach **Gleichung 13** mit 455 mm² bei einer Kurzzeitstromdichte G = 143 A/mm² gemäß Tabelle 1.

Gleichung 13: Berechnung Mindestquerschnitt des PVC-isolierten Erdungsleiters

$$A_{min} = \frac{I''_{k1}}{G} = \frac{65\,\text{kA}}{143\,\text{A/mm}^2} = 455\,\text{mm}^2$$

Diese Betrachtung zeigt, dass bei einem Fehler auf der Niederspannungsseite des Transformators die Erdungsleiter viel stärker belastet werden, als bei einem Doppelerdschluss auf der Hochspannungsseite.

Daher empfiehlt der Autor diese Fehlerschleife separat von der Hochspannungserde zu betrachten und eigene Anschlüsse am Trafokern auszuführen (**Bild 10**). Um den Querschnitt etwas zu reduzieren, empfiehlt es sich eine niedrigere Fehlerdauer als 1 s anzunehmen. Da dieser Fehler durch Schutzeinrichtungen auf der Mittelspannungsseite unverzögert abgeschaltet werden, kann mit ausreichender Sicherheit eine Fehlerdauer von 0,5 s herangezogen werden. Für die Berechnung bis zu einer Fehlerdauer von 5 s kann die **Gleichung 14** angewendet werden.

Gleichung 14: Berechnung Mindestquerschnitt des Erdungsleiters

$$A_{\min} = \frac{\sqrt{I''^{2}_{k1} \cdot t}}{k}$$

t Fehlerdauer in s

k Kurzzeit-Kurzschlussstromdichte in A/(√s/mm²)

Bei einer Leitertemperatur zu Beginn des Kurzschlusses von 30 °C ergibt sich laut DIN VDE 0100-540 [7] Tabelle A 54.2 für $k = 143\ \mathrm{A/(\sqrt{s}/mm^2)}$.

Wenn die reduzierte Abschaltzeit von 0,5 s und die Kurzzeitstromdichte *G* für PVC-isolierte Leiter eingesetzt wird, ergibt sich nach **Gleichung 15** ein Erdungsleiterquerschnitt von NYY 2 x 1 x 185 mm² (**Bild 10**).

Gleichung 15: Berechnung Mindestquerschnitt des PVC-isolierten Erdungsleiters bei einer Fehlerdauer von 0,5 s

$$A_{\min} = \frac{\sqrt{I''^{2}_{k1} \cdot t}}{k} = \frac{\sqrt{(65\,\mathrm{kA})^2 \cdot 0{,}5\,\mathrm{s}}}{143\,\mathrm{A/(\sqrt{s}/mm^2)}} = 321\,\mathrm{mm^2}$$

Bild 10: Hochspannungserde und zusätzliche Schutzleiterverbindung zur NSHV

Der nach VDE-AR-N 4100 (TAR Niederspannung) [1] und DIN VDE 0100-540 (VDE 0100-540) [7] geforderte Fundamenterder sollte aus Sicht des Autors als „Niederspannungserde" angesehen werden und im Bereich der Niederspannungshauptverteilung zur niederohmigen Erdung der Stromquelle verwendet werden. In TN-Systemen sind über diese Verbindung keine nennenswerten Ströme zu erwarten, sodass die Materialien des Fundamenterders von der Betrachtung der Stromtragfähigkeit außen vor bleiben kann. Hierbei wird davon ausgegangen, dass vom Trafokern eine direkte Verbindung zur Schutzleiterschiene der NSHV errichtet wurde.

Die Erdungsanlage besteht somit aus einer Hoch- und Niederspannungserde, die sich zu einer gemeinsamen Erdungsanlage verbindet. Durch diesen Ansatz kann für jeden Leiter die ausreichende Bemessung der Stromtragfähigkeit nachgewiesen werden.

Literaturverzeichnis

[1] DIN EN 50522 (VDE 0101-2):2011-11
Erdung von Starkstromanlagen mit Nennwechselspannungen über 1 kV

[2] VDE-AR-N 4110:2018-11
Technische Regeln für den Anschluss von Kundenanlagen an das Mittelspannungsnetz und deren Betrieb (TAR Mittelspannung)

[3] VDE-AR-N 4100:2019-04
Technische Regeln für den Anschluss von Kundenanlagen an das Niederspannungsnetz und deren Betrieb (TAR Niederspannung)

[4] DIN 18014:2014-03
Fundamenterder – Planung, Ausführung und Dokumentation

[5] DIN VDE 0100-410 (VDE 0100-410):2018-10
Errichten von Niederspannungsanlagen – Teil 4-41: Schutzmaßnahmen – Schutz gegen elektrischen Schlag

[6] DIN VDE 0100-442 (VDE 0100-442):2013-06
Errichten von Niederspannungsanlagen – Teil 4-442: Schutzmaßnahmen – Schutz von Niederspannungsanlagen bei vorübergehenden Überspannungen infolge von Erdschlüssen im Hochspannungsnetz und bei Fehlern im Niederspannungsnetz

[7] DIN VDE 0100-540 (VDE 0100-540):2012-06
Errichten von Niederspannungsanlagen – Teil 5-54: Auswahl und Errichtung elektrischer Betriebsmittel – Erdungsanlagen und Schutzleiter

Autor

Dipl.-Ing. (FH) Michael Heyen hat an der Fachhochschule Emden Elektrotechnik studiert. Zu Beginn seiner beruflichen Laufbahn war er als verantwortliche Elektrofachkraft für den sicheren Betrieb der elektrischen Anlagen in einem Kraftwerk zuständig. Weitere Erfahrung sammelte er in einem Planungsbüro und betreute als Projektleiter u.a. Maßnahmen in Energieversorgungsanlagen.

Nachdem Herr *Heyen* hauptberuflich als Dozent am Bundestechnologiezentrum für Elektro- und Informationstechnik in Oldenburg (BFE) tätig war, führt er dort weiterhin als Gastdozent Seminare im Bereich Energietechnik sowie Explosionsschutz durch.

Aktuell ist *Michael Heyen* bei einem Energieversorger im Bereich Asset-Management mit Schwerpunkt Mittelspannungsanlagen tätig.

Elektromobilität

Mark Klaas

Allgemeine Grundlagen

Was ist Elektromobilität?

Die Bezeichnung Elektromobilität oder auch Elektrotraktion steht für alle Fahrzeuge bzw. Transportmittel, deren Räder sich mittels elektromechanischer Energiewandlern antreiben lassen. Das sind neben Elektroautos vor allem elektrische Eisenbahnen, Straßenbahnen, Elektrofahrräder, Elektroroller, Elektromotorräder, Gabelstapler usw. Im Gegensatz zu Straßenfahrzeugen, bei denen in der Regel ein mobiler Energiespeicher erforderlich ist, entnehmen Schienenfahrzeuge, Oberleitungsbusse und Oberleitungs-LKW die elektrische Energie aus einem Fahrdraht. Elektrofahrzeuge werden oft Electric Vehicle (EV) oder Zero-Emission Vehicle (ZEV) genannt. Zero-Emission Vehicle sind jedoch keine Null-Emissions-Fahrzeuge, da sie auch weithin beispielsweise Abrieb der Bremsscheiben und Räder, Schmierstoffe und insbesondere bei der Energieumwandlung Schadstoffe ausstoßen. Dieser Schadstoffausstoß lässt sich im Falle regenerativer Energienutzung durch Sonne, Wasser und Wind weitgehend vermeiden. Die Entwicklung batteriegetriebener Elektrofahrzeuge reicht weit zurück, jedoch wurden die geringe Reichweite und die Schwere der Batterien bereits damals als problematisch angesehen.

Warum Elektromobilität?

Welche Gründe sprechen grundsätzlich für die Elektromobilität? Wer schon einmal in einem Elektromobil, z. B. Schienenfahrzeug, Auto bzw. Fahrrad usw., gefahren ist, wird die angenehmen Eigenschaften dieser Fahrzeugart sicher zu schätzen gelernt haben. Die Laufruhe (weniger Vibration) und allem voran die hohen Beschleunigungswerte sind hierbei besonders hervorzuheben. Der Elektromotor kann das Drehmoment über weite Bereiche seines Drehzahlbereichs im Zusammenspiel mit leistungselektronischen Antrieben äußerst gut zur Verfügung stellen. So verfügen schon sehr kleine Antriebe über immense Beschleunigungswerte, die kaum ein mechanischer Antrieb gleicher Leistung liefern kann.

Vorteile von Elektromobilität bzw. Elektroautos?

In diesem Zusammenhang wird oftmals der Klima- und Umweltschutz genannt. Klima- und Umweltschutzaspekte sind leider nicht ohne weiteres vergleichbar, da bei den sehr unterschiedlichen Herstellungsarten der Antriebe und der Energieumwandlung bzw. deren Beschaffung eine Gesamtbetrachtung oft nicht gelingt. Nahezu unbestritten dürfte allerdings die Tatsache sein, dass der Ausstoß von Abgasen von Verbrennungsmotoren in Ballungsgebieten unangenehmer ist, als hinter Elektroautos zu fahren. Die vermehrte Nutzung von Elektroautos könnte auf lange Sicht vermutlich dazu führen, dass Grenzwerte eingehalten würden, wie die der „Clean Air Act“, einer gesetzlichen Regelung in englischsprachigen Ländern zur Luftreinhaltung. Was jedoch langfristig der beste Weg für die Umwelt ist, wird sich erst zeigen müssen, da auch die Elektromobilität Schadstoffe freisetzt – eben nur an anderer Stelle. Ein Recycling von Batterien, besonders von Lithium-Ionen-Batterien, ist möglich und wird mit steigendem Bedarf sicherlich noch optimiert, siehe auch [2] ab Seite 345.

Die zukünftige Ausrichtung für Industrie und Handwerk wird sich ändern. Sollte es zu einer Elektromobilität mit Ladepunkten kommen, wird das Handwerk viele Hausladepunkte installieren können. Die Installationen, die Jahrzehnte lang nicht angepasst wurden und nicht mehr den aktuellen Sicherheitsstandard entsprechen, können dann endlich verbessert werden. Es sei an dieser Stelle nur auf textilummantelte Leitungen und Stromkreise ohne RCDs hingewiesen.

Jedoch gibt es auch andere interessante Lademöglichkeiten, wie z. B. induktives Laden, Brennstoffzellen, synthetische Kraftstoffe oder Redox-Flow-Systeme, die dann jedoch nicht so sehr das Handwerk betreffen könnten. Redox-Flow-Batterien beispielsweise sind elektrochemische Energiespeicher mit einem flüssigen Speichermedium. Die Energiewandlung erfolgt in elektrochemischen Zellen ähnlich den Brennstoffzellen. Die meisten Redox-Flow-Batterien besitzen eine mit Blei-Säure-Batterien vergleichbare Energiedichte, weisen jedoch ein Vielfaches von deren Lebensdauer auf. Die Halbzellen des Plus- und des Minus-Pols werden von den Elektrolytlösungen durchströmt. Damit sich diese nicht durchmischen, sind die Halbzellen durch eine ionenleitende, semipermeable Membran getrennt. Durch die Potentialdifferenz der Elektrolyten kann an den Elektroden eine Spannung abgegriffen werden. Wird der Stromkreis geschlossen, setzt sich die elektrochemische Reaktion in Gang und ein Strom beginnt zu fließen. Zur Ladung der Elektrolyte wird eine äußere Spannung an die Zelle angelegt und die Reaktion in den Halbzellen verläuft in die entgegengesetzte Richtung. Der Elektrolyt wird dadurch geladen. Einzelne Zellen lassen sich wie bei einer Brennstoffzelle in Reihe zu einem Batteriestapel, dem sogenannten „Stack“, zusammenschalten. Da es sich bei Redox-Flow-Batterien um eine Speichertechnologie mit externem Speicher handelt, können Leistung und Kapazität der Batterie unabhängig voneinander skaliert werden. Durch die separate Speicherung der Elektrolyte in Tanks findet im Stillstand der Anlage praktisch keine Selbstentladung statt.

In diesem Beitrag wird vorwiegend das konduktive, also kabelgebundene Ladesystem behandelt. Die Installation dieser Ladesysteme sollte Fachkräften vorbehalten bleiben und einen gewissen Umsatz durch Mobilität verschaffen, der vorher anderen Gewerken zugutekam.

Die Reduzierung der Abhängigkeit vom Erdöl stellt ebenfalls einen oft genannten Vorteil der Elektromobilität dar. Dies ist sicherlich richtig, führt in der Regel allerdings dazu, dass diese Unabhängigkeit vom Erdöl bzw. Erdgas durch neue Abhängigkeiten von anderen Rohstoffen abgelöst wird. Letztlich würden die Verbraucher jedoch wenigstens vor eine Wahl gestellt und ein gewisser Wettbewerb könnte entstehen. In diesem Zusammenhang kann die regenerative Erzeugung als eine lokale Wertschöpfung angesehen werden und es ließe sich gleichzeitig auch eine neue Bewertung von Energieträgern vornehmen.

Für die Reichweiten für den alltäglichen – innerörtlichen – Gebrauch, wie das tägliche Pendeln zur Arbeit, die Fahrten zukünftiger Generationen mit dem Roller zur Schule oder und zum Supermarkt usw. reichen die zurzeit verfügbaren Elektrofahrzeuge gegebenenfalls aus. Jedoch sind weite Strecken, z. B. in den Urlaub, nicht ohne weiteres wie gewohnt möglich, da es entweder an der Ladeinfrastruktur oder am schnellladefähigen Elektroauto fehlt. Die „normalen" kurzen Strecken sind auch ohne „Schnellladung" und „lange" Ladezeiten möglich, da hoffentlich das Fahr- bzw. Standzeug mehr als 8 h laden kann. Diese langsamere Ladung ist voraussichtlich auch für die Lebensdauer der Batterien von Vorteil, siehe auch hier [2], denn möchte man mehr als 50 kW/h in eine Batterie hineinbringen, kann chemischer und mechanischer Stress die Folge sein, was die Alterung der Batterie sicherlich beschleunigen würde, auch wenn die Batterieforschung hier mittlerweile große Fortschritte verzeichnet, um dem entgegenzuwirken.

Marktbetrachtung

Eine nützliche Übersicht über die zurzeit am Markt verfügbare(n) Fahrzeuge und Ladetechnik bietet die Webseite www.e-stations.de/elektroautos/liste (siehe **Bild 1**). Das **Bild 2** zeigt die Auswahl zu Lademöglichkeiten [3], [4].

Auf dieser Internetseite können sich Kunden und Installateure einen ersten Überlick verschaffen. Dabei sind mögliche Lademöglichkeiten, Ladeleistungen, Ladezeiten sowie die Reichweite von besonderem Interesse. Anhand dieser Informationen lässt sich die Installation gut auslegen.

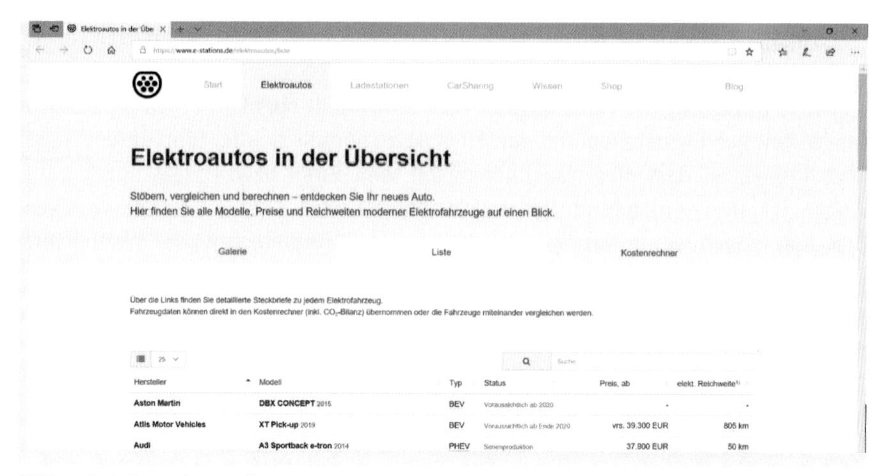

Bild 1: Marktbetrachtung übers Internet, Startseite [4]

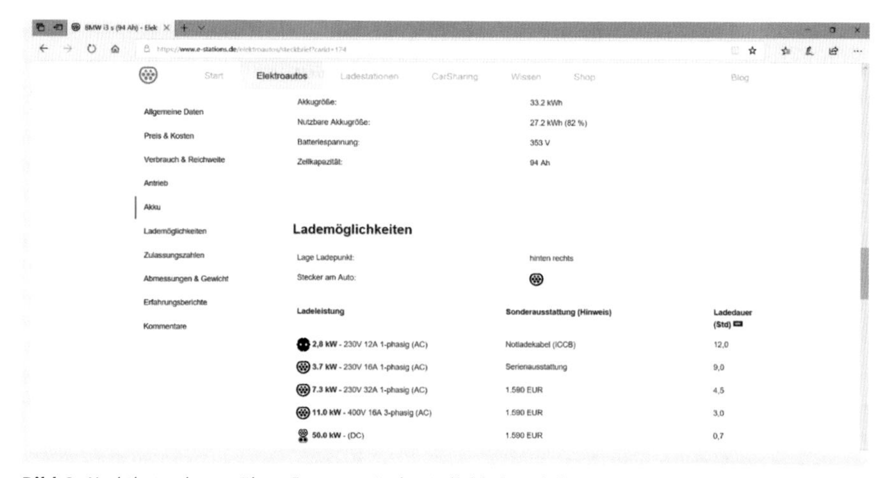

Bild 2: Marktbetrachtung übers Internet, Lademöglichkeiten [4]

Energiedichte und Abschätzung der Reichweiten (Diesel vs. Elektro)

Um bei Debatten über die Reichweiten sicher auftreten zu können, erfolgt nun eine überschlägige Abschätzung (**Rechnung 1**). Aus [5] und [6] kann die prinzipielle Wirkungsweise von Verbrennungsmotoren entnommen werden. Bei einer Energiedichte von z. B. Dieselkraftstoff von 42 800 kJ/kg, einem effektiven Wirkungsgrad von ca. 20 %, einem Verbrauch von 4 Liter auf 100 km und einem Tankinhalt von 55 Liter kann eine Reichweite von ca. 1375 km erzielt werden.

Rechnung 1

$$\text{Tankinhalt} = 55\,\text{l}$$

$$\text{Verbrauch}_{\text{Diesel}} = \frac{4\,\text{l}}{100\,\text{km}}$$

$$\rho_{\text{Diesel}} = 0{,}84\,\text{kg/l}$$

$$\eta_{\text{Diesel}} = 0{,}2$$

$$\text{Energiedichte}_{\text{Diesel}} = 42{,}8 \cdot 10^6\,\frac{\text{J}}{\text{kg}} = 11{,}889\,\frac{\text{kWh}}{\text{kg}}$$

$$\text{Reichweite}_{\text{Diesel}} = \frac{\text{Tankinhalt}}{\text{Verbrauch}_{\text{Diesel}}} = \frac{55\,\text{l}}{\frac{4\,\text{l}}{100\,\text{km}}} = 1375\,\text{km}$$

$$\text{effektive Energiedichte} = \text{Energiedichte}_{\text{Diesel}} \cdot \eta_{\text{Diesel}}$$

$$\text{effektive Energiedichte} = 11{,}889\,\frac{\text{kWh}}{\text{kg}} \cdot 0{,}2 = 2{,}378\,\frac{\text{kWh}}{\text{kg}}$$

Zum Vergleich: Ein Elektroauto mit einer nutzbaren Akkukapazität von 27,2 kWh und einem ähnlich vergleichbaren Verbrauchswert von 18 kWh/100 km hat eine Reichweite von ca. 151 km (**Rechnung 2**).

Rechnung 2

$$\text{Akkukapazität} = 27{,}2\,\text{kWh}$$

$$\text{Verbrauch}_{\text{Strom}} = \frac{18\,\text{kWh}}{100\,\text{km}}$$

$$\text{Reichweite}_{\text{Strom}} = \frac{\text{Akkukapazität}}{\text{Verbrauch}_{\text{Strom}}} = \frac{27{,}2\,\text{kWh}}{\frac{18\,\text{kWh}}{100\,\text{km}}} = 151{,}1\,\text{km}$$

Dabei ist die Energiedichte von Batterien im Vergleich zum Dieselkraftstoff kleiner (siehe **Bild 3**).

Auf Basis dieser Überlegungen lässt sich ein Vergleich über die „Energiekosten“ für 100 km Fahrleistung anstellen. Bei einem Verbrauch von 4 l auf 100 km und einem Dieselpreis von 1,20 EUR/l (Stand 27.05.2019) beträgt der Preis für 100 km 4,80 EUR. Bei einem Verbrauch von 18 kWh/100 km und einem Tarif von 0,289 EUR/kWh zahlt man 5,20 EUR, was in etwa den gleichen Preis für die gleiche Fahrleistung bedeutet (**Rechnung 3**). Nur wer einen günstigeren Tarif beziehen kann oder seinen eigenen Strom mit einer Photovoltaikanlage erzeugt, kommt elektrisch günstiger von A nach B.

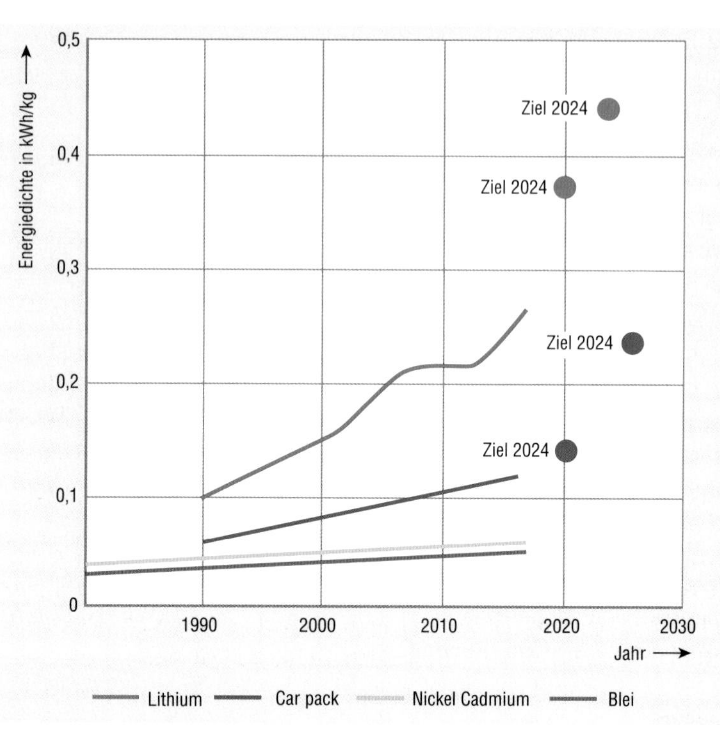

Bild 3: Energiedichte von Batterien [3]

Rechnung 3

$$\text{Verbrauch}_{\text{Diesel}} = \frac{4\,\text{l}}{100\,\text{km}} \quad \text{Preis}_{\text{Diesel}} = \frac{1{,}20\,\text{EUR}}{\text{l}}$$

$$\text{Kosten}_{\text{Diesel}} \text{ pro } 100\,\text{km} = \text{Verbrauch}_{\text{Diesel}} \cdot \text{Preis}_{\text{Diesel}} \cdot 100\,\text{km}$$

$$\text{Kosten}_{\text{Diesel}} \text{ pro } 100\,\text{km} = \frac{4\,\text{l}}{100\,\text{km}} \cdot \frac{1{,}20\,\text{EUR}}{\text{l}} \cdot 100\,\text{km} = 4{,}80\,\text{EUR}$$

$$\text{Verbrauch}_{\text{Strom}} = \frac{18\,\text{kWh}}{100\,\text{km}} \quad \text{Preis}_{\text{Strom}} = \frac{0{,}289\,\text{EUR}}{\text{kWh}}$$

$$\text{Kosten}_{\text{Strom}} \text{ pro } 100\,\text{km} = \text{Verbrauch}_{\text{Diesel}} \cdot \text{Preis}_{\text{Diesel}} \cdot 100\,\text{km}$$

$$\text{Kosten}_{\text{Strom}} \text{ pro } 100\,\text{km} = \frac{18\,\text{kWh}}{100\,\text{km}} \cdot \frac{0{,}289\,\text{EUR}}{\text{kWh}} \cdot 100\,\text{km} = 5{,}20\,\text{EUR}$$

Welche Reichweite hat ein Elektrofahrzeug?

Diese Frage ist ähnlich schwer zu beantworten, wie die zu den Verbrennungsantrieben. Die Reichweite hängt von mehreren Faktoren ab:

- Kapazität der Antriebsbatterie
- Gewicht des Fahrzeugs
- Streckenprofil
- Fahrweise (starkes Beschleunigen wirkt sich negativ auf die Reichweite aus)
- Zusatzverbraucher (z. B. Heizung und Klimaanlage)

Hierbei ist unbedingt zu erwähnen, dass ein Elektrofahrzeug bei der Verzögerung durch die sogenannte Rekuperation Energie in die Batterie zurückführen kann. Das verlängert zum einen die Reichweite und schont zum anderen die Bremsen. Je nach Fahrweise sind so Verbräuche zwischen 10 kWh/100 km bis 25 kWh/100 km erreichbar. Berücksichtigt man jetzt die nutzbaren Akku- bzw. Batteriekapazitäten und den Wirkungsgrad, lässt sich die Reichweite – wie oben gezeigt – abschätzen.

Reichweitenängste sind meist unbegründet. Die laut verschiedenen Studien durchschnittliche pro Tag zurückgelegte Fahrstrecke in Deutschland liegt zwischen 40 km und 60 km [1], [3], [7], [8]. Des Weiteren ist zu berücksichtigen, dass private PKWs durchschnittlich ca. 23 h pro Tag stehen (also keine Fahrzeuge sind) und sich in dieser Zeit an die Ladestation anschließen lassen.

Steckertypen

Weltweit sind mehrere Steckertypen für das Laden von Elektrofahrzeugen genormt (siehe **Tabelle 1**). In der IEC 62196 (International Electrotechnical Commission)

	Typ 1 USA	Typ 2 EU	GB/China	CHAdeMO Japan
AC/AC3	SAE J1772 / IEC 62196-2	IEC 62196-2	GB Part 2	nicht möglich
DC	DC low IEC 62196-3	DC low IEC 62196-3	DC high GB Part 3 / IEC 62196-2	DC high
AC/AC3/DC	DC high SAE J1772 / IEC 62196-3	DC high IEC 62196-3	nicht möglich	nicht möglich

Tabelle 1: Verschiedene Steckertypen [3] bzw. [8]

sind diese genauer definiert. In Europa wurde der sogenannte Typ 2 als Standard-Ladestecker für Elektrofahrzeuge von der Automobilindustrie festgelegt. Dieser Typ 2 (auch als „Mennekes-Stecker“ bezeichnet) wird seit 2017 bei allen neuen Fahrzeugmodellen in Europa eingesetzt [9]. Man findet jedoch auch andere Steckvorrichtungen, die vor der Einigung auf diesen Typ zur Anwendung kamen. Alle Typen dieser IEC sind für die dauerhafte Ladung ausgelegt und daher den „normalen“ Schutzkontaktsteckvorrichtungen vorzuziehen, da diese nicht immer für 16 A Dauerstrom ausgelegt sind (siehe **Bild 4**). Die Steckverbindungen zeigen nicht nur in Bezug auf Dauerstrom einen Unterschied zu Standard-Steckertypen auf, sie ermöglichen auch eine Kommunikation mit dem Fahrzeug und erlauben es, den Ladepunkt das Ladekabel zu erkennen. In **Bild 5** sind die Kontakte PP (Proximity-Kontakt bzw. Plug Present) und CP (Control Pilot bzw. Kommunikations-Pilot) zu erkennen. In **Bild 6** wird der CCS-Stecker dargestellt. CCS steht dabei für Combined Charging System. Bei diesem System handelt es sich um die DC-Schnelllade-Stecker. Dieser Typ-2-Kombistecker lässt sich sowohl ausschließlich zum DC-Laden (Bild 6 rechts) als auch zum kombinierten Laden – DC-Laden plus Wechselstrom – (Bild 6 Mitte) bzw. Drehstrom-Laden (Bild 6 links) verwenden.

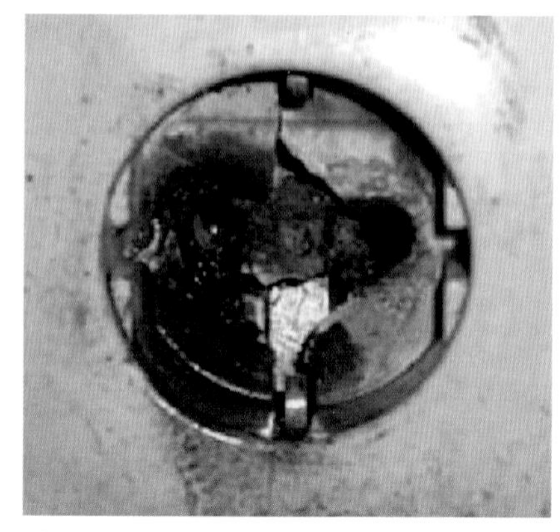

Bild 4: Schutzkontaktsteckdose nach 16 A Dauerstrombelastung

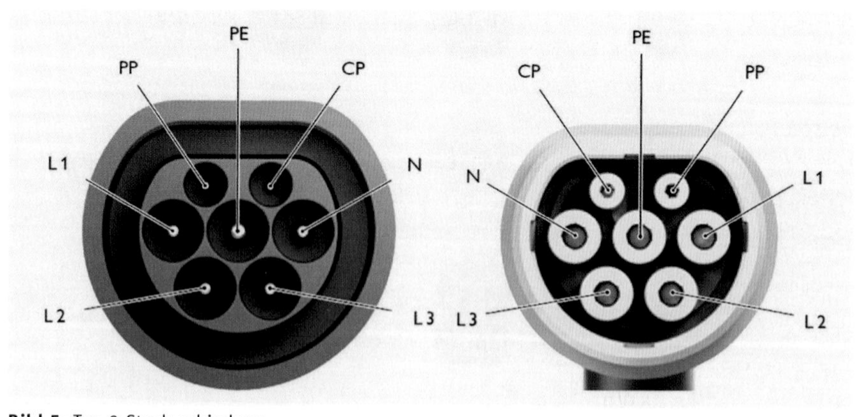

Bild 5: Typ-2-Steckverbindung

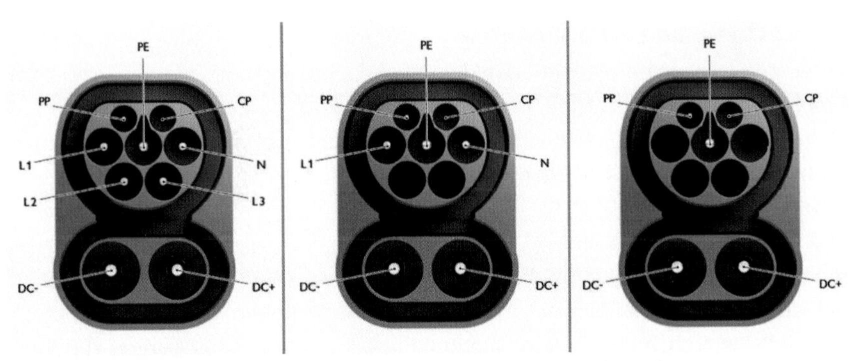

Bild 6: Typ-2-Combo- bzw. CCS-Steckverbindung (Combined Charging System)

Ladezeiten

Um die ungefähre Ladezeit bestimmen zu können, bedarf es einiger Angaben sowohl vom Fahrzeug als auch von der Ladeinfrastruktur. Dabei bestimmt die schwächste Komponente die Ladezeit. Für schnellere Ladungszeiten wird eventuell eine besondere Ladetechnik benötigt, die Aufpreise mit sich bringt, siehe auch Bild 2. Des Weiteren gilt es zu bedenken, dass hohe Ladeleistungen meist eine Leistungsanpassung der Einspeisung nach sich ziehen, die ebenfalls mit Zusatzkosten verbunden ist. Das schnelle Laden der Batterie kann diese unter Umständen vorzeitig altern lassen, sodass die tatsächliche Lebensdauer deutlich kürzer ist als die statistische Lebensdauer. Einige Hersteller begrenzen die Anzahl der Schnellladungen mit sogenannten *Superchargern*, um die Batterien nicht zu stark altern zu lassen. Je nachdem welche elektrische Arbeit benötigt wird, kann die Ladezeit unter Berücksichtigung der zur Verfügung stehenden Ladeleistung, ohne Berücksichtigung von Verlusten bzw. Wirkungsgraden, wie folgt berechnet werden:

$$\text{Ladezeit} = \frac{\text{nötige elektrische Arbeit}}{\text{Ladeleistung}}$$

Beispiel aus Bild 2:

Um 27,2kWh an benötigter elektrischer Arbeit zum Vollladen der nutzbaren Batteriekapazität von 82 % zur Verfügung zu stellen, beträgt der Zeitaufwand 0,54 h (32,6 min) bei einer Ladeleistung von 50 kW:

$$\text{Ladezeit} = \frac{27{,}2\,\text{kWh}}{50\,\text{kW}} = 0{,}54\,\text{h}$$

Steht nur eine Ladeleistung von 3,7 kW zur Verfügung, verlängert sich die Zeit auf ca. 7,4 h:

$$\text{Ladezeit} = \frac{27{,}2\,\text{kWh}}{3{,}7\,\text{kW}} = 7{,}35\,\text{h}$$

Ladesysteme und Komponenten

Unter den „kabelgebundenen (konduktiven) Ladesystemen“ werden alle Komponenten, die für den Ladebetrieb erforderlich sind, zusammengefasst. Die IEC 61851 unterscheidet zwischen vier Ladebetriebsarten bzw. Lademodi. Diese sollen nun kurz vorgestellt werden [8]:

Ladebetriebsart 1:

- AC-Laden mit bis zu 16 A
- Ein- oder dreiphasiger Anschluss über genormte Steckdosenkombinationen
- Leitungsschutzschalter je Anschlusspunkt (Anschlusspunkt ist die Stelle, an welcher ein einzelnes Elektrofahrzeug mit der ortsfesten Installation verbunden wird)
- Fehlerstromschutzschalter (FI bzw. RCD) je Anschlusspunkt

Die Ladebetriebsart ist nicht zu empfehlen, da oftmals nicht sichergestellt werden kann, dass Sicherheitsvorgaben in der Elektroinstallation vorhanden sind. Es empfiehlt sich, den Kunden bzw. Betreiber nochmals darauf hinzuweisen, dass „normale“ Schutzkontaktsteckvorrichtungen für Dauerströme von 16 A nicht geeignet (siehe Bild 5) und die RCDs dafür nicht ausgelegt sind.

Ladebetriebsart 2:

- AC-Laden mit bis zu 32 A
- Ein- oder dreiphasiger Anschluss über genormte Steckdosenkombinationen
- Leitungsschutzschalter je Anschlusspunkt
- Nutzung einer In-Cable-Control-Box ICCB (siehe **Bild 7**) bzw. In-Cable-Control and Protection Device (IC-CPD). Diese müssen über einen Control Pilot und Proximity Plug verfügen (siehe Ladekabel bzw. Kommunikation)
- Fehlerstromschutzschalter (FI bzw. RCD) je Anschlusspunkt, kann auch in der ICCB enthalten sein.

Bild 7: In-Cable-Control-Box

Die für die Ladebetriebsart 1 gemachten Aussagen gelten auch hier. Erst nach der ICCB kann eine Sicherheit gewährleistet werden. Eine Überlastung der Steckvorrichtung (z. B. Schutzkontakt – Steckvorrichtung) ist immer noch möglich, da sich diese ja nicht geändert hat. Daher sollte diese Betriebsart nur als „Notladekabel" betrachtet werden.

Ladebetriebsart 3:

- AC-Laden mit bis zu 63 A (bis 80 A möglich)
- Ein- oder dreiphasiger Anschluss über spezielle Ladesteckdose
- Ladekabel mit Stecker nach IEC 62196-2
- Schutzeinrichtung als fester Bestandteil je Anschlusspunkt, kein ICCB
- Kommunikation mit dem Elektrofahrzeug über den Control Pilot (siehe Ladekabel bzw. Kommunikation)
- Rückspeisung zugelassen
- Steckerverriegelung für unbeaufsichtigtes Laden im öffentlichen Raum

Diese Ladebetriebsart stellen die sogenannten Wallboxen dar (siehe **Bild 8**).

Ladebetriebsart 4:

- DC-Laden mit bis zu 400 A und 1000 V
- Ladesysteme werden in gesonderter Norm geregelt
- Steckverbinder für DC-Lader nach IEC 61851-23
- eventuell DC-Schutzeinrichtungen gefordert (wie z. B. Isolationsüberwachung)

Diese Ladebetriebsart wird auch DC-High-Ladung genannt (siehe **Bild 9**).

Nach DIN VDE 0100-722 [11] ist eine Schutzvorkehrung gegen Gleichstromfehlerströme vorzusehen, es sei denn, diese sind in die EV-Ladestation integriert. Geeignete Einrichtungen für jeden Anschlusspunkt sind nach DIN VDE 0100-722 [11] folgende:

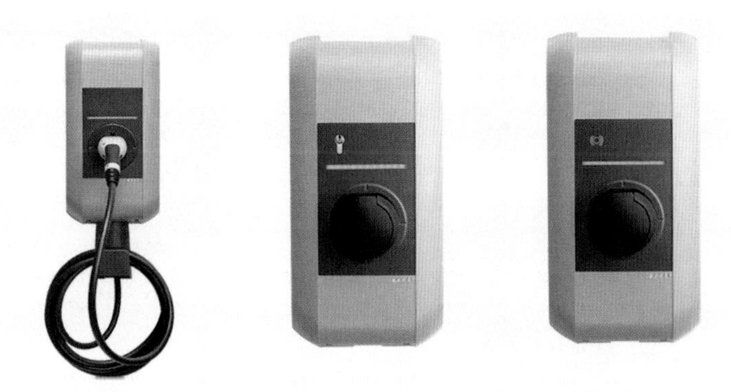

Bild 8: Beispiel Wallboxen von KEBA

- Fehlerstrom-Schutzeinrichtung (RCD) Typ B oder
- Fehlerstrom-Schutzeinrichtung (RCD) Typ A in Verbindung mit einer geeigneten Einrichtung zur Abschaltung der Versorgung im Fall von Gleichströmen > 6 mA.
- Mit einem Bemessungsdifferenzstrom nicht größer als 30 mA.

Bild 9: Ladebetriebsart 4

Neben den oben erwähnten Vorschriften müssen auch weitere Normen zur Anwendung kommen. Besonderer Hinweis soll hier auf die DIN VDE 0100-410 (Schutz gegen elektrischen Schlag, Oktober 2018), DIN VDE 0100-434 (Schutz bei transienten Überspannungen infolge atmosphärischer Einflüsse oder von Schaltvorgängen, Oktober 2016) und VDE-AR-N 4100 (Technische Regeln für den Anschluss von Kundenanlagen an das Niederspannungsnetz und deren Betrieb, April 2019) [13] erfolgen.

So ist z. B. in der VDE-AR-N 4100 [13] unter Punkt 4.1 zu lesen, dass der Anschluss von Anlagen und elektrischen Verbrauchsmitteln, darunter Ladeeinrichtungen für Elektrofahrzeuge, wenn deren Summen-Bemessungsleistung 12 kVA je Kundenanlage überschreitet, der vorherigen Beurteilung und Zustimmung des Netzbetreibers bedarf.

Ladekabel

Kommt anstelle eines festangeschlagenen Kabels ein mobiles Ladekabel zum Einsatz, ist zuvor die Strombelastbarkeit des Kabels in der Ladeinfrastruktur zu bestimmen.

Die Strombelastbarkeit wird mittels eines Widerstandes im Stecker kodiert, sodass eine schnelle Erkennung möglich ist und eine Überlast des Kabels ausgeschlossen werden kann (siehe **Bild 10**). In **Tabelle 2** wird die Strombelastbarkeit

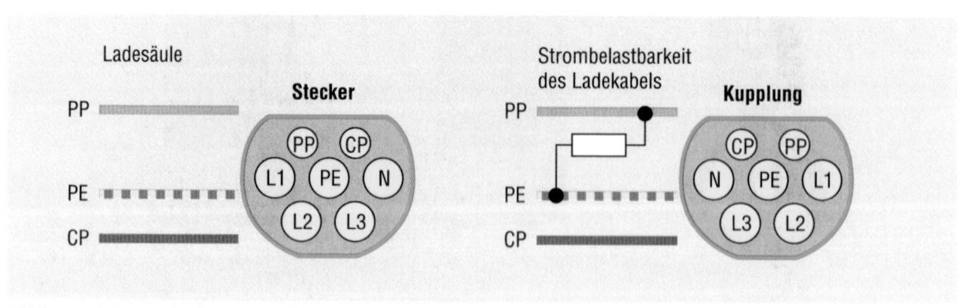

Bild 11: Schematische Darstellung des Ladekabels mit Widerstand [3]

in Abhängigkeit vom Widerstand und Querschnitt wiedergegeben. Dabei kann es vorkommen, dass eine Kombination aus Ladekabel und Controller gewählt wird, die nicht zusammenpasst (siehe **Tabelle 3**). Ein Prüfadapter mit Ladekabeleinstellung ist hierbei von Vorteil.

	Querschnitt in mm²			
	1,5	**2,5**	**6**	**16**
Widerstand in Ω	1.500	680	220	100
max. Strombelastbarkeit in A	13	20	32	63

Tabelle 2: Maximale Strombelastbarkeit von Kabeln

Controller in A	Absicherung in A	Outlet	Ladekabel				Bemerkung
			13 A	20 A	32 A	63 A	
13	13	Typ 2	ok	ok	ok	ok	alle Kabel mit Funktion
20	16	Typ 2	nicht ok	ok	ok	ok	keine Funktion mit 13-A-Kabel
32	32	Typ 2	nicht ok	nicht ok	ok	ok	keine Funktion mit 13-A- oder 20-A-Kabel

Tabelle 3: PP-Codierung des Ladekabels mit Controller-Konfiguration

Basiskommunikation mit dem Fahrzeug

In der Ladebetriebsart 1 wird der Ladevorgang ohne Kommunikation mit dem Fahrzeug gestartet, folglich ohne jegliche Prüfung. Die Ladebetriebsarten 2 und 3 durchlaufen eine mehrstufige Basiskommunikation, um die geforderten Sicherheitsmaßnahmen umzusetzen ([8] und [10]). Diese Kommunikation erfolgt über zwei Kontakte im Ladesystem CP und PE (siehe **Bild 11**) und beinhaltet folgende Funktionen:

- Überprüfung des korrekten Anschlusses des Fahrzeugs
- Überprüfung des Schutzleiterdurchgangs
- Ein- und Ausschalten des Ladevorgangs
- Bestimmen der Ladestromstärke (siehe **Tabelle 4** und **Bild 12**)
- Anforderung an den Lüfter (z. B. bei gasenden Batterien, siehe Tabelle 4)
- Verriegelung und Freigabe der Steckvorrichtung

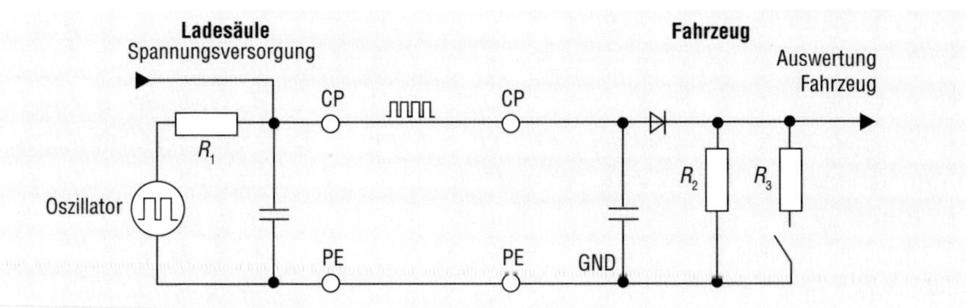

Bild 11: Vereinfachter Pilotstromkreis nach [3] bzw. [10]

Spannung ***U* in V**	**A** kein Fahrzeug	**B** Fahrzeug verbunden, nicht bereit	**C** Fahrzeug bereit, ohne Lüften	**D** Fahrzeug bereit, mit Lüften	**X** Fehler
12					
9					
6					
3					
−3					
−6					
−9					
−12					

Tabelle 4: Fahrzeugzustand über die Pilotfunktion [3] bzw. [10]

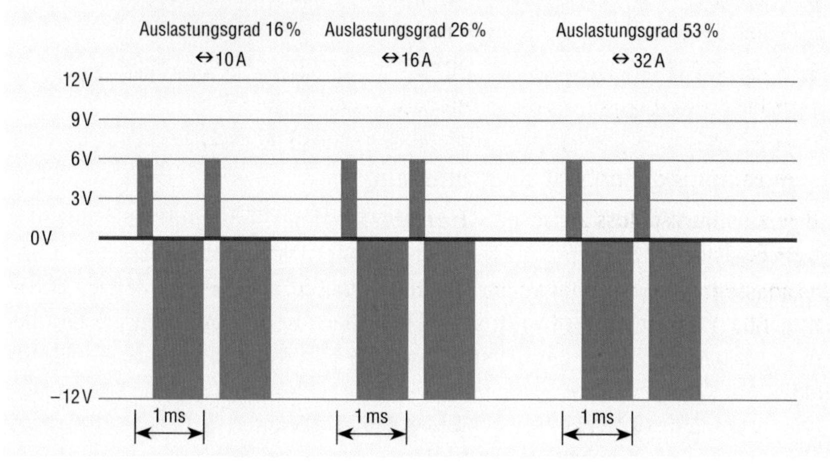

Bild 12: Schematisches PWM-Signal [3] bzw. [10]

Die geforderten Funktionen bzw. Kommunikationen erfolgen meist über eine sogenannte CP-Box oder Kommunikations-Box, die eine Art Kleinststeuerung darstellt. Der vereinfachte Aufbau der Verbindung zum Fahrzeug ist in Bild 12 dargestellt. Das Ladesystem erzeugt ein PWM-Signal (Pulsweitenmodulation) mit einer Frequenz von 1 kHz und einer Spannung von +/− 12 V zwischen CP und PE. Ist kein Fahrzeug angeschlossen, wird die Spannung nicht verändert. Im Status B sinkt die Spannung auf + 9 V ab. Hierauf signalisiert die Kommunikations-Box, dass ein Fahrzeug zwar erkannt, eine Ladung aber nicht angefordert wird.

Sinkt die Spannung auf + 6 V (durch die Widerstandschaltung im Fahrzeug), wird eine Ladung ohne Lüftung angefragt (Status C). Wird die Spannung auf + 3 V gesenkt, benötigt das Ladesystem einen Lüfter, um z. B. die bei der Ladung entstehenden Gase abzuführen (Status D). Werden die Grenzen der DIN VDE 0122-1 [10] überschritten, liegt ein Fehler vor (Status X bzw. E siehe **Bild 12**) und die Ladung wird beendet.

Ein Kurzschluss zwischen CP und PE am Fahrzeug entriegelt den Stecker und die Steuerung des Anschlusspunktes gibt den Stecker frei.

Die Spannung wird durch folgenden Widerstandswert am Fahrzeug realisiert, der Status der Pilotfunktionen ist aus der DIN VDE 0122-1:2012-01, Seite 36, entnommen.

A → Kein Widerstand zwischen CP und PE
→ Kein Fahrzeug angeschlossen

B → 2.740 Ω zwischen CP und PE (nur R_2 = 2.740 Ω)
→ Fahrzeug angeschlossen, aber nicht bereit zum Laden

C → ca. 882 Ω zwischen CP und PE (R_2 = 2.700 Ω || R_3 = 1.300 Ω)
→ Fahrzeug angeschlossen, bereit zum Laden, ohne Lüftung

D → ca. 246 Ω zwischen CP und PE (R_2 = 2.700 Ω || R_3 = 270 Ω)
→ Fahrzeug angeschlossen, bereit zum Laden mit Belüftung

E → z. B. Kurzschluss zwischen CP und PE
→ Fehler

Der Ladestrom wird über die Pulsbreite des PWM-Signals gesteuert. Hierzu finden sich in Bild 12 bzw. **Bild 13** einige Beispiele. Ein Tastverhältnis von 3 % bis 7 %

z. B.

10%	=>	10 * 0,6 A	= 6 A
16%	**=>**	**16 * 0,6 A**	**= 9,6 A**
26%	**=>**	**26 * 0,6 A**	**= 15,6 A**
53%	**=>**	**53 * 0,6 A**	**= 31,8 A**
85%	=>	85 * 0,6 A	= 51 A
86%	=>	(86-64) * 2,5 A	= 55 A
96%	=>	(96-64) * 2,5 A	= 80 A

	Maximale Stromaufnahme des Fahrzeugs
	nicht gestattet
	...n, dass digitale Kommunikation zur Überwachung eines ...n Ladegerätes verwendet wird oder der verfügbare ...sstrom an ein Bordladegerät übermittelt wird. Digitale ...nikation kann auch bei anderen Tastverhältnissen ver... werden.
	ist nicht ohne digitale Kommunikation erlaubt.
	Ein Tastverhältnis von 5 % muss verwendet werden, wenn der Pilotleiter für die digitale Kommunikation verwendet wird.
7 % < Tastverhältnis < 8 %	Laden nicht gestattet
8 % ≤ Tastverhältnis < 10 %	6 A
10 % ≤ Tastverhältnis ≤ 85 %	verfügbarer Strom = (% Tastverhältnis) × 0,6 A
85 % < Tastverhältnis ≤ 96 %	verfügbarer Strom = (% Tastverhältnis –64) × 2,5 A
96 % < Tastverhältnis ≤ 97 %	80 A
Tastverhältnis > 97 %	Laden nicht gestattet
Wenn das Steuersignal (PWM) zwischen 8 % und 97 % liegt, darf die maximale Stromaufnahme die vom PWM-Signal angezeigten Werte nicht übersteigen, auch nicht, wenn das digitale Signal einen höheren Strom anzeigt.	

Bild 13: Maximale Stromaufnahme des Fahrzeuges [10]

zeigt an, dass zur Überwachung eines externen Ladegerätes digitale Kommunikation zum Einsatz kommt. Laden ohne digitale Kommunikation ist nicht möglich. Diese Funktion ist für die Ladebetriebsart 4 notwendig.

Dieser Beitrag zur Elektromobilität soll eine andere Sichtweise auf dieses Thema ermöglichen.

Literaturverzeichnis

[1] *Hofer Klaus:* E-Mobility Elektromobilität – Elektrische Fahrzeugsysteme, 2., überarbeitete Auflage, VDE Verlag

[2] *Korthauer Reiner* Hrsg.: Handbuch Lithium-Ionen-Batterien, 1. Auflage, Berlin/Heidelberg, Springer Vieweg Verlag

[3] Elektro- und Informationstechnisches Kompetenznetzwerk ELKOnet: E|MOBILITÄT Fachbetrieb Seminar

[4] www.e-stations.de/elektroautos/liste (Stand 25.05.2019)

[5] *Strauss Karl:* Kraftwerkstechnik – zur Nutzung fossiler, nuklearer und regenerativer Energiequellen, 7. Auflage, Berlin/Heidelberg, Springer Vieweg Verlag

[6] *Schreiner Klaus:* Basiswissen Verbrennungsmotor – fragen – rechnen – verstehen – bestehen, 1. Auflage, Vieweg + Teubner Verlag, Springer Fachmedien Wiesbaden

[7] *Kampker, Vallée, Schnettler* Hrsg.: Elektromobilität – Grundlagen einer Zukunftstechnologie, 2. Auflage, Berlin/Heidelberg, Springer Vieweg Verlag

[8] *Komarnicki, Haubrock, Styczynski:* Elektromobilität und Sektorenkopplung – Infrastruktur- und Systemkomponenten, 1. Auflage, Berlin/Heidelberg, Springer Vieweg Verlag

[9] Mennekes Qualitätspartner eMobility Schulungsunterlagen

[10] DIN EN 61851-1 (VDE 0122-1): Januar 2012, Elektrische Ausrüstung von Elektrostraßenfahrzeugen – Konduktive Ladesysteme für Elektrofahrzeuge – Teil 1: Allgemeine Anforderungen

[11] DIN VDE 0100-722 (VDE 0100-722): Juni 2019, Errichtung von Niederspannungsanlagen – Teil 7-722: Anforderungen für Betriebsstätten, Räume und Anlagen besonderer Art – Stromversorgung von Elektrofahrzeugen

[12] VDE-AR-N 4100: April 2019, Technische Regeln für den Anschluss von Kundenanlagen an das Niederspannungsnetz und deren Betrieb (TAR Niederspannung)

Bestandsschutz für Zähleranlagen – Wie wirken sich aktuelle Regelwerke für bestehende Anlagen aus?

Sven Bonhagen

Die Anforderungen für Zählerplätze sind seit einigen Jahren im Wandel. Die Umgestaltung unserer Energielandschaft, weg von Atom- und Kohlestrom zu erneuerbaren oder umweltverträglicheren Erzeugungsformen, erfordert einen grundsätzlichen Wandel in den Energieverteilungsnetzen.

Die Energieflussrichtung vor 20 Jahren war ganz klar geregelt. Das im Verbundnetz integrierte Großkraftwerk erzeugte Energie, die über die Übertragungs- und Verteilnetze dorthin gebracht wurde, wo man sie benötigte (**Bild 1**).

Diese wie in Bild 1 dargestellten alten Energienetze sind heutzutage in Deutschland nicht mehr vorhanden. In den letzten Jahren hat sich viel verändert. Es wurden verschiedenste erneuerbare Energielieferanten entdeckt und weiterentwickelt. Insbesondere durch die Förderung durch das Erneuerbare-Energien-Gesetz (EEG) [1] wurde ein massiver Ausbau der Bioenergiemassekraftwerke, Windenergieanlagen und Photovoltaikanlagen vorgenommen. Die Entwicklung der Erneuer-

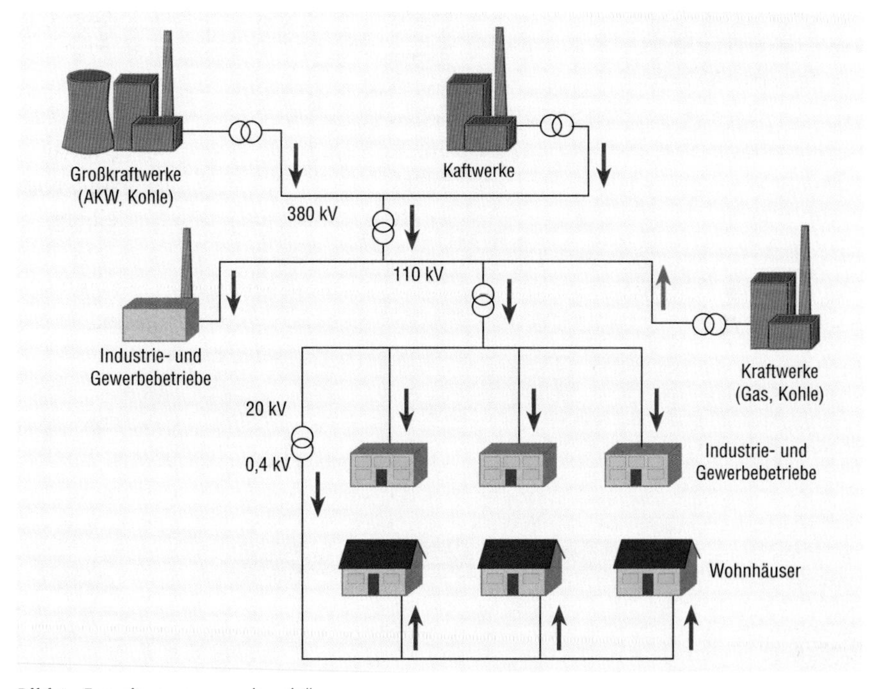

Bild 1: Energieerzeugung „damals"

baren-Energie-Kleinkraftwerke, die in der gesamten Fläche verteilt sind, hat man anfangs gar nicht wahrgenommen. Aber insbesondere der massive Ausbau der Photovoltaikanlagen ist nicht zu unterschätzen. Hier wurden viele „kleine“ Anlagen bis zu 30 kWp und „mittelgroße“ Anlagen zwischen 30 kWp und 100 kWp realisiert. Aber auch viele „große“ Anlagen (100 kWp bis 1.000 kWp) sind vorhanden. Die ganz „großen“ Anlagen mit einer Anlagenleistung über 1 MWp sind seltener aufzufinden. Somit werden gegenwärtig ca. 9 % unseres Energiebedarfes allein durch Photovoltaikanlagen gedeckt. Die Erneuerbaren Energien kommen hier in Summe auf ca. 45 %.

Die Erzeugerlandschaft hat sich folglich zunehmend geändert und die Regelungsprozesse zur Gewährleistung des sicheren und störungsfreien Netzbetriebes sind immer komplexer geworden (**Bild 2**).

Reaktionen auf diesen Wandel sowie auf den unterschätzten Ausbau von Kleinkraftwerken treten immer wieder zutage. An dieser Stelle sei als Beispiel die Systemstabilitätsverordnung (SysStabV) [2] genannt, welche neue Parameter für die

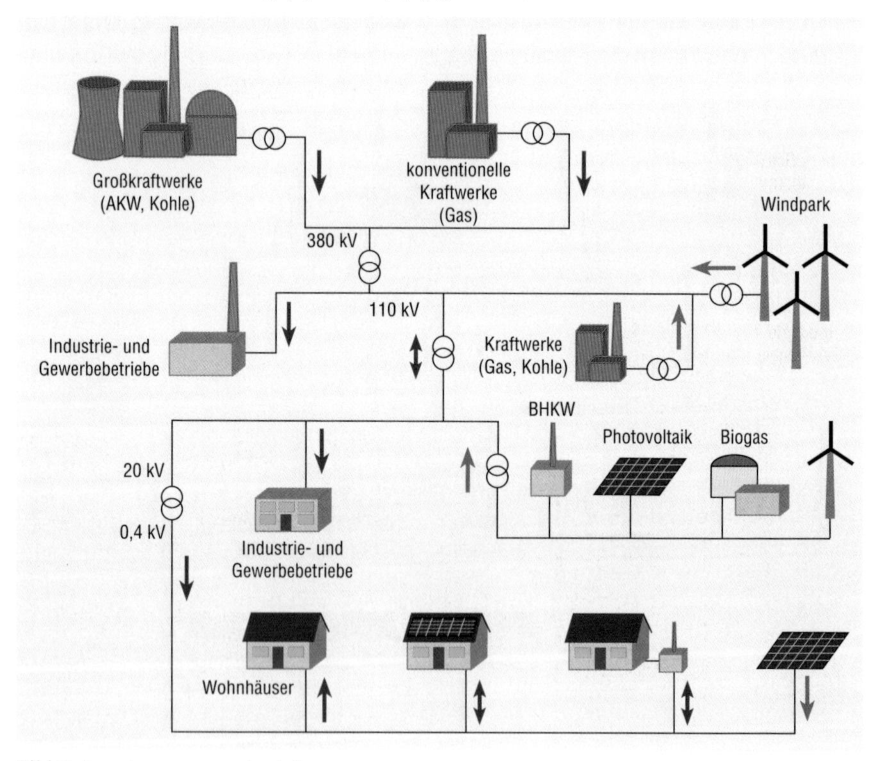

Bild 2: Energieerzeugung „heute“

Abschaltbedingungen beim Übersteigen der Frequenz von 50,2 Hz forderte. Die Einhaltung dieser Vorgaben wurde auch rückwirkend für Bestandsanlagen eingefordert.

Das erste formulierte Ziel des Erneuerbare-Energien-Gesetzes, bis zum Jahr 2025 den Bruttostromverbrauch zu 40 % bis 45 % aus erneuerbaren Energien zu decken, wird nach heutigem Stand erreicht werden. Dieser Beitrag der Erneuerbaren Energien soll bis zum Jahr 2035 auf bis zu 60 % und bis 2050 auf mindestens 80 % ausgeweitet werden. Die heutigen Maßnahmen sind hierfür jedoch nicht ausreichend. Der Ausbau insgesamt muss vorangetrieben und im Besonderen müssen weitere regenerative Großkraftwerke geschaffen werden (**Bild 3**).

Zusätzlich wird sich unsere Mobilität verändern. Die Fortbewegungsmittel werden sich vom klassischen Verbrennungsmotor immer weiter entfernen. Der öffentliche Nahverkehr, Schwerlastkraftverkehr und Firmen- und Privatfahrzeuge werden zunehmend elektrische Antriebe erproben und nutzen.

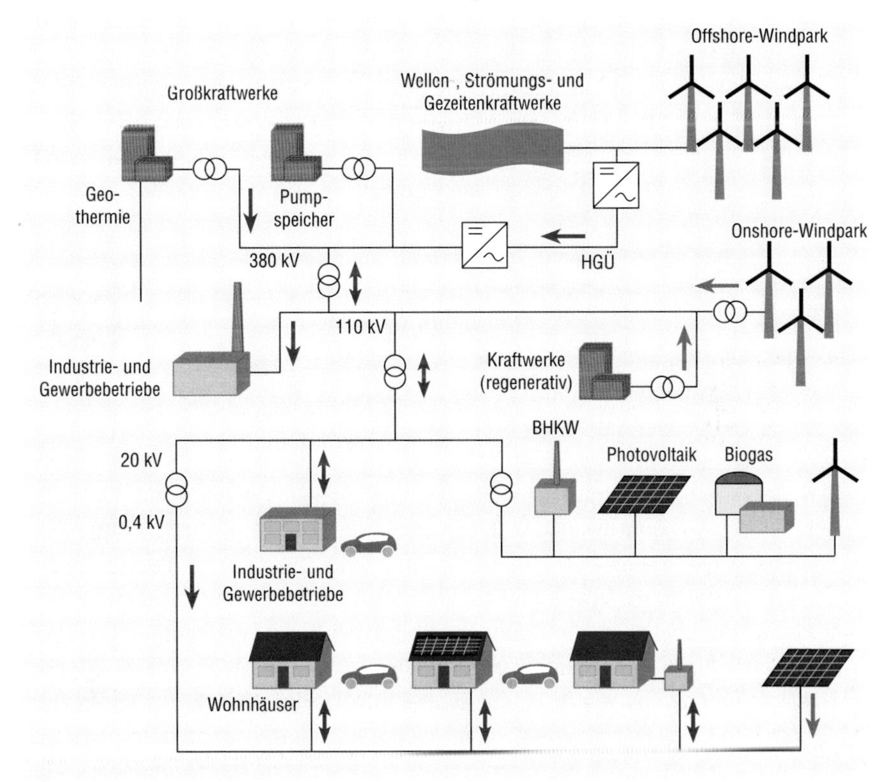

Bild 3: Energieerzeugung „Zukunft"

Die Summe aller anstehenden Veränderungen erfordert ganz neue Regelkonzepte, Eingriffsmechanismen zur Steuerung der Erzeugung und des Verbrauchs. Das Energienetz wird sich nicht von heute auf morgen umstellen lassen. Viele kleine Schritte dürften hier auch angebracht sein, bevor unser empfindliches und komplexes Energiesystem gänzlich ins „Stolpern“ gerät.

Regelwerke

Es besteht ein allgemeines Bewusstsein darüber, dass eine derartige Neugestaltung unserer Energieversorgungslandschaft nur funktionieren kann, wenn verschiedenste Veränderungen stattfinden. Hier sind Politik, Regulierungsbehörden, Übertragungsnetzbetreiber, Netzbetreiber und letztendlich das Handwerk dazu aufgefordert, die notwendigen Schritte zu identifizieren und umzusetzen.

Die Stromnetze sind die zentrale Infrastruktur der Energiewende, die alle Akteure miteinander verbindet. Deutschland verfügt im weltweiten Vergleich über eines der zuverlässigsten Netze. Durch die Energiewende ändern sich Aufgaben und Architektur der Netze grundlegend. Daher hat man sich im Jahr 2008 dazu entschlossen, das Forum Netztechnik/Netzbetrieb (FNN) beim Verband der Elektrotechnik, Elektronik und Informationstechnik (VDE) als Ausschuss mit eigener Geschäftsstelle zu gründen. Mit diesem Schritt hat man die Möglichkeiten geschaffen, die technische Regelsetzung für alle Netzbetreiber in Deutschland einheitlich und zukunftsweisend zu gestalten. Das Ziel ist eine vorausschauende Entwicklung des Stromnetzes angesichts der Herausforderungen durch die Energiewende. In diesem Forum sind Hersteller, Netzbetreiber, Anlagenbetreiber und wissenschaftliche Einrichtungen vertreten. Sie identifizieren technische Herausforderungen und entwickeln gemeinsam Lösungen.

Zentraler Punkt der Weiterentwicklung ist die steigende Komplexität unserer Netze. Die Anzahl an Akteuren, Schnittstellen, Kommunikationswegen und Betriebsmöglichkeiten steigt rasant. Das historisch unidirektionale Netz wird zu einem bi- oder sogar multidirektionalen System. Die Entwicklung vom Netz zum System ist die Herausforderung, welcher man sich im FNN wird stellen müssen.

Hierbei gibt es zahlreiche zu berücksichtigende Gesetze und Verordnungen, aus denen sich weitere Notwendigkeiten in der Ausführung und Umsetzung ergeben. Einen Überblick über die Komplexität und den Regelwerksrahmen bietet die Gesetzeskarte für das Energieversorgungssystem [3].

Das Energiewirtschaftsgesetz stellt den rechtlichen Rahmen für die Versorgung mit Strom und Gas. Der Fokus liegt dabei auf der Regulierung der Elektrizitäts- und Gasversorgungsnetze. Mit der Regulierung dieser natürlichen Monopole sollen Wirksamkeit und Unverfälschtheit des Wettbewerbs sichergestellt werden.

Für die Anforderungen an Kundenanlagen verweist das EnWG in § 49 auf die technischen Mindestanforderungen, welche durch die Einhaltung der VDE-Bestimmungen als erfüllt angesehen werden.

Technische Anschlussregeln (TAR)

Mit der Gründung des Forum Netztechnik/Netzbetrieb (FNN) wurde es möglich, die technischen Anforderungen in Form von VDE-Anwendungsregeln herauszugeben. Dank diesen Schrittes ist man erstmalig in der Lage, die technische Regelsetzung für alle Bundesländer auf einheitlicher Basis zu erstellen.

Die 2011 herausgegebene VDE-Anwendungsregel VDE-AR-N 4101 [4] war das erste für das Handwerk relevante Regelwerk und beschreibt die technischen Mindestanforderungen an Zählerplätze in elektrischen Anlagen. Insbesondere die Aufnahme von Eigenerzeugungsanlagen, die Änderungen für Messaufgaben sowie die zugehörigen Kommunikationssysteme sollen dazu führen, den Zählerplatz zukunftsfähig zu machen für Themen wie Smart Metering und Smart Grid. Durch dieses Regelwerk wurden die Bestimmungen der Technischen Anschlussbestimmungen (TAB) ersetzt oder ergänzt. Die technische Weiterentwicklung, bisherige Erfahrungen in der Anwendungspraxis und Anpassungen der Gesetze und Verordnungen erforderten eine Neuausgabe der VDE-AR-N 4101 [5] im Jahr 2005. Dieses Regelwerk bildet die Grundlage, um moderne Messeinrichtungen zu installieren und bei Bedarf zu einem intelligenten Messsystem weiterzuentwickeln.

Für Anschlussschränke außerhalb von Gebäuden wurde 2012 die VDE-AR-N 4102 [6] veröffentlicht. Diese gilt für ortsfeste Schalt- und Steuerschränke mit einem Anschluss aus dem öffentlichen Niederspannungsnetz und für Zähleranschlusssäulen. Das Regelwerk ist insbesondere für Anlagenbetreiber von Straßenverkehrstechnik, Telekommunikationsunternehmen oder im Hinblick auf Ladepunkte für die Elektromobilität von Interesse.

Die vorstehenden Regelwerke wurden in der Praxis angewandt und erprobt. Gesammelte Erfahrungen, neue Vorgaben aus Europäischen Regelwerken und ein zielgerichteter Blick in die zukunftsfähigen Weiterentwicklungen führten zu einer Zusammenfassung und Weiterentwicklung der Inhalte. Die neue Anwendungsregel VDE-AR-N 4100 [7] kombiniert die Inhalte beider Anwendungsregeln und ersetzt die beiden vorgenannten Dokumente (**Bild 4**). Das Regelwerk entspricht den sich aus der Richtlinie 2015/1535 [8] ergebenden EU-Anforderungen an den offenen Binnenmarkt und wurde gemäß der EU-Richtlinie notifiziert.

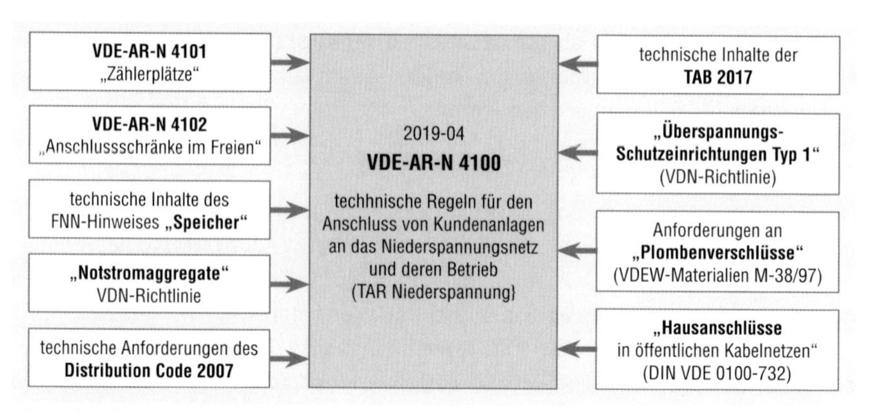

Bild 4: Inhalte der VDE-AR-N 4100

Technische Anschlussbedingungen (TAB)

Die Technischen Anschlussbedingungen (TAB) sind Bestandteil der Allgemeinen Bedingungen des Netzbetreibers für den Netzanschluss und die Anschlussnutzung. Die TAB regeln die administrative Beziehung zwischen dem Netzbetreiber, dem Anschlussnehmer und dem Handwerk. Die Grundsätze der Zusammenarbeit [10] wurden zwischen den Netzbetreibern und dem Elektrohandwerk vereinbart, um einen angemessenen Rahmen für eine gut funktionierende Zusammenarbeit zu gestalten.

Die TAB wird als Bundesmusterwortlaut [11] durch die Spitzenverbände erarbeitet und durch die zuständigen Landesgruppen des BDEWs oder der Landesverbände auf regionaler Ebene, z.B. als TAB NS Nord 2019, veröffentlicht. In Deutschland gibt es rund 900 Netzbetreiber. Diese sind nach der Niederspannungsanschlussverordnung verpflichtet, eine eigene TAB herauszugeben. Hierzu wird die von der Landesgruppe oder dem Landesverband erarbeitete TAB als Vorlage genutzt. In einem selbst erstellten Beiblatt werden die besonderen und netzbetreiberspezifischen Bestimmungen geregelt. Die TABs werden mit den Anschlussnehmern im Netzanschlussvertrag verbindlich zur Anwendung vereinbart. Im Netzanschlussvertrag mit den Anschlussnehmern werden die TABs verbindlich zur Anwendung vereinbart.

Im Wesentlichen regeln sie allgemeine Grundsätze wie Prozesse und Verfahren zur Anmeldung von Kundenanlagen, Inbetriebnahme, Inbetriebsetzung oder Verplombung von Anlagenbereichen.

Darüber hinaus werden Anforderungen und Bestimmungen für die Ausführung von Netzanschlüssen, Zählerplätzen und Kommunikationseinrichtungen beschrieben.

Die Schwerpunkte der Überarbeitung bildeten folgende Punkte:

- Definition der Hoheitsbereiche bei Inbetriebnahme und Inbetriebsetzung,
- Wiederinbetriebsetzung,
- Baustromanschluss,
- Gas- und Wasserdichte der Gebäudeeinführung,
- Beschreibung der Eigentumsgrenzen und
- Notstromaggregate und Speichersysteme.

Die TAR und TAB sind für die Errichtung und das Betreiben von elektrischen Anlagen am öffentlichen Niederspannungsnetz gleichermaßen zu beachten.

Bei der Erstellung beider Dokumente wurde darauf geachtet, dass die enthaltenden Anforderungen in beiden Regelwerken an gleicher Stelle wiederzufinden sind. Die TAB enthält in Teilen auch technische Anforderungen, die für den Anschlussnehmer oder Architekten von Bedeutung sind. Als Beispiel sind hier die Anforderungen an die Arbeitsfreiräume vor Hausanschlusskästen oder Zählerschränken zu nennen.

Viele der bisher aus der TAB bekannten technischen Anforderungen wurden in die TAR verschoben und hier gegebenenfalls ergänzt und konkretisiert. Damit ist ein stark verzahntes Regelwerk entstanden, welches in Neubauten oder bei Erweiterungen oder Änderungen bestehender Anlagen zu beachten ist.

VDE AR-N 4105

Neben den beiden vorgenannten Regelwerken ist für die Errichtung und den Betrieb von Eigenerzeugungsanlagen und Speichern die VDE AR-N 4105 [12] zu beachten.

Durch den Network Code „Requirements for Generators“ (NC RfG) [13] wurde eine Anpassung des Anwendungsbereiches notwendig. So werden künftig nur Erzeugungsanlagen mit einer maximalen Summenleistung von 135 kW nach diesem Regelwerk errichtet. Bei größeren Anlagen ist die Anschlussregel VDE-AR-N 4110 [14] für Mittelspannungsnetze zu beachten. Eine Ausnahme bilden einzelne KWK-Erzeugungseinheiten, Wind- und Wassererzeugungseinheiten, Stirling- oder Asynchrongeneratoren oder Brennstoffzellen mit einer Einzelleistung von maximal 30 kW. Insbesondere für große Photovoltaikanlagen oder Großspeicher ist diese neue Leistungsbegrenzung von immenser Bedeutung.

Die Bundesnetzagentur hat festgelegt, dass eine pauschale Umrechnung der in kW angegebenen Leistungsklasse von 135 kW mit einem cos φ von 0,9 erfolgt, sodass sich eine maximale Scheinleistung von 150 kVA ergibt.

Bestandsschutz für Zähleranlagen

Die Veränderungen in den aktuellen Regelwerken sind erforderlich, um den in der Einleitung beschriebenen Veränderungen in unserer Energielandschaft entsprechend begegnen zu können. Aus diesem Grund wurde unter anderem das Messstellenbetriebsgesetz [9] erlassen.

Messeinrichtungen für elektrische Energie werden sich weiter verändern, womit die Anforderungen an die Messtechnik und Übertragungstechnik steigen (**Tabelle 1**).

	Ferraris-Zähler	moderne Messeinrichtung (mME)*	intelligentes Messsystem (iMSys)	Kommunikationseinheit = Smart-Meter-Gateway (SMG)
Zählertyp	analoger Zähler	digitaler Zähler ohne Kommunikationseinheit	digitaler Zähler mit Kommunikationseinheit	Kommunikationsschnittstelle
Funktionen des Zählers	aktueller Zählerstand	– aktueller Zählerstand – gespeicherte Werte • tages- • wochen- • monats- • jahresgenau – 2 Jahre im Rückblick	– aktueller Zählerstand – gespeicherte Werte ¼ h genau abrufbar in • Tages- • Wochen- • Monats- • Jahresanzeige	– Schnittstelle zwischen Zähler und Kommunikationsnetz – kann einen oder mehrere Zähler anbinden – automatische Datenübertragung zum Messstellenbetreiber
Zuständig für Einbau, Messung und technischen Betrieb	örtlicher Netzbetreiber als Messstellenbetreiber	grundzuständiger Messstellenbetreiber (i.d.R. örtlicher Netzbetreiber) oder ein vom Verbraucher beauftragter Messstellenbetreiber		Smart-Meter-Gateway-Administrator ist entweder der grundzuständige Messstellenbetreiber oder ein wettbewerbliches Unternehmen.

* aufrüstbar mit einer Kommunikationseinheit zum iMSys

Tabelle 1: Unterscheidung der Messkonzepte und deren grundsätzliche Eigenschaften

Moderne Messeinrichtungen

Eine moderne Messeinrichtung ist die einfachste Weiterentwicklung des altgedienten Ferraris-Zählers, der den Stromverbrauch mit einem mechanischen Zählwerk misst. Anstelle dieser mechanischen Methode nutzt die moderne Messeinrichtung ein elektronisches Messwerk sowie ein digitales Display zur Anzeige des Stromverbrauchs. Ein digitaler Zähler ohne Kommunikationsadapter und Datenfernübertragung stellt damit grundsätzlich eine moderne Messeinrichtung dar.

Der Messstellenbetreiber muss dafür Sorge tragen, dass der Anschlussnutzer die Informationen über den tatsächlichen Energieverbrauch sowie historische tages-, wochen-, monats- und jahresbezogene Energieverbrauchswerte standardmäßig jeweils für die letzten 24 Monate einsehen kann.

Für die Jahresabrechnung ist eine manuelle Ablesung des Zählerstands durch den Messstellenbetreiber oder den Kunden weiterhin nötig.

Intelligentes Messsystem (Smart-Meter-Gateway)

Eine moderne Messeinrichtung kann durch den zusätzlichen Aufbau eines Smart-Meter-Gateways (SMG) zu einem intelligenten Messsystem weiterentwickelt werden. Über das SMG erfolgt die sichere Einbindung in das Kommunikationsnetz.

Das Smart-Meter-Gateway kann eine oder mehrere moderne Messeinrichtungen und andere technische Geräte (z.B. erneuerbare Stromerzeugungsanlagen, Gas-Messeinrichtungen, Wärmepumpen) sicher in ein Kommunikationsnetz einbinden. Darüber hinaus verfügt es über Funktionen zur Erfassung, Verarbeitung, Verschlüsselung und Versendung von Daten.

Die Bezeichnung für den verantwortlichen technischen Betreiber eines Smart-Meter-Gateways lautet Smart-Meter-Gateway-Administrator. Dies ist entweder der Messstellenbetreiber oder ein in seinem Auftrag tätiges, zertifiziertes Unternehmen.

Sowohl das Smart-Meter-Gateway als auch der Smart-Meter-Gateway-Administrator sind dazu verpflichtet, über ein Zertifikat des Bundesamtes für Sicherheit in der Informationstechnik (BSI) zu verfügen, welches die Einhaltung der gesetzlichen Vorgaben sicherstellt. Das SMG gilt als Herzstück des intelligenten Messsystems und wird im Raum für Zusatzanwendungen installiert. Das SMG muss durch das Bundesamt für Sicherheit in der Informationstechnik (BSI) zertifiziert sein. Sobald drei Anbieter den Zertifizierungsprozess abgeschlossen haben, kann der Aufbau intelligenter Messsysteme erfolgen. Bis dahin werden lediglich moderne Messeinrichtungen als Alternative zum Ferraris-Zähler installiert.

Folgende Vorteile ergeben sich für die Anschlussnehmer:

- Eine Vor-Ort-Ablesung direkt am Gerät ist mittels intelligenten Messsystemen nicht mehr erforderlich.
- Die Bündelung des Messstellenbetriebes der Bereiche Strom, Gas, Heiz- und Fernwärme wird möglich.
- Der Verbraucher kann seine aktuellen oder vergangenen Energieverbrauchswerte tages-, wochen-, monats- und jahresbezogen einsehen, dadurch ergibt sich:
  - eine höhere Transparenz über den Stromverbrauch,
  - die Option, verbrauchsintensive Geräte ausfindig zu machen,
  - die verbesserte Möglichkeit, Einsparpotentiale zu erkennen,
  - eine einfachere Überprüfung der Abrechnung,
  - eine Entscheidungshilfe im Hinblick auf die Wahl eines verbrauchsorientierten Stromliefervertrags.

Weitere sich für die Kunden ergebenden Vorteile hängen von der Art und Weise der Visualisierung und variablen Tarifgestaltung ab. In Zukunft gilt es hierbei zu beachten, dass es den sogenannten „grundzuständigen Messstellenbetreiber" gibt und darüber hinaus die Möglichkeit besteht, einen „wettbewerblichen Messstellenbetreiber" zu wählen. Die Regelungen hierzu finden sich im Messstellenbetriebsgesetz [9]. Sie eröffnen die Perspektive, innovative und am Markt bestehende Angebote auszuprobieren und anzunehmen.

Somit gibt es künftig den Netzbetreiber, den Energieversorger und den Messstellenbetreiber. Die beiden letztgenannten können aufgrund der Liberalisierung des Strommarktes und Neuordnung des Messstellenwesens künftig durch den Anschlussnutzer frei gewählt werden. Infolgedessen ergibt sich die Notwendigkeit, ein einheitliches technisches Regelwerk für Deutschland zu schaffen, um allen die gleichen Zugangsvoraussetzungen zu den Märkten zu gewährleisten.

Anpassung bestehender Altanlagen

Generell sind die Anforderungen der TAR und TAB bei der Errichtung von Neuanlagen oder bei Änderungen und Erweiterungen in Bestandsanlagen zu beachten. Im Bestand bestehende Anlagen, an denen derzeit keine Änderungen vorgenommen werden, sind grundsätzlich nicht anzupassen. Der Einbau moderner Messeinrichtungen oder intelligenter Messsysteme muss jedoch möglich sein.

Der bevorstehende Zähler-Rollout führt dazu, dass die Messtechnik in Bestandsanlagen vermehrt ausgetauscht wird. Das Forum Netztechnik/Netzbetrieb im VDE (FNN) hat sich umfassend mit dieser bevorstehenden Situation beschäftigt und einen FNN-Hinweis „Einbau von Messsystemen in Bestandsanlagen" [15] herausgegeben. Dieses Regelwerk, welches sich an Messstellenbetreiber und Elektro-Installationsunternehmen richtet, die durch den Anschlussnehmer oder Anschlussnutzer beauftragt wurden, behandelt ausschließlich Zählerplätze vor 2017, davon ausgehend, dass alle Zählerplätze in der jüngeren Vergangenheit für die Aufnahme von modernen Messeinrichtungen oder intelligenten Messsystemen geeignet sind.

Das Gesetz zur Digitalisierung der Energiewende [9] legt fest, dass der Anschlussnehmer einen geeigneten Zählerplatz zur Verfügung stellen muss. Die Kosten für die Herstellung des Zählerplatzes trägt der Anschlussnehmer, dies gilt auch für notwendige Umbauten von vorhandenen Zählerplätzen. Der Zugang zur Messstelle muss dem Netz- und Messstellenbetreiber zugestanden werden.

Ist es dem Netzbetreiber als grundzuständigen Messstellenbetreiber oder einem wettbewerblichen Messstellenbetreiber technisch nicht möglich, die Messstelle entsprechend der gesetzlichen Anforderungen zu betreiben, dann ist der Zählerplatz entsprechend anzupassen. Hierfür wird dem Anschlussnehmer eine Frist von 4 bis 12 Wochen eingeräumt.

Werden sicherheitsrelevante Mängel an der Zähleranlage festgestellt, so muss der Netzbetreiber den Anschlussnehmer hierüber informieren. Bei Sicherheitsmängeln ohne Gefahr für Leib und Leben wird eine Frist von vier Wochen zur Beseitigung als angemessen betrachtet. Bei Mängeln, die eine Gefahr für Leib und Leben darstellen, ist der Netzbetreiber nach § 15 der Niederspannungsanschlussverordnung (NAV) [16] verpflichtet, die Anschlussnutzung zu unterbrechen und gegen Wiedereinschalten zu sichern.

Nachfolgende Kriterien können den Einbau einer modernen Messeinrichtung oder eines intelligenten Messsystems verhindern:

- Der Zugang zum Zählerplatz wird verweigert oder ist baulich eingeschränkt,
- durch eine Sichtprüfung wird festgestellt, dass das Zählerfeld nicht zur Aufnahme des Zählers geeignet ist,
- der Zählerplatz ist technisch oder konstruktiv nicht geeignet,
- die Datenübertragung für das intelligente Messsystem ist nicht möglich, da:
  - der Mobilfunkempfang nicht ausreichend ist oder
  - eine externe Antenne nicht gesetzt werden kann oder
  - die Verlegung von Datenleitungen zum Übergabepunkt der Telekommunikationsanbindung nicht möglich ist.

Zählerplätze im Bestand

In Deutschland sind Millionen veralteter Hauptstromversorgungssysteme und Zählerplätze im Bestand vorhanden. Ungefähr 66 % aller Bestandsanlagen sind älter als 40 Jahre und der Anteil von komplett sanierten Wohngebäuden ist eher als gering anzusehen (**Bild 5**).

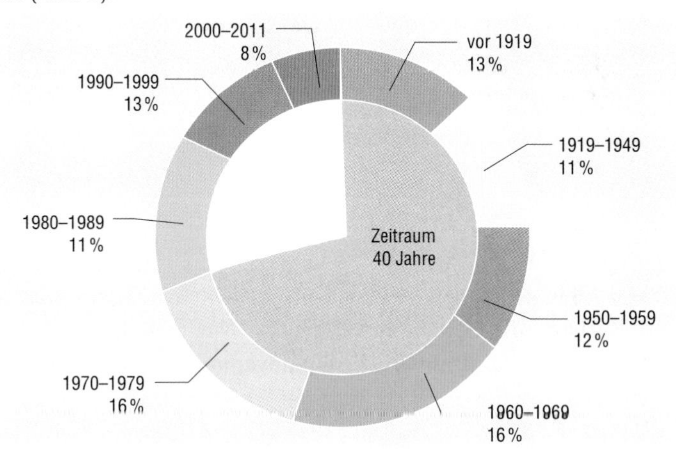

Bild 5: In Wohngebäuden befindliche Wohnungen (Stand 2011)

Für die Elektrofachkraft gestaltet es sich mitunter schwierig, das Baujahr der Zähleranlage vor Ort festzustellen. Zählerplätze vor 1951 wurden noch gänzlich ohne Zählertafeln oder Zählerschränke realisiert. Die Montage erfolgte in Mauernischen, direkt auf der Wand, auf Holz- oder Marmorplatten. Diese Zählerplätze sind grundsätzlich kritisch zu beurteilen und nicht geeignet für den Aufbau von intelligenten Messsystemen und daher idealerweise anhand der heutigen Lösungsmöglichkeiten zu erneuern.

Zählerplätze nach DIN 43853 Blatt 1

Im April 1951 wurde die DIN 43853 Blatt 1 erstmalig veröffentlicht. Zu diesem Zeitpunkt wurden die Befestigungs- und Aufhängemaße für Zähler festgelegt. Nach diesem Regelwerk wurden Zählertafeln in drei verschiedenen Baugrößen N0, N1 und N2 definiert (**Bild 6**). Die Zählertafeln konnten aus Blech, Bakelit (schwarz), Isolierstoff (grau) oder einer Mischung der Materialien Bakelit und Isolierstoff hergestellt sein.

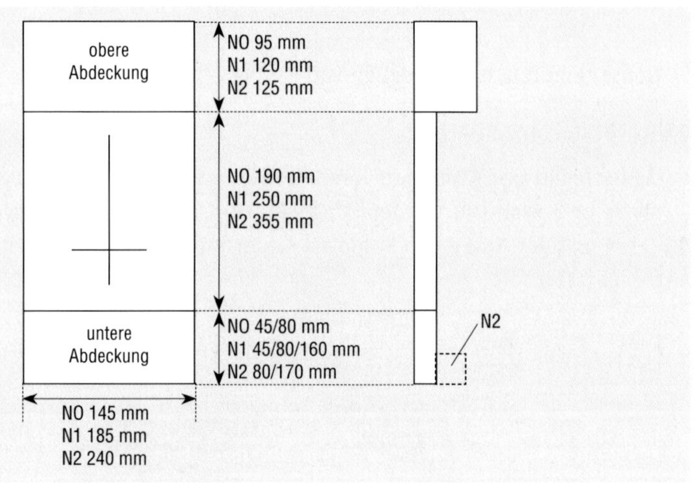

Bild 6: Zählerplätze nach DIN 43853 Blatt 1

Zählerplätze nach DIN 43853 Blatt 2

Im Jahr 1953 wurde das Blatt 2 veröffentlicht. Neu hinzugekommen sind die Baugrößen NA, NB und NC (**Bild 7**). Die Grundvarianten N0-N2 blieben erhalten.

Die Neuausgabe des Blattes 2 im Januar 1961 kannte nur noch die neue Version der Zählertafel NB und wurde im Juli 1963 zudem um Zählerplätze für die Unterputzmontage erweitert. Die neue Zählertafel hatte eine Breite von 205 mm und eine Gesamthöhe von 455 mm. Das Zählerfeld blieb mit 275 mm unverändert, jedoch wurde 1961 der obere Anschlussraum in der Tiefe verändert (vgl. Bild 7).

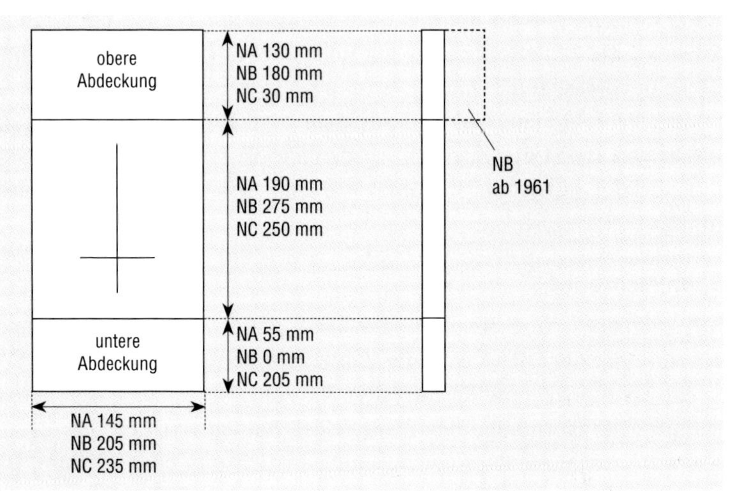

Bild 7: Zählerplätze nach DIN 43853 Blatt 2

Zählerplätze nach DIN 43853 Blatt 3

Im Jahr 1958 wurde das Blatt 3 herausgegeben. Seitdem sind NZ-Zählertafeln genormt. Die NZ-Tafeln wurden in den Typen NZ 90, NZ 135 und NZ 170 definiert (**Bild 8**). Die bisherigen Varianten NA und NC wurden durch diese Neugestaltung abgelöst.

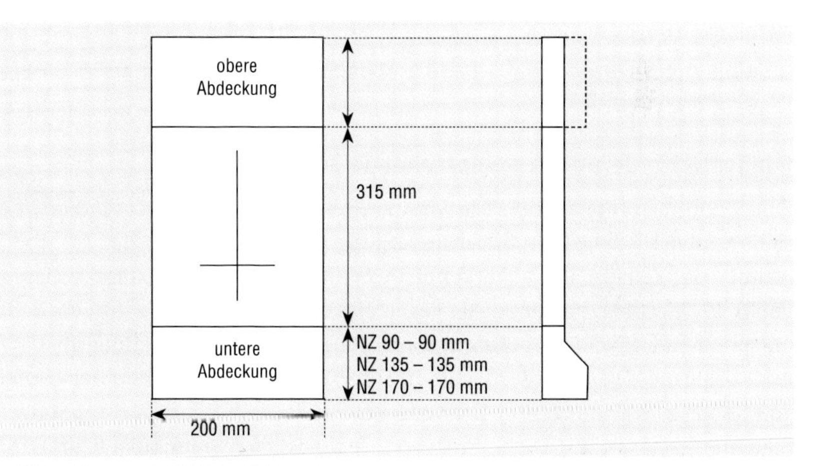

Bild 8: Zählerplätze nach DIN 43853 Blatt 3

Im Juni 1961 erfolgte eine Überarbeitung der bisherigen NZ-Zählertafel in Blatt 3. Es wurden insbesondere die Aufnahmebereiche für Klemmen und Sicherungen unter der oberen und unteren Abdeckung definiert. Die Breite änderte sich auf 205 mm, das Zählerfeld betrug nur noch 275 mm und die Gesamthöhe wurde mit 455 mm vorgesehen.

Die NZ-Zählertafel NZ 210 aus dem Jahr 1969 stellte eine Erweiterung der bisherigen Typen dar. Zugleich wurden die Blätter 1 und 3 zusammengefasst und die N0-Tafel gestrichen. Im Jahr 1972 kam zusätzlich die NZ-Zählertafel NZ 320 hinzu.

Zählerschränke

Mit der DIN 43866 aus dem Jahr 1968 wurde erstmalig der Unterputz-Zählerschrank, mit der DIN 43867 der Zählerverteilungsschrank definiert.

Das heute bekannte Rastersystem für Zählerschränke wurde bereits 1977 eingeführt. Die Normhöhe des Zählerfeldes beträgt 450 mm, die des unteren und oberen Anschlussraumes jeweils entweder 150 mm oder 300 mm. Die Feldbreite wird seit 1977 mit 250 mm vorgegeben. Die DIN 43870 bildet seither die Grundlage für die Gestaltung von Zählerfeldern und die Zählerplatzumhüllung – dies gilt bis heute.

Die DIN 43870-1/A1 führte im Jahr 2006 neue Bestimmungen für den elektronischen Haushaltszähler (eHz) ein. Das gesamte normative Regelwerk für Zählerplätze und -schränke wurde zwischenzeitlich in die Normenreihe DIN VDE 0603 überführt. Heute gilt, dass sowohl der anlagen- als auch der netzseitige Anschlussraum 300 mm groß sein muss. Weitere Informationen zu Bestands-Zählerplätzen nach den Vorschriften der ehemaligen DDR (TGL-Regelwerk) oder zu Freiluftschränken enthält der FNN-Hinweis „Einbau von Messsystemen in Bestandsanlagen" [15].

Mindestanforderungen an bestehende Zählerplätze

Für den Einbau intelligenter Messsysteme sind Zählerplätze erforderlich, die eine sichere und störungsfreie Stromversorgung gewährleisten. Daher ist eine Sichtprüfung der Zählerplätze auf erkennbare Schäden oder Mängel unerlässlich. Allem voran ist zu prüfen, ob der Schutz gegen elektrischen Schlag vorliegt, die Schutzart entsprechend gewählt worden und erhalten geblieben ist, Leitungsquerschnitte und -bauarten den Anforderungen entsprechen und die Isolation der Umhüllung von Kabel- und Leitungen in Ordnung ist. Ein Raum für Zusatzanwendungen und eine hierfür notwendige Spannungsversorgung ist nicht vonnöten, allerdings muss der Zählerplatz derart beschaffen sein, dass die Nachrüstung durch den Messstellenbetreiber erfolgen kann. Der Raum für Zusatzanwendungen kann bei Drei-Punkt-Befestigungen durch entsprechende Adapterplatten geschaffen werden. Der Einsatz von elektronischen Haushaltzählern (eHz) mit BKE ist hierbei möglich. Auch ein 3. Haushaltszähler ist denkbar.

Die Spannungsversorgung für das Smart-Meter-Gateway kann entweder aus dem netzseitigen Anschlussraum oder dem Zählerfeld erfolgen.

Wie die Verbindung in das öffentliche Telekommunikationsnetz (WAN) letztlich erfolgt, ist durch den Messstellenbetreiber festzulegen. Hierbei sind aus heutiger Sicht verschiedene Wege vorstellbar, darunter drahtgebundene Lösungen, Mobilfunknetze oder Powerline. Die Ausführung muss dabei so erfolgen, dass die Vorgaben zur Trennung von Kommunikationsleitungen berücksichtigt werden und die Sicherheit gegen elektrischen Schlag gegeben ist. Die Zähler werden über das Local Metrological Network (LMN) an das Smart-Meter-Gateway angebunden. Die Anbindung kann drahtgebunden oder über Funkverbindungen (Wireless-M-Bus) erfolgen.

Anpassung von Zählerplätzen im Bestand

Ob Anpassungen vorhandener Zählerplätze notwendig sind oder nicht, hängt von vielen Faktoren ab, sodass hier stets eine Einzelfallentscheidung notwendig sein wird.

In den Technischen Anschlussbedingungen ist eine Tabelle enthalten, die die grundsätzlichen Empfehlungen ausspricht (Aufzählung 1 bis 4), vgl. **Tabelle 2**. Sie kann durch den regionalen Netzbetreiber in abgewandelter Form in das Beiblatt übernommen werden.

Der FNN-Hinweis „Einbau von Messsystemen in Bestandsanlagen" [15] enthält in Anhang A diese Tabelle in erweiterter Form (Aufzählung 5 bis 6).

Bestandsschutz in der Elektrotechnik

Elektrotechniker gelangen in den verschiedensten Bereichen in bestehende elektrische Anlagen und müssen vor Ort Veränderungen, Reparaturen oder Erweiterungen vornehmen. Unabhängig davon, welcher Bereich betroffen ist, sei es die Industrie, der gewerbliche/öffentliche Bereich oder das private Umfeld, es stellt sich immer wieder die Frage danach, was eigentlich erlaubt ist, oder anders ausgedrückt: „Besteht für die Anlage Bestandsschutz und hebe ich diesen durch meine Tätigkeit auf?" Diese Frage lässt sich nicht ohne weiteres beantworten und erfordert zum einen eine kritische Auseinandersetzung mit den technischen Regelwerken, insbesondere den VDE-Bestimmungen, zum anderen bedarf es der Definition des Bestandsschutzes und der Kenntnis über dessen Bedeutung.

	Änderung	Darf ein vorhandener Zählerplatz bei Änderungen weiterhin verwendet werden?						
		vorhandener Zählerplatz						
		DIN 43853		DIN 43870				DIN VDE 0603 (VDE 0603)
		Änderungsvarianten						
		Zählertafel (keine Schutzklasse II)	Norm-Zählertafel (Schutzklasse II)	Norm-Zählertafel mit Vorsicherung (Schutzklasse II)	Zählerschrank mit Fronthaube und Trennvorrichtung im anlagenseitigen Anschlussraum	Zählerschrank mit NH-Sicherung	Zählerschrank mit Trennvorrichtung[1]	Zählerschrank nach VDE-AR-N 4100
1	Leistungserhöhung in der Anschlussnutzeranlage	nein	nein	nein	ja[4]	ja[4]	ja	ja
2	Umstellung Zählerplatz auf Drehstrom	nein	nein	nein	ja[4]	ja[4]	ja	ja
3	Umstellung auf Zweirichtungsmessung (mit Änderung der Betriebsbedingungen)	nein	nein	nein	ja[4]	ja[4]	ja	ja
4	Umstellung von Eintarif- auf Zweitarifmessung	nein	ja[2, 3, 4]	ja[4]	ja[4]	ja[4]	ja	ja
5	Umstellung von konventioneller Messeinrichtung (Ferraris) auf moderne Messeinrichtung	nein	ja	ja[4]	ja[4]	ja[4]	ja	ja

Tabelle 2: Anpassung von Zählerplätzen aufgrund von Änderungen der Kundenanlage oder der Messeinrichtung (Teil 1/2)

	Änderung	Darf ein vorhandener Zählerplatz bei Änderungen weiterhin verwendet werden?						
		vorhandener Zählerplatz						
		DIN 43853		DIN 43870				DIN VDE 0603 (VDE 0603)
		Änderungsvarianten						
		Zählertafel (keine Schutzklasse II)	Norm-Zählertafel (Schutzklasse II)	Norm-Zählertafel mit Vorsicherung (Schutzklasse II)	Zählerschrank mit Fronthaube und Trennvorrichtung im anlagenseitigen Anschlussraum	Zählerschrank mit NH-Sicherung	Zählerschrank mit Trennvorrichtung[1]	Zählerschrank nach VDE-AR-N 4100
6	Umstellung von konventioneller Messeinrichtung (Ferraris) auf intelligentes Messsystem	nein	ja	ja[4]	ja[4]	ja[4]	ja	ja

1 selektive Überstromschutzeinrichtung (z. B. SH-Schalter) nach VDE-AR-N 4100
2 netzseitiger Anschlussraum mit Klemmstein oder Schalter
3 anlagenseitiger Anschlussraum mit zentraler Überstromschutzeinrichtung (Kundenhauptsicherung)
4 Vorgaben des Netzbetreibers beachten, flexible Zählerplatzverdrahtung (mindestens 10 mm^2) muss vorhanden sein, DIN VDE 0603-2-1

Tabelle 2: Anpassung von Zählerplätzen aufgrund von Änderungen der Kundenanlage oder der Messeinrichtung (Teil 2/2)

Vermutet man die Definition für den Bestandsschutz in den elektrotechnischen Regelwerken, z.B. in der DIN VDE 0100-200 „Errichten von Niederspannungsanlagen – Teil 200: Begriffe" oder im Internationalen Elektrotechnischen Wörterbuch (IEV), so ist die Suche hiernach vergeblich – eine Erläuterung des Begriffs „Bestandsschutz" findet sich dort nicht.

Allerdings legt die DIN VDE 0105-100 [17] in Abschnitt 5.3 „Erhalten des ordnungsgemäßen Zustandes" eine Definition für den Bestandsschutz fest.

Die Norm besagt letztlich, dass der ordnungsgemäße Zustand einer elektrischen Anlage gegeben ist, wenn die zum Zeitpunkt der Errichtung geltenden Regelwerke eingehalten wurden und dies bis heute der Fall ist. Ein Beispiel: Teilweise wurden in alten Zählertafeln Ausschnitte hergestellt, um die Installation eines RCBO (FI/LS) zu ermöglichen. Ragt ein solcher jedoch aus der Frontabdeckung ohne Berührungsschutz heraus, ist der ursprünglich ordnungsgemäße Zustand aufgehoben. Voraussetzung ist auch, dass bei der wiederkehrenden Prüfung kein sicherheitsrelevanter Mangel besteht. Des Weiteren ist eine Änderung der Umgebungs- und Betriebsbedingungen zu bewerten.

Zählertafeln nach DIN 43853

Alte Anlagen müssen nicht per se mangelhaft sein. Erfolgte die Errichtung ordnungsgemäß und unter Berücksichtigung der damaligen normativen Vorgaben und sind die Umgebungs- und Betriebsbedingungen noch akzeptabel, kann die Anlage weiterhin betrieben werden (**Bild 9**).

Wurden die damals geltenden Regelwerke bei der Errichtung allerdings außer Acht gelassen und erfolgten in der Lebensphase der elektrischen Anlage Erwei-

Bild 9: Alte Zähleranlage in einem ordnungsgemäßen Zustand

terungen oder Veränderungen, die zu einer höheren Belastung (z. B. Durchlauferhitzer) und gegebenenfalls zur Aufhebung der Schutzart oder -klasse führten, so weist die Anlage keinen Bestandsschutz mehr auf und eine Mängelbeseitigung wird erforderlich. Unter Umständen ist ein neuer Zählerschrank zu installieren (**Bild 10**).

Bild 10: Alte Zähleranlage mit erheblichen Mängeln

Bild 10 zeigt erhebliche Mängel auf. Zum einen dürfen Zählertafeln oder Hausanschlusskästen, die nach hinten offen sind, nie auf brennbaren Untergründen montiert werden. Vorliegend muss daher zwingend eine Anpassung erfolgen. Darüber hinaus sind zusätzliche Maßnahmen erforderlich, nachdem weitere „laienhafte" Erweiterungen und Umbauten vorgenommen worden sind.

In vielen Fällen ist es möglich, in einem klassischen Unterverteiler Sicherungen oder Fehlerstrom-Schutzeinrichtungen nachzurüsten, sofern die hierfür notwendigen Platz- und Einbaureserven vorhanden sind. Bei großen Lasten ist weiter zu prüfen, ob die zusätzliche thermische Belastung in dem Verteiler aufgenommen werden kann. Wird der Austausch von Verteiler oder Zählerschrank erforderlich, ergibt sich nicht zwangsläufig das Erfordernis, die gesamte Elektroinstallation auf den heutigen Stand zu bringen. Stromkreise mit klassischer Nullung entsprechen den damaligen Regelwerken und stellen grundsätzlich kein erhöhtes Risiko dar. Somit sind die Anforderungen an den ordnungsgemäßen Zustand als erfüllt anzusehen. Es muss nur sichergestellt sein, dass der Schutzleiter überall angeschlossen ist und die Kurzschlussströme ausreichend sind, damit die maximal zulässigen Abschaltzeiten eingehalten werden können.

Der Umbau und die gegebenenfalls nötige Nachrüstung in bestehenden Altanlagen gestalten sich mitunter nicht ganz einfach. In den einschlägigen Fachzeitschriften oder Informationsbroschüren von Verbänden finden sich inzwischen zahlreiche Berichte, die das Thema „Bestandsschutz" abhandeln. Wozu all diese Dokumente jedoch nicht imstande sind, ist die Bewertung des ordnungsgemäßen Zustandes der elektrischen Anlage im Einzelfall. An diesem Punkt sind Fachkompetenz und Urteilsvermögen der Elektrofachkraft vor Ort gefragt.

Folgende Punkte sollten dabei hinterfragt werden:

Bestandsschutz besteht für elektrische Anlagen oder elektrische Betriebsmittel dann, wenn:

(1) diese zum Zeitpunkt ihres Errichtens oder Herstellens den allgemein anerkannten Regeln der Technik (a.a.R.T.) entsprochen haben und diesen noch entsprechen und
(2) in Folgenormen oder anderen Regelwerken keine Anpassung an den aktuellen Stand der Technik gefordert wird und
(3) die Anlagen unter den zum Zeitpunkt der Errichtung bestehenden Betriebs- und Umgebungsbedingungen, für die sie ausgelegt waren, weiterhin betrieben werden und
(4) keine Mängel bestehen, die eine Gefahr für Leib und Leben sowie für Sachwerte bedeuten und
(5) keine *wesentlichen* Erweiterungen, Umbauten oder Sanierungen erfolgten.

Die Auslegung der oben genannten Merksätze wird zuweilen zu unterschiedlichen Interpretationen und Meinungen führen. Allein die Entscheidung darüber, ob im Einzelfall eine Gefahr für Leib und Leben besteht, fällt mitunter nicht ganz eindeutig aus. Die Beurteilung ist die schwierige Aufgabe des Technikers. Teilweise kann er sich zur Bewältigung dieser an den Formulierungen im Strafgesetzbuch orientieren, jedoch sind auch diese nicht immer unmissverständlich.

Eine Gefahr für Leib oder Leben liegt im Sinne des Strafgesetzbuches (StGB § 249) vor, wenn als Schaden der Eintritt einer nicht ganz unerheblichen Körperverletzung oder gar des Todes droht.

Mit einiger Sicherheit kann in Aussicht gestellt werden, dass regelmäßig Diskussionen über die Notwendigkeit von Maßnahmen aufkommen werden. Eine verantwortungsbewusste Elektrofachkraft sollte diesen Diskussionen mit geeigneten Argumenten begegnen und dem „Laien" die möglichen Gefahren und den jeweiligen Sicherheitsaspekt auf verständliche Art und Weise aufzeigen. Keinesfalls sollte die verantwortungsbewusste Elektrofachkraft in den Strudel des Wettbewerbs geraten und Sicherheitsaspekte vernachlässigen. Im Falles eines Unfalls oder eines Schadens, erfolgt immer die Prüfung, wer diesen zu verantworten hat. In Arbeitsstätten sind zusätzlich die Anforderungen der Arbeitsstättenverordnung einzuhalten. Hier kann sich im Einzelfall aus Arbeitsschutzgründen auch eine Sanierung als notwendig herausstellen, obwohl altes Regelwerk eingehalten wurde. In diesem Bereich sind ggf. weitere Aspekte in die Beurteilung einfließen zu lassen.

Literaturverzeichnis

[1] Gesetz für den Ausbau erneuerbarer Energien (Erneuerbare-Energien-Gesetz – EEG 2017), Stand: 13.05.2019

[2] Verordnung zur Gewährleistung der technischen Sicherheit und Systemstabilität des Elektrizitätsversorgungsnetzes (Systemstabilitätsverordnung – SysStabV), Stand: 14.09.2016

[3] BMWI: Gesetzeskarte für das Energieversorgungssystem – Karte zentraler Strategien, Gesetze und Verordnungen, Stand: 03.2018, Download: www.bmwi.de/Redaktion/DE/Publikationen/Energie/gesetzeskarte.html

[4] VDE-AR-N 4101:2011-08
Anforderungen an Zählerplätze in elektrischen Anlagen im Niederspannungsnetz

[5] VDE-AR-N 4101:2015-09
Anforderungen an Zählerplätze in elektrischen Anlagen im Niederspannungsnetz

[6] VDE-AR-N 4102:2012-04
Anschlussschränke im Freien am Niederspannungsnetz der allgemeinen Versorgung – Technische Anschlussbedingungen für den Anschluss von ortsfesten Schalt- und Steuerschränken, Zähleranschlusssäulen, Telekommunikationsanlagen und Ladestationen für Elektrofahrzeuge

[7] VDE-AR-N 4100:2019-04
Technische Regeln für den Anschluss von Kundenanlagen an das Niederspannungsnetz und deren Betrieb (TAR Niederspannung)

[8] Richtlinie (EU) 2015/1535 des europäischen Parlaments und des Rates vom 9. September 2015 über ein Informationsverfahren auf dem Gebiet der technischen Vorschriften und der Vorschriften für die Dienste der Informationsgesellschaft

[9] Gesetz zur Digitalisierung der Energiewende vom 29. August 2016: Artikel 1, Gesetz über den Messstellenbetrieb und die Datenkommunikation in intelligenten Energienetzen (Messstellenbetriebsgesetz – MsbG)

[10] Grundsätze für die Zusammenarbeit von Netzbetreibern und dem Elektrotechniker-Handwerk bei Arbeiten an elektrischen Anlagen gemäß Niederspannungsanschlussverordnung (NAV), Herausgeber: Bundesverband der Energie- und Wasserwirtschaft e.V., Berlin und Zentralverband der Deutschen Elektro- und Informationstechnischen Handwerke (ZVEH), Frankfurt

[11] Technische Anschlussbestimmungen TAB 2019 für den Anschluss an das Niederspannungsnetz, Herausgeber: Bundesverband der Energie- und Wasserwirtschaft e.V., Berlin

[12] VDE-AR-N 4105:2018-11
Erzeugungsanlagen am Niederspannungsnetz – Technische Mindestanforderungen für Anschluss und Parallelbetrieb von Erzeugungsanlagen am Niederspannungsnetz
[13] Verordnung (EU) 2016/631 der Kommission zur Festlegung eines Netzkodex mit Netzanschlussbestimmungen für Stromerzeuger vom 14. April 2016 (NC RfC – Network Code Requirements for Generators)
[14] VDE-AR-N 4110:2018-11
Technische Regeln für den Anschluss von Kundenanlagen an das Mittelspannungsnetz und deren Betrieb (TAR Mittelspannung)
[15] Einbau von Messsystemen in Bestandsanlagen, Ausgabe: Mai 2019, Herausgeber: Forum Netztechnik/Netzbetrieb im VDE (FNN), Berlin
[16] Verordnung über Allgemeine Bedingungen für den Netzanschluss und dessen Nutzung für die Elektrizitätsversorgung in Niederspannung (Niederspannungsanschlussverordnung – NAV) vom 1. November 2006
[17] DIN VDE 0105-100 (VDE 0105-100):2015-10
Betrieb von elektrischen Anlagen – Teil 100: Allgemeine Festlegungen

Vorschriften für den Explosionsschutz

Richtlinie 2014/34/EU als Nachfolger der Richtlinie 94/9/EG, die Betriebssicherheitsverordnung vom 1.6.2015 mit Anpassungen in den Jahren 2016 und folgenden sowie die angepasste Gefahrstoffverordnung

Holger F. Wegener

Die **Richtlinie 94/9/EG** und die **„alte" Betriebssicherheitsverordnung** waren seit mehr als 10 Jahren in Kraft. Aus den Erfahrungen der Vergangenheit hat sich gezeigt, dass es sinnvoll wurde, diese Regelungen zu überarbeiten und entsprechend den aktuellen Erkenntnissen zu modifizieren.

Die Richtlinie 2014/34/EU hat die Zielsetzung, dass nur solche Produkte auf den europäischen Markt gelangen, die geeignet sind, im explosionsgefährdeten Bereich eingesetzt zu werden.

Die Zielsetzung der Richtlinie 99/92/EG findet sich in der novellierten Betriebssicherheitsverordnung und in der Ergänzung der Gefahrstoffverordnung. Sie haben weiter das Ziel, dass die Arbeitsplätze sicher sind und keine Gefährdung z. B. durch die Anwendung brennbarer/explosionsfähiger Stoffe entstehen kann.

Richtlinie 2014/34/EU des europäischen Parlaments und des Rates vom 26. Februar 2014 zur Harmonisierung der Rechtsvorschriften der Mitgliedstaaten für Geräte und Schutzsysteme zur bestimmungsgemäßen Verwendung in explosionsgefährdeten Bereichen (Neufassung)

Die Richtlinie 94/9/EG gehört der Vergangenheit an. Hersteller, die Geräte in Verkehr bringen, sind verpflichtet, sich ausschließlich auf die neue Richtlinie zu beziehen. Die Baumusterprüfungen und Zertifikate der Benannten Stellen können sich jedoch durchaus noch auf die Richtlinie 94/9/EG beziehen.

1. Was wird mit den vorhandenen Zertifikaten und Bescheinigungen der Benannten Stellen?

Die Zertifikate der „Benannten Stellen" bleiben weiter gültig. Der Hersteller hat nach alter und neuer Richtlinie die Verantwortung, dass seine Produkte dem Stand der Technik entsprechen müssen. Er drückt dieses dadurch aus, dass seine Konformitätserklärungen aktuell sind, also die Richtlinie 2014/34/EU im Text angegeben wird.

2. Einleitung/Begründung zur Richtlinie 2014/34/EU

Bevor der eigentliche Text der Richtlinie beginnt, wurden 52 Gründe aufgeführt, die dazu geführt haben, dass die Richtlinie angepasst wurde.

Dazu gehört: Alle benannten Stellen haben sich bis zum Jahr 2016 einer Neuakkreditierung zu stellen. Die vorhandenen Akkreditierungen liefen zu diesem Termin aus. Aus diesem Grund wurden alle Benannten Stellen (Notified Bodys) bis zu diesem Datum kontrolliert und auditiert.

Es wird versucht, eine höhere Transparenz in das System der Produktzertifizierung zu bekommen.

3. Folgende Definitionen werden für den Begriff „Produkte“ festgelegt, die unter die Richtlinie 2014/34/EU fallen:

- Geräte und Schutzsysteme zur bestimmungsgemäßen Verwendung in einer explosionsfähigen Atmosphäre,
- Sicherheits-, Kontroll- und Regeleinrichtungen für den Einsatz außerhalb von Ex-Bereichen, die jedoch im Hinblick auf den Explosionsschutz für den sicheren Betrieb notwendig sind oder dazu beitragen,
- Komponenten, die zum Einbau in Geräte oder Schutzsysteme vorgesehen sind.
- Die Richtlinie definiert genauer als vorher die Pflichten der Wirtschaftsakteure (Hersteller, Importeur, Inverkehrbringer usw.) und in welcher Verantwortung diese stehen, um sicherzustellen, dass die Produkte, die in den Warenverkehr gelangen, der Richtlinie entsprechen. *Dieses bedeutet, dass auch Betreiber, die ein Produkt für den Eigenbedarf herstellen, zum Hersteller werden und den gleichen Pflichten unterliegen.*
- Es wird stärkerer Wert auf eine Nachverfolgbarkeit der Warenströme gelegt und diese direkter gefordert (Möglichkeit des Rückrufs).
- Die Richtlinie fordert nun einheitliche Begriffe für die Konformitätserklärungen der Hersteller und Benannten Stellen. In Zukunft wird der Begriff EC (European Community) durch EU (European Union) ersetzt.
- Es soll zwar gemäß der Richtlinie 2014/34/EU möglich sein, die Bedienungsanleitung in einer der offiziellen Sprachen der EU zu erstellen, denn es ist lediglich gefordert, dass diese in einer Sprache zu erstellen ist, die der Anwender versteht. Es stehen demgegenüber aber weiter die Anforderungen durch die Betreiber/Nutzer der Produkte, die ihren Mitarbeitern eine für sie les- und begreifbare Anleitung zur Verfügung stellen müssen (siehe auch Produktsicherheitsgesetz).

Es kann zusammengefasst werden, dass es keine signifikanten Änderungen in Hinsicht auf die:

- Verantwortung des Herstellers und
- wesentlichen Grundsätze der Sicherheitsanforderungen gegeben hat.

Die Richtlinie kann von folgender Internetseite bezogen werden:

https://eur-lex.europa.eu/homepage.html?locale=de

Als Hilfe für die Umsetzung steht eine Guide-Line zur Verfügung, die auf der Internetpräsenz der PTB:

www.ptb.de/cms/fileadmin/internet/fachabteilungen/abteilung_3/explosionsschutz/Richtlinien_Verordnungen/ATEX_2014-34-EU-Guidelines-1st-Edition-April_2016.pdf

oder unter folgender Adresse aus dem Internet bezogen werden kann:

http://ec.europa.eu/DocsRoom/documents/13132/attachments/1/translations/en/renditions/native

In deutscher Sprache ist sie unter folgender Adresse zu finden:

www.bgrci.de/fileadmin/BGRCI/Downloads/DL_Praevention/Explosionsschutzportal/Dokumente/Uebersetzung_ATEX_2014-34-EU-Guidelines-1st-Edition-April_2016_Aend-ang.pdf

Auch die Betriebssicherheitsverordnung BetrSichV aus dem Jahr 2002 wurde überarbeitet. Die wesentlichen Zielsetzungen und damit Änderungen sind die Beseitigung rechtlicher und fachlicher Mängel. Vor allem gab es Widersprüche zwischen der Betriebssicherheitsverordnung und dem Gefahrstoffrecht.

Folgende Punkte wurden geändert:

Der Titel wurde von *Verordnung zur Rechtsvereinfachung im Bereich der Sicherheit und des Gesundheitsschutzes bei der Bereitstellung von Arbeitsmitteln und deren Benutzung bei der Arbeit, der Sicherheit beim Betrieb überwachungsbedürftiger Anlagen und der Organisation des betrieblichen Arbeitsschutzes* (BetrSichV)

in

Verordnung über Sicherheit und Gesundheitsschutz bei der Verwendung von Arbeitsmitteln und Anlagen (BetrSichV) geändert. Die Kurzbezeichnung BetrSichV oder Betriebssicherheitsverordnung blieb erhalten.

Die BetrSichV beschäftigt sich nun ausschließlich mit der Prüfung von Arbeitsmitteln. Arbeitsmittel sind dabei alle Gegenstände, die der Arbeitgeber seinen Beschäftigten zur Verfügung stellt, um einen Arbeitsauftrag zu erledigen.

Regelungen, die aus der Gefährdung durch die brennbaren/explosionsfähigen Stoffe herrühren, sind vollständig in die Gefahrstoffverordnung überführt worden.

Dazu gehören zum Beispiel die Teile der alten BetrSichV, die mit der Eigenschaft der Stoffe in Zusammenhang stehen und die im eigentlichen Sinne die Gefährdung ausmachen (inkl. der Zoneneinteilung). Diese werden der Gefahrstoffverordnung zugeordnet. Dieses bedeutet auch, dass die zugehörigen TRBS (z. B. TRBS 2152) in eine TRGS (z. B. TRGS 722) überführt wurden.

Alles, was mit der *Prüfung von Anlagen* einhergeht, egal ob es sich um Aufzugsanlagen, Druckgeräte oder Anlagen im Ex-Bereich handelt, verbleibt in der BetrSichV.

Die wesentlichen Details der Prüfung im Explosionsschutz findet man im Anhang 2 Abschnitt 3 der Richtlinie.

Dort findet man die Begriffsbestimmung der Anlage sowie die Definition der „befähigten Person". Die Beschreibung der Zuständigkeit der befähigten Person hat sich dahingehend geändert, dass die Qualifikation für die Verantwortlichkeiten gestiegen ist.

Prüffristen: Die Prüffristen sind modifiziert worden. Zu Beginn der Nutzung einer Anlage im Ex-Bereich hat der Betreiber eine Prüfung *vor* Inbetriebnahme durchzuführen.

Danach sind Wiederholungsprüfungen durchzuführen und zwar:

Für alle Maßnahmen, die durch einen primären Schutz erreicht werden, ist eine jährliche Prüfung vorgeschrieben. Diese Maßnahmen sind zum Beispiel: Reduzierung oder Wegfall des explosionsgefährlichen Bereichs durch Lüftungsmaßnahmen. Auch die Detektion des brennbaren Gases durch Ex-Warneinrichtungen oder der Schutz durch Inertisierung (Verdrängen des Sauerstoffs durch ein nicht brennbares Gas) können hierzu zählen.

Anlagenteile, die durch Zertifikate/Konformitätserklärungen als für den Ex-Bereich geeignet bescheinigt wurden, sind spätestens alle 3 Jahre umfassend zu prüfen. Diese umfassende Prüfung bezieht sich auch auf die Funktionsprüfung der Einrichtungen, die zum Erreichen eines Zündschutzes erforderlich sind. Beispielsweise gilt, dass eine Gleitringdichtung eine Temperaturmessung zur Erreichung des Zündschutzes benötigt. Diese Messung mit den entsprechenden Abschaltungen (Aktoren) sind umfänglich zu prüfen. Zwar galt diese Vorgabe schon vorher, sie wurde nunmehr allerdings präzisiert.

Der vollumfängliche Explosionsschutz in Form der (unter anderem) Überprüfung des Explosionsschutzdokumentes ist spätestens alle 6 Jahre zu prüfen.

Gefahrstoffverordnung und Gefährdungsbeurteilung

Die alte BetrSichV forderte die Erstellung eines „Explosionsschutzdokumentes". Dieser Begriff wurde mehr oder weniger erweitert und durch den Begriff „Gefährdungsbeurteilung" (GBU) ersetzt. Im Arbeitsschutz und so auch in der Gefahrstoffverordnung war es schon immer erforderlich, eine Gefährdungsbeurteilung zu erstellen.

Was bedeutet dieses im Einzelnen?

Eigentlich ergibt sich keine wesentliche Änderung. Es muss nur den beteiligten Personen (Betreibern) bewusst sein, dass es in der entsprechenden Dokumentation nicht mehr nur um die Einschätzung der Explosionsgefährdung und der Maßnahmen zur Vermeidung geht, sondern auch um die Einschätzung und die Maßnahmen zur Vermeidung der Gefährdungen durch die verwendeten Stoffe (Lacke, Gase und andere) selbst.

Weitere Informationen und vor allem die Änderungen der TRBS und der TRGS können von der Internetseite der BAuA bezogen werden:

www.baua.de/DE/Angebote/Rechtstexte-und-Technische-Regeln/Regelwerk/TRBS/TRBS.html

www.baua.de/DE/Angebote/Rechtstexte-und-Technische-Regeln/Regelwerk/TRGS/TRGS.html

Hinweis: Durch die Änderung der BetrSichV kann es immer noch vorkommen, dass die TRBS oder TRGS nicht auf dem aktuellen Stand ist. Laut einem Ministerialerlass sind die entsprechenden Regeln dann ihrem Sinn gemäß anzuwenden. Es gilt aber immer der Grundsatz: Erst das Gesetz (Verordnung), dann die Technische Regel.

Autor

Nach seinem Studium der Verfahrenstechnik in Hamburg ist *Dipl.-Ing. Holger F. Wegener* nach Tätigkeiten als Projekt- und Betriebsingenieur seit dem Jahr 1999 beim TÜV Rheinland Industrieservices GmbH tätig. Dort ist er als Sachverständiger für übergreifenden und mechanischen Explosionsschutz sowie Mitarbeiter der ZÜS für Prüfungen nach BetrSichV zuständig. Außerdem ist er Mitglied des Spiegelgremiums NA 95-2 für die Europäische und IEC-Normung (nichtelektrischer Ex-Schutz) im DIN sowie Auditor, Trainer und Referent zum Thema Explosionsschutz bei nationalen und internationalen Workshops in Europa (Schwerpunkt Deutschland) und Asien.

Normen für den Explosionsschutz

Nicht elektrische Geräte, Normen für den Zündschutz und die Bewertung der Eignung

Holger F. Wegener

Nach Einführung der Richtlinie 94/9 EG (heute Rl 2014/34/EU), die einen umfassenden Explosionsschutz fordert, wurde es notwendig, auch mechanische Bauteile, Komponenten und Geräte sowie deren Zündquellen und den erforderlichen Zündschutz zu berücksichtigen. Dieses führt unter umfassender Berücksichtigung unterschiedlicher Erkenntnisse zur sukzessiven Entwicklung einer neuen Normenreihe.

Ebenso wie bei den VDE 0100, einem Regelwerk, das in jahrelanger Entwicklung erstellt wurde, so werden auch an diesen neuen Normen ständige Anpassungen und Ergänzungen vorgenommen. Die Systematik der Normenentwicklung lässt sich schematisch wie in **Bild 1** darstellen.

Die Normenreihe (EN 13463- oder aber EN ISO 80079-36 und EN ISO 80079-37) wendet sich vor allem an Hersteller von Anlagen, Geräten oder Komponenten. Im Grundsatz werden hier alle Schutzarten beschrieben, die angewendet werden, um mechanisch erzeugte Zündquellen zu vermeiden oder andere Maßnahmen zu treffen.

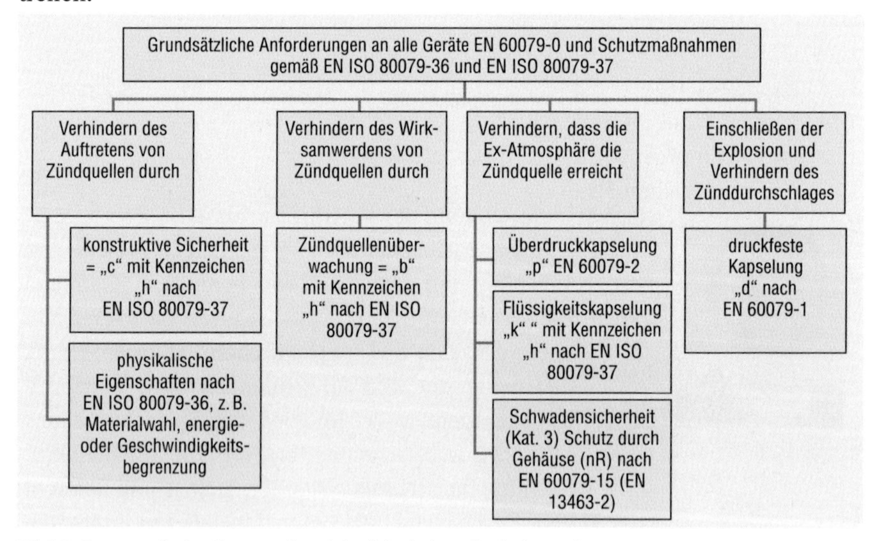

Bild 1: Systematik der Normen des nichtelektrischen Explosionsschutzes

Hinweis: Die Normenreihe EN 13463 wurde durch die EN ISO 80079-36, -37 ersetzt oder in Normen der Reihe 60079 integriert.

Warum können diese Normen darüber hinaus für Betreiber von Anlagen interessant sein? Nach der Betriebssicherheitsverordnung (BetrSichV) hat ein Betreiber von Anlagen diese einer Beurteilung zu unterziehen, nach der er die von ihnen ausgehenden Gefährdungen einschätzen und beurteilen muss, ob die vorhandene Technik sicher ist. Die Normen sind in diesem Zusammenhang Quellen, die dem Betreiber Hinweise bieten, was zur Vermeidung von Gefährdungen berücksichtigt werden muss bzw. welche Änderungen ggf. dazu beitragen können, eine Anlage sicher oder sicherer zu machen.

Bei genauer Betrachtung der Zündschutzarten wird man feststellen, dass einige von ihnen sowohl in der Mechanik als auch in der Elektrotechnik berücksichtigt werden müssen. Dabei handelt es sich um die Schutzarten Überdruckkapselung und druckfeste Kapselung. Hier werden die entsprechenden Normen, die auch für elektrische Geräte angewendet werden, herangezogen.

Die Norm DIN EN IEC 60079-0:2014 ist inzwischen eine Norm, die auch für den „nicht elektrischen Explosionsschutz" von Relevanz ist. Ihr Titel lautet inzwischen:

> **Explosionsgefährdete Bereiche – Teil 0: Betriebsmittel – Allgemeine Anforderungen (IEC 60079-0:2011, modifiziert + Cor.:2012 + Cor.:2013); Deutsche Fassung EN 60079-0:2012 + A11:2013**

Es ist also kein Hinweis auf die Gültigkeit nur im elektrischen Ex-Schutz vorhanden.

Zurzeit sind die relevanten Abschnitte der Norm, die für den „nicht elektrischen Explosionsschutz" gelten, in der Norm DIN EN ISO 80079-36, 1. Anwendungsbereich, Tabelle 1 aufgelistet. Man kann davon ausgehen, dass dieser Querverweis in zukünftigen Ausgaben nicht mehr vorhanden sein wird.

Zu den wesentlichen Prüfanforderungen, die durch die EN IEC 60079-0 behandelt werden, zählen unter anderem Wärmebeständigkeitsversuche, Festigkeitsversuche und der Falltest.

DIN EN ISO 80079-36 und DIN EN ISO 80079-37 Allgemeiner Titel: Nicht-elektrische Geräte für den Einsatz in explosionsgefährdeten Bereichen; Deutsche Fassung der EN ISO 80079-...

Für die DIN EN 13463-ff bestand eine Übergangsfrist bis 31.10.2019.

Das bedeutet, die Normenreihe EN 13463-ff ist ungültig und darf nicht mehr angewandt werden.

Wesentlicher und von den Normen für elektrische Geräte abweichender Grundgedanke ist, dass mechanische Geräte im Gegensatz zu den elektrischen Geräten – wenn sie bestimmungsgemäß und entsprechend ihrer Auslegung verwendet werden – seltener Zündquellen enthalten. In vielen Fällen kann durch geeignete Materialwahl auch in den Fällen, in denen Störungen berücksichtigt werden müssen, die Zündquelle auf eine akzeptable Größe reduziert werden. Dazu kommt, dass unter den Begriff mechanische Geräte so unterschiedliche Konstruktionen gefasst werden können, dass bei der Gestaltung der Normen meist grundsätzliche Anforderungen beschrieben werden. Die nachfolgende Beschreibung befasst sich daher nur mit den Normen, die am häufigsten angewendet werden, und zwar:

- EN ISO 80079-36 mit dem Kennzeichen „h“
- EN ISO 80079-37 ohne weitere Kennzeichnung – Unterabschnitt Schutz durch sichere Bauweise „c“;
- EN ISO 80079-37 ohne weitere Kennzeichnung – Unterabschnitt Schutz durch Zündquellenüberwachung „b“;
- EN ISO 80079-37 ohne weitere Kennzeichnung – Unterabschnitt Schutz durch Flüssigkeitskapselung „k“

Da die einzelnen Zündschutzarten („c“, „b“ oder „k“) nicht mehr in der Kennzeichnung auftauchen, muss in der Betriebsanleitung vermerkt werden, welche Schutzart zur Anwendung gelangte.

DIN EN ISO 80079-36 oder auch DIN EN 13463-1 – Nichtelektrische Geräte für den Einsatz in explosionsgefährdeten Bereichen – Teil 1: Grundlagen und Anforderungen; Deutsche Fassung EN 13463-1:2009

In die DIN EN ISO 80079-36 wurden die grundlegenden Vereinbarungen für den mechanischen Explosionsschutz aufgenommen. Die Norm umfasst die Erläuterung der grundlegenden Begriffe, z. B. Gerätekategorie, die Erklärung der unterschiedlichen Zündquellendefinitionen, die Unterteilung der Explosionsgruppen und die Erläuterung der explosionsfähigen Atmosphäre.

Wesentliche Informationen sind weiter die Erläuterungen zu den Gerätekategorien, den Explosionsgruppen und den dazugehörigen Spaltweiten und in der EN ISO 80079-36 die zusätzliche Aufnahme der in der Elektrotechnik üblichen Geräte-Schutzniveaus (a, b, oder c, welche in der Kennzeichnung als „Ga“, „Gb“ oder „Gc“ für den Gasexplosionsschutz oder „Da“, „Db“ oder „Dc“ für den Staubexplosionsschutz auftauchen).

Hinweis: Die Kennzeichnung besteht heute aus einem europäischen und einem internationalen Element. Zum europäischen Teil zählt das Ex im Sechseck mit der nachfolgenden Gerätegruppe (I oder II). Hiernach folgen Kategorie (1, 2 oder 3) und Stoffkennzeichen (G oder D).

Der internationale Part beginnt mit „Ex“, unabhängig davon, ob elektrisch oder „nicht elektrisch“. Es folgen die Schutzartkennzeichen; in der Regel „h“ für den „nichtelektrischen“ Teil mit den entsprechenden Gas- oder Feststoffgruppen, gefolgt vom Temperaturhinweis (Gas = Temperaturklassen = T6 … T1; Staub = maximale Oberflächentemperatur in °C). Zum Schluss folgt das Geräteschutzniveau.

Beispiel: ⟨Ex⟩ II 2 G Ex h IIB T3 Gb

Die Zündquellenbewertung ist das wichtigste Element der Risikoeinschätzung bei der Realisierung des mechanischen Explosionsschutzes. Ohne diese kann keine Aussage darüber getroffen werden, ob ein Gerät in einer explosionsfähigen Atmosphäre zur Zündquelle wird oder nicht. Der Zusammenhang zwischen Gerätekategorie und Zone ist in der **Tabelle 1** beschrieben.

Im Gegensatz zu den elektrischen Geräten sind für die mechanischen Geräte nur in den wenigsten Fällen Normen für einzelne Geräte oder Gerätegruppen verfügbar. Wenn dieses aber der Fall ist, wird bereits durch die Norm eine Basisbewertung der Zündgefahr und damit eine Festlegung der wesentlichen Konstruktionsmerkmale bzw. vorzunehmenden Prüfungen getroffen.

Beispiele für diese Normen sind die DIN EN 14986, Konstruktion von Ventilatoren für den Einsatz in explosionsgefährdeten Bereichen oder die DIN EN 1755, Sicherheit von Flurförderzeugen – Einsatz in explosionsgefährdeten Bereichen.

Die Bewertung der Zündgefahr stützt sich grundsätzlich auf die Auflistung der dreizehn in der DIN EN 1127-1 und der EN ISO 80079-36 genannten Zündquellen. Für mechanische Geräte sind hiernach in der Mehrzahl folgende Zündquellen zu berücksichtigen:

- heiße Oberflächen,
- mechanisch erzeugte Funken,
- elektrostatische Phänomene.

Eine spezielle Form der Bewertung ist nicht vorgeschrieben. Es existieren unterschiedliche Vorschläge, wie eine Bewertung vorzunehmen ist. Für die pragmatische Durchführung haben sich folgende Regeln als sinnvoll herausgestellt:

- Es wird immer mit der potentiellen Zündquelle begonnen.
- Einzelne Teile der Konstruktion werden darauf untersucht, ob diese potentielle Zündquelle wirksam werden kann und unter welchen Betriebsbedingungen. Das Ergebnis der Bewertung wird dokumentiert. Die Bewertung erfolgt zunächst, ohne dass eine Schutzmaßnahme festgelegt wird.

Kategorie	Geräteschutzniveau (EPL)	einsetzbar in Zone	kann auch eingesetzt werden in Zone
1	Ga oder Da	0 oder 20	1 oder 2 sowie 21 oder 22
2	Gb oder Db	1 oder 21	2 oder 22
3	Gc oder Dc	2 oder 22	

Tabelle 1: Kategorie und Zone

Hinweis: Die Kategorie macht keine Aussage darüber, ob ein Gerät in einer staub- oder gasförmigen explosionsfähigen Atmosphäre eingesetzt werden kann. Dieses geschieht durch die Buchstaben G = Gas oder D = Staub.

- Erst im Anschluss wird die Schutzmaßnahme beschrieben und wieder bewertet. Nach der Bewertung kann festgelegt werden, in welche Kategorie dieses Teil der Konstruktion einzustufen ist.

Weiterführende Informationen mit einer detaillierten Anleitung sind auf den Internetseiten der Physikalisch Technischen Bundesanstalt (PTB) zu finden (Stand Mai 2018):

www.ptb.de

www.ptb.de/cms/fachabteilungen/abt3/fb-37/ag-373/forschung-37300/zur-methodik-der-zuendgefahrenbewertung-an-explosionsgeschuetzten-mechanischen-geraeten.html

In der Praxis hat es sich als hilfreich erwiesen, Ziel und Voraussetzung der Bewertung in die erste Zeile der Zündgefahrenbewertung aufzunehmen. Dies verdeutlicht das nachfolgende Beispiel.

Pumpen und Ventilatoren als die häufigsten Geräte in Chemieanlagen werden in Umgebungen aufgestellt, die oft der Zone 1 zugeordnet werden. Die Stoffdaten machen es erforderlich, dass die heißeste Oberflächentemperatur (auch bei zu erwartenden Störungen = Bedingung der Kategorie 2) eine Temperatur von 200 °C abzüglich eines Abschlags von 5 K nicht überschreitet.

Sobald dieses als Grundvoraussetzung festgelegt wird, sind Konstruktionsteile, die „nur" 80 °C warm werden können, keine Zündquelle im Sinne der Festlegung. Es braucht keine Einschränkung gemacht werden. Im anderen Fall ist diese Konstruktion eine potentielle Zündquelle für Temperaturgrenzen von 80 °C (= T6). Temperaturen von 80 °C und höher können aber z. B. von Kugellagern oder Getrieben durchaus erreicht werden.

Wenn auf die Basisfestlegung verzichtet wird, muss in der letzten Spalte eine Einschränkung gemacht werden. Diese lautet dann beispielsweise „Nur geeignet für Temperaturen nach Temperaturklasse T4" (Temperaturklassen siehe **Tabelle 2**).

Gerätedaten		Stoffdaten
heiße Oberfläche, max. Oberflächentemperatur in °C	Temperaturklasse	Zündtemperatur in °C
≤ 85	T6	> 85 ≤ 100
> 85 ≤ 100	T5	> 100 ≤ 135
> 100 ≤ 135	T4	> 135 ≤ 200
> 135 ≤ 200	T3	> 200 ≤ 300
> 200 ≤ 300	T2	> 300 ≤ 450
> 300 ≤ 450	T1	> 450°C

Tabelle 2: Übersicht der Temperaturklassen und dazugehörigen Zündtemperaturen von Gasen

Hinweis: Bei Stäuben muss die Temperatur der Geräteoberfläche als maximale Temperatur in °C angegeben werden. Temperaturklassen werden nicht verwendet.

Bewertung von Funken und ihrer Energien

Für die Einschätzung der Zündquelle „mechanisch erzeugte Funken“ ist es von Wichtigkeit, darüber informiert zu werden, welche unterschiedlichen Arten von Funken existieren und unter welchen Umständen sie eine Energiemenge besitzen, die sie zu zündfähigen Funken werden lassen. In der Regel werden einzelne Funken, wie sie beispielsweise entstehen, wenn Randbedingungen wie Aufprall oder Differenzgeschwindigkeit geringer als 1 m/s oder Aufprallenergie geringer als 500 J vorliegen, nicht zu zündfähigen Funken (z. B. erzeugt durch einen Schlag mit einem Hammer). Eine zusätzliche Bedingung wie „keine Verwendung von Aluminium vor allem mit Legierungskomponenten wie Magnesium“ muss ebenfalls erfüllt sein. Weitere Informationen sind direkt der Norm zu entnehmen.

Die Norm DIN EN 1127-1 regelt die Grundlagen der Methodik des Explosionsschutzes für alle Bereiche als Grundlagennorm für Hersteller von Geräten und den Betreiber. Titel: Explosionsfähige Atmosphären – Explosionsschutz – Teil 1: Grundlagen und Methodik; Deutsche Fassung EN 1127-1

Die in dieser Norm enthaltenen Grundlagen wurden im großen Maß in die DIN EN ISO 80079-36 übernommen und vorher beschrieben. Deshalb wird hier nicht näher auf diese Norm eingegangen.

DIN EN ISO 80079-37 – Explosionsfähige Atmosphären – Teil 37: Nicht-elektrische Geräte für den Einsatz in explosionsfähigen Atmosphären – Schutz durch konstruktive Sicherheit „c“, Zündquellenüberwachung „b“, Flüssigkeitskapselung „k“ (ISO 80079-37:2016); Deutsche Fassung der EN ISO 80079-37:2016

Schutz durch sichere Bauweise „c“

Ehemals DIN EN 13463-5 – Nicht-elektrische Geräte für den Einsatz in explosionsgefährdeten Bereichen:
In diesem Teil werden wesentliche Konstruktionselemente von Maschinen und Geräten beschrieben. Es werden Anforderungen an Konstruktionselemente definiert, aus denen auch Hinweise abgeleitet werden können, wie eine Konstruktion zu bewerten ist, die in explosionsfähiger Atmosphäre eingesetzt werden soll oder die schon dort eingesetzt ist.

Im Einzelnen sind diese:

- Allgemeine Anforderungen,
- Anforderungen an bewegte Teile,
- Anforderungen an Lager,
- Anforderungen an Energieübertragungssysteme,
- Anforderungen an Kupplungen,

- Anforderungen an Bremsen und Bremssysteme,
- Anforderungen an Federn und Dämpfungselemente,
- Anforderungen an Förderbänder.

Es soll hier nicht im Einzelnen auf die verschiedenen Punkte eingegangen werden. Grundsätzlich handelt es sich um eine Norm, die durch die Einführung der Richtlinie 94/9 EG (ATEX Richtlinie und heute Richtlinie 2014/34/EU) erforderlich wurde. Seit Beginn der Industrialisierung war es erforderlich, für Anwendungen in explosionsfähiger Umgebung sichere Geräte zu bauen. In dieser Norm werden die seit Jahren gewonnenen Erkenntnisse und Erfahrungen berücksichtigt und die Schutzart „Konstruktive Sicherheit c" festgelegt.

Die Norm kann aber auch Betreibern helfen, eine Bewertung von vorhandenen Geräten vorzunehmen. So ist unter 5.3 der Norm die Anforderung an Dichtungen für bewegte Teile geregelt. Unter 5.3.2 wird als Anforderung für Stopfbuchsdichtungen festgeschrieben, dass sie „[…] nur dann verwendet werden dürfen wenn ein Temperaturanstieg über die zulässige maximale Oberflächentemperatur ausgeschlossen werden kann." In der Vergangenheit wurden diese Dichtungen in allen möglichen Geräten verwendet. Die Sicherheit beruhte darauf, dass entsprechende Erfahrungen vorlagen und die Vermeidung einer Zündquelle durch organisatorische Maßnahmen wie Wartung sichergestellt wurden. Die Anforderungen an Dichtungen sind nun gestiegen. Dichtungen sollen – wie der Name vermuten lässt – abdichten. Dieses bedeutet aber, dass durch Anpressung der Dichtungselemente, wie Packungsringe, Reibung erzeugt wird. Es besteht dadurch die Möglichkeit der unzulässigen Erwärmung.

DIN EN ISO 80079-37 Kapitel 7

oder alt

DIN EN 13463-8 – Nicht-elektrische Geräte für den Einsatz in explosionsgefährdeten Bereichen – Teil 8: Schutz durch Flüssigkeitskapselung „k"

Die Flüssigkeitskapselung ist eine weitere, seit langem praktizierte Schutzart im Explosionsschutz.

Der erste Ansatz ist, dass überall dort, wo keine Gasatmosphäre vorhanden ist, keine Explosion auftreten kann. Potentielle Zündquellen werden durch Eintauchen oder die Benetzung mit einer Flüssigkeit unwirksam gemacht und/oder durch die Flüssigkeit wird die beim Betrieb auftretende Wärme so abgeführt, dass eine Erwärmung über die zulässige Temperatur verhindert wird.

Dazu gehören beispielsweise

- Bremsen, die in einem Ölbad laufen,

- Getriebe mit Ölfüllung,
- Hydraulikanlagen/Hydraulikpumpen sowie
- Flüssigkeitskupplungen/Drehmomentwandler.

Grundsatz des Schutzes ist es, die explosionsfähige Atmosphäre daran zu hindern, die Zündquelle zu erreichen und die Bauteile zu kühlen. Der Schutz im Einzelnen besteht darin, dass

- bewegte Teile geschmiert werden und anfallende Wärme abgeführt werden kann (heiße Oberfläche) und
- Zündfunken nicht entstehen können, da schon ein Flüssigkeitsfilm ausreicht, um die Funkenbildung sicher zu verhindern.

Bei dieser Schutzart ist es in vielen Fällen erforderlich, eine Überwachung einzubauen. Diese meldet dann, wenn z. B. die Gefahr besteht, dass der Flüssigkeitsspiegel unzulässig gefallen ist, wodurch eine potentielle Zündquelle wirksam werden kann.

Die weitergehenden Anforderungen sind in der DIN EN ISO 80079-37 Kapitel 6 – oder alt DIN EN 13463-6 „Zündquellenüberwachung" – geregelt.

DIN EN ISO 80079-37 Kapitel 6

oder alt

DIN EN 13463-6 – Nicht-elektrische Geräte für den Einsatz in explosionsgefährdeten Bereichen – Teil 6: Schutz durch Zündquellenüberwachung „b"

Zündquellenüberwachung heißt sicherzustellen, dass eine Oberfläche sich nicht über das zulässige Maß hinaus erwärmt, dass Geschwindigkeiten so geregelt werden, dass keine zündfähigen Funken entstehen können. Es kann aber auch sein, dass Drücke, Vibrationen oder Flüssigkeitsniveau eine Aussage darüber treffen, ob die Sicherheit des Systems gegeben ist, d. h. eine potentielle Zündquelle nicht wirksam werden kann. In der Norm werden unter anderem folgende Themen behandelt:

- Bestimmung der Überwachungsparameter,
- Konstruktion des Zündschutzsystems und Einstellungen,
- Zündschutz von Sensoren und Aktoren,
- Zündschutzniveaus (IPL) des Zündschutzsystems.

Die Überwachungsparameter sind u. a. die Temperatur, der Druck oder das Niveau. Welche Überwachungsparameter zum Tragen kommen, wird in der Zündquellenbewertung gem. DIN EN ISO 80079-36 oder alt DIN EN 13463-1 festgestellt.

Entscheidend für die Zündsicherheit des Gerätes ist die Erfüllung der Mindestanforderungen. Diese sind im Zündschutzniveau (IPL) definiert. Das Zündschutzniveau IPL beschreibt, mit welcher Zuverlässigkeit das Schutzsystem arbeiten muss. Grundsatz ist, dass durch den Einsatz einer Zündquellenüberwachung des Zündschutzniveaus IPL 1 der Einsatz eines Gerätes der Kategorie 3 (geeignet für die Zone 2 oder 22) in die Kategorie 2 (geeignet für die Zone 1 oder 21) eingestuft werden kann.

Wenn das Zündschutzniveau 1 für Geräte der Kategorie 1 angewendet wird, muss verhindert werden, dass die Zündquelle wirksam wird, wenn ein Überwachungsparameter den Grenzwert überschritten hat.

Was ist ein Gerät mit dem Zündschutzniveau IPL1? Die Norm sagt dazu aus, dass es sich um Geräte handeln muss, deren Bauteile bewährt sind und die mit einer nachgewiesenen Ausfallsicherheit ausgestattet sind (siehe EN 13463-8 Kapitel 8 Zündschutzniveaus (IPL) des Zündschutzsystems [neu EN ISO 80079-37 Kapitel 6.5]). Das heißt, dass ein einzelner Fehler erkannt werden kann und dieser nicht zur Unwirksamkeit des Schutzes führt. Für elektronische/elektrische Systeme wird hier in der Regel SIL 1 gefordert.

Um zwei Stufen höher eingestuft zu werden und auch um ein Gerät, welches für die Zone 2 geeignet ist, in der Zone 0 einzusetzen, muss ein Schutz des Niveaus IPL 2 (Typ b2 oder 2 Systeme des Typs b1) eingesetzt werden.

Die Einstufung der Systeme ist komplex und sollte durch Spezialisten erfolgen (siehe **Tabelle 3**).

Auftreten der potentiellen Zündquelle	Kategorie 3 oder EPL c (Gc oder Dc)	Kategorie 2 oder EPL b (Gb oder Db)	Kategorie 1 oder EPL a (Ga oder Da)
Normalbetrieb	IPL 1 oder Zündschutzsystem Typ b1	IPL 2 oder Zündschutzsystem Typ b2 oder zwei b1	
während einer vorhersehbaren Störung	nicht relevant	IPL 1 oder Zündschutzsystem Typ b1	IPL 2 oder Zündschutzsystem Typ b2 oder zwei b1
während einer seltenen Störung	nicht relevant	nicht relevant	IPL 1 oder Zündschutzsystem Typ b1

Quelle: DIN EN 13463-6 (Neu EN ISO 80079-37 Kapitel 6)

Tabelle 3: Mindestanforderungen des Zündschutzniveaus (IPL) für ein Zündschutzsystem zum Schutz von Geräten der Gruppe II

Befähigte Personen nach BetrSichV und Personenqualifizierung nach IEC

Holger F. Wegener

Gemäß Betriebssicherheitsverordnung und weiterer Gesetze und Regelungen gilt es sicherzustellen, dass Anlagen und Geräte (Arbeitsmittel) im explosionsgefährdeten Bereich stets in einem ordnungsgemäßen Zustand gehalten werden. Das heißt, dass diese einem Sollzustand zu entsprechen haben, in welchem davon ausgegangen werden kann, dass Sicherheit gewährleistet ist.

Grundlage der Feststellung eines sicheren Sollzustandes stellt in der Regel eine Gefährdungsbeurteilung (auch GBU genannt) nach Arbeitsschutzgesetz (ArbSchG) oder/und Gefahrstoffverordnung (GefStoffV) dar. Die für die Anstellung des Vergleichs verantwortliche Person sowie die Frequenz, in der ein solcher zu erfolgen hat, ist jeweils festzulegen.

Die Häufigkeit der durchzuführenden Prüfungen ist der Betriebssicherheitsverordnung (BetrSichV) Anhang 2 Abschnitt 3 Absatz 4 und 5 („Prüfung vor Inbetriebnahme“ und „Wiederkehrende Prüfung“) zu entnehmen.

Der Personenkreis, der die Prüfung ausführen darf, wird in Absatz 3 beschrieben.

An dieser Stelle ein zusätzlicher Hinweis: In vielen Fällen sind die TRBS und die TRGS (Technische Regeln Betriebssicherheit und Technische Regeln Gefahrstoffe) noch nicht an die novellierte BetrSichV angeglichen worden. In einem Schreiben hat das Wirtschaftsministerium bestimmt, dass in den Fällen, in denen die technischen Regeln noch nicht angepasst oder überarbeitet wurden, diese ihrem Sinn entsprechend anzuwenden sind. Da zum jetzigen Zeitpunkt nicht vollumfänglich dokumentiert ist, welche Regeln aktualisiert wurden und welche nicht, wird nachfolgend nicht näher darauf eingegangen, sondern auf die Internetseite der Bundesanstalt für Arbeitsschutz und Arbeitsmedizin (BAuA) verwiesen. Die Adresse lautet:

www.baua.de.

Befähigte Person nach BetrSichV

Grundsätzlich gibt es für viele Aufgaben (Prüfungen) im Unternehmen befähigte Personen. So werden seit vielen Jahren Leitern und Tritte, Anschlagmittel und andere Arbeitsmittel durch „befähigte Personen“ geprüft. Die Ernennung erfolgt durch den Unternehmer (Arbeitgeber) – er hat für die entsprechende Eignung, Ausbildung und Weiterbildung Sorge zu tragen. Ähnlich verhält es sich bei den „befähigten Personen“ im Explosionsschutz. Im Anhang 2 Abschnitt 3 Absatz 3

der BetrSichV werden die Anforderungen an diese Personen, die über das Maß der in § 2 BetrSichV geforderten Qualifikation hinausgehen, aufgezählt.
Diese sind:
Gemäß Absatz 3.1 muss eine befähigte Person, welche die allgemeinen Prüfungen vornimmt

a) über eine einschlägige technische Berufsausbildung oder eine andere für die vorgesehenen Prüfungsaufgaben ausreichende technische Qualifikation verfügen,
b) eine mindestens einjährige Erfahrung mit der Herstellung, dem Zusammenbau, dem Betrieb oder der Instandhaltung der zu prüfenden Anlagen oder Anlagenkomponenten im Sinne dieses Abschnitts vorweisen und
c) ihre Kenntnisse über Explosionsgefährdungen durch Teilnahme an Schulungen oder Unterweisungen auf dem aktuellen Stand halten.

Absatz 3.2 gilt für Geräte, Schutzsysteme und Sicherheits-, Kontroll- und Regeleinrichtungen, die nach der Richtlinie 2014/34/EU (ATEX Richtlinie) bewertet wurden: Nach Instandsetzung hinsichtlich eines Teils, von dem der Explosionsschutz abhängt, dürfen sie erst dann wieder in Betrieb genommen werden, wenn eine zur Prüfung befähigte Person – die zusätzlich zu den Anforderungen nach Nummer 3.1 über eine behördliche Anerkennung verfügt – festgestellt hat, dass das Teil in den für den Explosionsschutz wesentlichen Merkmalen den gestellten Anforderungen entspricht.

Absatz 3.3 stellt folgende Anforderungen an Prüfungen, die für einen umfassenden Explosionsschutz erforderlich sind:

a) Die für die Prüfung benötigten technischen Unterlagen (z. B. Explosionsschutzdokument oder GBU) sollen in ihrer Vollständigkeit vorliegen,
b) es muss gewährleistet werden, dass die Anlage vorschriftsmäßig errichtet wurde und sich in einem sicheren Zustand befindet und dass
c) die festgelegten technischen und organisatorischen Maßnahmen wirksam sind.
d) Außerdem muss sichergestellt werden, dass die entsprechenden Prüfungen (Wiederholungsprüfungen) lückenlos ausgeführt und eventuelle Mängel beseitigt wurden.

Die Qualifikationen des Mitarbeiters, zusätzlich zu den Anforderungen nach § 2 Absatz 6 BetrSichV, lauten:

- ein einschlägiges Studium,
- eine einschlägige Berufsausbildung,
- eine vergleichbare technische Qualifikation oder
- eine andere technische Qualifikation mit langjähriger Erfahrung auf dem Gebiet der Sicherheitstechnik,

weiterhin:
- umfassende Kenntnisse des Explosionsschutzes einschließlich des zugehörigen Regelwerkes,
- Nachweis einer einschlägigen Berufserfahrung aus einer zeitnahen Tätigkeit,
- Kenntnisse zum Explosionsschutz auf aktuellem Stand halten und
- regelmäßige Fortbildung auf dem Gebiet des Explosionsschutz durch Teilnahme an einem einschlägigen Erfahrungsaustausch.

Die Aus- und Weiterbildung sowie die Organisation von Erfahrungsaustauschen wird von unterschiedlichen Organisationen durchgeführt (z. B. durch den TÜV Rheinland). Diese kann man unter dem Suchbegriff „Befähigte Person Explosionsschutz“ im Internet finden.

Auch in Ländern, die nicht in den Geltungsbereich der Europäischen Richtlinien fallen (zum Beispiel Richtlinie 1999/92/EG) besteht die Notwendigkeit, Anlagen und Geräte, die für den Brand- und Explosionsschutz eingesetzt werden, zu projektieren, zu installieren, Wartungen durchzuführen und zu reparieren. Aus diesem Grund und aus der Notwendigkeit heraus, einheitliche Kriterien der Qualifikation zu schaffen, hatte sich das IEC (International Electronical Commision) entschlossen, Regelungen in dieser Richtung aufzustellen.

Personenqualifikation gemäß IECEx für Fachpersonal im Explosionsschutz (Personenqualifizierung)

Kurzfassung: Weltweit wird die Qualifikation, über die ein Mitarbeiter verfügen sollte, der den Explosionsschutz und Maßnahmen hierzu beurteilen soll, sehr unterschiedlich definiert. Dem mitteleuropäischen Ausbildungsprinzip (vgl. Deutschland und Österreich) mit einer durch Institutionen geregelten Berufsausbildung steht die rein praxisorientierte Ausbildung in anderen europäischen Ländern gegenüber. Um eine „Mindestqualifikation“ zu definieren, hat die IEC ein Arbeitsblatt geschaffen, in dem die Qualifikation für Personen, die Arbeiten im Zusammenhang mit dem Explosionsschutz durchführen, durch Prüfungen nachgewiesen werden. Die Vorgaben sind in den IEC Ex OD 500 Reihen beschrieben. Der Titel lautet: “IECEx Scheme for Certification of Personnel Competencies for Explosive Atmospheres” – oder IECEx-Plan zur Zertifizierung der persönlichen Kompetenz im explosionsgefährdeten Bereich.

Aufgrund der fortschreitenden Globalisierung der Märkte und den gleichzeitig steigenden sicherheitstechnischen Anforderungen sind international operierende Firmen auf geschulte Fachkräfte im sicherheitstechnischen Bereich angewiesen.

Im Wesentlichen betrifft dies die chemische- und petrochemische Industrie sowie alle Unternehmen, die mit brennbaren Stoffen umgehen müssen. Sie alle sind auf Fachkräfte mit unterschiedlichen Kenntnissen in Explosionsgefährdungen, die vom internationalen Arbeitsmarkt kommen, angewiesen. Des Weiteren werden aber auch Betreiber explosionsgefährdeter Anlagen, Handwerker, Techniker, Monteure, sowie Errichter und Planer mit der Herausforderung konfrontiert, geeignetes Fachpersonal zu rekrutieren.

Dabei sind die Unternehmen folgenden Problemen ausgesetzt:

- fehlende nationale oder internationale Vergleichbarkeit des Trainings bzw. der Ausbildung von Fachkräften,
- mangelnder Nachweis über die Qualität der Ausbildung solcher Fachkräfte,
- ausbleibende verlässliche Nachweise einer Ausbildung.

Um dieses Problem zu lösen, haben international operierende Unternehmen und Prüforganisationen einen Prüfstandard entwickelt, welcher die Vergleichbarkeit der Ausbildung und Kenntnisse technischer Fachkräfte sicherstellen soll.

ISO/IEC 17024: Allgemeine Anforderungen an Stellen, die Personen zertifizieren

Die international gültige Norm ISO/IEC 17024 wurde mit dem Ziel ausgearbeitet, eine weltweit anerkannte Vergleichbarkeit für Organisationen, die Personen zertifizieren, zu erreichen und zu fördern. Die Zertifizierung von Personen ist eine Maßnahme, mit der durch eine Zertifizierungsstelle (ExCB) bestätigt wird, dass die zertifizierte Person die Anforderungen des Zertifizierungsprogramms erfüllt. Das Vertrauen in jeweilige Zertifizierungsprogramme wird mittels eines weltweit akzeptierten Prozesses der Begutachtung, Überwachung und periodischen Wiederbegutachtung der Kompetenz der zertifizierten Person erreicht.

Im Gegensatz zu anderen Arten von Konformitätsbewertungsstellen, wie z. B. Stellen, die Managementsysteme zertifizieren (z. B. ISO 9001 ff.), stellt eine der wesentlichen Funktionen die Abnahme einer Prüfung dar. Sie wird auf Basis von objektiven Kriterien für die Kompetenz und das Ergebnis ausgeführt.

Durchführung der Prüfung:

Der Kandidat bestimmt den Themenbereich anhand der aufgelisteten Prüfeinheiten, die in mehreren “Operational Documents” des IECEx aufgelistet sind:

OD 501: Durchführungsdokument (Operational Document) über die Prüfung und Zulassung von Zertifizierstellen (Certification Bodys oder ExCBs) zur Ausstellung von IECEx-Zertifikaten über die persönliche Kompetenz im Explosionsschutz.

OD 502: Durchführungsdokument (Operational Document) und zugleich Leitfaden für die Systematik der unterschiedlichen Prüfungen und die erforderlichen Informationen, die der Prüfling zu erbringen hat.

OD 503: Durchführungsdokument (Operational Document) – Durchführung der Prüfungen.

OD 504: Durchführungsdokument (Operational Document) – Beschreibung der Inhalte der einzelnen Prüfungen, die abgelegt werden können.

Die Prüfung besteht im Grundsatz aus zwei Elementen – der Theorie und, je nach erwähltem Modul, einer praktischen Prüfung. Die theoretische Prüfung kann entweder in einem Prüfungsraum am Computer oder auch mittels herkömmlicher Methode, unter Verwendung von Stift und Papier, durchgeführt werden. Zunächst werden dem Kandidaten, basierend auf den Anforderungen aus den Operational Documents (OD) und dem gewählten Modul, Multiple-Choice-Fragen gestellt. Hiernach muss er eine bestimmte Anzahl von Fachfragen in kurzen Sätzen beantworten. Diese werden dann von einem Assessoren-Team, welches den Kandidaten beaufsichtigt, ausgewertet. Wurde die theoretische Prüfung erfolgreich bestanden, muss der Kandidat sein Wissen in einer praktischen Prüfung nachweisen. Diese kann im Labor unter Zuhilfenahme vorbereiteter Prüfmuster oder anhand von Plänen und Computersimulationen durchgeführt werden.

Der Themenbereich für die Prüfungen wird in den Operational Documents des IECEx festgelegt. Die Prüfeinheiten bestehen aus folgenden Modulen (OD504):

1. Grundkenntnisse des Explosionsschutzes (erforderlich für das Arbeiten in explosionsgefährdeten Bereichen),
2. Einteilung der explosionsgefährdeten Bereiche in Zonen (Bewertung von Freisetzungsquellen),
3. Installation von explosionsgeschützten Geräten einschließlich Verkabelung,
4. Wartung von explosionsgeschützten Geräten,
5. Instandsetzung und Überholung explosionsgeschützter Geräte,
6. Prüfung/Test von elektrischen Installationen in Verbindung mit explosionsgefährdeten Bereichen,
7. Prüfung/Inspektion von elektrischen Installationen in Verbindung mit explosionsgefährdeten Bereichen durch Sicht- und Nahprüfung,
8. Prüfung/Inspektion von elektrischen Installationen in Verbindung mit explosionsgefährdeten Bereichen durch Detailprüfung,
9. Auslegung und Design (Planung) einer elektrischen Installation in Verbindung mit einer explosionsgefährdeten Atmosphäre,
10. Auditierung und Prüfung elektrischer Installationen in explosionsgefährdeten Bereichen mit der Zielrichtung des Vergleiches zwischen der Anforderung durch die Zone und der Ausführung von Planung, Installation und Wartung/Reparatur.

Bei Bedarf können zusätzliche Anforderungen, z. B. des amerikanischen National Electrical Code (NEC) oder der europäischen ATEX-Direktive, abgefragt werden. Das Besondere dabei ist, dass die ersten beiden Module lediglich Basiswissen verlangen und abfragen.

Diese eignen sich somit nicht nur für Fachkräfte, sondern auch für leitendes oder Vertriebspersonal, welches Entscheidungen für Prozesse und/oder Abläufe für Anlagen oder Betriebe mit explosionsgefährdeten Bereichen treffen muss.

Nach bestandener Prüfung erhält der Kandidat ein Zertifikat und einen Ausweis (ID-Card), auf welchen die bestandenen Module mitsamt möglicher Einschränkungen oder Erweiterungen gelistet werden. Dieses Zertifikat besitzt eine Gültigkeit von drei Jahren. Für eine Verlängerung muss eine Nachprüfung durchgeführt werden. Damit erbringt der Kandidat den Nachweis, dass seine Kenntnisse weiterhin vorhanden sind und diese dem Stand der Technik entsprechen.

Weitere spezielle Sonderwünsche oder Limitierungen können gemäß der IECEx-Regeln berücksichtigt werden.

Prüfungsregeln und Module ändern sich bedauerlicherweise stetig. Um den unterschiedlichen Anforderungen gerecht zu werden, empfiehlt es sich, die Internetseite www.iecex.com regelmäßig auf Änderungen zu untersuchen.

© shutterstock_394870285, Wang An Qi

Prüfung von Lichtbogenschweißeinrichtungen

Matthias Korth

Eine besondere Herausforderung ist die Prüfung von Lichtbogenschweißeinrichtungen. In der Praxis sieht man häufiger, dass diese Einrichtungen als normales Verbrauchsmittel nach DIN VDE 0701-0702 geprüft werden. Diese Prüfungen sind jedoch nicht ausreichend. Für die Prüfung von Lichtbogenschweißeinrichtungen gibt es eine eigene Norm, die DIN EN 60974-4 bzw. DIN VDE 0544-4 vom Mai 2017. Die Vorgängerversion vom Oktober 2011 durfte noch bis 25.08.2019 angewendet werden. In dieser Norm sind etliche Prüfungen verankert, die über die Anforderungen der DIN VDE 0701-0702 hinausgehen. In diesem Artikel soll daher auf die Besonderheiten bei der Prüfung von Lichtbogenschweißeinrichtungen eingegangen werden. Dabei ist der Schwerpunkt auf die einzelnen Prüfungen und den Prüfablauf gelegt. Auf Besonderheiten einzelner Schweißeinrichtungen, bei denen im Rahmen der Prüfung Baugruppen abgeklemmt bzw. überbrückt werden müssen, kann hier nicht eingegangen werden. Dort sind die Angaben der Hersteller zu berücksichtigen.

Lichtbogenverfahren

Beim Lichtbogenschweißen wird durch die Energie eines elektrischen Lichtbogens das zu verschweißende Material aufgeschmolzen. Durch die eventuelle Zugabe weiteren Materials werden die Werkstücke miteinander verbunden. In der Technik unterscheidet man verschiedene Lichtbogenverfahren (**Bild 1**).

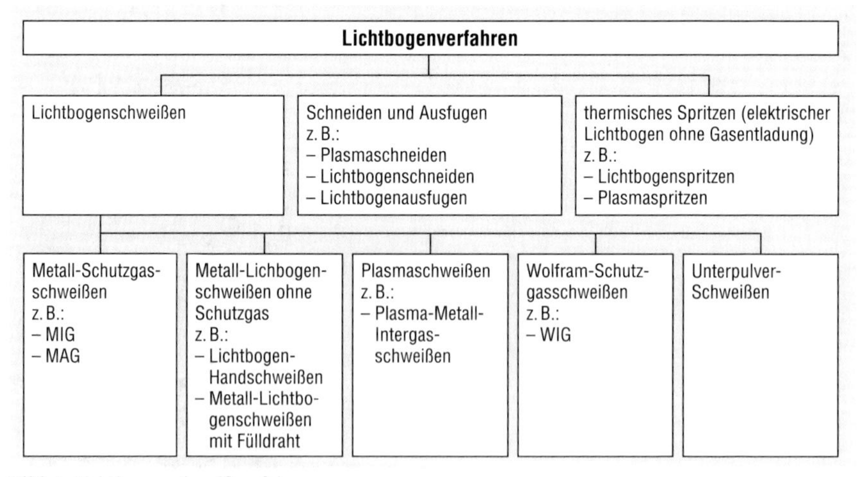

Bild 1: Lichtbogenschweißverfahren

Gefahren durch elektrischen Strom

Zwischen den beiden Polen des Schweißgerätes Elektrodenhalter/Brenner und der Schweißstromrückleitungsklemme steht eine Spannung an. Beim eigentlichen Schweißvorgang beträgt die Brennspannung des Lichtbogens etwa 10V bis 40V. Wird nicht geschweißt steht zwischen den beiden Polen eine höhere Spannung an. Spannungen von 25V AC bzw. 60V DC werden für den Menschen im Allgemeinen als ungefährlich angesehen. Die vereinbarte Grenze der zulässigen Berührungsspannung liegt bei 50V AC und 120V DC. Durch den Schweißenden können die Leerlaufspannungen zwischen dem Elektrodenhalter/Brenner und der Schweißstromrückleitungsklemme überbrückt werden. Je nachdem wie trocken oder feucht, und damit leitfähig, Kleidung, Handschuhe, aber auch das Schuhwerk sind, ist es möglich, eine elektrische Körperdurchströmung zu erleiden.

In verschiedenen Vorschriften sind daher die Grenzwerte für die zulässige Leerlaufspannung zu finden. Diese finden sich unter anderem in der DGUV Information 209-010 „Lichtbogenschweißen" vom März 2017. Bei Wechselspannungen findet sich in dieser Tabelle (**Tabelle 1**) auch der Scheitelwert. Der Scheitelwert ist der Effektivwert multipliziert mit $\sqrt{2}$.

Betrachtet man diese Werte, so stellt man fest, dass einige dieser Werte über der vereinbarten Grenze der zulässigen Berührungsspannung von 50V AC bzw. 120V DC liegen (in Tabelle 1 rot gekennzeichnet).

Einsatzbedingung	max. zulässige Leerlaufspannung in V		
	Gleichspannung	Wechselspannung	
		Scheitelwert	Effektivwert
erhöhte elektrische Gefährdung	113	68	48
ohne erhöhte elektrische Gefährdung	113	113	80
begrenzter Betrieb ohne erhöhte elektrische Gefährdung	113	78	55
Schweißbrenner maschinell geführt	141	141	100
Plasmaschneiden	500	–	–
unter Wasser mit Personen im Wasser	65	unzulässig	

Tabelle 1: Zulässige Leerlaufspannungen

Erhöhte elektrische Gefährdung

Von einer erhöhten elektrischen Gefährdung spricht man, wenn elektrische Anlagen oder Betriebsmittel in leitfähigen Bereichen mit begrenzter Bewegungsfreiheit oder in sonstigen Räumen und Bereichen mit leitfähiger Umgebung betrieben werden.

Ein leitfähiger Bereich mit begrenzter Bewegungsfreiheit liegt vor, wenn dessen Begrenzungen im Wesentlichen aus Metallteilen oder leitfähigen Teilen bestehen und eine Person großflächig mit ihrem Körper in Berührung mit der leitfähigen Begrenzung stehen kann. Dabei ist die Möglichkeit der Unterbrechung dieser Berührung eingeschränkt. Dies können z. B. Arbeiten in kleinen Kesseln, Tanks, Reparatur- oder Montagearbeiten in engen, metallisch begrenzten Räumen, aber auch Arbeiten in Bohrungen oder Rohrschächten sein.

Lichtbogenschweißeinrichtungen, die für den Einsatz bei erhöhter elektrischer Gefährdung geeignet sind, werden heute mit einem „S“ gekennzeichnet (**Bild 2**).

Diese Kennzeichnung bedeutet, dass mit einer maximalen Gleichspannung von 113 V bzw. einer maximalen Wechselspannung mit einem Effektivwert von 48 V (Scheitelwert 68 V) gearbeitet wird.

Früher wurden die Schweißgeräte für den Einsatz bei erhöhter elektrischer Gefährdung bei Gleichspannung mit dem Kennzeichen „K“ und bei Wechselspannung mit dem Kennzeichen 42 V gekennzeichnet (**Bild 3**).

Bild 2: Kennzeichnung für erhöhte elektrische Gefährdung

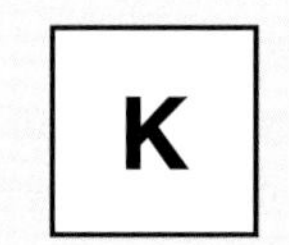

Bild 3: Alte Kennzeichnungen für erhöhte elektrische Gefährdung

Begrenzter Betrieb ohne erhöhte elektrische Gefährdung

Die Leistung der Schweißstromquellen für begrenzten Betrieb ist durch die Einschaltdauer (Temperaturwächter) und die maximale Stromstärke von 160 A eingeschränkt. Hierbei handelt es sich um Geräte aus dem Heimwerkerbereich.

Schweißbrenner maschinell geführt

Schweißbrenner gelten als maschinell geführt, wenn die folgenden Bedingungen erfüllt sind:

- Der Brenner darf nicht von Hand gehalten werden.
- Die Leerlaufspannung muss selbsttätig abgeschaltet werden, wenn nicht geschweißt wird.
- Der Schutz gegen direktes Berühren aktiver Teile muss:
  - mindestens der Schutzart IP 2X entsprechen,
  - oder durch eine Gefahrenminderungseinrichtung sichergestellt sein.

Unter Wasser mit Person im Wasser

Hier gelten durch das Wasser noch schärfere Grenzwerte als bei den erhöhten elektrischen Gefährdungen.

Prüfung von Lichtbogenschweißeinrichtungen

Sichtprüfung

Die Sichtprüfung ist sowohl am Lichtbogenschweißgerät selbst, als auch an den zugehörigen Brennern/Elektrodenhaltern und der Schweißstrom-Rückleitungsklemme durchzuführen. Hierbei ist insbesondere auf:

- Beschädigungen des Gehäuses,
- Beschädigungen von Isolierungen,
- defekte Anschlüsse,
- defekte Stecker,
- einwandfreie Zugentlastungen,
- Anzeichen auf thermische Überlastung,
- freie Kühlöffnungen,
- starke Verschmutzung, starker Staub, Kontamination,
- schlechte Lesbarkeit oder fehlende Kennzeichnungen bzw. Typenschilder und
- andere Beschädigungen oder Hinweise auf unsachgemäßen Gebrauch
  zu achten.

Sollte der Prüfling starke Verschmutzungen aufweisen, ist der Prüfling vor der Prüfung zu reinigen (ggf. auch durch Auseinandernehmen).

Durchgängigkeit des Schutzleiterstromkreises

Bei der Messung der Durchgängigkeit des Schutzleiterstromkreises erfolgt die Prüfung analog der DIN VDE 0701-0702 (**Bild 4**). Über den Schutzleiter fließt während der Messung ein Gleich- oder Wechselstrom von mindestens 200 mA. Die Anzeige des Messwertes erfolgt in Ω. Die Grenzwerte entsprechen ebenfalls denen aus DIN VDE 0701-0702.

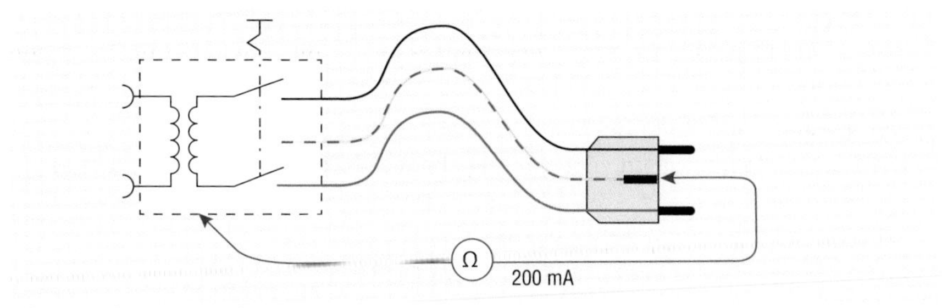

Bild 4: Prüfung der Durchgängigkeit des Schutzleiterstromkreises

Der Widerstand des Schutzleiterstromkreises darf:
- 0,3 Ω für die ersten 5 m Länge,
  - darüber hinaus zzgl. 0,1 Ω je weitere 7,5 m Länge der Anschlussleitung,
  - maximal jedoch 1,0 Ω nicht überschreiten.
- Bei Anschlussleitungen größer 16 A Nennstrom gilt der Widerstandswert des Leiters als Grenzwert.

Während der Messung ist die Leitung in Abschnitten, insbesondere an den Einführungsstellen der Leitungen in die Gehäuse, zu bewegen.

Messung des Isolationswiderstandes

Bei der Messung des Isolationswiderstandes ergeben sich nun gravierende Unterschiede zur Prüfung nach DIN VDE 0701-0702. Hier wird nur der Isolationswiderstand von L/N gegen den Schutzleiter, bzw. gegen leitfähige Teile, die nicht mit dem Schutzleiter verbunden sind, gemessen (**Bild 5**).

Beim Schweißgerät sind hier mehrere Messungen erforderlich. Auch sind die Grenzwerte höher. Die Messung erfolgt analog zur DIN VDE 0701-0702 mit einer Messspannung von 500 V. Bei einem Schweißgerät der Schutzklasse I ist zuerst der
- Isolationswiderstand zwischen dem Netzeingang (L/N) gegen der Schweißausgang zu messen (in Magenta dargestellt). Der Grenzwert beträgt 5 MΩ.
- Danach ist der Isolationswiderstand zwischen dem Schutzleiter und dem Schweißausgang zu messen (in Grün dargestellt). Der Grenzwert beträgt 2,5 MΩ.
- Zum Abschluss ist der Isolationswiderstand zwischen dem Netzeingang (L/N) und dem Schutzleiter zu messen (in Rot dargestellt). Der Grenzwert beträgt 2,5 MΩ.

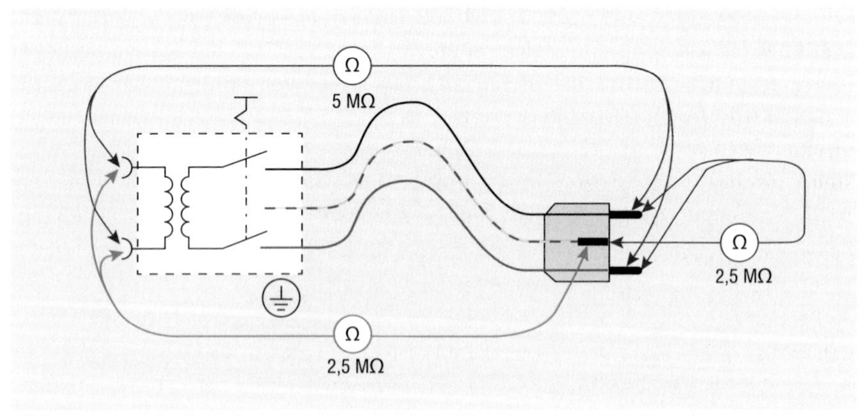

Bild 5: Messung der Isolationswiderstände bei Schweißgeräten der Schutzklasse I

Bei Schweißgeräten der Schutzklasse II ist der

- Isolationswiderstand zwischen dem Netzeingang (L/N) gegen der Schweißausgang zu messen (in **Bild 6** in Magenta dargestellt). Der Grenzwert beträgt 5 MΩ.
- Und danach ist der Isolationswiderstand zwischen dem Netzeingang und den berührbaren Oberflächen zu messen (in Blau dargestellt). Der Grenzwert beträgt 5 MΩ. Diese Messung ist auch zu berührbaren leitfähigen Teilen, die bei Schweißgeräten der Schutzklasse I nicht mit dem Schutzleiter verbunden sind, durchzuführen.

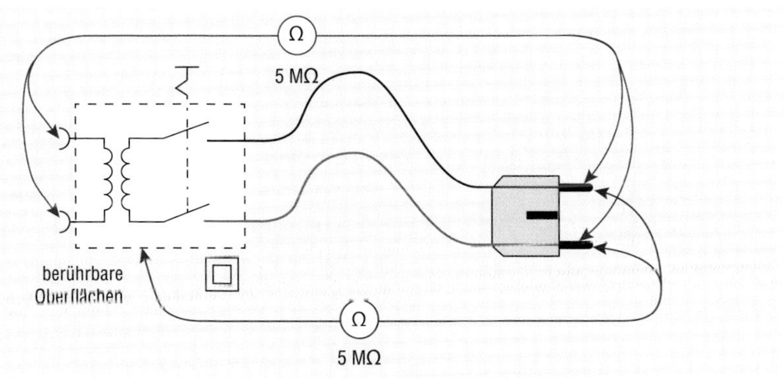

Bild 6: Messung der Isolationswiderstände bei Schweißgeräten der Schutzklasse II

Messung von Berührungsströmen und Schutzleiterstrom

Bei Schweißgeräten der Schutzklasse I ist zuerst der Berührungsstrom des Schweißstromkreises zu messen (in **Bild 7** in Rot dargestellt). Hierbei ist ein Amperemeter mit dem Schutzleiter des speisenden Netzes verbunden. Mit der Sonde werden nacheinander die beiden Pole des Schweißausganges abgetastet. Der Grenzwert beträgt 10 mA.

Danach ist der Schutzleiterstrom zu messen. Diese Messung kann sowohl im direkten Messverfahren als auch im Differenzstrommessverfahren (in Grün dargestellt) durchgeführt werden. Die Anwendung des Ersatzableitstrommessverfahrens ist nicht zulässig. Der Grenzwert beträgt auch hier 10 mA. Fest angeschlossene Schweißeinrichtungen, die über einen verstärkten Schutzleiter verfügen, dürfen einen Ableitstrom von bis zu 5 % ihres Nennstromes aufweisen.

Bei Schweißgeräten der Schutzklasse II ist zum einen der Berührungsstrom des Schweißstromkreises zu messen (in **Bild 8** in Rot dargestellt).

Daneben ist der Berührungsstrom im Normalbetrieb zu messen. Hier werden (in Grün dargestellt) berührbare leitfähige Teile mit der Sonde abgetastet. Der

Grenzwert beträgt 0,5 mA. Diese Messung muss auch an berührbaren leitfähigen Teilen, die keine Verbindung zum Schutzleiter haben, an Schutzklasse I Schweißgeräten durchgeführt werden.

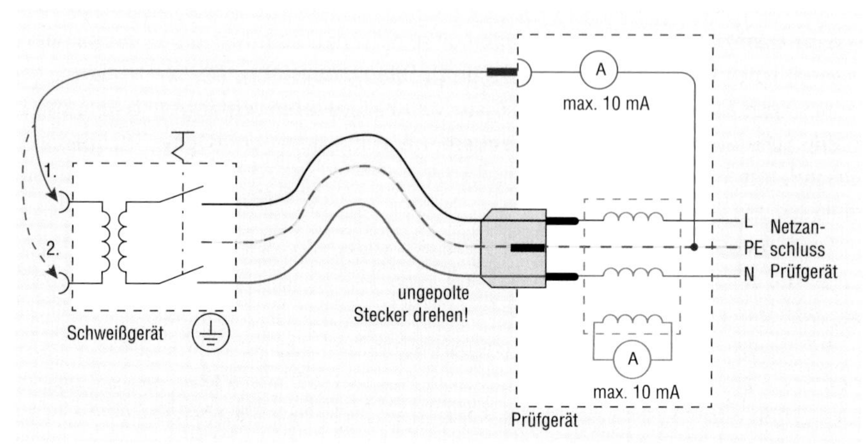

Bild 7: Messung des Berührungsstromes des Schweißstromkreises und des Schutzleiterstromes

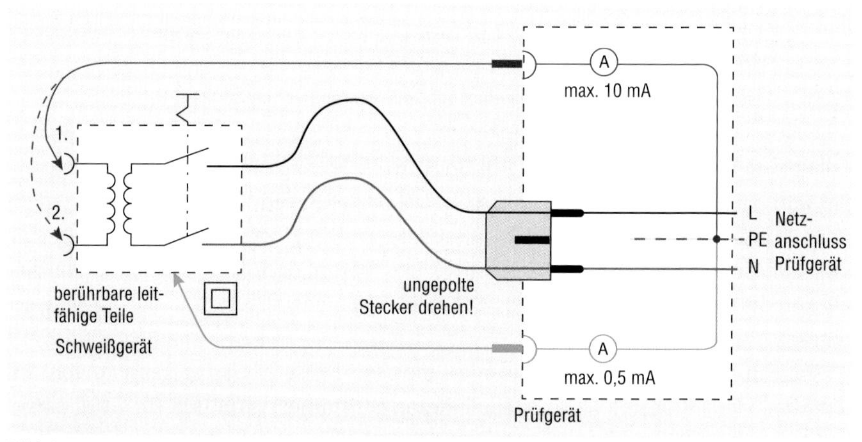

Bild 8: Messung des Berührungsstromes der Schweißstromkreises und des Berührungsstromes im Normalbetrieb

Messung der Leerlaufspannung

Um Gefährdungen durch die Spannung an den Schweißausgängen zu vermeiden, ist die Höhe der Leerlaufspannung zu messen. Dies erfolgt in der Regel über eine spezielle Messschaltung. Die Schweißstromquelle wird mit einem Widerstand zwischen 5,2 kΩ und 0,2 kΩ belastet (**Bild 9**). Über einen Widerstand von 1 kΩ und eine Gleichrichterdiode wird ein 6,8 µF Kondensator aufgeladen. Mit einem Voltmeter mit Max-Wert-Speicher wird die Spannung am Kondensator gemessen. Bei Wechselstrom-Schweißgeräten wird über diese Schaltung der Scheitelwert der Leerlaufspannung gemessen. Die Effektivwerte müssen daher mit $\sqrt{2}$ multipliziert werden, um den Scheitelwert zu erhalten. Grenzwert ist die Angabe der Leerlaufspannung auf dem Typenschild des Schweißgerätes mit einer Toleranz von ±15 %. Die in der Tabelle 1 angegebenen Maximalwerte dürfen auf keinen Fall überschritten werden. Diese Messung ist bei Plasma-Schneidstromquellen nicht mehr vorgeschrieben.

Verfügt eine Schweißstromquelle über eine Spannungsminderungseinrichtung, muss die Messung der Leerlaufspannung zusätzlich auch bei der verminderten Spannung erfolgen.

Bei der Messung ist bei DC-Schweißstromquellen – aufgrund des Einweggleichrichters – auf die Polarität zu achten. Am Markt sind Prüfgeräte vorhanden, die über einen Einweggleichrichter verfügen, aber auch Prüfgeräte mit Brückengleichrichter. Bei diesen Geräten ist die Polarität egal.

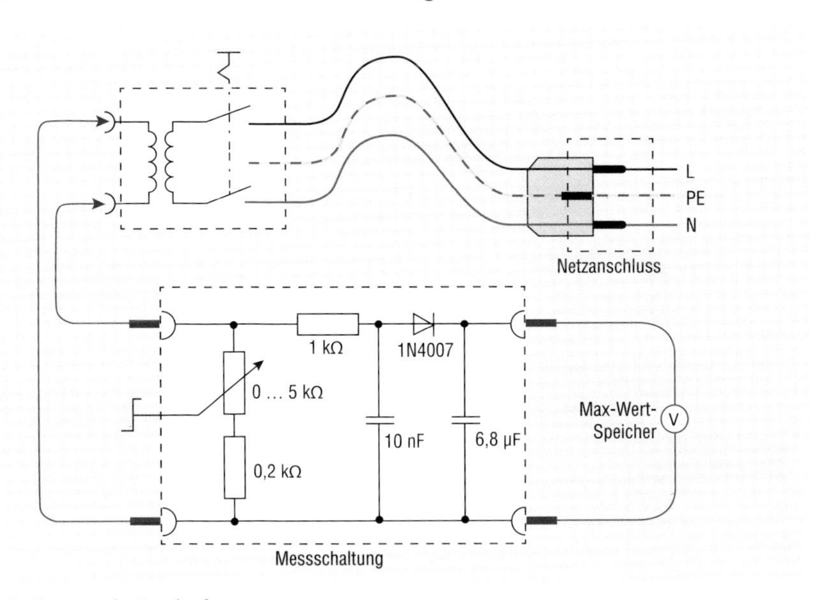

Bild 9: Messung der Leerlaufspannung

Funktionsprüfung

Im Rahmen der Funktionsprüfung sind alle sicherheitsrelevanten Einrichtungen zu prüfen. Ein- und Ausschalter, Melde- und Kontrolleinrichtungen sowie evtl. vorhandene Gas-Magnetventile sind auf einwandfreie Funktion und ggf. Dichtigkeit zu prüfen.

Dokumentation

Alle gemessenen Werte sind zu dokumentieren. Darüber hinaus ist auch zu dokumentieren, an welcher Netzspannung das Schweißgerät zum Zeitpunkt der Prüfung betrieben wurde. Zur Dokumentation gehört auch, wer mit welchen Prüfgeräten die Prüfungen vorgenommen hat. Auch auf dem Schweißgerät selbst ist durch eine Prüfplakette die bestandene Prüfung zu dokumentieren.

Autor

Matthias Korth, Jahrgang 1969, absolvierte erfolgreich die Ausbildung zum Energiegeräteelektroniker bei der ehemaligen AEG in Oldenburg.
1995 erfolgte die Prüfung als Elektroinstallateurmeister vor der HWK Oldenburg.
Von Februar 2000 bis September 2019 war er als Lehrkraft am THW Ausbildungszentrum in Hoya tätig, seit Oktober 2019 ist er Dozent am BFE in Oldenburg.

Prüfung von Leistungstransformatoren

Peter Behrends

Der einwandfreie Zustand von Leistungstransformatoren ist über die gesamte Lebensdauer zu gewährleisten. Unterschiedliche Einflüsse können dabei die voraussichtliche Nutzungsdauer während des Lebenszyklus eines Transformators beeinflussen. Diagnoseprüfungen und Monitoring unterstützen den Anlagenbetreiber oder Instandhalter bei der Bestimmung des Zustands des Betriebsmittels und bei der Wahl der richtigen Maßnahmen, damit ein zuverlässiger Betrieb sichergestellt und die voraussichtliche Nutzungsdauer des Transformators verlängert werden kann.

Negative Einflüsse, die auf die Lebensdauer eines Transformators einwirken sind

- thermische Einflüsse durch Überlast, Überhitzung, Umgebungsbedingungen,
- Alterung durch Feuchtigkeit, Säuren, Sauerstoff, Kontaminierung, Leckagen,
- mechanische Einflüsse durch Transport, Belastungen durch Kurzschlüsse, seismische Aktivitäten und
- elektrische Einflüsse durch Schaltspannungsstöße, Blitz, Überspannungen,
- Kurzschlussströme.

Bild 1 zeigt Transformatorkomponenten und ihre erkennbaren Fehler.

Kapazitäts- und Verlustfaktormessung

Gründe für eine Messung

Kapazitäts- und Verlustfaktormessungen werden durchgeführt, um den Zustand der Isolierung von Leistungstransformatoren und Durchführungen zu untersuchen. Beide Isolationssysteme sind für einen zuverlässigen Betrieb des Transformators entscheidend. Anzeichen für eine beeinträchtigte Isolierung sind eine hohe Ölleitfähigkeit, Alterung und ein Anstieg des Wassergehalts. Diese Anzeichen führen außerdem zu erhöhten Verlusten, die durch die Messung des Verlustfaktors quantifiziert werden können. Änderungen in der Kapazität können auf Durchschlage zwischen kapazitiven Schichten in Durchführungen hinweisen. Durch das Messen von Kapazität und Verlusten können Defekte in der Isolierung erfasst werden, lange bevor es zu einem Ausfall kommt. Eine der Hauptursachen für Ausfälle von Transformatoren ist der Austausch von Durchführungen aufgrund einer Verschlechterung oder aufgrund von Fehlern in der Isolierung.

Funktionsweise

An Leistungstransformatoren werden Verlustfaktormessungen an der Hauptisolierung zwischen den Wicklungen (C_{HL}) und an der Isolierung von den Wicklungen

Komponenten	Fehlererkennung
Durchführungen	Durchschläge zwischen kapazitiven Schichten, Risse in harzimprägnierter Isolierung
	Verschleiß und Feuchteeintritt
	offene oder beschädigte Messanschlüsse
	Teilentladungen in der Isolierung
Stromwandler	Übersetzungs- oder Phasenfehler in Verbindung mit der Bürde, übermäßiger Restmagnetismus; keine Konformität mit geltenden IEEE- oder IEC-Normen
	bürdenabhängige Übersetzung und Phasenverschiebung
	Wicklungsschlüsse
Leitungen	Kontaktprobleme
	mechanische Verformung
Stufenschalter	Kontaktprobleme im Wählschalter und Lastumschalter
	offene Verbindungen, Wicklungsschlüsse oder hochohmige Verbindungen in der Ausgleichswicklung
	Kontaktprobleme im DETC
Isolierung	Feuchte in der Feststoffisolierung
	Alterung, Feuchte und Verunreinigung von Isolationsflüssigkeit
	Teilentladungen
Wicklungen	Kurzschlüsse zwischen Wicklungen oder Windungen
	Kurzschlüsse im Drillleiter
	offene Verbindungen in Parallelschaltung
	Erdschluss
	mechanische Verformung
	Kontaktprobleme, offene Verbindungen
Kern	mechanische Verformung
	offene Kernerdung
	kurzgeschlossene Kernbleche
	Remanenz

Bild 1: Transformatorkomponenten und ihre erkennbaren Fehler

zum Tank (C_H, C_L) durchgeführt. Die Wicklungen werden kurzgeschlossen und die Prüfspannung wird auf eine Wicklung angelegt, während der Strom durch die Isolierung an der anderen Wicklung oder im Tank gemessen wird. An den Durchführungen wird die Spannung am Hauptleiter angelegt, während der Strom an den Messanschlüssen gemessen wird. Der Verlustfaktor, auch tan δ genannt, wird mit dem Tangens des Winkels δ zwischen dem gemessenen Strom und dem Idealstrom berechnet, der vorliegen würde, wenn es keine Verluste gäbe (**Bild 2**). Der Leistungsfaktor ist der Cosinus des Winkels φ zwischen der Ausgangsspannung und dem gemessenen Strom und wird daher auch mit cos φ bezeichnet (**Bild 3**). Die Verwendung anderer Frequenzen als der Netzfrequenz erhöht die Sensitivität der Messung, da bestimmte Probleme/Defekte deutlicher sichtbar bei Frequenzen oberhalb oder unterhalb der Netzfrequenz werden. Moderne Prüfgeräte sind in der Lage, automatisch mit variabler Frequenz oder Spannung zu prüfen.

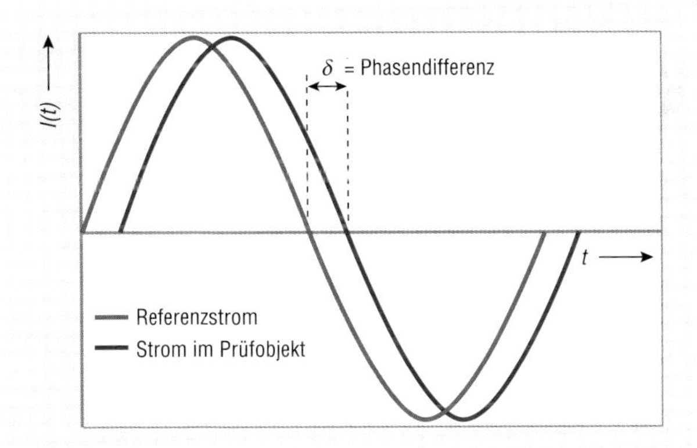

Bild 2: Die dielektrischen Verluste führen zu einer Phasenverschiebung.

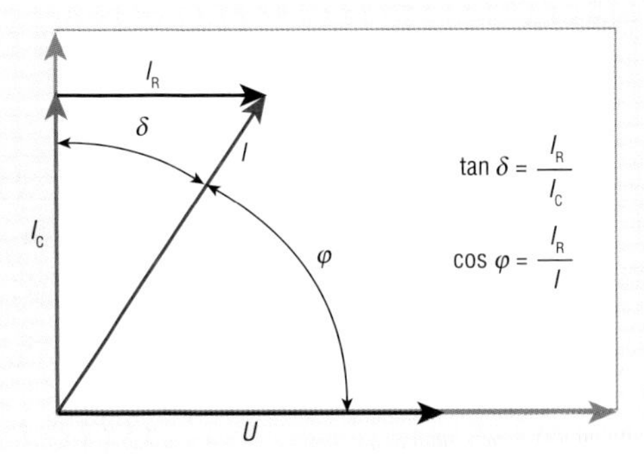

Bild 3: Sowohl Leistungsfaktor (cos φ) als auch Verlustfaktor (tan δ) lassen sich aus Ausgangsspannung- und Strommessung bestimmen.

Wissenswertes

Nach Abschluss der Messungen ist es von Vorteil, die Werte mit früheren Ergebnissen und den Referenzwerten der für das geprüfte Betriebsmittel relevanten Normen zu vergleichen. Ein Anstieg der Kapazität von mehr als 10 % verglichen zu früheren Ergebnissen wird für Durchführungen normalerweise als gefährlich eingestuft. Ein solcher Anstieg zeigt an, dass ein Teil der Isolierung bereits beschädigt ist und die dielektrische Belastung auf der übrigen Isolierung zu hoch ist. Eine zusätzliche Spannungsanstiegsprüfung, auch bekannt als *Tip-up-Test*, kann fehlerhafte Kontakte der Durchführungsschichten oder der Messanschlüsse erfassen. Sie lassen sich durch einen abfallenden tan δ erkennen.

Standardmäßige Messungen des tan δ bei 50 Hz oder 60 Hz können lediglich die Auswirkungen von Feuchte und Alterung in einer fortgeschrittenen Phase erkennen. Mit Messungen in einem erweiterten Frequenzbereich können diese Auswirkungen bereits frühzeitig erkannt werden, wodurch eine längere Reaktionszeit zur Planung von Korrekturmaßnahmen möglich ist. Ein zu hoher tan δ kann eine dielektrische Antwortmessung als ergänzendes Diagnoseverfahren erforderlich machen. Diese dielektrische Messung in einem breiten Frequenzbereich setzt man ein, um zu bestimmen, ob Feuchte oder eine hohe Ölleitfähigkeit den hohen tan δ verursacht hat (**Bild 4**).

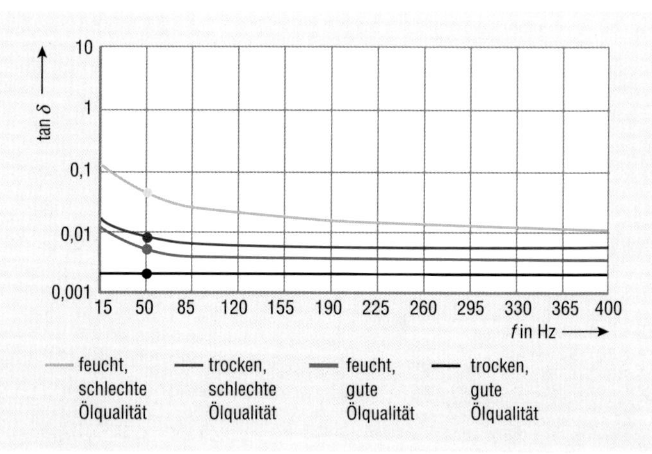

Bild 4: Messergebnisse (tan δ) von vier unterschiedlichen Transformatoren in einem Bereich um Netzfrequenz (50 Hz)

Wicklungswiderstandsmessung und Stufenschalterprüfung

Gründe für eine Messung

Um mögliche Schäden an Wicklungen oder Kontaktprobleme, z. B. von den Durchführungen zu den Wicklungen oder von den Wicklungen zum Stufenschalter festzustellen, sind Wicklungswiderstandsmessungen unumgänglich. Man kann sie auch für die Stufenschalter-Prüfung einsetzen. Damit sind Ruckschlüsse möglich, wann Kontakte gereinigt oder ersetzt bzw. der Stufenschalter selbst ersetzt oder instand gesetzt werden sollte. Fehler lassen sich so ohne Öffnen des Stufenschaltergehäuses erkennen.

Funktionsweise

Die Messung des Wicklungswiderstands erfolgt nach dem Prinzip des Ohmschen Gesetzes. Zunächst muss dafür die Wicklung solange geladen werden, bis der Kern gesättigt ist und sich ein stabiler Gleichstrom einstellt. Der Widerstand ist dann durch Messung von Gleichstrom und Gleichspannung zu bestimmen. Für Stufenwicklungen sollte die Messung bei jeder Stufe erfolgen, sodass der Stufenschalter und die Wicklung zusammen geprüft werden. Es gibt zwei gängige Vorgehensweisen für diese Prüfung – die statische und die dynamische Wicklungswiderstandsmessung.

- Die **Statische Wicklungswiderstandsmessung** ist die gängigste und einfachste Methode, um die Wicklung und den Stufenschalter auf Probleme zu prüfen. Diese Messungen untersuchen den Widerstand jeder einzelnen Stufe und vergleichen den Widerstand mit den Referenzwerten des Herstellers.
- Die **Dynamische Widerstandsmessung** wird als ergänzende Messung durchgeführt, um den transienten Schaltvorgang eines resistiven Lastumschalters zu analysieren. Beim Schalten des Stufenschalters während einer Wicklungswiderstandsmessung fällt der Gleichstrom vorübergehend ab: Dieses Verhalten wird aufgezeichnet und analysiert (**Bild 5**).

Wissenswertes

Für den Wicklungswiderstand sollten die Ergebnisse nicht mehr als 1 % von der Referenzmessung abweichen. Die Differenz der Werte zwischen einzelnen Phasen liegt im Schnitt unter 2 % bis 3 %. Bei einem Vergleich der Wicklungswiderstandsmessungen müssen die Ergebnisse temperaturkorrigiert werden. Die übliche Referenztemperatur beträgt 75 °C. Mit einer Messung des Übersetzungsverhältnisses lassen sich offene Verbindungen verifizieren, während eine Frequency Response Analysis Kontaktprobleme bestätigen kann. In beiden Fällen kann eine zusätzliche *Gas-In-Öl-Analyse* auf eine erhöhte Wärmeentwicklung im Transformator hinweisen. Allerdings sind Gas-Signaturen nicht eindeutig und erlauben somit keine

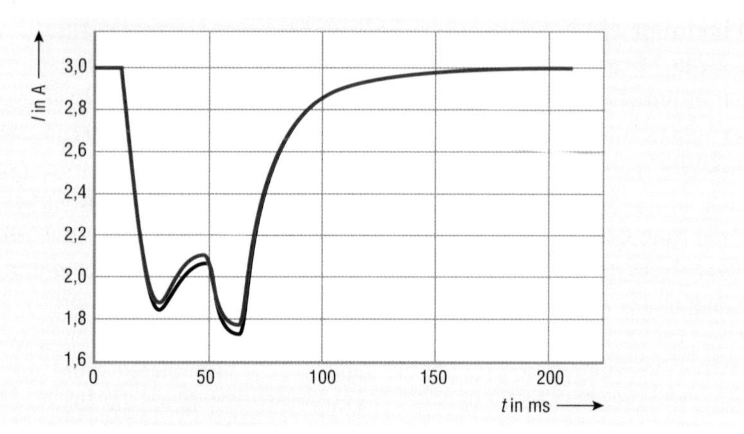

Bild 5: Übergangsströme während des Schaltvorgangs des resistiven Lastumschalters, aufgenommen mit der dynamischen Widerstandsmessung

sichere Feststellung der Fehlerursache. Während der Wicklungswiderstandsmessung kann sich der Kern des Transformators aufmagnetisieren. Aus diesem Grund ist es zu empfehlen, den Kern nach Durchführung der Messung zu entmagnetisieren.

Messung des Übersetzungsverhältnisses

Gründe für eine Messung

Messungen des Übersetzungsverhältnisses werden durchgeführt, um die grundlegende Funktionsweise eines Leistungstransformators zu prüfen. Bei der Messung des Übersetzungsverhältnisses und des Phasenwinkels zwischen zwei Wicklungen lassen sich offene Verbindungen und Wicklungsschlüsse identifizieren. Das Übersetzungsverhältnis wird während der Werksabnahmeprüfung bestimmt und ist, nachdem der Transformator in Betrieb genommen wurde, routinemäßig zu prüfen. Diese Messung kann auch nach einer Schutzauslösung oder anderen Diagnoseprüfungen, wie der *Gas-in-Öl-Analyse* und Verlustfaktormessungen, sinnvoll sein.

Funktionsweise

Bei Verwendung einer einphasigen Prüfquelle wird die Prüfspannung separat auf jeder Phase einer Wicklung angelegt und sowohl an der Oberspannungs- als auch der entsprechenden Unterspannungswicklung desselben Schenkels gemessen. Bei Verwendung einer dreiphasigen Prüfquelle kann dieselbe Messung an allen drei Phasen gleichzeitig durchgeführt werden. Das berechnete Übersetzungsverhältnis ist anschließend mit den werksseitig angegebenen Ergebnissen auf dem Typenschild zu vergleichen.

Wissenswertes

Die Ergebnisse werden mit den werksseitig angegebenen Werten und Messungen an unterschiedlichen Phasen verglichen. Gemäß IEC 60076-1 [1] und IEEE C57.152 [2] sollten die Messwerte nicht mehr als 0,5 % vom Nennverhältnis abweichen. Das Übersetzungsverhältnis wird üblicherweise von der Oberspannungs- zur Unterspannungswicklung gemessen. So lassen sich gefährliche Spannungen an den Messeingängen vermeiden. Ein magnetisierter Kern oder eine fehlende Bezugserde kann die Messung beeinflussen und zu verfälschten Ergebnissen führen. Aus diesem Grund ist es sehr wichtig, dass eine Entmagnetisierung des Transformatorkerns und entsprechende Erdungen an jeder Wicklung gegeben sind. Für die Bestätigung oder Nichtbestätigung eines vermuteten Problems empfiehlt sich eine zusätzliche Messung des Magnetisierungsstroms. So sind beispielsweise Kurzschlüsse erkennbar.

Messung des Magnetisierungsstroms

Gründe für eine Messung

Um die Isolierung der Wicklungen von Windung zu Windung, den magnetischen Kreis eines Transformators und den Stufenschalter zu bewerten, ist es sinnvoll, die Magnetisierungsströme zu messen. Der größte Vorteil dieser Messung ist, dass sie Kurzschlüsse von Windung zu Windung in Wicklungen (Windungsschlüsse) sichtbar macht.

Physische Bewegung bzw. Verschiebungen der Kernbleche oder massive Schäden im Kern können den magnetischen Widerstand beeinflussen und damit zu einer Änderung des Magnetisierungsstroms führen. Abweichungen weisen auch auf abgenutzte Kontakte oder mangelhafte Verbindungen zum Stufenschalter hin.

Funktionsweise

Der Magnetisierungsstrom wird im Leerlauf gemessen. Aus diesem Grund wird auf einer Seite des Transformators – normalerweise auf der Hochspannungsseite – Wechselspannung angelegt, und die andere Seite wird offen gelassen. Die Stärke des Stroms, der von der Primärwicklung aufgenommen wird, ist proportional zur Energie, die zur Induktion einer Spannung in der Sekundärwicklung im Leerlauf erforderlich ist. Es wird empfohlen, die größtmögliche Prüfspannung innerhalb der Grenzen des Prüfsystems und der Wicklung zu wählen, um so Kurzschlüsse von Windung zu Windung erkennen zu können. Die Standardprüfspannung beträgt 10 kV. Die Prüfanschlüsse ändern sich je nach Wicklungskonfiguration. Generell sollte der Neutralleiter, sofern vorhanden, an dem Rückleiter des Prüfsystems angeschlossen werden. Die Durchführung des Neutralleiters im Leerlauf betriebenen Wicklung sollten geerdet sein, vorausgesetzt sie ist auch im Betrieb geerdet.

Wissenswertes

Die Magnetisierungsstromprüfung sollte zwischen Phasen und Stufen verglichen werden. Je nach Aufbau des Transformators und Anzahl der Schenkel sollten die Ergebnisse ein eindeutiges Phasenmuster mit zwei oder drei ähnlichen Phasen zeigen. Die ähnlichen Phasen sollten nicht mehr als 5 % bis 10 % voneinander abweichen. Es werden weitere Untersuchungen empfohlen, falls alle drei Phasen unterschiedliche Magnetisierungsströme aufweisen. Die Gründe für unterschiedliche Phasenmuster können in einem magnetisierten Kern oder Problemen in der Wicklung liegen. Wie zuvor erwähnt, kann auch Remanenz (Restmagnetismus) im Kern die Ergebnisse beeinflussen. In solch einem Fall ist der Transformator zu entmagnetisieren und die Messung zu wiederholen. Zusätzlich zum Phasenmuster sollten die Ergebnisse auch ein eindeutiges Muster über alle Stufen hinweg zeigen, das je nach Stufenschalter-Typ variieren kann. Auch wenn das spezifische Stufenschaltermuster nicht bekannt ist, sollte es für alle Phasen gleich sein. Kurzgeschlossene Windungen lassen sich ebenfalls durch Messung des Übersetzungsverhältnisses bestätigen. Die *Sweep Frequency Response Analysis* ist dagegen hilfreich, um Probleme im Kern zu belegen oder zusätzlich zu diagnostizieren.

Messung der Kurzschlussimpedanz

Gründe für eine Messung

Die Messung der Kurzschlussimpedanz ist ein sensitives Verfahren um mögliche Verformungen oder Verschiebungen von und in Wicklungen zu diagnostizieren. Hohe Kurzschlussströme oder der Transport eines Leistungstransformators können Verschiebungen oder Verformungen der Wicklungen verursachen. In solchen Fällen werden Kurzschlussimpedanzmessungen empfohlen. Die Prüfung lässt sich normalerweise als dreiphasige Messung durchführen. Die gemessenen Ergebnisse sind im Anschluss mit den Typenschild-Werten zu vergleichen, die der Hersteller während der Werksabnahmeprüfungen ermittelt hat. Da dieser Wert einen Durchschnittswert aller drei Phasen darstellt, wird auch eine einphasige Messung empfohlen.

Funktionsweise

Eine Wechselstromquelle wird an jede Phase einer Wicklung auf der Hochspannungsseite angeschlossen. Für die dreiphasige Messung werden alle drei Phasen auf der Unterspannungsseite kurzgeschlossen, ohne den Neutralleiter (sofern vorhanden) anzuschließen. Für die einphasige Messung wird nur die entsprechende Wicklung auf der Unterspannungsseite kurzgeschlossen. Strom und Spannung aller Wicklungen auf Oberspannungsseite werden in Amplitude und Phase gemessen. Die Kurzschlussimpedanz wird unter Berücksichtigung der spezifischen Nennwerte des Transformators berechnet.

Wissenswertes

Die Kurzschlussimpedanz aus der Dreiphasenmessung sollte nicht mehr als 3 % vom Wert auf dem Typenschild abweichen. Allerdings bestätigen höhere Abweichungen nicht automatisch eine Verformung der Wicklung. Um eine Verformung der Wicklung zu bestätigen, muss mindestens eines der Ergebnisse der Streureaktanzprüfung auffällig sein. Die Streureaktanz steht für den Streufluss, d. h. den Fluss, der nicht vollständig im Kern gehalten wird (**Bild 6**). Eine Verschiebung oder Verformung der Wicklungen ändert den magnetischen Widerstand des Streuwegs und somit die Reaktanz (Blindwiderstand).

Bei der einphasigen Messung sind die Ergebnisse pro Phase mit dem Durchschnittswert über alle drei Phasen zu vergleichen. In den meisten Fällen betragen Abweichungen vom Durchschnittswert weniger als 1 % und sollten 2 % bis 3 % nicht überschreiten. Die Ergebnisse der einphasigen Prüfung sind nicht mit dem Wert auf dem Typenschild vergleichbar. Die Streureaktanz spiegelt nur den reaktiven Teil der Kurzschlussimpedanz wider. Allerdings verwendet man beide Begriffe synonym, um dasselbe Prüfverfahren zu bezeichnen. Zusätzlich kann eine *Sweep Frequency Response Analysis* (SFRA) durchgeführt werden, um die Verschiebung und Verformung der Wicklung näher zu untersuchen.

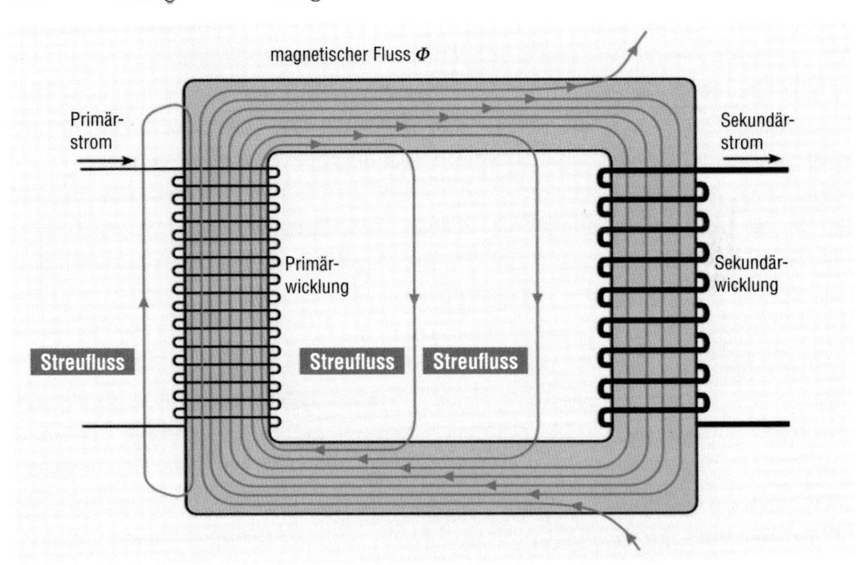

Bild 6: Der Streufluss ist der Anteil des magnetischen Flusses (Φ), der nicht im Eisenkern verläuft.

Messung des Frequenzgangs von Streuverlusten

Gründe für eine Messung

Die Messung des Frequenzgangs von Streuverlusten (engl. „Frequency Response of Stray Losses“, abgekürzt FRSL) ist eine Messung der ohmschen Komponente der Kurzschlussimpedanz bei unterschiedlichen Frequenzen. Sie ist das einzige elektrische Verfahren, mit dem sich Kurzschlüsse in einem Drillleiter und lokale Überhitzung aufgrund von Wirbelstromverlusten erfassen lassen. Ähnlich wie bei der Kurzschlussimpedanzmessung wird empfohlen, FRSL-Messungen als Inbetriebnahme- oder Abnahmeprüfung durchzuführen, um entsprechende Referenzwerte festzulegen. Gleichermaßen sind FRSL-Prüfungen keine routinemäßigen Diagnoseprüfungen, sondern werden für die erweiterte Diagnose empfohlen. Die Prüfung kann als dreiphasige oder einphasige Messung durchgeführt werden.

Funktionsweise

Der Aufbau und Ablauf einer FRSL-Prüfung ist derselbe wie für die Kurzschlussimpedanzprüfungen. Man kann sie zudem parallel, also mit demselben Prüfaufbau, durchführen. Eine Wechselstromquelle wird an jede Phase einer Wicklung auf der Hochspannungsseite angeschlossen. Für die dreiphasigen Messung werden alle drei Phasen auf der Unterspannungsseite kurzgeschlossen, ohne den Neutralleiter – sofern vorhanden – anzuschließen. Für die einphasige Messung ist nur die entsprechende Wicklung auf der Unterspannungsseite kurzgeschlossen. Auf der Grundlage des gemessenen Stroms, der Spannung und der Phasenverschiebung wird die ohmsche Komponente der Kurzschlussimpedanz bei unterschiedlichen Frequenzen zwischen 15 Hz und 400 Hz berechnet. Eine grafische Darstellung der Ergebnisse über den Frequenzbereich zeigt einen Anstieg der ohmschen Komponente, da die Wirbelstromverluste im Transformator proportional zur Frequenz sind.

Wissenswertes

Die Analyse der FRSL-Ergebnisse ist größtenteils visuell und umfasst einen Vergleich der einzelnen Phasen. Zusätzlich können mehrere Messungen hinsichtlich ihres zeitlichen Verlaufs verglichen werden. Da sich die Wirbelstromverluste proportional zur Frequenz verhalten, kann ein Anstieg der Impedanz über den Frequenzbereich beobachtet werden (**Bild 7**). Dieser Anstieg sollte entlang aller drei Phasen einheitlich sein und eine gleichmäßige Exponentialkurve darstellen. Abweichungen bis zu 3 % können besonders in höheren Frequenzbereichen auf einen Kurzschluss zwischen Einzeldrähten des Drillleiters hinweisen (**Bild 8**). FRSL-Ergebnisse sollten mit einer Gas-in-Öl-Analyse überprüft werden. Viele der

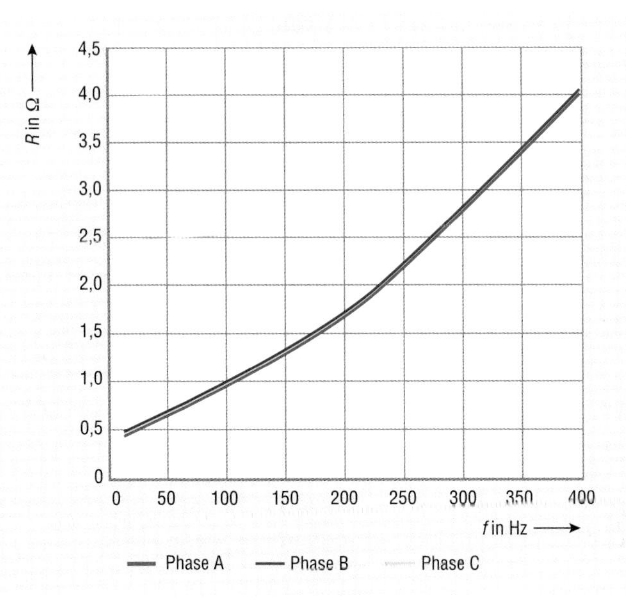

Bild 7: Angemessene FRSL Ergebnisse in allen Phasen (A, B und C)

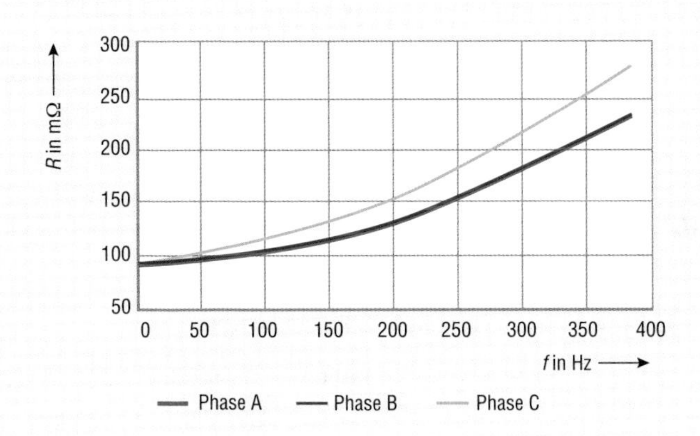

Bild 8: Abweichungen in den FRSL-Ergebnissen lassen Rückschlüsse auf einen Kurzschluss von Parallelleitern in der Wicklung von Phase C zu.

Probleme, die sich mithilfe der FRSL-Analyse diagnostizieren lassen, erzeugen brennbare Gase.

Die gängigsten Probleme, die zu irreführenden FRSL-Ergebnissen führen könnten, sind fehlerhafte Verbindungen und zu kleine Querschnitte der eingesetzten

Kurzschlussbrücke. In solchen Fällen ist eine vertikale Verschiebung zwischen den Phasen zu beobachten.

Entmagnetisierung des Kerns

Gründe für eine Messung

Wird ein Leistungstransformator vom Netz getrennt, kann aufgrund der Phasenverschiebung in seinem Kern Restmagnetismus entstehen. Restmagnetismus oder Remanenz entsteht auch, nachdem ein durch Gleichstrom erzeugtes Magnetfeld den Kern des Transformators beeinflusst, z. B. während routinemäßiger Wicklungswiderstandsprüfungen im Feld oder im Werk. Restmagnetismus im Kern kann zu hohen Einschaltströmen bis zum maximalen Kurzschlussstrom führen. Dadurch wird der Transformator unnötig belastet, wenn er wieder in Betrieb geht.

Eine zuverlässige Beurteilung einiger Diagnoseprüfungen ist bei einem aufmagnetisierten Kern unter Umständen nicht möglich. Aus diesem Grund wird eine Entmagnetisierung des Kerns vor und nach der Prüfung empfohlen, insbesondere wenn Gleichstrom während der Diagnoseprüfung im Spiel war.

Funktionsweise

Zuerst wird der Kern in beide Richtungen gesättigt. Anschließend bestimmt man die spezifischen Hystereseparameter und berechnet den Anfangsfluss. Auf Grundlage dieser Parameter wird ein iterativer Algorithmus verwendet, um den induzierten Fluss unter Anpassung der Spannung und Frequenz zu reduzieren (**Bild 9**). In mehreren Iterationen wird der Kern auf unter 1 % des Maximalwerts entmag-

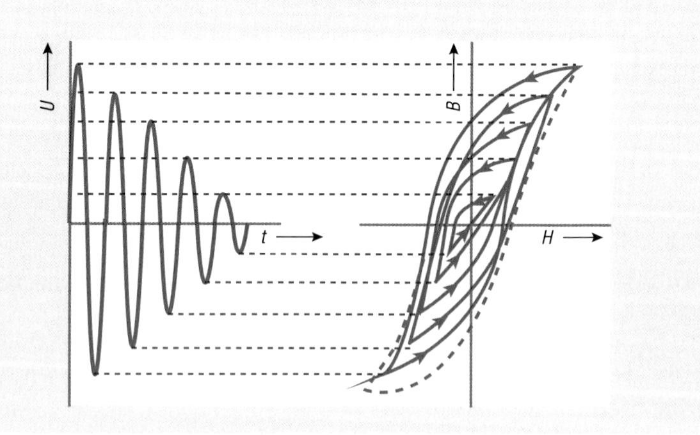

Bild 9: Eine immer kleiner werdende Spannung wird angelegt, um den Kern zu entmagnetisieren. Hohe Einschaltströme aufgrund von Restmagnetismus gefährden den Transformator.

netisiert. Die beschriebene Vorgehensweise zur Entmagnetisierung von Leistungstransformator-Kernen, basierend auf der Messung des magnetischen Flusses, funktioniert zuverlässig sowohl für kleine als auch für große Leistungstransformatoren.

Wissenswertes

Die Entmagnetisierung eines Leistungstransformator-Kerns minimiert die Risiken für Prüfer und Betriebsmittel, wenn der Transformator wieder in Betrieb genommen wird. Bevor eine Messung des Magnetisierungsstroms, eine *„Sweep Frequency Response Analysis“* oder ein *„Magnetic Balance Test“* durchgeführt werden, ist die Entmagnetisierung eines Transformators empfohlen.

Ein wichtiger Aspekt einer erfolgreichen Entmagnetisierung ist die konstante Überwachung des magnetischen Flusses (Φ) im Kern während der Entmagnetisierung.

Sweep Frequency Response Analysis

Gründe für eine Messung

Man setzt die *Sweep Frequency Response Analysis* (SFRA) ein, um mechanische oder elektrische Probleme in den Wicklungen, Kontakten oder im Kern von Leistungstransformatoren zu identifizieren. Schwere Kurzschlüsse oder Stöße während des Transports eines Transformators können eine Verschiebung oder Verformung der Wicklung verursachen. Seit Einführung der IEC 60076-18-Norm [3] hat sich dieses Verfahren als eine der gängigsten elektrischen Prüfmethoden etabliert und genießt eine entsprechend hohe Akzeptanz auf dem Markt. Es wird empfohlen, SFRA-Prüfungen am Ende der Abnahmeprüfungen beim Hersteller durchzuführen, um den ursprünglichen Fingerabdruck eines Transformators festzulegen, sowie nach dem Transport und während der Inbetriebnahme.

Funktionsweise

Leistungstransformatoren stellen ein komplexes elektrisches Netzwerk aus Kapazitäten, Induktivitäten und Widerständen dar. Jedes elektrische Netzwerk verfügt über einen individuellen Frequenzgang. Eine sinusförmige Erregerspannung mit kontinuierlich steigender Frequenz wird an einem Ende der Transformatorwicklung eingespeist, und das am anderen Ende ausgehende Antwortsignal wird gemessen. Der Vergleich des Eingangs- und Ausgangssignals erzeugt einen unverwechselbaren Frequenzgang, der dann mit dem Referenzfingerabdruck verglichen werden kann. Verschiebungen oder Verformungen der inneren Komponenten führen zu Änderungen in dieser Übertragungsfunktion und können durch einen Vergleich der grafischen Darstellungen identifiziert werden.

Wissenswertes

SFRA basiert auf dem Vergleich einer aktuellen Prüfung mit einer Referenzprüfung. Steht ein solcher Fingerabdruck nicht zur Verfügung, lassen sich auch die Ergebnisse einer anderen Phase oder eines ähnlichen Transformators für den Vergleich herziehen. Die erfassten Fehler können durch andere Messungen bestätigt werden, z. B. Messung des Wicklungswiderstands, des Frequenzgangs von Streuverlusten (FRSL), der Kurzschlussimpedanz, des Magnetisierungsstroms oder des Übersetzungsverhältnisses. SFRA ist ein nichtinvasives Verfahren. Die Unversehrtheit eines Leistungstransformators kann daher zuverlässig ohne Einsatz hoher Spannungen bewertet werden. Kein anderes Verfahren ist beim Erkennen mechanischer Verformungen im Aktivteil von Leistungstransformatoren so sensitiv wie SFRA.

Dielektrische Antwortmessung

Gründe für eine Messung

Die dielektrische Antwortmessung wird für die Bewertung des Feuchtegehalts einer Zellulose-Isolierung und damit ihres Zustands eingesetzt. Die Feuchte in Öl-Papier-isolierten Leistungstransformatoren entsteht durch die Alterung des Papiers oder dringt aufgrund brüchiger Dichtungen oder durch Atmen in den Transformator ein. Feuchte führt zu einer reduzierten Durchschlagfestigkeit und einer schnelleren Alterung der Isolierung. Den Feuchtegehalt zu kennen, ist Voraussetzung für die Zustandsbeurteilung von Leistungstransformatoren und ihrer Durchführungen. Diese Messung wird auch bei neuen Transformatoren eingesetzt, um einen Nachweis für den niedrigen Feuchtegehalt nach der Trocknung zu erbringen.

Funktionsweise

Der größte Teil der Zellulose-Isolierung im Aktivteil eines Leistungstransformators liegt zwischen der primären und sekundären Wicklung. Zur Messung dieser Isolierung wird der Ausgang des Prüfgeräts an die Oberspannungswicklung und der Eingang an die Unterspannungswicklung angeschlossen. Unerwünschte kapazitive oder resistive Ströme werden durch die Guard-Verbindung am Tank umgangen. Der Verlustfaktor dieser Isolierung wird über einen breiten Frequenzbereich gemessen. Der resultierende Kurvenverlauf liefert Informationen über den Isolationszustand (**Bild 10**). Die sehr niedrigen Frequenzen bieten Informationen über den Feuchtegehalt der festen Isolierung. Die Position der Steigung im mittleren Frequenzbereich zeigt die Leitfähigkeit der flüssigen Isolierung. Diese Kurve wird automatisch mit Modellkurven verglichen und der Feuchtegehalt der Zellulose-Isolierung berechnet.

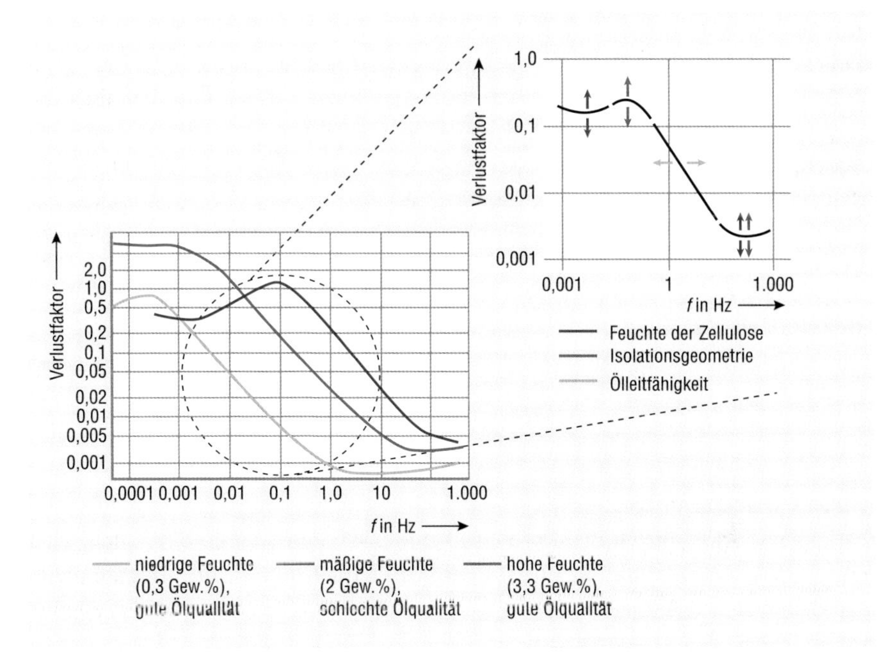

Bild 10: Der Kurvenverlauf der dielektrischen Antwort erlaubt Rückschlüsse auf unterschiedliche Faktoren, die das Messergebnis beeinflussen.

Wissenswertes

Dieses Verfahren ist wissenschaftlich von der CIGRE anerkannt. Es gibt keine anderen elektrischen Verfahren mit vergleichbarer Genauigkeit für die Feuchtebeurteilung in Transformatoren. Der Feuchtegehalt wird unmittelbar in der Zellulose bestimmt und nicht von der Feuchte im Öl abgeleitet. Aus diesem Grund kann das Verfahren bei allen Temperaturen angewendet werden. Es muss also nicht gewartet werden, bis sich ein Feuchtegleichgewicht zwischen Papier und Öl einstellt. Die Beurteilung erfolgt gemäß IEC 60422 [4], die Kategorien, basierend auf der Wassersättigung, enthält.

Stromwandleranalyse

Gründe für eine Messung

Durchführungsstromwandler werden von Herstellern von Leistungstransformatoren während der Abnahmeprüfungen begutachtet und von Anlagenbetreibern während der Inbetriebnahme. Mithilfe der Tests wird die korrekte Installation der Wandler überprüft und somit sichergestellt, dass die Schutzinstrumente die richtigen Signale erhalten. Fehlerhafte Signale können zu einer Fehlfunktion des Schutzes führen, was die angeschlossenen Betriebsmittel beschädigen kann. Geprüfte Parameter sind unter anderem die Wandlergenauigkeit, einschließlich des Übertragungsfehlers und des Fehlwinkels, die Genauigkeit bei unterschiedlichen Bürden, Wicklungswiderstände, das Magnetisierungsverhalten, der Grenzgenauigkeitsfaktor (ALF) oder Überstromfaktor (FS).

Alle Prüfungen werden in Übereinstimmung mit den Normen IEC 61869-2 [5], IEEE C57.13 [6] durchgeführt.

Funktionsweise

Jede Phase wird separat geprüft; die anderen Phasen sind dabei kurzgeschlossen. Über die sekundäre Seite wird Spannung angelegt, die die magnetische Kraft und die magnetische Flussdichte im Wandlerkern erzeugt. Der Übertragungsfehler wird mit der Bürde und den Daten des CT-Modells (äquivalentes Schaltbild) berechnet, dessen Parameter festgelegt sind. Eine Hochstromquelle ist nicht vonnöten, und die Prüfung muss nur einmal durchgeführt werden, auch wenn der Wandler zu einem späteren Zeitpunkt für unterschiedliche Bürden und Primärströme bewertet werden muss. Alle relevanten Parameter lassen sich unter Berücksichtigung der Bürde und des Magnetisierungsverhaltens genau bestimmen.

Wissenswertes

Die Durchführungsintervalle und Grenzwerte für Diagnoseprüfungen an Durchführungsstromwandlern sind in den entsprechenden Normen und in den Inbetriebnahmerichtlinien von Betreibern festgelegt. Der Wandlerfehler wird für unterschiedliche Schaltungen der Wicklungen eines Transformators bestimmt. Mit einer Polaritätsprüfung ist die korrekte Polarität des Stromwandlers und der Anschlusstechnik zu ermitteln. Die Magnetisierungskurve wird gemessen, und die Kniepunkte werden berechnet. Aufgrund der kalkulierten Remanenz sind die Wandler zu entmagnetisieren, um eine Fehlfunktion des Schutzrelais ausschließen zu können. Je höher die Impedanz der Bürde, desto geringer ist die Marge bis zur Sättigung. Die Sättigung des Kerns ist erreicht, wenn die Magnetisierung nicht weiter ansteigt, während die externe magnetische Feldstärke weiter erhöht wird. Das Ergebnis ist eine massive Abnahme der Leistungsfähigkeit des Wandlers. Da die Impedanz der Transformatorwicklung eine Primärstromeinspeisung für die Messung des Übersetzungsverhältnisses erschwert, ist bei Durchführungsstromwandlern vorzugsweise die Sekundärspannungsmethode zu verwenden.

Teilentladungsanalyse

Gründe für eine Messung

Teilentladungen (TE) können das Isolationsmaterial in Durchführungen und Wicklungen von Leistungstransformatoren schädigen. Dies wiederum kann zu Fehlern und kostspieligen Ausfällen führen. TE wird in Durchführungen und Wicklungen beobachtet, wenn das Isolationsmaterial zwischen unterschiedlichen Spannungspotentialen altert, verschmutzt oder fehlerhaft ist. Die TE-Messung ist ein nichtinvasives und zuverlässiges Verfahren zur Diagnose des Isolationszustands eines Leistungstransformators. Sie wird während der Werkabnahme, bei der Inbetriebnahme vor Ort und während routinemässigen Wartungsarbeiten durchgeführt, um kritische Fehler zu erfassen und Risiken zu bewerten.

Funktionsweise

Bei der Messung und Analyse von TE-Aktivität in Leistungstransformatoren bestimmen der Transformatortyp und die Normen, nach der die Messungen zu erfolgen haben, die spezifischen Tests und Prüfaufbauten.

Abhängig vom Typ der eingesetzten Durchführungen ist das TE-Analysesystem entweder an die kapazitiven Messanschlüsse der Durchführungen oder an einen externen Koppelkondensator anzuschließen. Teilentladungen werden entweder in µV (gemäß IEEE-Normen) oder in pC (gemäß Norm IEC 60270) gemessen. Moderne Störunterdrückungsverfahren in kontaminierter Umgebung beschränken die Erfassung irrelevanter Daten auf ein Minimum.

Wissenswertes

TE lassen sich auch direkt im Tank von flüssigisolierten Transformatoren mithilfe von Ultrahochfrequenz-(UHF)-Sensoren aufspüren. TE-Messungen im UHF-Bereich sind als effektives Gating-Verfahren ein probates Mittel zur Überprüfung von Ergebnissen. TE-Impulse aus einer elektrischen Messung an den Durchführungen sind akzeptabel, wenn auch ein UHF-Impuls aus dem Transformatortank vorliegt.

Ist eine TE-Aktivität erfasst, lassen sich mit akustischen TE-Messungen die Fehlerorte eines Transformators genau lokalisieren. Ein installiertes Online-Monitoringsystem für dielektrische Eigenschaften, das die Isolationszustände der Durchführungen und Wicklungen kontinuierlich überwacht, sorgt für ein kontinuierliches Risikomanagement.

Teilentladungslokalisierung

Gründe für eine Messung

Teilentladungen können irreversible Schäden an der Isolierung von Leistungstransformatoren verursachen und zwar lange, bevor die Isolierung tatsächlich ausfällt. Das reine Erkennen und Analysieren von TE genügt nicht. Es ist entscheidend zu wissen, wo die Isolationsfehler im Transformator auftreten. Nach der genauen Fehlerlokalisierung lassen sich entsprechende Korrekturmaßnahmen effizient planen und ausführen, um so Ausfälle zu vermeiden. Akustische TE-Messungen sollten außerdem fester Bestandteil der Diagnoseprüfungen vor Ort über die gesamte Lebensdauer von Leistungstransformatoren sein.

Funktionsweise

Mehrere akustische Sensoren werden magnetisch an der Oberfläche eines Leistungstransformatortanks angebracht. Jeder Sensor misst die akustische Signalausbreitung von der TE-Quelle zur Tankwand. Aus der zeitlichen Differenz, der Sensorposition und der Ausbreitungsgeschwindigkeit kann das Messgerät anschließend den Fehlerort berechnen und genau identifizieren. Die Norm IEEE C57.127-2007 [7] beschreibt die typische Vorgehensweise einer akustischen Messung.

Wissenswertes

Die Gas-in-Öl-Analyse (engl. Dissolved Gas Analysis, DGA) kann auf TE-Aktivität hinweisen, sie aber nicht in Leistungstransformatoren lokalisieren. Aus diesem Grund ist eine akustische TE-Messung notwendig, wenn DGA-Ergebnisse entsprechend TE vermuten lassen. Die Kombination elektrischer und ultrahochfrequenter TE-Messungen kann als Trigger für eine akustische TE-Messung eingesetzt werden. Dieses Verfahren gewährleistet eine optimale TE-Lokalisierung in störbehafteter Umgebung und auch im laufenden Betrieb.

Literatur

[1] IEC 60076-1:2012-04 Power transformers – Part 1: General

[2] IEEE C57.152:2013-06IEEE Guide for Diagnostic Field Testing of Fluid-Filled Power Transformers, Regulators, and Reactors

[3] DIN EN 60076-18 (VDE 0532-76-18):2013-03 Leistungstransformatoren – Teil 18: Messung des Frequenzübertragungsverhaltens (IEC 60076-18:2012)

[4] DIN EN 60422 (VDE 0370-2):2013-11 Isolieröle auf Mineralölbasis in elektrischen Betriebsmitteln – Leitlinie zur Überwachung und Wartung (IEC 60422:2013)

[5] DIN EN 61869-2 (VDE 0414-9-2):2013-07 Messwandler – Teil 2: Zusätzliche Anforderungen für Stromwandler (IEC 61869-2:2012)
[6] IEEE C57.13:2016-06IEEE Standard Requirements for Instrument Transformers
[7] IEEE C57.127:2007-08IEEE Guide for the Detection and Location of Acoustic Emissions from Partial Discharges in Oil-Immersed Power Transformers and Reactors

© Fotolia_172946013_Chlorophylle

Errichtung von PV-Anlagen nach VDE 0100-712

Dipl.-Ing. Ralf Haselhuhn

Die Erarbeitung der aktuellen Norm erforderte durch die internationale Abstimmung zwischen europäischen EN-Norm und der internationalen IEC-Norm sowie mit den nationalen Normenkomitees einen immensen Zeitaufwand. Die ersten Arbeiten begannen schon vor gut zehn Jahren. Die Solarbranche lebte also sehr lange Zeit mit einer Installationsnorm, die zum Teil einen veralteten Stand der Technik beschrieb. Um den aktuellen technischen Stand zu beschreiben, bemühte sich die Photovolatik-Branche, normative Lücken durch nationale Anwendungsregeln zu schließen.

Diese Lücke wurde beim Brandschutz durch die VDE-Anwendungsregel VDE AR 2100-712 „Mindestanforderungen an den DC-Bereich einer PV-Anlage im Falle einer Brandbekämpfung oder technische Hilfeleistung" 2013 geschlossen. Für den Blitz- und Überspannungsschutz wurde 2014 das Beiblatt 5 zur DIN EN 62305-3 „Blitz- und Überspannungsschutz für PV-Stromversorgungssysteme" herausgegeben. Für den Netzanschluss ist darüber hinaus die VDE AR 4105 „Erzeugungsanlagen am Niederspannungsnetz" vom November 2018 zu beachten. Die wesentlichen Neuerungen in der VDE 0100-712 betreffen vor allem Leitungsauslegung und -verlegung, Hinweise zu Steckverbindern, Überstromschutz, den Verweis beim Überspannungsschutz auf die VDE 0100-443 und eine Empfehlung zur Risikoermittlung beim Blitz- und Überspannungsschutz. Diese Punkte werden im Folgenden ausführlich erläutert. Darüber hinaus sind diese neuen Forderungen zu beachten:

- Zur Verhinderung des Auftretens von Lichtbögen muss jede Einrichtung ohne Lastschaltvermögen, die dazu benutzt werden könnte, einen Gleichspannungsstromkreis zu öffnen, gegen unbeabsichtigte oder unerlaubte Betätigung gesichert sein. Dieses kann erreicht werden durch das Anordnen der Einrichtung in einem abschließbaren Raum oder in einem Gehäuse oder durch die Verriegelbarkeit der Einrichtung. Dies trifft insbesondere auf Generatoranschlusskästen zu.
- Zur Zugänglichkeit müssen bei der Auswahl und Errichtung eines PV-Systems Vorkehrungen getroffen werden, damit die vom Hersteller der elektrischen Betriebsmittel vorgesehenen Instandhaltungs- und Wartungsarbeiten ohne Gefahren ausgeführt werden können. Hierbei soll insbesondere auf die neue Norm DIN 4426 „Einrichtungen zur Instandhaltung baulicher Anlagen" von 2016 verwiesen werden, die explizite Anforderungen für die Arbeitsplätze an Solaranlagen stellt, die jeder Planer und Installateur einhalten muss.

- Für die Sicherheit von Personen muss ein Hinweisschild angebracht werden, welches auf das Vorhandensein einer Photovoltaik-Anlage aufmerksam macht (z. B. Wartungs- und Servicepersonal, Prüfer, Betriebspersonal der öffentlichen Stromversorgung, Personal von Notund Hilfsdiensten). Dieses Schild war den Installateuren schon aus der Anwendungsrichtlinie VDE AR 2100-712 bekannt. Das Hinweisschild muss dauerhaft angebracht sein: am Speisepunkt der elektrischen Anlage oder am Zählerplatz oder am Stromkreisverteiler, an den die Versorgung vom Wechselrichter angeschlossen ist.
- An jedem Zugangspunkt zu aktiven Teilen auf der DC-Seite wie Verteiler oder Verbindungsdosen muss eine dauerhafte Kennzeichnung „PV-Gleichspannung – Aktive Teile können nach dem Trennen unter Spannung stehen“ angebracht sein.
- Es ist darauf hinzuweisen, dass vor Instandhaltungs- und Wartungsmaßnahmen der Wechselrichter auf der DC- und AC-Seite elektrisch zu trennen ist.

Auswahl und Auslegung der DC-Leitungen

Es hat eine fachgerechte Auswahl, Installation, Befestigung und Verlegung der DC-Leitungen zu erfolgen. Zum Einsatz im Außenbereich sind nur geeignete Solarleitungen gemäß EN 50618 mit der Kennzeichnung H1Z2Z2-K zu wählen. In der Norm EN 50618 wird explizit auf die Strombelastbarkeit zur Auslegung (**Tabelle 1**) und die Umrechnungsfaktoren für höhere Umgebungstemperaturen (ab 60 °C) eingegangen (**Tabelle 2**).

Nennquerschnitt in mm²	Strombelastbarkeit in A bei Verlegeart		
	Einzelleitung frei in Luft	Einzelleitung an Flächen	zwei Leitungen berührend, an Flächen
2,5	41	39	33
4	55	52	44
6	70	67	57
10	98	93	79
16	132	125	107

Tabelle 1: Auszug zur Strombelastbarkeit aus Norm EN 50618 bei Umgebungstemperatur von 60 °C

Umgebungstemperatur in °C	Umrechnungsfaktor
bis 60	1
70	0,92
80	0,84
90	0,75

Tabelle 2: Umrechnungsfaktoren für abweichende Umgebungstemperaturen nach EN 50618

Häufig werden 4-mm²-DC-Leitungen als Strangleitungen eingesetzt. Die Strombelastbarkeit der Leitung beim Einsatz auf dem Dach wird durch die Stelle bestimmt, wo die maximale Temperatur auftreten kann. Diese Stelle ist meist die Dachdurchführung mit einer möglichen Temperatur im Sommer von 80 °C, also einem Reduktionsfaktor von 0,84. Wird z. B. eine PV-Anlage mit sieben Strängen vom Dach zum Wechselrichter geführt, kommt es an der Dacheinführung zu einer Häufung von 14 DC-Leitungen. Für diesen Fall muss nach der EN 60618 ein zusätzlicher Reduktionsfaktor von 0,54 der Tabelle 17 der Norm HD 60364-5-52 (VDE 0298-4) verwendet werden. Die Strombelastbarkeit einer 4-mm²-Solarleitung mit einer Normstrombelastbarkeit von 55 A reduziert sich also auf $0{,}84 \cdot 0{,}54 \cdot 55\,\text{A} = 24{,}9\,\text{A}$. Daraus ergibt sich, dass in den allermeisten Fällen die maximale Strombelastbarkeit der Leitung von der PV-Anlage nicht überschritten wird. Der maximale PV-Strangstrom ist viel geringer, zumeist unter 10 A. Bei großen Anlagen mit vielen Strängen und Häufungen in Kabelkanälen auf dem Dach oder heißen Umgebungen kann die Strombelastbarkeit der Leitungen in selten Fällen überschritten werden. Durch Strangsicherungen kann dieses Problem verhindert werden.

Probleme der Leitungsverlegung und deren Lösung

Neu in der VDE 0100-712 ist der Hinweis, dass Kabel und Leitungen nicht direkt auf der Dachoberfläche verlegt werden dürfen. Auf vorschriftsmäßige Befestigung, Zugentlastung sowie zulässige Biegeradien ist zu achten. Die Leitungsbefestigung muss entsprechend den Herstellerangaben bzw. der Norm VDE 0100-520 erfolgen. Häufig wurde in der Vergangenheit gerade bei dachparallelen Schrägdachanlagen auf die Befestigung verzichtet. Das Risiko, dass sich Laub, Eis, Schnee in den Kabeln verfängt, der Wind die Kabel auf der Dachdeckung bewegt und so die Isolation auf den mitunter rauen Dachziegel geschädigt wird, ist zwar sehr gering, aber nicht auszuschließen. Die Befestigung der Leitungen sollte mit Kabelschellen, Clips, Gittertragsystemen etc. erfolgen. Am besten werden die Leitungen in den Flexrohren, Schienenprofilen, Kabelkanälen oder anderen geeigneten Verlegesystemen verlegt. Bei der Verlegung in Flexrohren ist darauf zu achten, dass kein Regenwasser in die Rohre eindringt (**Bild 1**).

Bei der Verlegung in Schienenprofilen muss auf mögliche scharfkantige Enden der metallischen Schienen geachtet werden. Entweder die Schienenenden entgraten oder die Leitungen nicht an Enden der Modulschienen einführen (**Bilder 2** und **3**).

In der Praxis kommen Installateure an Kabelbindern kaum vorbei. Im Rahmen der Wartung ist deren Zustand zu kontrollieren. Die Hersteller geben eine

Gebrauchsdauer von zehn Jahren von UV-beständigen Kabelbindern an. Da der Einsatz im abgeschatteten Bereich des PV-Generators erfolgt, ist von einer längeren Lebensdauer auszugehen. Der Einsatz von Kabelbindern aus Edelstahl empfiehlt sich nicht, da diese die Kabelisolierung beschädigen können. In jedem Fall darf die Verlegung nicht über scharfe Kanten erfolgen. Gerade im ländlichen Bereich sollten die Leitungen vor Nagetieren geschützt verlegt werden (**Bilder 4** und **5**).

Quelle: DGS (alle)

Bild 1: Kabelverlegung im Flexrohr

Bild 2: Fachgerechte Leitungsverlegung in angepasster Modulmontageschiene zur Leitungsverlegung.

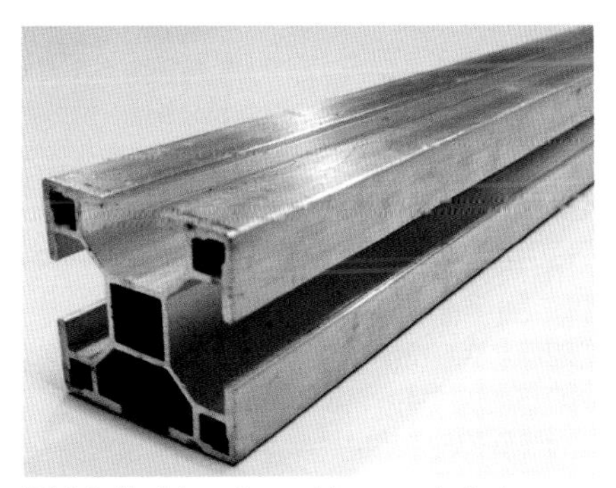

Bild 3: Modulmontageschiene zur Aufnahme von PV-Leitungen im Profil. In jede Nut passen bis zu fünf Standard-PV-Leitungen mit 4 mm². Querschnitt.

Bild 4: Unbefestigte Modulleitungsverlegung auf einem Ziegeldach, Steckverbinder liegen auf den Dachziegel auf.

Bild 5: Unsachgemäße Leitungsverlegung führte zur Isolationsschädigung.

Einsatz von Steckverbindern

Die Steckverbindungen sind fachgerecht auszuführen. Es dürfen keine unterschiedlichen oder ungeeignete Steckverbindungen benutzt werden. In der neuen VDE 0100-712 ist deshalb eindeutig gefordert, dass jedes Steckverbindungspaar elektrisch und mechanisch kompatibel und für die Umwelteinflüsse geeignet sein muss. Steckverbinderpaarungen von unterschiedlichen Herstellern bergen das Risiko der Entstehung von Lichtbögen und können damit Brände auslösen. Gutachter der DGS haben verschmorte oder thermisch auffällige Steckverbinder an einigen PV-Anlagen entdeckt (**Bilder 6** bis **8**). Teilweise geben Hersteller eine Kompatibilität zu einem (Quasi-)Standardstecker wie z. B. Multicontact an. Bisher wurde dieses jedoch noch nie von beiden Herstellern bestätigt, sodass die DKE eine Warnung in Form einer DKE-Verlautbarung zur Kompatibilität von DC-Steckverbindern herausgegeben hat. Also Achtung vor Plagiaten, nichtautorisierten Adaptern, Formulierungen „kompatibel" ohne Nachweis vom Originalhersteller.

Bei PV-Modulen mit keinen Standardsteckverbindern sollte der Installateur vom Hersteller zusätzliche passende Steckverbindungen (Stecker und Buchse) entsprechend der Stranganzahl anfordern. Eine andere Lösung wäre, dass der Installateur an den Enden des Stranges die Steckverbinder am ersten und letzten Modul entfernt und einen Standardsteckverbinder setzt. Die Crimpung der Steckverbinder an der Leitung muss fachgerecht nach Herstellervorgaben vorgenommen werden. Bei unzureichender Crimpung ist die Gefahr der Entstehung eines seriellen Lichtbogens sehr hoch.

Bild 6: Nichtautorisierte Adapter an Steckverbindern

Bild 7: Lichtbogengeschädigte Steckverbindung

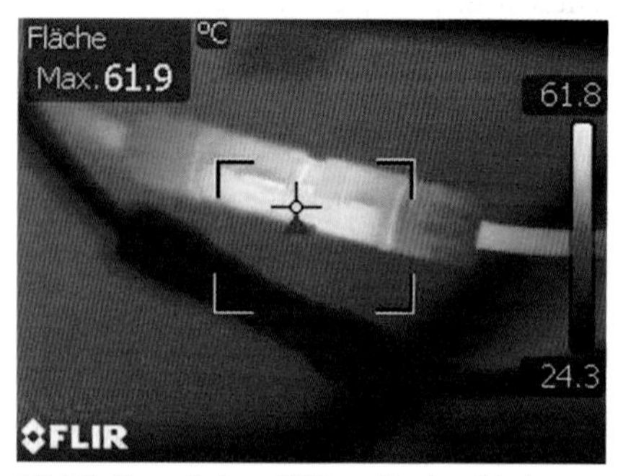

Bild 8: Thermisch auffälliger Steckverbinder

Forderungen zum Überstromschutz

Nach der neuen VDE 0100-712 wird in jedem PV-Teilgenerator der Einsatz von Überstromschutzeinrichtungen gefordert, wenn die Anzahl N_S der Stränge mehr als 2 und die folgende Bedingung erfüllt ist:

$$1{,}35 \cdot I_{\mathrm{ModMax\ ocpr}} < (N_S - 1) \cdot I_{\mathrm{sc\ max}}$$

mit $I_{\mathrm{ModMax\ ocpr}}$ = maximaler Rückwärtsstrom des PV-Moduls nach der VDE 0126-30-1.

Typische maximale Rückwärtsströme von PV-Modulen liegen zwischen 15 A und 20 A. Somit kann bei Anlagen bis drei Strängen auf den Einsatz von Überstromschutzeinrichtungen verzichtet werden. Als Überstromschutzeinrichtungen können spezielle PV-Sicherungen Kennzeichnung gPV nach IEC 60269-6 (bisher nur Normentwurf), aber auch DC-geeignete Leistungsschaltrennschalter nach DIN EN 60947-2 oder DC-geeignete Sicherungs-Lasttrennschalter nach DIN EN 60947-3 oder DC-geeignete Leitungsschutzschalter nach DIN EN 60898-2 zum Einsatz kommen.

Es sollten nur geeignete PV-Strangsicherungen gemäß Norm IEC 60263-6 verwendet werden. Außerdem müssen bei der Dimensionierung Reduktionsfaktoren für den Bemessungsstrom der Sicherungseinsätze entsprechend der Einsatztemperaturen (meist 50 °C oder höher), des Aufbaus, der Anzahl und der Anordnung der Sicherungshalter und der Wechsellastbedingungen berücksichtigt werden.

Zudem sollte auf die Alterung von Sicherungen geachtet werden und die turnusmäßige Prüfung und der Austausch von Sicherungen in den Wartungsplan integriert werden. Denn ungeeignete oder gealterte Sicherungen oder ungeeigneter Ein- und Aufbau von Sicherungshaltern erhöhen das Lichtbogenrisiko in den Generatoranschlusskästen. Das Verbundforschungsprojekt PV-Brandschutz von Fraunhofer ISE, TÜV-Rheinland, DGS-Berlin, Currenta, Berufsfeuerwehr München u. a. kam zur Empfehlung, *„dass die Normung für den nationalen Anhang Strangsicherungen nur bei Anlagen vorschreibt, bei denen die PV-Module in einer brennbaren Umgebung eingebaut sind“* [3].

Leider wurde diese im Zuge der Bearbeitung der VDE 0100-712 nicht beachtet. Die DGS empfiehlt einen Einsatz von Strangsicherungen erst ab fünf Strängen und bei Untergründen die leicht entflammbar sind [10]. Es besteht also keine Notwendigkeit bei Aufdachanlagen mit wenigen Strängen auf Dachziegeldächern. Zudem ist das Risiko einer Überlastung der Strangleitung bei 4 mm² äußerst gering. Vor den Strangleitungen wird der maximale Rückstrom der Module überschritten. Der von den Herstellern angegebene maximale Rückstrom liegt je nach Modultyp bei dem 1,6- bis 3,7-fachen des Kurzschlussstromes des Moduls bei STC.

Untersuchungen des Fraunhofer ISE ergaben, dass PV-Module den 4- bis 5-fachen Rückwärtsstrom ohne Schäden vertragen. Es besteht also zwischen dem angegebenen maximalen Rückstrom und dem zu tatsächlichen Schäden führenden Rückstrom noch eine üppige Sicherheitsreserve.

Wann könnte es zu einem Überstrom in einem Strang kommen? Ein Rückstrom, der zur Überlastung führen kann, ist wegen unterschiedlicher Strangverschattung oder einer elektrischen Verkürzung des Stranges von 15 % z. B. durch Mismatch der Module aufgrund unterschiedlicher Modulleistungen völlig auszuschließen, wie Untersuchungen des Fraunhofer ISE ergaben [8]. Nur ein Kurzschluss kann zu einem hohen Rückstrom führen. Ein Kurzschluss durch doppelten Erdschluss ist relativ unwahrscheinlich, da ein erster Erdfehler z. B. durch Isolationsbeschädigung der Strangleitung schon von der Isolationsüberwachung des Wechselrichters erkannt wird und dazu führt, dass der Wechselrichter abschaltet. Der Anlagenbetreiber wird dann wegen des Ertragsausfalls relativ rasch eine Fehlersuche beauftragen, sodass dann der Erdfehler beseitigt wird. Ein wahrscheinlicher Fehlerfall ist der Kurzschluss der Bypassdioden eines Moduls, hervorgerufen durch eine Überspannung wegen eines Blitzeinschlags in Anlagennähe. **Bild 9** zeigt einen Kurzschluss der Bypassdioden eines Moduls in einem PV-Generator mit sechs Strängen mit je zehn Modulen.

Der Kurzschluss der Bypassdioden führt dazu, dass im betroffenen Modul der Kurzschlussstrom fließt. Dies bedeutet für das kurzgeschlossene Modul kein Problem. Wenn der Wechselrichter im MPP-Betrieb arbeitet, stellt sich der Arbeits-

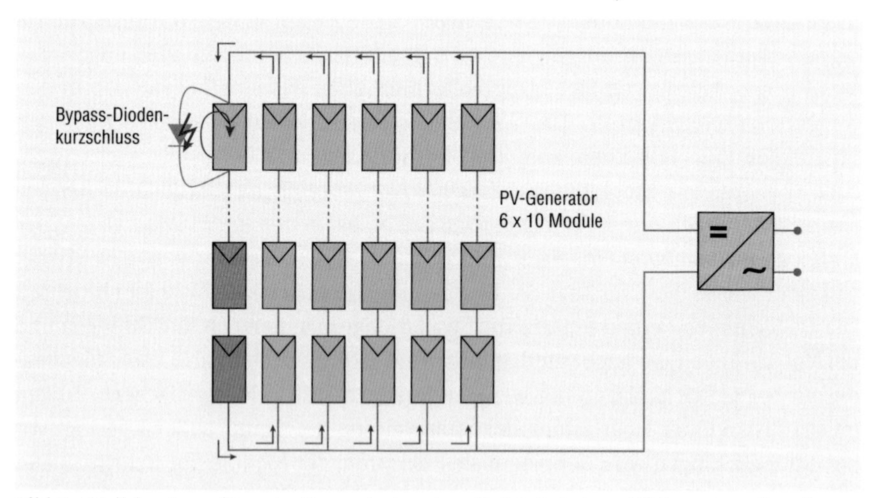

Bild 9: Möglicher Kurzschluss der Bypassdioden eines Moduls bei einem PV-Generator mit sechs Strängen mit je zehn Modulen.

punkt MPP_1 ein und es fließt kein Rückstrom durch den betroffenen Strang. Zu einem Rückstrom, der gespeist durch die anderen Stränge wird, kommt es erst, wenn der Wechselrichter im Leerlaufbetrieb arbeitet, was zudem am hellen Tage selten passiert. Es könnte z.B. bei einer netzbedingten Abschaltung des Wechselrichters dazu kommen oder bei Abschaltungen wegen der Unterschreitung des geforderten Isolationswiderstandes des PV-Generators.

Wenn der Wechselrichter im Leerlauf ist, werden die anderen neun Module des Stranges von den anderen Strängen im Rückwärtsstrom betrieben, sodass es zu einem möglichen Überschreiten des zulässigen Rückwärtsstroms des Moduls kommt. **Bild 10** zeigt den neuen Arbeitspunkt MPP_2 auf der blauen Kennlinie, der sich für den PV-Generator im Leerlauf des Wechselrichters einstellt. Der Rückwärtsstrom beträgt hier ungefähr das 4-fache des Kurzschlussstroms des Moduls. Die meisten Module besitzen ungefähr einen zulässigen Rückwärtsstrom zwischen zwei- bis dreimal dem Kurzschlussstrom. Bei einem PV-Generator mit vier Strängen (grüne Kennlinie) würde sich der Arbeitspunkt MPP_4 einstellen und die Module würden mit einem 2,8-fachen Inversstrom belastet werden, welchen die meisten PV-Module vertragen können.

Anders als die Norm empfiehlt die DGS, erst ab fünf Strängen Sicherungen einzusetzen. Allerdings sollte man sich über den zulässigen Rückwärtsstrom des zum Einsatz kommenden PV-Moduls und die Zusammenhänge im Fehlerfall klar sein. Eine Überlastung der Strangleitung ist ausgeschlossen: Die Solarleitung nach DIN EN 50618 hat bei einem üblichen Querschnitt von 4 mm² und im Bündel mit sechs Strangleitungen und erhöhter Umgebungstemperatur von 70 °C eine norma-

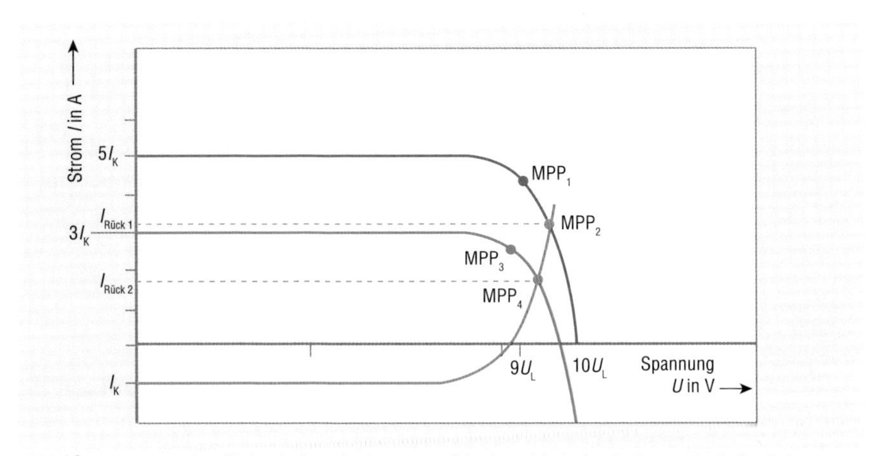

Bild 10: Generator-Kennlinien bei sechs Strängen (blau) und bei vier Strängen (grün) mit je 10 Modulen und Strangkennlinie (orange) bei einem Kurzschluss in den Bypassdioden eines Moduls

tive Stromtragfähigkeit von 35,4 A. Viele PV-Module vertragen als Rückwärtsstrom den 4-fachen Kurzschlussstrom, bei I_{sc} von 8 A ergibt sich dann ein Wert von 32 A. Wenn der maximale Inversstrom überschritten wird, beginnen nach Überschreiten der Sicherheitsreserve der Module die Verbinderbändchen der Solarzellen an der schwächsten Stelle wegen des hohen Stroms zu glühen, bis ein Lichtbogen entsteht, der zumeist zum Bändchenabriss und Unterbrechen des Stromflusses führt, sodass im Regelfall kein Folgefehler passiert. Im Worst Case kann aber der Lichtbogen am Zellverbinder dazu führen, dass sich die EVA-Folie entzündet und diese brennend abtropft. Deshalb darf unter den PV-Modulen kein entflammbarer Untergrund sein. Wenn ein Folgeschaden auszuschließen ist, kann auch bei größeren Solarparks auf Strangsicherungen verzichtet werden. Zudem kann durch die Betriebsführung und kurze Reaktionszeiten im Fehlerfall ebenfalls das Risiko minimiert werden. Bypassdiodenkurzschlüsse können durch Strangüberwachungen detektiert werden. Wenn die Fehlersuche zeitnah erfolgt, ist ein Worst-Case-Szenario auszuschließen. Absicherungen von Teilgeneratoren sind bei größeren Anlagen immer einzusetzen.

Leider ergibt sich der Strangsicherungseinsatz auch daraus, dass einige Modulhersteller in ihren Datenblättern nicht den maximalen Rückwärtsstrom angeben, sondern fordern, dass die Module gegen Rückströme in Höhe von z. B. 15 A abzusichern sind. Um bei Mehrstranganlagen nicht die Garantieleistungsbedingungen zu verletzten, werden dann doch Strangsicherungen eingesetzt. Besser wäre es, mit den Modulherstellern über das Thema zu kommunizieren und eine Freigabe ohne Strangsicherung für den entsprechenden Anwendungsfall zu erwirken oder besser spezifizierte Module einzusetzen.

Maßnahmen zum Blitz- und Überspannungsschutz

Darüber hinaus ist auf eine sachgemäße Einbindung in vorhandene oder notwendige Blitz- und Überspannungsschutzsysteme zu achten. Die Anforderungen des Blitz- und Überspannungsschutzes insbesondere entsprechend des Normenbeiblattes 5 der VDE 62305-3 Blatt 5 „Blitz- und Überspannungsschutz für PV-Stromversorgungssysteme“ sollten beachtet und eingehalten werden. Die Funktionsfähigkeit einer vorhandenen Erdungseinrichtung ist ggf. bei Errichtung der PV-Anlage vom Installateur zu prüfen. Ebenso ist auf die Einhaltung der Trennungsabstände zu achten und ggf. zusätzliche Blitzfangeinrichtungen vorzusehen.

Die neue Norm VDE 0100-712 verweist zum Überspannungsschutz auf die VDE 0100-443:10-2016. In dieser Norm wird der Überspannungsschutz für Neubauten in großen (Wohn-) Gebäuden, Büros, Schulen sowie Wohngebäuden und kleinen Büros, wenn in diesen Gebäuden Betriebsmittel der Überspannungskategorie I oder II (= viele Haushaltsgeräte) gefordert, wenn eine Personengefährdung besteht. Trifft dieses zu, fordert die VDE 0100-712 einen Überspannungsschutz mindestens Typ 2 nach der Norm DIN EN 50539-11 auf der Gleichspannungsseite im Gebäude. Werden die Wechselrichter außerhalb des Gebäudes installiert, kann auf den DC-Überspannungsschutz verzichtet werden. Zudem werden auf der AC-Seite Überspannungsschutzeinrichtungen nach DIN EN 61643-11 verlangt. Die Norm enthält außerdem im Anhang C Beispiele für die Installation von Überspannungs-Schutzeinrichtungen für verschiedene Fälle.

Bei Bestandsgebäuden fordert die Norm eine Risikoermittlung. Die Norm VDE 0100-712 enthält im Anhang ZB eine neue Methode zur Risikoermittlung über die Ermittlung der kritischen Länge der DC-Leitungen (**Tabelle 3**).

Hierbei ist N_g die Häufigkeit der Blitze gegen Erde als Anzahl Blitze/km^2 und Jahr aus der Norm VDE 0185-305-2. So ergibt sich für eine PV-Anlage auf einem Wohngebäude in Berlin mit einer durchschnittlichen Blitzeinschlagshäufigkeit von 1,1 Blitzen je km^2 und Jahr eine kritische Länge von 104 m, in Frankfurt am Main mit 1,8 Blitzen je km^2 und Jahr eine kritische Lange von 63 m und in München mit 2,4 Blitzen je km^2 und Jahr eine kritische Länge von 47 m. Wenn die Länge der Strangleitungen L die kritische Länge überschreitet, ist nach dieser vereinfachten Risikoanalyse ein DC-Überspannungsschutz mindestens Typ 2 erforderlich. Übrigens kann beim Einsatz von geschirmten Kabelwegen L um deren Länge verkleinert werden. Dabei erfolgt der DC-Überspannungsschutz durch den Einsatz von Überspannungsableitern pro Strang möglichst am Gebäudeeintritt. Ist der Abstand zwischen Strangüberspannungsschutz und Wechselrichter größer als 10 m, werden zusätzliche Überspannungsableiter je MPP-Eingang am Wechselrichter notwendig.

DC-Leitungslänge	Art der Anlage		
	Wohngebäude	V-Freiflächenanlage	Nicht-Wohngebäude
L_{krit}	$115/N_g$	$200/N_g$	$450/N_g$
$L \geq L_{krit}$	Überspannungsschutz auf DC-Seite erforderlich		
$L < L_{krit}$	Überspannungsschutz auf DC-Seite nicht erforderlich		

Tabelle 3: Ermittlung kritischen Länge L_{krit} nach VDE 0100-712

Weitere Installations- und Montagehinweise

Nach der VDE 0100-712 ist die AC-Leitung an der Anschlussstelle der AC-Seite gegen Kurzschluss oder Überstrom zu schützen. Der Bemessungsstrom der Überstromschutzeinrichtung ergibt sich aus $I_{max\ AC}$ des Wechselrichters nach Herstellerangabe bzw. dem1,1-fachen des Wechselrichter-Bemessungswechselstroms. Die Qualität von Komponenten, von Planung, Bau und Installation beeinflusst die Risiken von Betriebsfehlern, die zur Brandentstehung (z. B. durch einen Lichtbogen) führen können, entscheidend. Die Module und Wechselrichter müssen die entsprechenden Zertifikate DIN EN 61216 und DIN EN 62109 aufweisen.

Die Module sollten fachgerecht befestigt sein. Die Befestigung der Module sollte nach der Montaganweisung des Herstellers und unter Prüfung der Schnee- und Windlasten gemäß Eurocode 1 DIN EN 1991-1-3 und -4 erfolgen. Diese statische Prüfung sollte auch für das Montagesystem, z. B. mittels Systemstatik und für die Weiterleitung der Lasten an den Dachstuhl bzw. ans Gebäude erfolgen.

Die Lüftungsschlitze und Kühlkörper von Wechselrichtern müssen frei sein, damit eine optimale Kühlung sichergestellt ist. Aus dem gleichen Grund sollten die Geräte möglichst nicht dicht übereinander montiert werden. Hierbei sind unbedingt die Vorgaben des Herstellers zu beachten. Wechselrichter sollten nicht an Holzwänden oder anderen brennbaren Materialien befestigt werden. Ein Metallblech als Abschirmung zwischen Wechselrichter und Holzwand empfiehlt sich nicht, da das Blech die Abwärme des Wechselrichters leitet, den Luftaustausch zum Holz einschränkt und es deshalb zu einer Selbstentzündung kommen kann. Als Unterlage eignet sich am besten eine Bauplatte Baustoffklassifizierung A1 (= nicht brennbar), z. B. Calciumsilikat mit 15 mm Dicke mit einem umlaufenden Überstand von 10 cm. Wechselrichter sollten nicht in Bereichen montiert werden, in denen sich brennbare Stoffe befinden.

Vor aggressiven Dämpfen, Wasserdampf und feinen Stäuben sind die Geräte zu schützen. So können z. B. in Scheunen oder Ställen Ammoniakdämpfe entstehen und Schäden am Wechselrichter hervorrufen. Die Installation von DC-Leitungen, Wechselrichter oder Generatoranschlusskasten (GAK) im Treppen- und Ausgangsbereich ist zu vermeiden. Elektrische Komponenten wie GAK und Wechselrichter sind auf nichtbrennbarem Untergrund zu montieren. Fehler und Mängel in der Elektroinstallation können durch Prüfungen entsprechend der Norm EN 62446-1 und -2 (VDE 0126-23-1 und -2) aufgedeckt werden. Der allgemein anerkannte Stand der Technik, Normen und darauf basierende Zertifizierungen, Richtlinien und Regeln sowie Hinweise des „DGS – Leitfadens Photovoltaische Anlagen“ sollten beachtet werden und bieten Grundlagen für eine gute Anlagenqualität.

Literatur

[1] VDE AR 2100-712 „Mindestanforderungen an den DC-Bereich einer PV-Anlage im Falle einer Brandbekämpfung oder technische Hilfeleistung“ 05-2013

[2] EN 50618 „Kabel und Leitungen für PVSysteme“ 12-2014
[3] Leitfaden Bewertung des Brandrisikos in PV-Anlagen und Erstellung von Sicherungskonzepten zur Risikominimierung, TÜV Rheinland, Fraunhofer IES, Berner Fachhochschule, DGS-Berlin, Berufsfeuerwehr München, Energie Solarstromsysteme GmbH im Auftrag des BmWi; März 2015
[4] *R. Haselhuhn* „Brandschutz in PV-Anlagen“ in Zeitschrift pv-praxis.de 2016
[5] VDE 0100-443 „Errichten von Niederspannungsanlagen Teil 4-44: Schutzmaßnahmen – Schutz bei Störspannungen und elektromagnetischen Störgrößen – Abschnitt 443: Schutz bei transienten Überspannungen infolge atmosphärischer Einflüsse oder von Schaltvorgängen“ 10-2016
[6] VDE 0126-23-1 und -2 „PV-Systeme – Anforderungen an Prüfung, Dokumentation und Instandhaltung“ 12-2016 und 04-2017
[7] DIN 4426 „Einrichtungen zur Instandhaltung baulicher Anlagen“ 01-2017
[8] *Hermann Laukamp*, Fraunhofer ISE: „Auslegung von Überstromschutzelementen auf Strangebene – normative Anforderungen, Erfahrungen“ Vortrag während der 4. Deutsche Photovoltaik-, Betriebs- und Sicherheitstagung, DGS/ HdT am 19.10.2017 in Berlin
[9] Normentwurf IEC 60269-6 „Niederspannungssicherungen – Teil 6: Zusätzliche Anforderungen an Sicherungseinsätze für den Schutz von solaren photovoltaischen Energieerzeugungssystemen“ 04-2018
[10] DGS-Leitfaden Photovoltaische Anlagen für Elektriker, Dachdecker, Fachplaner, Architekten und Bauherren, ISBN 3-978-3-9805738-6-3
[11] *R. Haselhuhn* „Photovoltaik – Gebäude liefern Strom“ Fachbuch, Fraunhofer-IRB-Verlag, ISBN 978-3-8167-8737-2
[12] VDE 62305-3 Blatt 5 „Blitz- und Überspannungsschutz für PV-Stromversorgungssysteme“
[13] DIN EN 50539-11/A1 (VDE 0675-39-11/A1): Überspannungsschutzgeräte für Niederspannung – Überspannungsschutzgeräte für besondere Anwendungen einschließlich Gleichspannung, Teil 11

Autor

Nach seinem Studium der Elektrotechnik und des Fachs Umwelt- und Energiemanagement arbeitete *Dipl.-Ing. Ralf Haselhuhn* bis 1995 als Ingenieur für Energieberatung und Planung. Seit 1995 ist er als Planer, Sachverständiger, Dozent, Gutachter, Fachautor und Bereichsleiter Photovoltaik bei der Deutschen Gesellschaft für Sonnenenergie (DGS) Berlin tätig. Seit 2000 ist er Vorsitzender des Fachausschusses Photovoltaik und in verschiedenen Normungsgremien der DKE zur Photovoltaik und zu Batteriespeichern aktiv.

Kontaktdaten

DGS Berlin
Fon: +49 (0)30 293812-60
Fax: +49 (0)30 293812-61
E-Mail: rh@dgs-berlin.de
www.dgs-berlin.de

Gefahren für Rettungskräfte an der Einsatzstelle

Sven Bonhagen

„Gefahren an der Einsatzstelle" ist der Oberbegriff für Einsatzkräfte von Feuerwehr, Rettungsdienst (DRK, Malteser, Johanniter u. a.), Technischen Hilfswerk (THW) und anderen Hilfsorganisationen für die Vielfalt schädlicher Einflüsse, die an ihren Einsatzstellen auftreten können (**Bild 1**). Um sich vor ihnen zu schützen, müssen sie diese Gefahren, ihre Auswirkungen sowie Mittel für deren Abwehr kennen. Das dient dem Eigenschutz und umfasst die Gefahren Atemgifte, Angstreaktion, Ausbreitung, atomare Gefahren, chemische Gefahren, Erkrankung, Explosion, Elektrizität und Einsturz.

Mit der Gefahr der Elektrizität beschäftigt sich so zum Beispiel die DIN VDE 0132 (VDE 0132) von Juli 2018 mit dem Titel „Brandbekämpfung und technische Hilfeleistung im Bereich elektrischer Anlagen".

Diese Norm dient zur Unterrichtung von Personen, die mit der Brandbekämpfung und der technischen Hilfeleistung in elektrischen Anlagen betreut sind. Formuliert werden neben dem Verhalten bei Bränden in elektrischen Anlagen auch Mindestabstände für die Annäherung im Löscheinsatz.

Dieses Regelwerk sollte unter anderem aber auch den Betreibern von elektrischen Anlagen bekannt sein, damit die Kennzeichnung der Gefahren erfolgt. Darüber hinaus können Erweiterungen der elektrischen Anlage neue Gefahren mit sich bringen. Über den Einsatzfall sollte man sich nicht erst Gedanken machen, wenn dieser eingetreten ist, sondern durch entsprechende Feuerwehrpläne, Löscheinrichtungen und Organisation darauf vorbereitet sein, Schlimmeres zu verhindern.

Bild 1: Feuerwehrmänner im Innenangriff an der Einsatzstelle

Vorbereitende Maßnahmen

Diese VDE-Bestimmung ist nicht nur für die Rettungskräfte von Interesse, sondern auch für Anlagenplaner und -errichter. Wenn man als Elektrofachmann die Gefahren kennt, kann man elektrische Anlagen gegebenenfalls so planen und errichten, dass die Gefahren an der Einsatzstelle besser erkennbar und beherrschbar sind.

Die Norm weist im Abschnitt 4 genau auf diese Thematik hin und besagt, dass eine enge Zusammenarbeit zwischen Feuerwehr und Anlagenbetreiber in der Praxis unabdingbar ist.

Maßnahmen zur Brandbekämpfung werden zwischen diesen beiden Parteien abgesprochen. Der Anlagenbetreiber erteilt der Feuerwehr Aufklärung über besondere Gefährdungen und Schwierigkeiten, die bei Brandbekämpfung und bei technischer Hilfeleistung auftreten können. Als Grundlage dienen hierbei Feuerwehrpläne nach DIN 14095, die zur schnellen Orientierung auf dem Gelände und zur Beurteilung der Lage hilfreich sind (**Bild 2**).

Insbesondere von den Energieverteilern, Transformatoren und Batterieanlagen gehen elektrische Gefahren für die Einsatzkräfte aus.

Isolier- oder Kühlflüssigkeiten sowie Gase können zusätzlich eine besondere Art der Gefährdung darstellen. Zum Schutz gegen diese besondere Brandgefahr müssen die zutreffenden bundes- und landesrechtlichen Festlegungen beachtet werden.

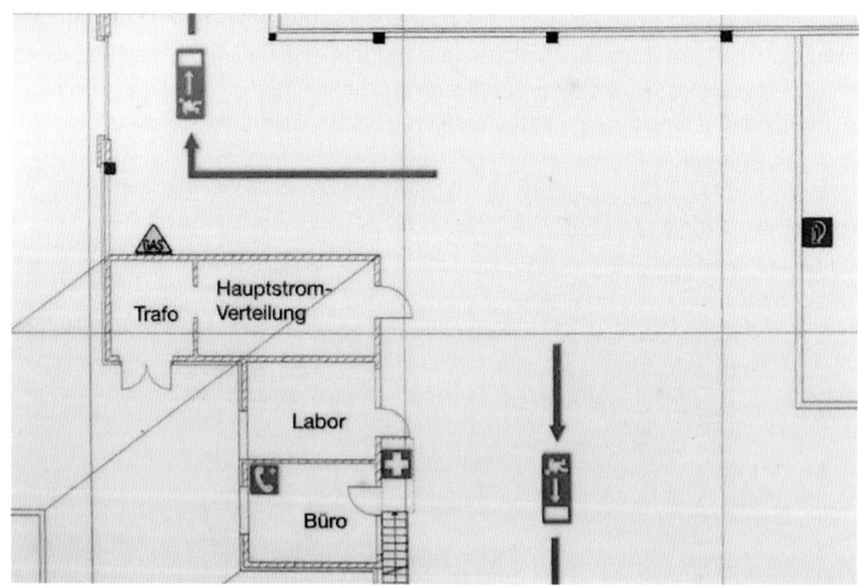

Bild 2: Beispiel für einen Feuerwehrplan nach DIN 14095

Eine besondere Aufmerksamkeit ist auf PCB-haltige elektrische Betriebsmittel zu richten. Diese sind vom Anlagenbetreiber durch Schilder augenfällig zu kennzeichnen.

Polychlorierte Biphenyle (PCB) sind giftige und krebsauslösende organische Chlorverbindungen, die bis in die 1980er Jahre vor allem in Transformatoren, elektrischen Kondensatoren, in Hydraulikanlagen als Hydraulikflüssigkeit sowie als Weichmacher in Lacken, Dichtungsmassen, Isoliermitteln und Kunststoffen verwendet wurden. PCB als organischer Giftstoff wurde mittlerweile durch die Stockholmer Konvention vom 22. Mai 2001 weltweit verboten. Da solche Giftstoffe in bestehenden Anlagen ggf. noch vorhanden sind, besteht hier eine erhöhte Gefährdung bei der Freisetzung als Atemgift in Folge eines Brandes. Das Austreten gefährlicher Zersetzungsprodukte ist durch schnelles Löschen oder durch Kühlung zu verhindern.

Der Anlagenbetreiber bestimmt eine Dienststelle oder eine Person mit der die Feuerwehr im Brandfall kommunizieren soll. Durch die landesrechtlichen Vorschriften wird bestimmt, ob ein größerer Betrieb eine Werkfeuerwehr benötigt.

Maßnahmen bei Bränden

Sollte es zu einem Brand oder einer technischen Hilfeleistung in einem größeren Betrieb kommen, so ist wichtig, dass die Verständigung, Anmeldung und der Zugang im Vorfeld vereinbart wurde. So sollen vermeintliche Wartezeiten oder Umwege auf dem Weg zur Einsatzstelle vermieden werden.

Vom Anlagenbetreiber beauftragte Personen haben sich der Feuerwehr erforderlichenfalls zur Verfügung zu stellen.

Bei Bränden und nötiger Hilfeleistung in Elektrizitätsversorgungsnetzen oder dezentralen Stromversorgungsanlagen sind nur die betroffenen oder bedrohten Anlageteile spannungsfrei zu schalten. Ein Grundsatz ist dabei, so wenig wie möglich abzuschalten. Dadurch soll zum Beispiel die Gefährdung von Patienten in Krankenhäusern oder die Stilllegung der Wasserversorgungen für Löscharbeiten vermieden werden. Auch die Unterbrechung von Arbeitsabläufen in Betrieben oder die Verdunklung von Straßen ist durch eine Abschaltung von wenigen Anlagenteilen zu gewährleisten.

Anlagen, die dem Brandschutz oder der Brandbekämpfung dienen (z. B. Rauch- und Wärmeabzugsanlagen, Sprinkleranlagen), dürfen ohne zwingende Notwendigkeit nicht außer Betrieb gesetzt werden.

Nicht vom Brand betroffene Anlagen, wie zum Beispiel Maschinen oder Schaltafeln, sind nach Möglichkeit von Löschmitteln zu verschonen.

Durch Klima- und Lüftungsanlagen darf sich kein Brand oder Rauch ausbreiten. Entsprechende Einrichtungen, wie Brandschutzklappen, sind in die Lüftungsanlagen zu integrieren und gegebenenfalls anzusteuern oder von Hand zu betätigen.

Überflutungsgefahr

Im Falle von Überflutungen durch Rohrbrüche, Hoch- oder Löschwasser können unter Spannung stehende Teile mit Wasser in Berührung kommen. Dadurch können ganze Bereiche unter Spannung stehen und ein Betreten ist lebensgefährlich. Diese Bereiche müssen vor dem Betreten rechtzeitig frei- oder abgeschaltet werden.

Sind die Energiehauptverteilungen in diesen überfluteten Bereichen untergebracht, so ist der zuständige Netzbetreiber zu informieren. Dieser entscheidet dann über die Freischaltung oder sonstige Maßnahmen. Sind elektrische Anlagen bereits überflutet, dürfen diese Bereiche nur nach festgestellter Spannungsfreiheit betreten werden.

Die Unterbringung von Batterien und Eigenerzeugungsanlagen in Kellerbereichen stellt ggf. ein Problem im Überflutungsfall dar, da diese Bereiche aufgrund der fehlenden Abschaltmöglichkeit nicht begangen werden können.

Nicht abschaltbare Anlagenteile

In modernen Gebäuden sind immer mehr Anlagen vorhanden, die nicht ohne Weiteres spannungsfrei geschaltet werden können. Hierzu zählen Eigenerzeugungsanlagen und mit Energiespeichern ausgestattete Anlagentechnik. Für diese dezentralen Stromerzeugungsanlagen oder andere Energiesysteme gelten bei der Brandbekämpfung besondere Maßnahmen (**Tabelle 1**).

Neu aufgenommen wurden die Gefahren durch Lithium-Ionen-Akkumulatoren, die z.B. in Elektrofahrzeugen oder Energiespeichern zum Einsatz kommen oder in größerer Menge gelagert werden. Es werden die elektrischen, thermischen und chemischen Gefahren aufgezeigt und erforderliche Sicherheitsmaßnahmen beschrieben.

Einsatz elektrischer Betriebsmittel

Benötigten die Rettungskräfte für den Einsatz elektrische Betriebsmittel, zum Beispiel Tauchpumpen, müssen die Betriebsmittel den zu erwartenden Einsatzbedingungen standhalten.

Für die Stromversorgung sind im Regelfall nur Stromerzeuger nach DIN 14685-1 zu verwenden. Eine Ausnahme kann durch den Einheitenführer angeordnet werden.

Einspeisesystem	Maßnahme	Restgefährdung	Ergänzung
Photovoltaik-anlage	Wechselrichter auf der AC-Seite freischalten. Stromfreiheit auf der DC-Seite feststellen.	Auch bei einer durch die Elektrofachkraft geprüften Stromfreiheit können beim Trennen von Leitungen und Steckern Lichtbögen entstehen. Trennung darf nur unter Verwendung geeigneter persönlicher Schutzausrüstung gegen thermische Gefahren (PSAgS) – siehe DGUV Information 203-077 – erfolgen.	Bei Abschaltung kann nicht von einer vollständigen Spannungsfreiheit der Anlage ausgegangen werden. Daher ist immer der Mindestabstand einzuhalten. Durch Mond- oder künstliches Licht entsteht an den Modulen keine Spannung.
Elektro- und Hybridfahrzeuge	Deaktivieren des Hochvoltsystems: 1 Abklemmen der Batterie 2 Wartungsschalter betätigen 3 Fahrzeugeigene Trennvorrichtung betätigen	Selbstentzündung der Lithium-Ionen-Batterie bei mechanischer Beschädigung möglich. Austretender Elektrolyt stellt eine chemische Gefährdung dar.	Löschen nur mit Wasser. Bei Personenbefreiung ist das Hochvoltsystem zu deaktivieren; HV-Kabel sind orange und zugehörige Komponenten mit dem Elektroblitz gekennzeichnet.
Batterieanlagen	Trennen und Lösen von Leitungen sowie das Ziehen von Sicherungen ist unter Last nicht zulässig.	Spannung bleibt in der gesamten Batterieanlage bestehen. Gefährdung durch Lichtbogen bei Kurzschluss oder Abschaltung.	Spannungsfreiheit herstellen nicht möglich!
Stromerzeugungs-aggregat	Not-Aus- oder Ausschalter betätigen; Brennstoffzufuhr unterbrechen.	Spannungsfreiheit besteht erst beim kompletten Stillstand des Motors/Generators.	–
Brennstoffzellen-anlage	Not-Aus-Schalter betätigen. Zusätzlich Brennstoffzufuhr unterbrechen.	Spannung kann nach Unterbrechung der Brennstoffzufuhr weiter anstehen.	Die Dauer der Restgefährdung ist abhängig von dem dann noch zur Verfügung stehenden Restbrennstoff.
Windenergie-anlage	Einsatzstelle sichern. Bauhöhe, Windrichtung und Windstärke berücksichtigen.	Trümmerschatten berücksichtigen und Bereich absperren, Gefahr durch umherfliegende Trümmer und in Folge mögliche Brandausbreitung.	Gegebenenfalls kontrolliert abbrennen lassen.

Tabelle 1: Maßnahmen bei nicht abschaltbaren Anlagenteilen

Ist in Ausnahmefällen ein anderer Speisepunkt erforderlich, darf der Anschluss nur über einen mobilen Fehlerstrom-Schutzschalter des Typs PRCD-S für den Personenschutz erfolgen. Der PRCD-S ist eine ortsveränderliche Schutzeinrichtung mit einer Schutzleiterüberwachung. Die Schutzeinrichtung wird in die Anschlussleitung zwischen dem Verbraucher und der Steckdose installiert.

Portable Fehlerstrom-Schutzeinrichtungen (PRCD-S)

PRCD-S müssen der DIN VDE 0661-10 (VDE 0661-10) entsprechen und werden von zahlreichen Herstellern in verschiedensten Varianten angeboten. Die Bezeichnung PRCD-S ist keine durch eine Produktnorm definierte Bezeichnung, hat sich aber für PRCDs nach den Anforderungen der DGUV Information 203-006 (BGI 608) etabliert. PRCD-S sind ortsveränderliche Fehlerstrom-Schutzeinrichtung und erfassen Fehlerströme, die von aktiven Leitern im Fehlerfall gegen Erde oder Schutzleiter (PE) fließen und sind mit einer zusätzlichen Überwachung der Versorgungsspannung, der Spannung auf dem Schutzleiter, des Bruchs des Schutzleiters und der Aufrechterhaltung der Schutzleiterfunktion bei Fremdspannung ausgerüstet.

Die PRCD-S sind regelmäßig auf ihre ordnungsgemäße Funktion zu prüfen. Zusätzlich zu den Anforderungen der DIN VDE 0701-0702 sind spezielle Prüfungen notwendig, die durch den Hersteller vorgegeben werden können.

PRCD-S sind mit folgendem Warnhinweis bei den Einsatzorganisationen zu kennzeichnen:

Das Einschalten der PRCD-S darf nur ohne Handschuhe erfolgen, da ansonsten die Prüfung der Spannungsfreiheit des Schutzleiters nicht sichergestellt ist!

Einsätze in der Nähe spannungsführender Anlagen

Werden Hilfeleistungen im Bereich elektrischer Anlagen durchgeführt, so sind Mindestabstände einzuhalten. Durch diese Mindestabstände soll eine Körperdurchströmung verhindert werden, da immer davon ausgegangen werden muss, dass der Basisschutz der elektrischen Anlage und der Kabel und Leitungen durch äußere Einwirkungen, wie zum Beispiel Brandeinwirkung, aufgehoben wurde.

Wird bei der Erkundung festgestellt, dass keine Schäden vorhanden sind, so müssen die Sicherheitsabstände nicht eingehalten werden.

Die zulässige Annäherung an die unterschiedlichen Spannungsebenen können der **Tabelle 2** entnommen werden.

Bei der Verwendung von Leitern, Teleskopmasten oder anderen Geräten sind zu spannungsführenden Teilen ebenfalls die Mindestabstände einzuhalten. Hierbei sind auch die Belastung und evtl. auftretenden Schwankungen zu berücksichtigen, sodass die Abstände nach Möglichkeit vergrößert werden.

Nennspannung	zulässige Annäherung in m
bis 1.000 V AC oder 1.500 V DC	1,00
über 1 kV bis 110 kV	3,00
über 110 kV bis 220 kV	4,00
über 220 kV bis 380 kV	5,00

Tabelle 2: Zulässige Annäherungen in Niederspannungs- und Hochspannungsanlagen

Besonderer Maßnahmen für Niederspannungsanlagen

Findet man im Bereich der Einsatzstelle Schäden an einer Niederspannungsanlage vor, müssen die betroffenen Leitungen spannungsfrei geschaltet werden. Dies gilt zum Beispiel besonders für Freileitungen.

Herabgefallene Leitungen können Metallteile berühren, die im normalen Zustand spannungsfrei wären. Als Beispiele können hier Antennen, Blechdächer oder Regenrinnen dienen.

Daher ist ein schnelles Abschalten der herabgefallenen Leitungen sehr wichtig. Die unter Spannung stehenden Teile erschweren die Löschmaßnahmen.

Schalthandlungen dürfen nur durch Elektrofachkräfte oder elektrotechnisch unterwiesenen Personen durchgeführt werden. Ausgenommen sind dabei Hausinstallationen.

Ein unsachgemäßes Kurzschließen oder Durchtrennen von unter Spannung stehenden Leitungen stellt eine akute Lebensgefahr dar. Diese Maßnahme ist nur von Elektrofachkräften im Falle einer Gefährdung von Menschenleben als Notfallmaßnahme durchzuführen.

Maßnahmen für Hochspannungsanlagen

Das Betreten von Hochspannungsanlagen in abgeschlossenen elektrischen Betriebsstätten ist nur der für den Betrieb der Anlage verantwortlichen Person gestattet (**Bild 3**).

Bild 3: Transformator in einer Hochspannungsanlage

Zur Rettung von Menschenleben ist der Zugang in Abwesenheit der verantwortlichen Person auch anderen Personen erlaubt. Die Erlaubnis besteht aber nur in Anwesenheit einer Elektrofachkraft. Diese Elektrofachkraft muss über spezielle Kenntnisse für Hochspannungsanlagen der entsprechenden Spannungsebene verfügen.

Befinden sich im Einflussbereich eines Brandes unter Spannung stehende Anlagenteile, besteht die Gefahr von Störlichtbögen durch Kurzschlüsse. Vor Annäherung an den Brandherd ist ein spannungsfreier Zustand herzustellen. Die entsprechenden Schalthandlungen in Hochspannungsanlagen dürfen nur durch den Anlagenverantwortlichen veranlasst werden.

Bei der Annäherung an unter Spannung stehenden Hochspannungsanlagen sind immer die Mindestabstände aus der Tabelle 2 einzuhalten. Diese Forderung gilt auch für Erkundungs- oder Rettungsmaßnahmen.

Freileitungen und Oberleitungen von Bahnen in der Nähe von Einsatzstellen können beschädigt werden und dabei herabfallen. Das Betreten der Umgebung von herabgefallenen Leitungen ist lebensgefährlich, solange diese unter Spannung stehen. Von der am Boden liegenden Freileitung ist daher ein Abstand von mindestens 20 m und von der am Boden liegenden Oberleitung ein Abstand von 10 m einzuhalten.

Löschmittel

Als Löschmittel dienen Wasser, Schaum, Pulver oder Kohlenstoffdioxid. Diese Löschmittel sind unter Beachtung der Eignung und eventueller Einsatzbeschränkung auszuwählen.

Bei einem Löscheinsatz ist insbesondere die Gefahr der elektrischen Körperdurchströmung zu berücksichtigen. Daher sind nur Strahlrohre nach DIN 14365 zulässig. Die Wassertröpfchen werden so stark vereinzelt, dass keine elektrische leitfähige Verbindung hergestellt wird. Der Sprühstrahl ist beim Löschen von elektrischen Anlagen zu bevorzugen.

Zur Löschung von Bränden an unter Spannung stehender Teile müssen Mindestabstände zwischen der Löschmittelaustrittsöffnung und dem unter Spannung stehenden Teil eingehalten werden. Bei einem C-Strahlrohr mit Sprühstrahl beträgt dieser 1 m und bei Vollstrahl 5 m bei Niederspannung (**Bild 4**).

Heutzutage werden durch die Feuerwehren vielfach sogenannte Hohlstrahlrohre verwendet. Bei diesen Armaturen muss der Hersteller das Produkt hinsichtlich seiner elektrischen Eigenschaften beim Löschen von Bränden prüfen. Der Hersteller weist in den Produkt-Bedienungsanleitungen die elektrischen Eigenschaften aus. Mit Hohlstrahlrohren besteht somit sogar die Möglichkeit, mit einem ge-

Bild 4: Löschangriff unter Einhaltung der Mindestabstände

wissen Schaumanteil elektrische Brände zu löschen, ohne dass die Einsatzkräfte gefährdet werden.

Hochspannung

Bei Hochspannung beträgt der Abstand 5 m bei Sprühstrahl und 10 m bei Vollstrahl. Wird bei Hochspannungsanlagen mit einem Wasserdruck über 5 bar gearbeitet, so sind die Werte jeweils um 2 m zu erhöhen.

Eine Erhöhung des Mindestabstandes ist zudem bei dem Einsatz von B-Strahlrohren erforderlich. Bei der Verwendung eines Mundstückes ist ein zusätzlicher Abstand von 5 m erforderlich. Somit ergeben sich Mindestabstände beim Sprühstrahl von 10 m und bei Vollstrahl 15 m. Wenn zusätzlich das Mundstück weggelassen wird und sich somit die Wassermenge erhöht, sind weitere 5 m Abstand erforderlich. Daher sollte versucht werden, in Hochspannungsanlagen einen Mindestabstand von 20 m grundsätzlich einzuhalten, damit ist man für jede Situation entsprechend aufgestellt.

Bei Bränden in abgeschlossenen elektrischen Betriebsstätten dürfen unter Spannung stehende Teile nur mit dem Einverständnis des Anlagenverantwortlichen mit Wasser angespritzt werden.

Sind den Einsatzkräften die anstehenden Spannungen und die örtlichen Verhältnisse unbekannt, dürfen die angegebenen Abstandswerte beim Einsatz von

Strahlrohren zu den unter Spannung stehenden Teilen keinesfalls unterschritten werden. Im Zweifelsfall ist immer der größte Abstand einzuhalten.

Die Verwendung von Schaum bei Elektrobränden ist kritisch zu beurteilen. Durch die Zusatzstoffe geht die Eigenschaft des isolierenden Wasserstrahles verloren und es besteht eine elektrische Gefährdung der Einsatzkräfte. Die Löscharbeiten dürfen in der Regel nur nach Abschaltung und Freigabe durch den Energieversorger mit Schaum erfolgen. Das **Bild 5** zeigt als Beispiel den Brand eines frei geschalteten Öltransformators.

Der Einsatz von Netzmittel oder Schaum ist in unter Spannung stehenden Anlagenteilen nicht zulässig!

Eine Ausnahme bilden spezielle Hochdruck-Schaumlöschanlagen (Pressluftschaum – Compressed Air Foam System (CAFS)) die Schwerschaum erzeugen und über größere Wurfweiten verfügen. Der Einsatz darf nur in Niederspannungsanlagen unter Beachtung der Herstellerangaben erfolgen. Es gelten die normalen Mindestabstände von 1 m Sprühstrahl und 5 m Vollstrahl. Die Einsatzkräfte dürfen sich nicht im Schaumteppich aufhalten.

Bild 5: Brand eines Öltransformators, Löschangriff mit Schaum nur nach Abschaltung

Maßnahmen nach einem Brand

Beim Betreten einer Brandstelle ist immer besondere Vorsicht geboten (**Bild 6**). Es besteht die Gefahr, dass Metallteile eines Gebäudes unter Spannung stehen. Dazu zählen auch Bauteile, die nicht zu einer elektrischen Anlage gehören, wie zum Beispiel Rohrleitungen oder Geländer.

Nach einem Brand ist der Brandraum zu lüften, bevor Personen diesen ohne Atemschutz betreten. Unbefugte Personen haben diesen Raum nicht zu betreten. Personen, die mit giftigen Zersetzungsprodukten in Berührung gekommen sind, müssen unverzüglich ärztlich betreut werden.

Unter Spannung stehende elektrische Anlagenteile werden nach DIN VDE 0105-100 (VDE 0105-100) gesichert. Die Freigabe oder gegebenenfalls die Wiederinbetriebnahme elektrischer Anlagen erfolgt in Hochspannungsanlagen nur durch den Anlagenverantwortlichen.

Bild 6: Brandruine mit Gefahr durch Elektrizität, Trümmer und toxische Gase

Erste Hilfe

Für Erste-Hilfe-Maßnahmen ist die DGUV Information 204-006 „Anleitung zur Ersten Hilfe“ zu beachten.

Ein Verunglückter ist so schnell wie möglich von dem spannungsführenden Teil zu trennen. Beim Berühren unter Spannung stehender Teile besteht Lebensgefahr durch Muskelverkrampfung und Verbrennungen. Dabei ist für die Rettungskraft Vorsicht geboten. Es gilt zunächst die Leitung spannungsfrei zu schalten, bevor der Verunglückte berührt wird. Schaltet die Rettungskraft die Leitung nicht ab, besteht für sie selbst erhöhte Gefahr.

Ist eine Abschaltung nicht möglich, ist der Verunglückte mit isolierenden Gegenständen von der Spannungsquelle zu entfernen. Diese Gegenstände können trockene Decken, trockenes Holz, Handschuhe oder Holzlatten sein (**Bild 7**).

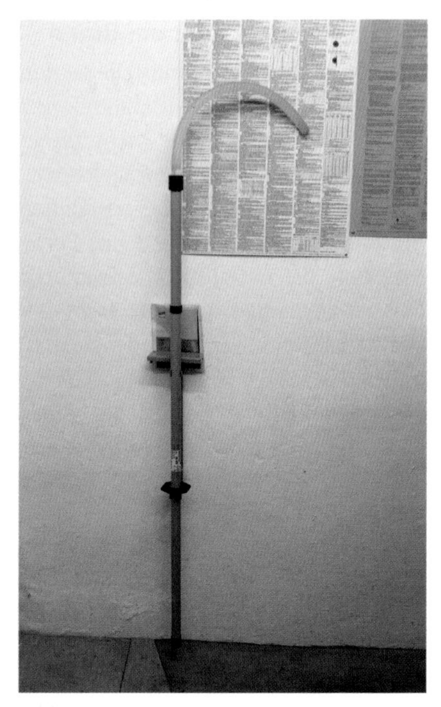

Bild 7: Rettungsgerät in einer Schaltanlage zum Retten von unter Spannung stehenden Personen

Eine brennende Person ist am Fortlaufen zu hindern. Zum Löschen kann die Person auf dem Boden gewälzt werden, mit Wasser, Feuerlöscher oder Löschdecken abgelöscht werden. Auch das Eindecken mit Decken ist möglich. Jedoch darf kein brennbarer Kunststoff in der Decke enthalten sein.

Wurden chemische Löschmittel eingesetzt, so ist dies dem erstversorgenden Arzt oder dem Rettungsdienstpersonal mitzuteilen.

Durch die Regeln dieser Norm sind Maßnahmen zum Verhalten bei Bränden in elektrischen Anlagen benannt. Diese Maßnahmen gelten für Rettungskräfte zum Löschen von Feuer. Die Maßnahmen erläutern aber auch lebenswichtige Verhaltensweisen für die Rettungskräfte um verunglückte Personen zu retten und dabei nicht selbst zum Opfer zu werden.

© shutterstock_99391712_Creations

Messungen und Fehlersuche an elektrischen Maschinen

Peter Behrends

Ob Transportbänder, Hubeinrichtungen, Pumpen oder Lüftungsanlagen – überall sind elektrische Maschinen, z. B. Elektromotoren, im Einsatz. Regelmäßige Prüfungen dieser sind nach DGUV Vorschrift 3 (ehemals BGV A3) vorgeschrieben. Es ist daher unerlässlich, die eigenen elektrischen Maschinen kontinuierlich zu überprüfen und es empfiehlt sich zudem, Kunden auf die Prüfpflicht aufmerksam zu machen.

Instandhaltungsarbeiten von Maschinen erfordern es, die Vorgaben der europäischen Maschinenrichtlinie, der Betriebssicherheitsverordnung und die Gebrauchsanweisungen der Hersteller zu berücksichtigen. Sie stellen eine der wesentlichen Voraussetzungen für einen sicheren Betrieb und lange Standzeiten von Maschinen dar. Nach der erstmaligen Inbetriebnahme eines Arbeitsmittels kann man davon ausgehen, dass für die Betriebsarten herstellerseitig geeignete Schutzmaßnahmen konzipiert wurden und den Beschäftigten entsprechend zur Verfügung stehen. Maschinen gehören nach der Betriebssicherheitsverordnung (BetrSichV) zu den Arbeitsmitteln und stehen im Mittelpunkt der Betrachtungen zur sicheren Instandhaltung.

Dabei ordnet die BetrSichV eine Reihe von Begriffen, die zu einem Maschinen-Lebenszyklus gehören, der Verwendung von Arbeitsmitteln zu. Das Betreiben beginnt mit dem Transport vom Hersteller/Händler zum Betreiber, setzt sich mit der Montage fort und geht in diverse Betriebsphasen über, zu denen auch die Instandhaltung zählt.

Zu den Instandhaltungsmaßnahmen gehören neben der Inspektion auch die Wartung und Instandsetzung. Die Maßnahmen zielen auf die Erhaltung des Zustands ab, die einen weiteren sicheren Betrieb der Maschine gewährleistet. Weitere Konkretisierungen zu Begriffen der Instandhaltung lassen sich auch den Technischen Regeln zur Betriebssicherheit (TRBS) und dem Normenwerk entnehmen.

Europäische Maschinenrichtlinie

Sie fordert eine Reihe sicherheitstechnischer Maßnahmen wie z. B., dass Maschinen so zu konstruieren, zu bauen und auszurüsten sind, dass eine Minimierung späterer Anlässe für ein Eingreifen erreicht wird. Die Betriebsarten sowie die Steuerung sind so auszulegen, dass u. a. Instandhaltungsarbeiten bei stillgesetzter Maschine durchgeführt werden können. In regelmäßigen Abständen sind jedoch

Eingriffe z.B. zur Störungsbeseitigung an Werkzeugen oder Transfereinrichtungen erforderlich. Zur sicheren Durchführung der Arbeiten sind ergänzende Maßnahmen zu ergreifen. Eine besondere Bedeutung kommt hier der Auswahl der Steuerungs- und Betriebsarten zu. Bei automatischen Maschinen, wie z.B. Bearbeitungszentren oder Industrierobotern, sind Schnittstellen zum Anschluss von Fehlerdiagnoseeinrichtungen vorzusehen.

Die Montage/Demontage von Maschinenteilen soll möglichst unter Verwendung technischer Hilfsmittel und nach festgelegten Arbeitsverfahren erfolgen können. Instandhaltungsbereiche müssen gefahrlos zu erreichen sein. Bei manuellen Eingriffen muss eine Gefährdung durch bewegte Maschinenteile ausgeschlossen sein. Hierzu sind auch für Instandhaltungsarbeiten Einrichtungen vorzusehen, die eine Trennung von jeder einzelnen Energiequelle ermöglichen. Diese sind eindeutig zu kennzeichnen und müssen abschließbar sein, sofern eine Wiedereinschaltung eine Gefahr verursachen kann. Bei elektrisch betriebenen Maschinen, die über Steckverbindungen angeschlossen sind, ist eine Trennung von der Energieversorgung durch die Steckverbindung ausreichend, sofern das Bedienungspersonal die permanente Trennung der Steckverbindung von jeder Zugangsstelle zur Maschine aus kontrollieren kann.

Restenergien oder gespeicherte Energien, die trotz Trennung von Energiequellen zu Bewegungen von Werkzeugen oder bewegten Maschinenteilen führen, sind unbedingt zu vermeiden. Die Konstruktion muss daher gewährleisten, dass Energien ohne Gefährdungen abgeführt werden können. Eine vollständige Trennung von allen Energiequellen kann in Einzelfällen unerwünschte Probleme hervorrufen, z.B. den Verlust von Werkstückpositionierungen oder Datensätzen zum Fertigungsstatus. In solchen Fällen sind konstruktive und steuerungstechnische Lösungen zu erarbeiten, um die Sicherheit zu gewährleisten.

Gebrauchsanleitung in deutscher Sprache

Bereits das Produktsicherheitsgesetz fordert, dass Maschinen nur dann auf dem deutschen Markt bereitgestellt werden dürfen, wenn u.a. die Sicherheit und Gesundheit von Personen bei bestimmungsgemäßer oder vorhersehbarer Verwendung nicht gefährdet werden. Gemäß § 3 Abs. 4 des Produktsicherheitsgesetzes – ProdSG *„sind bei der Verwendung, Ergänzung oder Instandhaltung eines Produkts bestimmte Regeln zu beachten, um den Schutz von Sicherheit und Gesundheit zu gewährleisten, ist bei der Bereitstellung hierfür eine Gebrauchsanleitung in deutscher Sprache mitzuliefern."* Hersteller sind verpflichtet, Betreiber durch eine Gebrauchsanleitung u.a. über die bestimmungsgemäße und vorhersehbare Verwendung ihrer Produkte zu informieren.

Eine bestimmungsgemäße Verwendung liegt vor, wenn sie für ein Produkt nach den Angaben derjenigen Person, die es in den Verkehr bringt, vorgesehen ist. Das gilt auch für die übliche Verwendung, die sich aus Bauart und Ausführung des Produkts ergibt. Bei vorhersehbarer Verwendung wird ein Produkt in einer Weise benutzt, die vom Inverkehrbringer nicht vorgesehen, jedoch nach vernünftigem Ermessen vorhersehbar ist. Hierbei handelt es sich z. B. um die Durchführung von Instandhaltungsarbeiten bei nicht sicher stillgesetzten Maschinen.

Auch die Maschinenrichtlinie verpflichtet Hersteller, wesentliche Informationen für eine bestimmungsgemäße Verwendung ihrer Produkte in einer Betriebsanleitung für die Betreiber zusammenzustellen. Dennoch können auch richtlinienkonforme Maschinen im Einzelfall Restgefährdungen bei Instandhaltungsarbeiten aufweisen, denen durch sicherheitstechnische, ergänzende organisatorische und personenbezogene Schutzmaßnahmen zu begegnen ist. Die Durchführung dieser Maßnahmen liegt in der Verantwortung des Maschinenbetreibers.

Für eine sichere Instandhaltung richtet die BetrSichV eine Reihe von Anforderungen an Arbeitgeber und rückt die Gefährdungsbeurteilung als zentrales Handlungswerkzeug für die vom Arbeitgeber zu ergreifenden Maßnahmen in den Mittelpunkt ihrer umfangreichen Regelungen. Im Rahmen der Ermittlung und späteren Festlegung von Schutzmaßnahmen hat der Arbeitgeber die Betriebsanleitung des Herstellers zu berücksichtigen.

Alle sowohl hersteller- als auch arbeitgeberseitig getroffenen Schutzmaßnahmen für Instandhaltungsarbeiten an Maschinen können nur erfolgreich sein, wenn die damit beauftragten Beschäftigten über eine entsprechende Qualifikation verfügen. Nachdem der Arbeitgeber die Verantwortlichkeiten bei Instandhaltungsarbeiten festgelegt hat, muss er weitere Maßnahmen ergreifen, z. B. dass Instandhaltungsarbeiten eine systematische Arbeitsfreigabe voraussetzen. Eine ausreichende Kommunikation zwischen Bedien- und Instandhaltungspersonal ist sicherzustellen.

Instandhaltungsarbeiten sind ausschließlich nur mit geeigneten Geräten und Werkzeugen durchzuführen. Abläufe von Instandhaltungsarbeiten sind möglichst zu standardisieren. An den Maschinen sind verständliche Warn- und Gefahrenhinweise bezogen auf Instandhaltungsarbeiten anzubringen. Gegebenfalls ist mit Blick auf die Gefährdungsbeurteilung der Zugang für Unbefugte in den Arbeitsbereich zu verhindern. Für das Instandhaltungspersonal sind sichere Zugänge vorzusehen. Lassen sich Gefährdungen im Rahmen von Instandhaltungsarbeiten durch konstruktive und/oder organisatorische Maßnahmen nicht ausschließen, hat der Arbeitgeber seine Beschäftigten mit geeigneten Persönlichen Schutzausrüstungen auszustatten und sie in der sachgemäßen Verwendung zu unterweisen.

Kein gefahrloser Zustand

Weitere Konkretisierungen für Instandhaltungsarbeiten können den Technischen Regeln für Betriebssicherheit (TRBS) entnommen werden. Sie legen auch Maßnahmen für den Fall fest, dass ein abschließend gefahrloser Zustand der instandzusetzenden Maschine nicht erreicht werden kann, z. B. bei der Fehlersuche. Derartige Randbedingungen erfordern mindestens folgende Maßnahmen:

- Der Arbeitgeber hat spezielle Schutzmaßnahmen zu ermitteln und deren konsequente Anwendung sicherzustellen.
- Der Maschinen-/ Anlagenverantwortliche hat für die Einhaltung der sicherheitstechnischen Maßnahmen zu sorgen – der Arbeitsverantwortliche ist für die Einhaltung der verhaltensbezogenen Maßnahmen bei Instandhaltungsarbeiten verantwortlich.
- Der Arbeitgeber hat die Beschäftigten über alle mit ihrer Arbeit verbundenen besonderen Gefährdungen zu unterrichten und zu unterweisen. Für das Verhalten beim Auftreten von Unregelmäßigkeiten und Störungen müssen spezielle Anweisungen vorhanden und dem Personal bekannt sein.
- Bei erhöhtem Gefährdungspotenzial ist ein Aufsichtsführender zu beauftragen, der den Fortgang der Arbeiten beobachtet und bei akuter Gefährdung geeignete Maßnahmen ergreift.

Instandhaltungsarbeiten sind nur von hierzu qualifizierten und vom Arbeitgeber beauftragten Beschäftigten auszuführen. Sie müssen über umfangreiche Kenntnisse hinsichtlich der Besonderheiten der Maschine verfügen und auftretende Gefährdungssituationen erkennen und abwenden können.

Wicklungsprüfungen: Vom Windungsschluss zum Körperschluss

Die Stoßspannungsprüfung dient dazu, die Isolation innerhalb einer Wicklung zu untersuchen. Sie ist ideal geeignet, um Windungsschlüsse innerhalb der Wicklung zu erkennen. Die Stoßspannungsprüfung ist die einzige Prüfung, mit der dies zuverlässig möglich ist.

Windungsschlüsse können sowohl dauerhaft als auch spannungsabhängig in einer Wicklung vorhanden sein (**Bild 1**). Bei einem dauerhaften Windungsschluss berühren sich Windungen permanent. Bei einem spannungsabhängigen Windungsschluss bzw. einer Beschädigung innerhalb der Wicklung tritt der Windungsschluss in Form eines Funkenüberschlags erst bei höherer Spannung auf. Gerade hier liegt der entscheidende Vorteil der Stoßspannungsprüfung. Keine andere Prüfmethode ist in der Lage, einen von der Spannung abhängigen Windungsschluss zu detektieren. Die klassische Induktivitätsmessung kann – weil sich die Induktivität durch den Windungsschluss verändert – zwar einen dauerhaften Windungsschluss erkennen, sie versagt aber komplett bei einem von der Spannung abhängigen Isolationsproblem.

Warum ist die Erkennung eines spannungsabhängigen Windungsschlusses so wichtig? Der Grund liegt darin, dass heute immer mehr Motoren zur Drehzahlverstellung mit Frequenzumrichtern betrieben werden. Prinzipiell sind Frequenzumrichter ideale Baugruppen, aber sie haben den gravierenden Nachteil, dass sie keine reine Sinusspannung an den Motor liefern. Die Spannungsform ist oft weit entfernt von einer Sinuswelle – sie ist mehr rechteckig als sinusförmig und wird dazu noch im Kilohertzbereich getaktet.

Um die Drehzahl des Motors zu ändern, muss die Frequenz der Motorspannung geändert werden. Dies ist die Aufgabe des Frequenzumrichters (**Bild 2**). Hierzu richtet der Frequenzumrichter zuerst seine ein- oder dreiphasige Versorgungsspannung ($U_I = 230\,V/400\,V$) gleich. Die Gleichspannung wird geglättet und steht

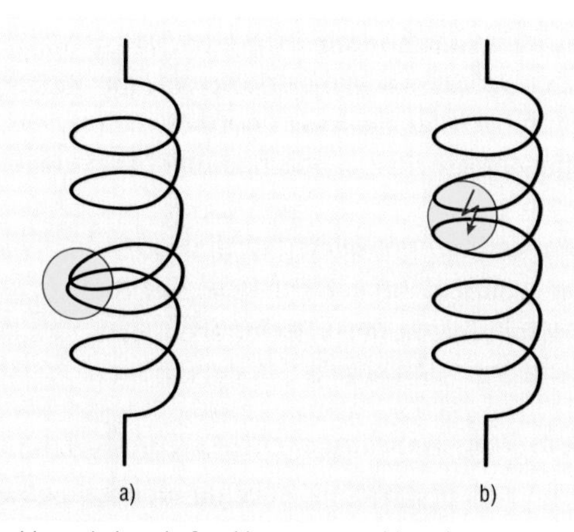

Bild 1: Windungsschluss a) dauerhafter b) spannungsabhängig

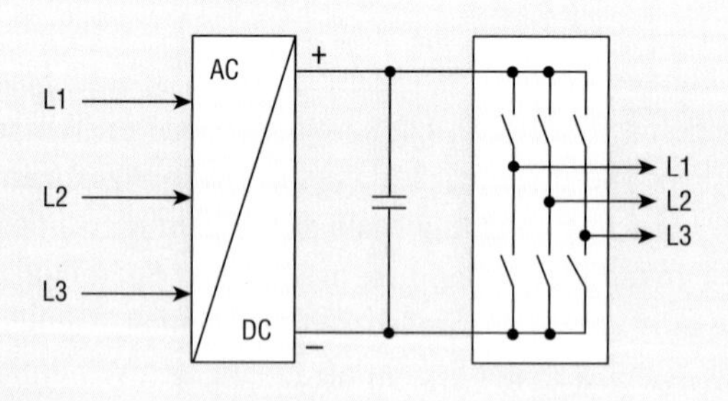

Bild 2: Blockschaltbild eines FU. Die IGBTs bzw. GTOs im Wechselrichter sind als Schließerkontakte (NO) dargestellt.

über dem Kondensator dem Wechselrichter zur Verfügung. Frequenzumrichter mit einem Kondensator im Zwischenkreis bezeichnet man in der Praxis als „Spannungszwischenkreisumrichter" oder kurz als „*U*-Umrichter". Dabei übernimmt der Zwischenkreis drei wichtige Aufgaben:

1. Er entkoppelt die elektrische Maschine vom starren Netz, sodass netzseitige Spannungseinbrüche oder Netztransienten nicht auf die Statorwicklung einwirken können.
2. Er stellt zumindest einen Teil der zum Aufbau des Statormagnetfeldes notwendigen Blindleistung zur Verfügung (Kompensation).
3. Er nimmt während des generatorischen Betriebs die Bremsenergie auf.

Die Gleichspannung wird anschließend mit sechs schnellen Halbleiterschaltern wieder in Wechselspannung umgewandelt. Dabei entstehen zuerst einmal Rechtecksignale, aber kein Sinus!

Durch entsprechende Schaltalgorithmen kann der Frequenzumrichter die Sinuswelle ansatzweise nachbilden (**Bild 3**). Dies geschieht mit der sogenannten Pulsweitenmodulation (PWM). Die folgende Darstellung zeigt die PWM am Beispiel einer Phase.

Durch die Variation der Einschaltdauer der Halbleiterschalter wird die Sinuswelle quasi nachgebildet. Prinzipiell funktioniert dies gut. Aber in der Praxis ergeben sich einige Probleme für den Motor. Der Grund liegt darin, dass die schnellen Halbleiterschalter (IGBT, GTO) so schnell umschalten, dass sich auf der Leitung zum Motor eine Schwingung mit hohen Spannungsspitzen entwickeln kann (**Bild 4**). Diese Spannungsspitzen sind oft um ein Mehrfaches höher als die Nennspannung des Motors. Dadurch kommt es zu einer erhöhten Belastung der Wicklungsisolation. Die Spannungsspitzen lassen sich zwar durch entsprechende Sinusfilter am Ausgang des Frequenzumrichters reduzieren, aber häufig wird leider aus Kostengründen auf die Filter verzichtet.

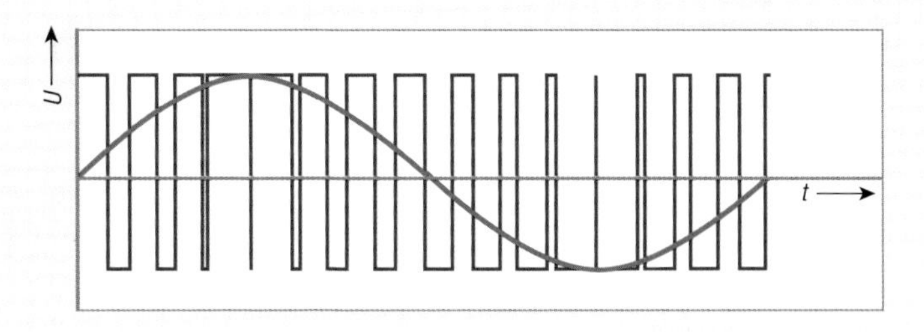

Bild 3: Ein sinusförmiger Verlauf (blau) lässt sich durch ein PWM-Signal mit unterschiedlichen Impuls- und Pausenzeiten generieren.

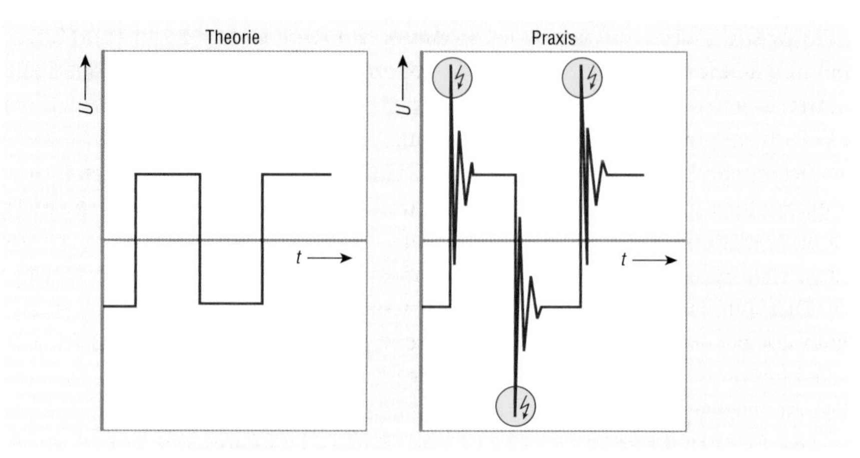

Bild 4: Durch die hohen Taktfrequenzen treten in der Praxis steile Spannungsspitzen auf.

Der große Vorteil der Stoßspannungsprüfung liegt nun darin, dass sie den schnellen Spannungsanstieg, ähnlich wie beim Frequenzumrichterbetrieb, nachbildet. Dadurch stellen sich am Prüfobjekt ähnliche Bedingungen ein, wie später im Betrieb mit einem Frequenzumrichter. Somit lässt sich mit der Stoßspannungsprüfung die Frequenzumrichtertauglichkeit überprüfen.

Funktionsweise der Stoßspannungsprüfung

Die Stoßspannung wird an der Wicklung durch das sehr schnelle Einschalten eines geladen Kondensators erzeugt. Das Prinzipschaltbild (**Bild 5**) zeigt die Funktion der Stoßspannungsprüfung. Der Kondensator, der „elektronische Schalter“ und die Spannungsanzeige der Stoßwelle befinden sich im Prüfgerät. Die Spule auf der rechten Seite ist die zu prüfende Wicklung.

Der elektronische Schalter verbindet den aufgeladenen Kondensator mit der zu prüfenden Wicklung. Dadurch entsteht an der Induktivität ein sehr steiler Span-

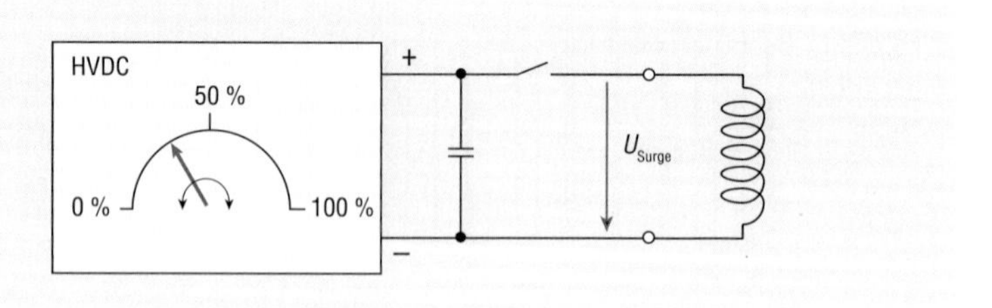

Bild 5: Ein über die *High-Voltage-Direct-Current*-Quelle geladener Kondensator wird schlagartig an die Spule geschaltet.

nungsanstieg. Dieser wird auch als Spannungsstoß bezeichnet. Aus diesem Grund nennt man diese Prüfung Stoßspannungsprüfung. Der englische Begriff lautet Surgetest. Der steile Spannungsanstieg entspricht den steilen Rechtecksignalen der PWM-Ausgangsspannung beim Frequenzumrichterbetrieb.

Die Anordnung, bestehend aus dem Kondensator und der Spule, beginnt nun elektrisch zu schwingen, weil der über die HVDC-Quelle aufgeladene Kondensator Energie in den Schwingkreis einspeist. Es kommt zu einer typischen Resonanzschwingung. Die Schwingung entspricht einer gedämpften Sinuswelle (**Bild 6**). Die Sinusschwingung U_{Surge} entsteht, weil der geladene Kondensator, zusammen mit der Induktivität, einen Parallelschwingkreis bildet. Der Begriff Parallelschwingkreis erklärt sich dadurch, dass der Kondensator nach dem Schließen des Schalters parallel zur Spule liegt.

Die Energie schwingt nun zwischen dem Kondensator und der Wicklung hin und her. Dieser Vorgang kann natürlich nicht unendlich lange dauern, da in jedem Schwingkreis Verluste – in diesem Fall durch den Kupferwiderstand R_{Cu} der Wicklung – auftreten. Die Amplitude der Schwingung klingt langsam ab und nach einiger Zeit ist sie komplett verschwunden. Diese Art des abklingenden Spannungsverlaufs nennt man gedämpfte Schwingung! Die Sinusschwingung hat charakteristische Merkmale, die in der Kombination aus dem geladenen Kondensator und der zu prüfenden Wicklung einzigartig sind wie ein Fingerabdruck.

Charakteristische Merkmale:

- Art des Spannungsanstiegs
- Art des Dämpfungsverlaufs der abklingenden Schwingung
- Frequenz (f) bzw. Periodendauer (T)

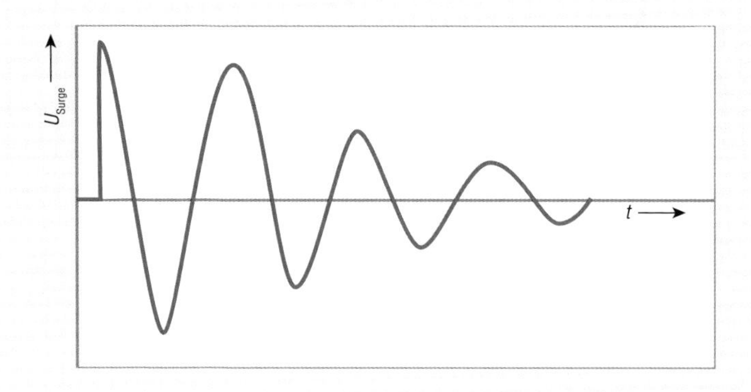

Bild 6: Gedämpfte Schwingung eines Parallelschwingkreises

Neue und alte Wicklungen

Untersuchungen an Maschinen haben gezeigt, dass die Stoßspannungsprüfung bei fachgerechter Anwendung keine Vorschädigung an der Wicklung hervorruft. Liegt die Prüfspannung deutlich zu hoch oder ist die Prüfdauer zu lang, kann es sehr wohl zu einer Schädigung kommen. Dieser Zustand tritt aber bei der praktischen Arbeit nicht auf, da die Stoßspannungswelle nur sehr kurz an der Wicklung anliegt. Je nach Wicklung ist die Schwingdauer zwischen 10us bis 1 ms. Deshalb ergibt sich kein dauerhafter Schaden in der Wicklung. Selbst wenn zum Beispiel nacheinander 100 Stoßspannungswellen an der Wicklung erzeugt werden, ist die gesamte Prüfdauer kurz. Bei der konventionellen Hochspannungsprüfung mit Wechselspannung (AC) beträgt die Prüfdauer nach DIN VDE 0530 länger als 10s.

Bei älteren Wicklungen kann die Isolation bereits geschwächt sein. Deshalb ist es wichtig, bei der Prüfung vorsichtig vorzugehen. Es wird empfohlen, die maximale Prüfspannung unbedingt zu beachten und beschriebene Vorgehensweisen einzuhalten.

Wicklungsvergleich

Die Stoßspannungsprüfung ist eine vergleichende Prüfung. Eine Stoßwelle alleine bringt noch keine eindeutige Aussage. Nur der Vergleich zwischen Stoßwellen kann zu einer Gut-Schlecht-Aussage führen. Grundsätzlich gibt es drei unterschiedliche Strategien, wie Stoßwellen bewertet werden können.

Nachfolgend sind die drei Vergleichsmethoden im Detail erklärt:

- Vergleich zwischen den Phasen
- Stoßwellenvergleich bei unterschiedlichen Spannungen
- Vergleich mit einer Referenzwicklung

Vergleich zwischen den Phasen

Um schnell und effizient bei Wartungs-und Reparaturarbeiten eine Drehstromwicklung beurteilen zu können, werden nacheinander Stoßwellen an den drei Wicklungen gemessen (**Bild 7**). Diese drei Stoßwellen sollten zueinander keine

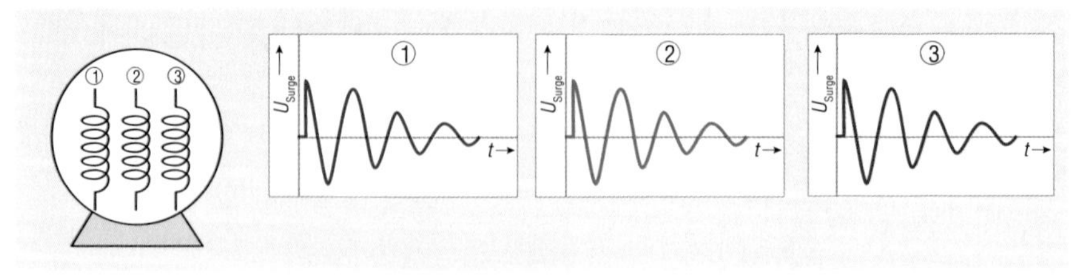

Bild 7: Stoßspannungsprüfung an Wicklung 1, 2 und 3

oder nur eine geringe Abweichung haben. Unter dieser Bedingung wäre die Wicklung symmetrisch und mit sehr hoher Wahrscheinlichkeit in Ordnung.

Vergleich bei unterschiedlicher Spannungshöhe

Bei Wartungs- und Reparaturarbeiten, z. B. dem E-Check-ema, kommt es in der Praxis häufig vor, dass eine Qualitätsbeurteilung am zusammengebauten Motor erfolgen muss. Prinzipiell könnte man hier nach dem Dreiphasenvergleich vorgehen. In manchen Fällen führt dies allerdings zu einer fehlerhaften Beurteilung, da eine Rückwirkung zwischen Stator und Läufer drei unterschiedliche Stoßwellen hervorruft.

Der Grund dafür ist, dass die magnetische Kopplung zwischen Stator und Läufer, abhängig von der Winkelstellung des Läufers, unter Umständen nicht auf allen drei Phasen gleich ist (**Bilder 8** und **9**). Durch diese ungleiche Kopplung zwischen Läufer und Stator können die Phasen unterschiedlich beeinflusst werden. Das führt dann zu unterschiedlichen Stoßwellen an den drei Phasen.

Bild 10 zeigt eine andere Darstellung der beschriebenen Situation. Es werden die drei Feldlinienverläufe der Prüfung an Phase U, V und W inklusive des Läufers gezeigt. Die Stoßspannungsprüfung an einer Phase erzeugt ja auch ein Magnetfeld, wie es die sonst anliegende Wechselspannung erzeugen würde.

Man erkennt deutlich, dass die Kopplung zwischen Läufer auf Feld abhängig vom Läuferwinkel ist. Beeinflusst von der Läuferstellung, koppelt das Magnetfeld bei den drei Messungen in eine unterschiedliche Anzahl von Läuferstäben ein. Dadurch ändert sich auch die Schwingung der Stoßwelle (**Bild 11**). Dies kann soweit führen, dass sich im Dreiphasenvergleich Abweichungen zwischen den drei Stoßwellen zeigen. Es muss sich dabei aber nicht zwingend um einen Wicklungsfehler handeln. Deshalb ist bei zusammengebauten Motoren häufig eine andere Strategie zur Auswertung notwendig.

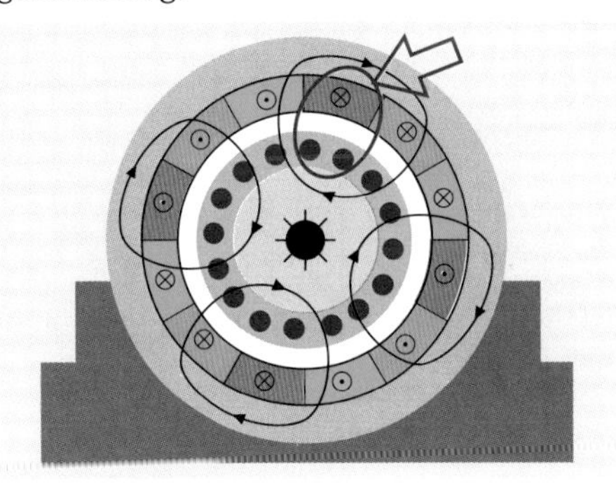

Bild 8: Hier koppeln zwei Läufernuten in die Spule

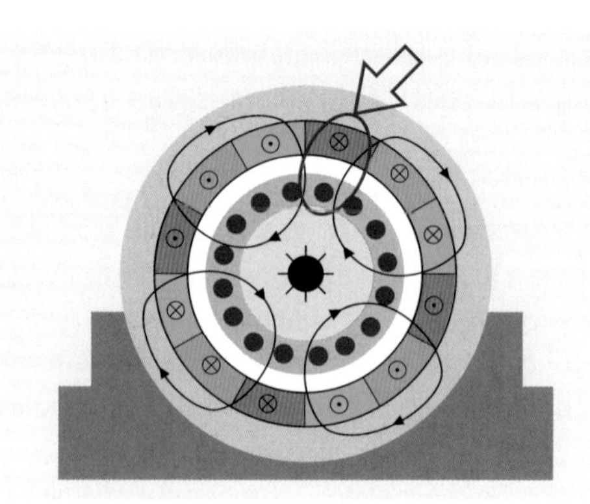

Bild 9: Hier koppelt nur eine Läufernut in die Spule

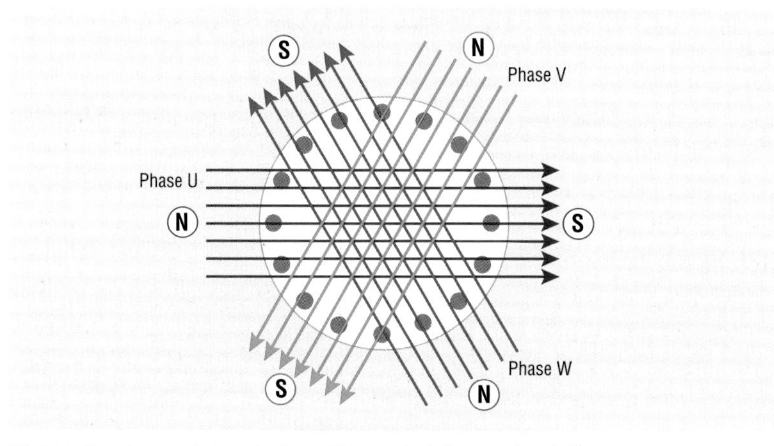

Bild 10: Kopplung zwischen Läufer auf Erregerfeld der Ständerwicklung

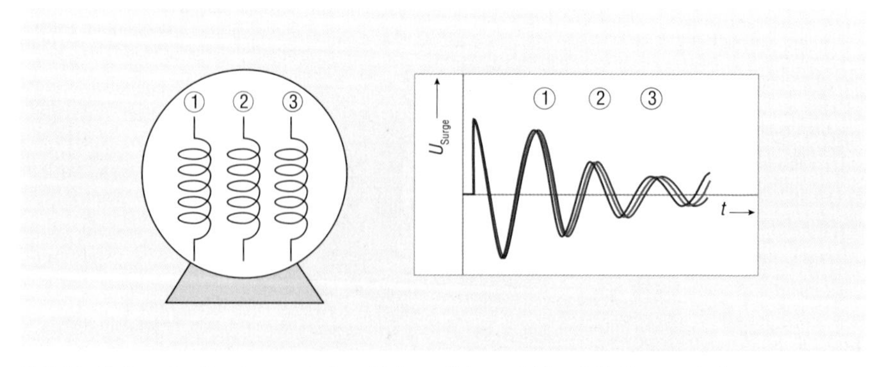

Bild 11: Einfluss der Kopplung zwischen Läufer auf Erregerfeld auf die Messergebnisse

U_{min}/U_{max}-Messung

Diese Vergleichsmethode an einer Drehstromwicklung basiert darauf, dass der Vergleich nicht zwischen den drei Wicklungen, sondern in derselben Wicklung stattfindet. Dies hat bei der oben beschriebenen Winkelstellungproblematik den Vorteil, dass die Stellung des Läufers im Stator keine Bedeutung mehr hat. Wenn während der Prüfung die Winkelstellung des Läufers nicht verändert wird, bleibt die magnetische Kopplung zwischen dem Läufer und dem Stator in der einzelnen Phase gleich.

Man geht hierbei von der Annahme aus, dass sich eine bei niedriger Spannung gemessene Stoßwelle (low) von der bei hoher Spannung gemessenen Stoßwelle (high) nur in der Amplitude unterscheiden darf (**Bild 12**). Alle anderen Merkmale, wie zum Beispiel die Dämpfung und die Frequenz, bleiben identisch. Bei einer Wicklung, die in Ordnung ist, ist dies auch hundertprozentig der Fall. Falls eine Wicklung aber spannungsabhängige Durchschläge und Windungsschlüsse hat, werden die beiden Schwingungen sehr unterschiedlich sein. Man kann sich den Vergleich zwischen zwei Stoßwellen mit niedriger und hoher Spannung auch wie den Vergleich zwischen zwei Fingerabdrücken in unterschiedlich großer Darstellung vorstellen. Beide Fingerabdrücke sind prinzipiell gleich und trotz unterschiedlich großer Darstellung bleibt die Verwandtschaft zwischen beiden Fingerabdrücken eindeutig.

Der Prüfvorgang ist dabei komplett vollautomatisch. Beginnend mit einer minimalen Prüfspannung, erhöht sich die Prüfspannung von Messung zu Messung um die gewünschte Spannungserhöhung. Dies erfolgt so lange, bis die maximale Prüfspannung erreicht wurde. Wenn während dieses Prüfdurchlaufs ein Fehler erkannt wurde, wird die Prüfung sofort abgebrochen.

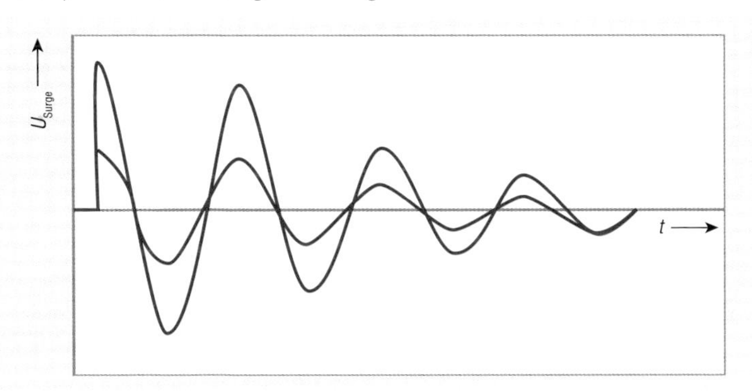

Bild 12: Prüfung eines Stranges mit unterschiedlichen Spannungen. Dämpfung und Frequenz beider Messungen sind gleich.

Vergleich mit einer Referenzwicklung

Der Vergleich einer Stoßwelle mit einer zuvor eingelernten Referenzwelle ist die typische Vorgehensweise in der Produktion. In der „Massenfertigung“ werden viele Wicklungen gleichen Typs hergestellt. Dadurch hat man die Möglichkeit, die Stoßwellen von guten Wicklungen einzulernen und diese als Basis für den Vergleich mit neu produzierten Wicklungen zu verwenden.

Durchführbare Messungen

Grundsätzlich können die Wicklungen ungeschaltet oder geschaltet sein. Bei einer ungeschalteten Wicklung sind Wicklungsfehler häufig einfacher zu erkennen. Dies liegt daran, dass die Beeinflussung durch andere Phasen ausgeschlossen ist.

Bild 13 zeigt die drei Phasen einer Drehstromwicklung, bei dem die drei Phasen nicht miteinander verbunden sind. Typischerweise sind dabei von der Wicklung die Spulenanfänge und die -enden, in Summe sechs Anschlussleitungen, (U1-U2, V1-V2, W1-W2), nach außen geführt. In älteren Maschinen findet man auch noch die Anschlussbezeichnung U-X, V-Y und W-Z.

Bild 14 zeigt zwei Drehstromwicklungen mit jeweils zwei Spulen pro Strang, die fest im Dreieck (links) beziehungsweise fest im Stern (rechts) geschaltet sind. Die Norm spricht dann von einer Reihen-Dreieck-Schaltung bzw. einer Reihen-Stern-Schaltung. Alternativ könnten die Spulen eines Stranges auch parallel geschaltet sein. In den Fällen spricht die Norm dann von sogenannten Parallel-Stern-

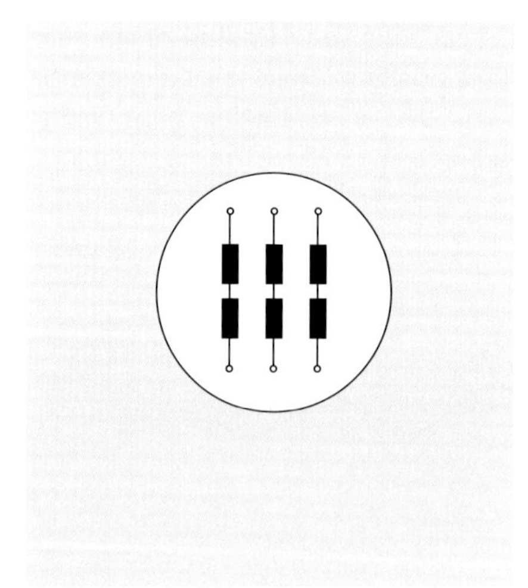

Bild 13: Miteinander nicht verbundene Phasen werden häufig auch als *„ungeschaltet“* oder *„unverschaltet“* bezeichnet.

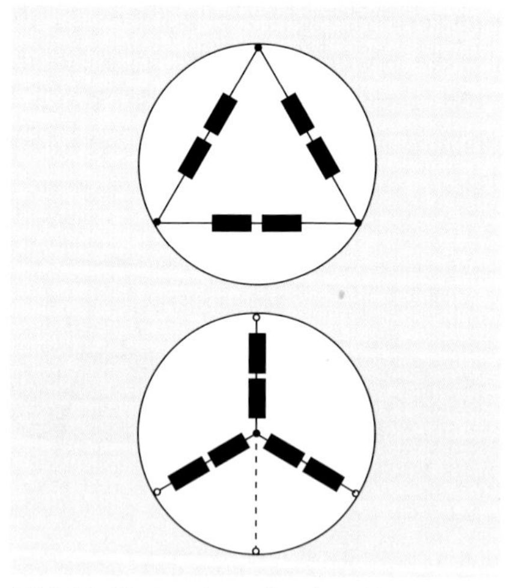

Bild 14: Miteinander verbundene Phasen werden häufig auch als *„geschaltet“* oder *„verschaltet“* bezeichnet.

Schaltungen oder Parallel-Dreieck-Schaltungen. Die Bezeichnung Doppel-Stern bzw. Doppel-Dreieck hat sich für Dahlandermotoren etabliert.

Typischerweise sind in all diesen Fällen von der Wicklung nur drei Anschlüsse nach außen geführt. Eventuell kann es auch vorkommen, dass der Sternpunkt zusätzlich nach außen geführt ist oder zur Messung zur Verfügung steht.

Bei den so geschalteten Wicklungen lassen sich auch die Widerstandswerte messen und miteinander vergleichen. Liegen bei größeren Maschinen diese Werte im Bereich einiger 10 mΩ, also in der Größenordnung der Messleitungen, liefert die Stoßspannungsprüfung eindeutig bessere Resultate.

An einem ungeschalteten Drehstromstator sind typischerweise drei Stoßspannungsprüfungen durchführbar. Der Vorteil hierbei ist, dass jede Phase für sich, also separat von den anderen Phasen, überprüft werden kann. Die Stoßspannungsprüfung *sieht* bei dieser Art der Messung immer nur eine Phase.

Um einen automatischen Prüfablauf durchführen zu können, benötigt das Prüfgerät sechs Anschlussklemmen. Zwischen diesen wird dann, Prüfschritt für Prüfschritt, automatisch umgeschaltet (**Bild 15**).

Ganz anders sind die Verhältnisse bei verbundenen Wicklungen. Gerade bei der Dreieckschaltung sind immer alle Phasen in der Messung enthalten. Die Stoßspannungsprüfung *sieht* bei dieser Art der Messung also immer alle drei Phasen (**Bild 16**). Das macht die Analyse, in welcher Phase und an welcher Stelle der Fehler örtlich liegt, oftmals schwieriger.

Bei der Sternschaltung sind immer zwei Phasen in der Messung enthalten. Die Stoßspannungsprüfung *sieht* bei dieser Art der Messung also immer zwei Phasen (**Bild 17**). Auch in diesem Fall ist die Analyse, in welcher Phase und an welcher Stelle der Fehler örtlich liegt, schwierig.

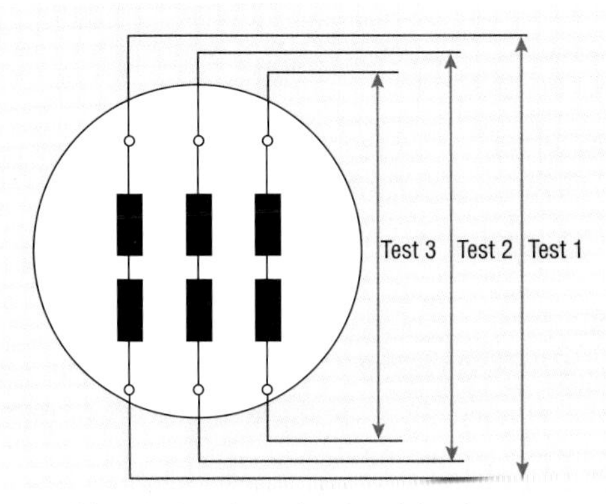

Bild 15: Sind die drei Stränge nicht miteinander verbunden, führt das Messgerät automatisch drei Prüfungen nacheinander durch.

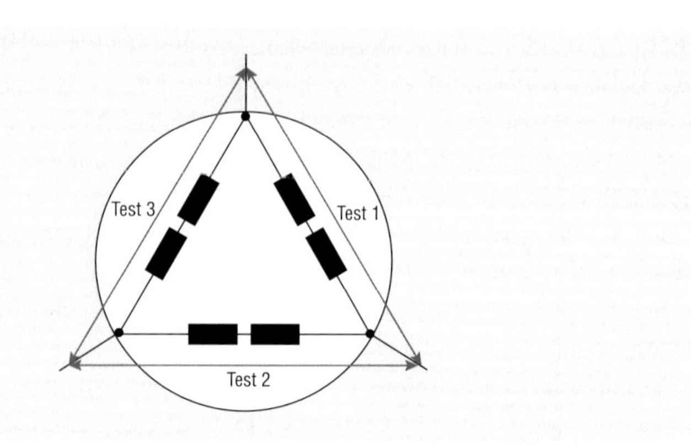

Bild 16: Um einen automatischen Prüfablauf durchführen zu können, benötigt das Prüfgerät hier drei Anschlussklemmen.

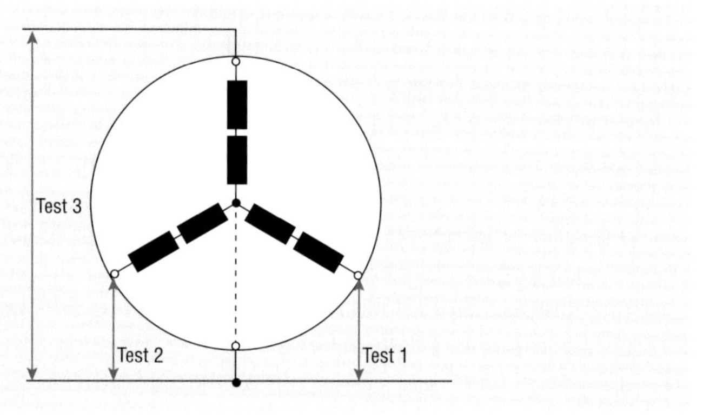

Bild 17: An einer im Stern geschalteten Drehstromwicklung sind typischerweise die drei Stoßspannungsprüfungen durchführbar. Um einen automatischen Prüfablauf durchführen zu können, benötigt das Prüfgerät vier Anschlussklemmen.

Falls ein Sternpunktanschluss zur Verfügung steht, kann das von deutlichem Vorteil sein. Die Stoßspannungsprüfung „sieht" bei dieser Art der Messung also nur eine Phase. Das macht die Analyse dann recht einfach.

Unterbrechung

Die Unterbrechung ist – auch mit einem einfachen Widerstandsmessgerät – ein einfach zu detektierender Fehler. Bei einer Einzelspule oder einem im Stern geschalteten Stator ist der Fehler auf Anhieb erkennbar.

Bei einer Unterbrechung (**Bild 18**) schwingt das System nicht. Deshalb zeigen sich auf dem Bildschirm ein Spannungssprung auf die gewünschte Höhe und anschließend ein nahezu konstanter Spannungsverlauf. Bei der Sternschaltung haben zwei Messungen keine Schwingung und eine Messung hat eine Schwingung. Defekt ist die Phase, die bei der „Messung mit der Schwingung" nicht beteiligt ist.

Bei in Dreieck geschalteten Wicklungen schwingen bei zwei Messungen die Signale mit doppelt so hoher Frequenz wie die dritte Messung. Bei der dritten Messung sind zwei Phasen in Reihe geschaltet. Defekt ist die Phase, die bei der Messung mit der halben Frequenz schwingt (**Bild 19**).

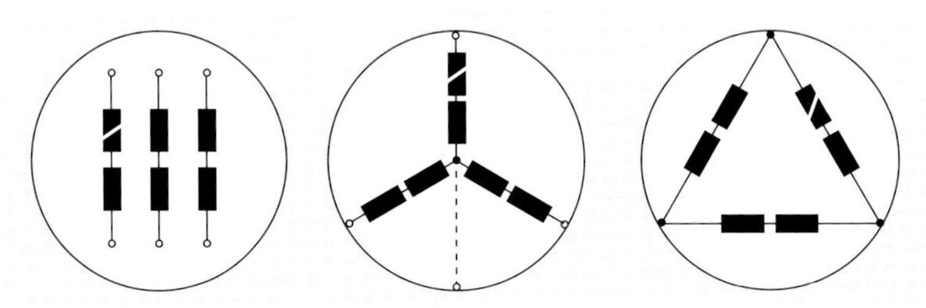

Bild 18: Unterbrechung in einem der drei Stränge

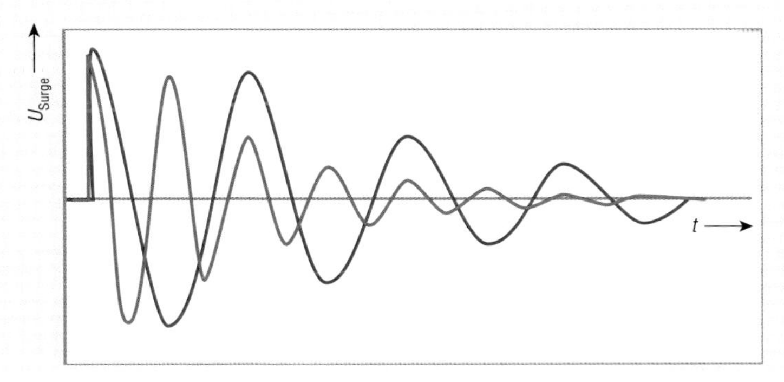

Bild 19: Unterschiedliche Schwingungen bei Unterbrechung bei in Dreieck geschalteten Spulen

Kurzschluss

Auch der Kurzschluss ist ein einfach zu detektierender Fehler. Bei einer Einzelspule sowie bei der Stern- und Dreieckschaltung ist der Fehler auf Anhieb erkennbar.

Bei einem Kurzschluss schwingt das System nicht. Auf dem Bildschirm zeigt sich nur eine kurze Spannungsspitze und danach ist die Spannung wieder bei 0 V. Der Grund liegt darin, dass durch den Kurzschluss die Energie des Stoßkondensators im Kurzschluss sofort vernichtet wird und die Spannung zusammenbricht. Theoretisch dürfte bei einem Kurzschluss überhaupt keine Spannung zu sehen sein. Eine leichte Spannungsspitze ist aber in der Praxis messbar, da der Stoßkondensator aufgrund von Übergangswiderständen und Messleitungsinduktivitäten nicht komplett kurzgeschlossen wird (**Bild 20**).

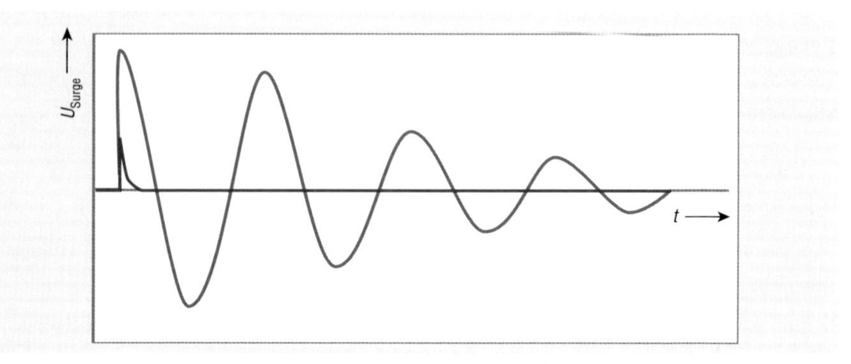

Bild 20: Kurze Spannungsspitze (rot) bei kurzgeschlossener Wicklung

Windungsschluss

Der Windungsschluss ist eine feste und dauerhafte Verbindung zwischen einer oder mehreren Windungen. Ein Windungsschluss entsteht, wenn der Kupferlackdraht beschädigt ist und sich beschädigte Stellen direkt berühren. Ein Windungsschluss wirkt sich dämpfend auf die Schwingung aus. Die Frequenz der Schwingung kann sich dadurch erhöhen (**Bild 21**).

Die Auswirkung des Windungsschlusses auf die Schwingung hat insbesondere damit zu tun, wie viele Windungen die einzelnen Stränge des Motors haben. Hat ein Strang zum Beispiel 150 Windungen, ist es schwierig, einen Windungs-

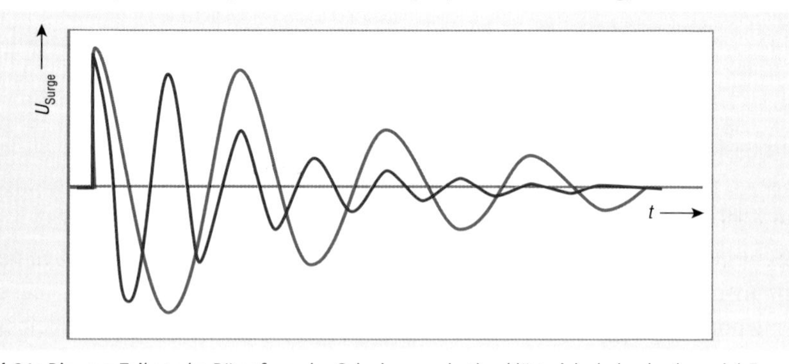

Bild 21: Die zum Teil starke Dämpfung der Schwingung (rot) erklärt sich dadurch, dass viel Energie im Bereich des Windungsschlusses vernichtet wird.

schluss von nur einer Windung eindeutig zu erkennen. Unter Laborbedingungen ist ein solcher Fehler zwar messbar, in der Praxis jedoch geht er wahrscheinlich in der Fertigungstoleranz unter. Hat ein Strang zum Beispiel 30 Windungen, ist es überhaupt kein Problem, einen Windungsschluss von nur einer Windung mit dieser Messmethode eindeutig zu erkennen. Falls der Windungsschluss über viele Windungen geht, ist der Fehler einfach zu erkennen. Die Schwingung wird stark gedämpft sein und die Frequenz wird sich erhöhen. Auch bei hoher Windungszahl wird unter dieser Voraussetzung der Windungsschluss gut erkannt.

Phasenschluss

Der Phasenschluss ist eine feste und dauerhafte Verbindung zwischen zwei Phasen. Der Phasenschluss entsteht, wenn Kupferlackdrähte an der Oberfläche beschädigt sind und sich diese Stellen berühren.

Bei genauerer Betrachtung von **Bild 22** erkennt man, dass letztendlich ein Phasenschluss vom Verhalten her so ähnlich ist wie ein Windungsschluss über viele Windungen. Somit sind die Stoßwellen und die Auswerteprinzipien im Grunde ähnlich. Ein Phasenschluss wirkt sich dämpfend auf die Schwingung aus. Die Frequenz der Schwingung kann sich erhöhen.

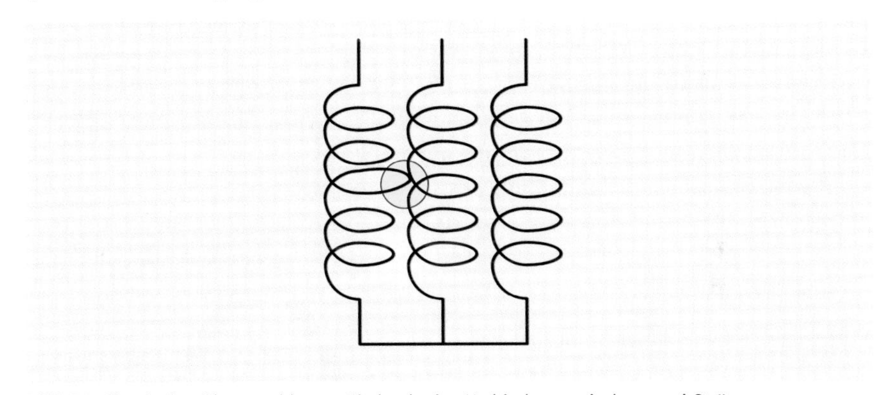

Bild 22: Klassischer Phasenschluss – Niederohmige Verbindung zwischen zwei Strängen

Spannungsabhängiger Phasenschluss

Der spannungsabhängige Phasenschluss ist keine feste Verbindung zwischen einer oder mehreren Windungen. Ein spannungsabhängiger Phasenschluss entsteht, wenn Kupferlackdrähte beschädigt sind und sich die beschädigten Stellen sehr dicht gegenüber stehen, aber nicht direkt berühren. An der schadhaften Stelle kann es nur zu einem Durchschlag kommen, wenn ein hoher Spannungsunterschied zwischen den Kupferlackdrähten an der kritischen Stelle vorliegt. Nur bei einer genügend hohen Spannungsdifferenz ist es möglich, dass ein Funke überspringt.

Solange noch kein Spannungsüberschlag stattfindet, zeigt die Schwingung kein abnormales Verhalten. Alles sieht völlig normal aus. Sobald aber der Durchschlag stattfindet, bricht die Schwingung in sich zusammen und klingt schnell aus.

Falsche Windungszahl

Falsche Windungszahlen lassen sich sehr einfach erkennen. Bei einer geänderten Windungszahl, im Vergleich zur Windungszahl der Referenzspule, ändert sich die Frequenz der Stoßspannungswelle. Bei einer reduzierten Windungszahl nimmt die Induktivität ab und die Schwingfrequenz steigt.

Bei einer erhöhten Windungszahl nimmt die Induktivität zu und die Schwingfrequenz sinkt. Die Empfindlichkeit der Auswertung steht im direkten Verhältnis mit der Gesamtwindungszahl und der fehlerhaften Windungszahl.

Schaltfehler zwischen Spulengruppen

Bei einem Schaltfehler zwischen Spulengruppen ist eine Teilspule innerhalb der Phase umgedreht (**Bild 23**). Je nach Anzahl der Teilspulen muss es dadurch nicht zwangsläufig zu einer Drehrichtungsänderung kommen. Dieser Fehler zeigt sich durch eine deutlich andere Stoßwelle, im Vergleich zur Referenzwelle, da sich durch die Umpolung einer Teilspule im Prüfobjekt zum Teil die magnetischen Verhältnisse aufheben. Die Auswirkung auf die Stoßwelle kann sowohl bezüglich der Frequenz als auch der Dämpfung sein.

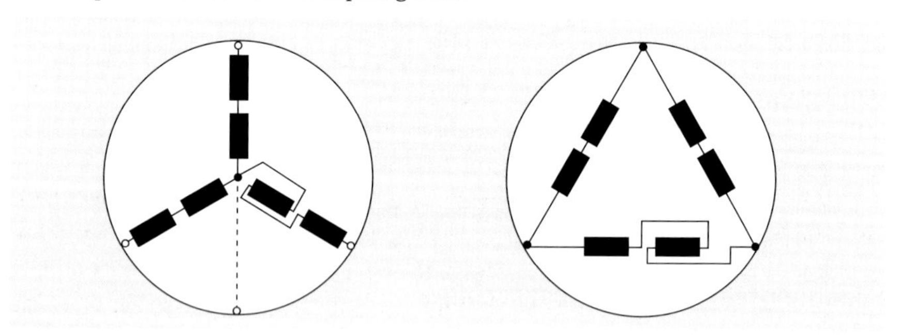

Bild 23: Mögliche Fehler mit verdrehten Spulengruppen

Verpolte Phase

Bei einer Verpolung der Phase ist diese komplett umgedreht. Durch diese Art des Fehlers ändert sich unter Umständen auch die Drehrichtung des Motors. Bei geschalteten Wicklungen kann der Fehler recht häufig gefunden werden. Bei nicht geschalteten Wicklungen ist der Fehler nicht erkennbar. Dieser Fehler zeigt sich durch eine deutlich andere Stoßwelle, im Vergleich zur Referenzwelle, da sich durch die Umpolung im Prüfobjekt die magnetischen Verhältnisse zum Teil aufheben. Die Auswirkung auf die Stoßwelle kann sowohl bezüglich der Frequenz, als auch der Dämpfung sein.

Körperschluss

Vom Grundsatz her ist die Stoßspannungsprüfung nicht dafür vorgesehen, einen Körperschluss zu finden. Die Stoßspannungsprüfung schaut in die Wicklung und nicht von der Wicklung zum Statorgehäuse bzw. Motorgehäuse. Mit einem kleinen Trick ist es aber möglich, auch eine Art Körperschlussprüfung in Verbindung mit der Stoßspannungsprüfung durchzuführen. Das Stoßspannungsprüfgerät stellt zur Körperschlussprüfung nicht nur Messanschlüsse für die Wicklung, sondern auch einen zusätzlichen Anschluss für das Statorgehäuse/Motorgehäuse zur Verfügung. Diese zusätzliche Leitung wirkt ähnlich wie eine Masseleitung.

Während der Stoßspannungsprüfung wird das Gehäuse im Stoßspannungsprüfgerät automatisch auf Masse gelegt. Eine der beiden Leitungen zur Wicklungsprüfung ist ebenfalls Masse. Dadurch kann es vom heißen Ende der Stoßspannungsprüfung zum Gehäuse, im Falle eines Körperschlusses, auch zu einem Durchschlag kommen. Durch den Spannungsabfall über der Wicklung ist unbedingt zu beachten, dass die Spannungshöhe, in Bezug auf das Gehäuse, nicht überall gleich ist! Deshalb ist die Prüfung nicht normenkonform!

DIN EN 60034-1 bzw. VDE 0530 Teil 1

Mit der sogenannten Stehspannungsprüfung wird die Isolationsfestigkeit der Wicklung geprüft. Die DIN EN 60034-1 bzw. VDE 0530 Teil 1 schreibt für die Prüfung von Maschinen mit einer Bemessungsspannung ≤ 1 kV vor, dass die Spannungsprüfung zwischen den zu prüfenden Wicklungen und dem Maschinengehäuse zu erfolgen hat, wobei das Blechpaket mit den Wicklungen und Strängen (z. B. V-Strang und W-Strang) zu verbinden und die Prüfspannung zwischen Gehäuse und U-Strang anzulegen ist, um gleichzeitig auf Körper- und Phasenschluss prüfen zu können.

Durchgeführt wird die Stehspannungsprüfung nur an *imprägnierten* und **vollständig montierten** Maschinen mit einer netzfrequenten und möglichst sinusförmigen Prüfspannung mit einem Effektivwert von $2 \cdot U + 1.000$ V.

Dabei soll die Prüfung mit einer Spannung von maximal der Hälfte der vollen Prüfspannung begonnen werden und dann innerhalb von mindestens 10 s stetig oder in Stufen von höchstens 5 % des Endwertes gesteigert werden. Die volle Prüfspannung muss dann 1 min an der Maschine anstehen.

Eine Wiederholungsprüfung darf nur bei 75 % der max. Prüfspannung durchgeführt werden. Gebrauchte Wicklungen werden z. B. anlässlich einer Revision mit mindestens 1.000 V geprüft.

Für alle Maschinentypen, Maschinen mit anderen Bemessungsleistungen oder Bemessungsspannungen u.s.w. sind die Prüfbedingungen in der DIN EN 60034 bzw. VDE 0530 nachzulesen.

Drehstrommotor an Frequenzumrichter

Mark Klaas

Allgemeine Grundlagen

Obgleich sich die Drehzahl bei Gleichstrommotoren mit einem lediglich geringen elektronischen Aufwand über einen weiten Bereich mit höchster Dynamik steuern lässt, werden vermehrt Drehstrommotoren in der Drehzahl gesteuert und geregelt. Ursächlich hierfür sind neben der Innovation im Bereich der Leistungselektronik insbesondere die nachfolgenden Vorteile des Drehstrommotors.

Zu den Vorteilen des Drehstrommotors gegenüber dem Gleichstrommotor zählen unter anderem:

- weitgehende Wartungsfreiheit,
- kleines Leistungsgewicht,
- hohe Schutzklassen, die zu einer leichten Realisierung von Ex-Schutz führen,
- einfache und robuste Konstruktion,
- hohe Betriebsdrehzahlen,
- preiswerter als Gleichstrommotoren.

Die Drehzahl von Drehstrommaschinen wird im Wesentlichen von den Größen Netzfrequenz und Polpaarzahl bestimmt:

$$n_0 = \frac{f_1 \cdot 60}{p}$$

n_0 synchrone Drehzahl (oder auch Drehfelddrehzahl) in min^{-1}
f_1 Ständerfrequenz (Netzfrequenz) in Hz
p Polpaarzahl

Bei gegebener Polpaarzahl und konstanter Netzfrequenz ergibt sich also eine feste (bei der Asynchronmaschine lastabhängige) Motordrehzahl. Bei polumschaltbaren Motoren lässt sich die Drehzahl entsprechend der Wicklungen in festen Stufen umschalten.

Entstehung eines Drehfeldes im Ständer

Ein sehr vereinfachtes Schnittbild einer Ständerwicklung mit drei Strängen in Sternschaltung zeigt, dass die jeweiligen Leiterschleifen (Spulen) um 120° gegeneinander räumlich verschoben sind (**Bild 1**).

Der Anfang der ersten Spule wird mit U1 und das Ende mit U2 gekennzeichnet. Die zweite Spule mit V1 bzw. V2 und die dritte Spule mit W1 und W2. Werden diese Spulen nun in Stern geschaltet (**Bild 2**), muss das Motorklemmbrett wie in **Bild 3** für den Rechtslauf verschaltet werden.

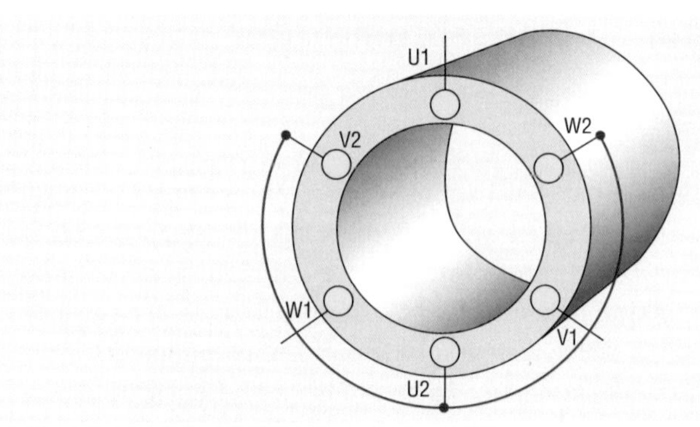

Bild 1: Vereinfachtes Schnittbild in Sternschaltung [4]

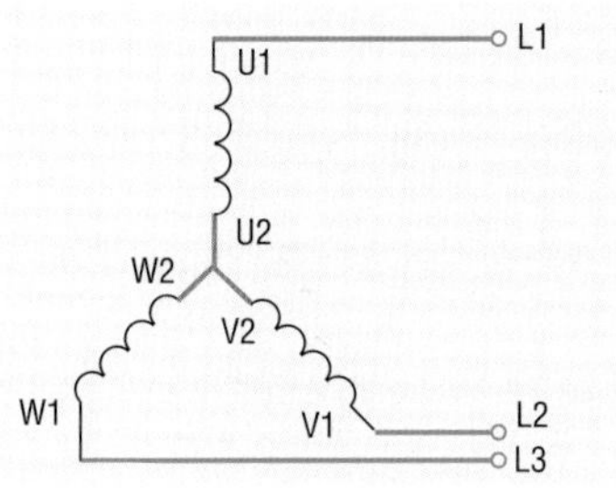

Bild 2: Verschaltung der Spulen in Sternschaltung

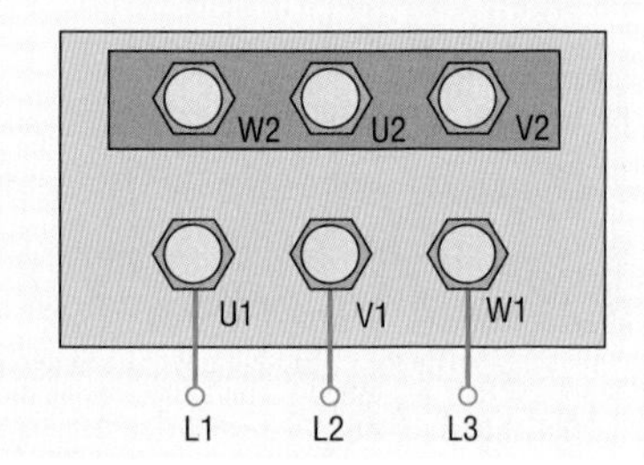

Bild 3: Motorklemmbrett in Sternschaltung für die Laufrichtung rechts

Werden die Spulen U, V und W mit dem Drehstromnetz verbunden, entstehen aufgrund der Phasenverschiebung (auch 120°) des Drehstromsystems ebenfalls phasenverschobene Ströme in der Ständerwicklung.

Betrachtet man z. B. den Zeitpunkt t_1 im **Bild 4**, fließen die Ströme I_{L1} und I_{L3} in die Spulen U und W hinein und über die Sternbrücke aus V als I_{L2} wieder heraus. Dadurch ergibt sich das gezeigte Magnetfeld.

Zum Zeitpunkt t_2 hat sich die Stromrichtung im W-Strang verändert (**Bild 5**).

Das resultierende Magnetfeld im Ständer wandert in die dargestellte Position.

Die Richtungen des Drehfeldes zum Zeitpunkt t_3 bis t_7 sind entsprechend **Bild 6** bis **Bild 10** zu entnehmen.

Die Richtung des Drehfeldes ist nach t_7 wieder identisch mit dem Zeitpunkt t_1. Aus den „Feldlinienbildern" wird ersichtlich, dass sich das magnetische Feld mit fortschreitender Zeit dreht und nach t_7 eine volle Umdrehung macht. Dies gilt allerdings nur, wenn eine 2-polige Maschine betrachtet wird. Bei einer 4-poligen Maschine wird während einer Periode nur eine halbe Umdrehung erreicht.

Eine stufenlose, mit geringen Verlusten behaftete Drehzahlverstellung ist nur durch Frequenzänderung bei gleichzeitiger Spannungsänderung möglich.

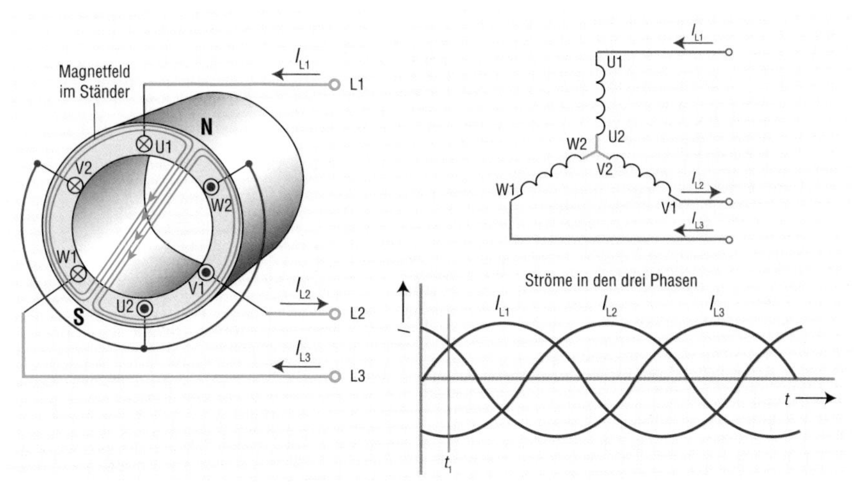

Bild 4: Richtung des Drehfeldes zum Zeitpunkt t_1

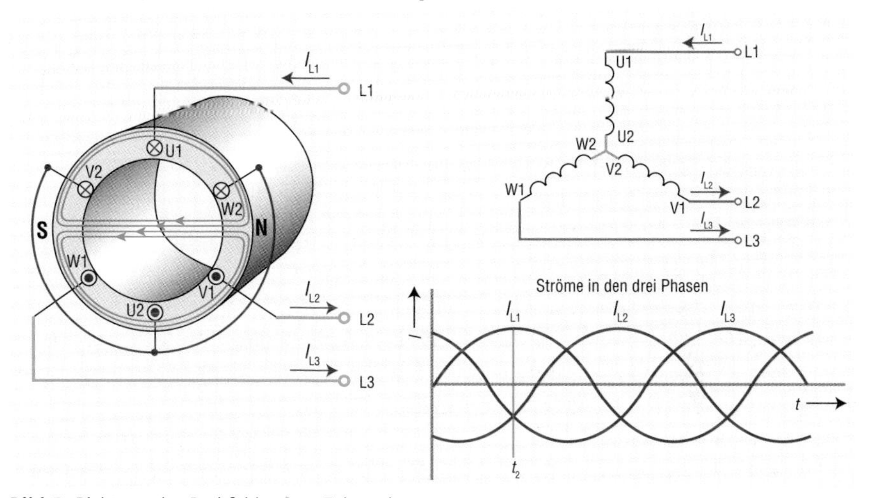

Bild 5: Richtung des Drehfeldes zum Zeitpunkt t_2

Aus den folgenden Gründen ist bei einer Frequenzänderung auch die Spannung zu verändern:

Der induktive Widerstand X_L verhält sich proportional zur Frequenz. Das bedeutet z. B. bei einer Verringerung der Ständerfrequenz und konstanter Spannung eine Erhöhung des Magnetisierungsstromes, was wiederum zu Sättigungserscheinungen innerhalb der Maschine und zu einem zu hohen Ständerstrom führen könnte.

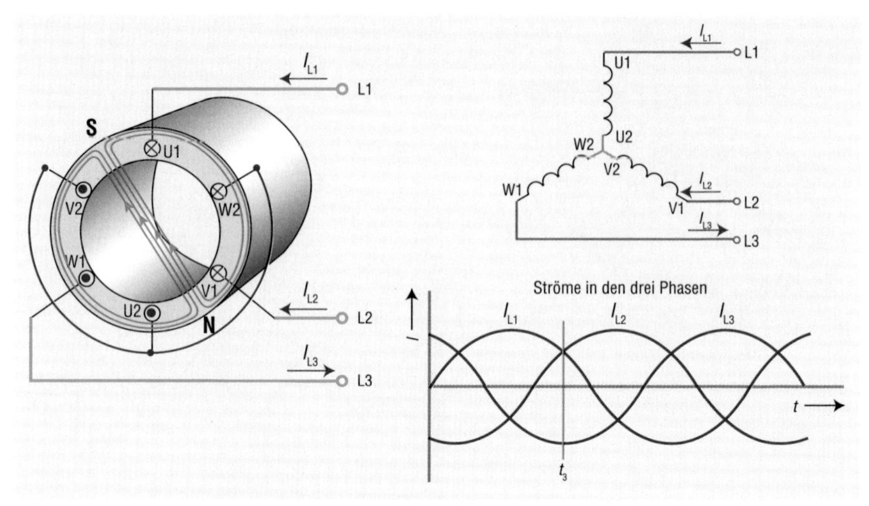

Bild 6: Richtung des Drehfeldes zum Zeitpunkt t_3

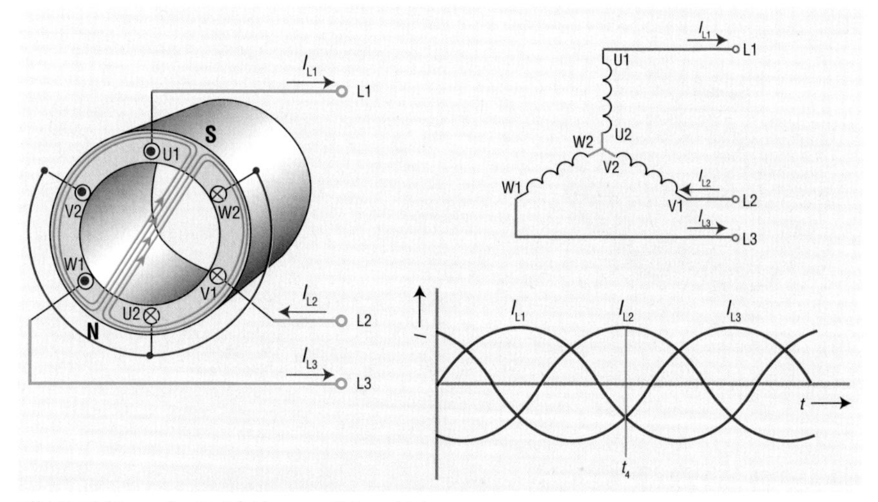

Bild 7: Richtung des Drehfeldes zum Zeitpunkt t_4

Um bei einer Drehzahlverstellung ein konstantes Drehmoment zu bekommen, muss der magnetische Ständerfluss möglichst konstant bleiben. Dies ist nur möglich, wenn der Magnetisierungsstrom ebenfalls konstant bleibt. Die Spannung muss daher proportional mit der Frequenz verändert werden. Eine Frequenzänderung wirkt sich unter Berücksichtigung einer proportionalen Spannungsänderung so aus, als würde die Drehmomentenkennlinie parallel auf der Frequenzachse

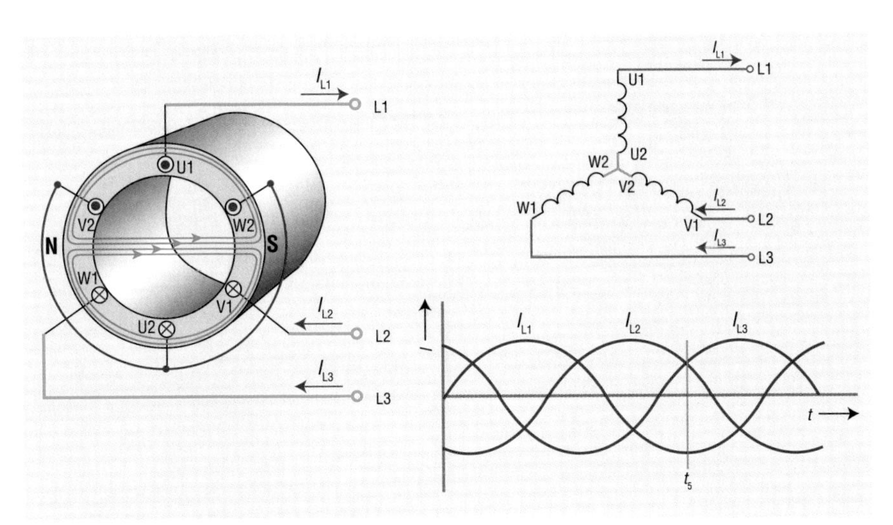

Bild 8: Richtung des Drehfeldes zum Zeitpunkt t_5

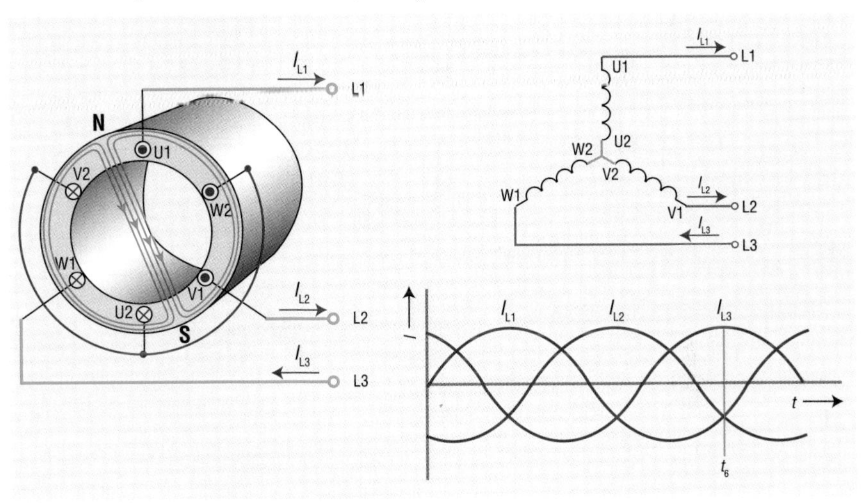

Bild 9: Richtung des Drehfeldes zum Zeitpunkt t_6

verschoben werden. Wird beim Erreichen der Ständernennspannung (des Umrichters) die Frequenz weiter erhöht, kann der Frequenzumrichter die Spannung nicht weiter anheben. Dieser Punkt in der Kennlinie wird Eckfrequenz bzw. Typenpunkt genannt. Die Folge ist ein kleinerer Magnetisierungsstrom und damit ein fallendes Drehmoment. Die Maschine wird im Bereich der Feldschwächung betrieben (siehe **Bild 11** und **Bild 16a**). Drehzahlen über die Nenndrehzahl des

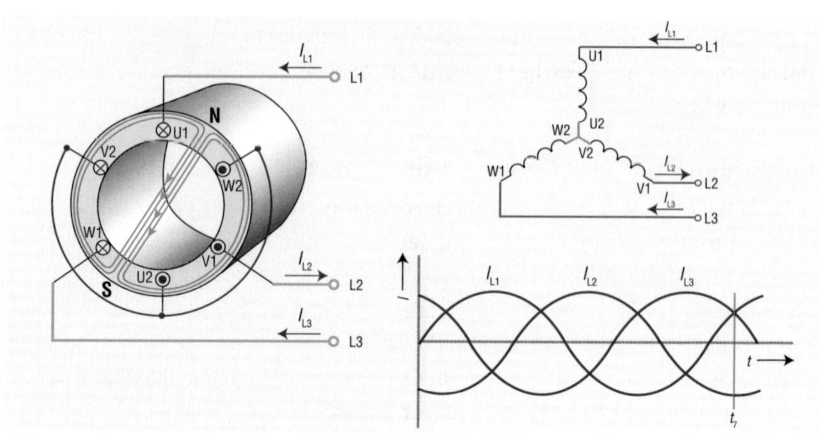

Bild 10: Richtung des Drehfeldes zum Zeitpunkt t_7

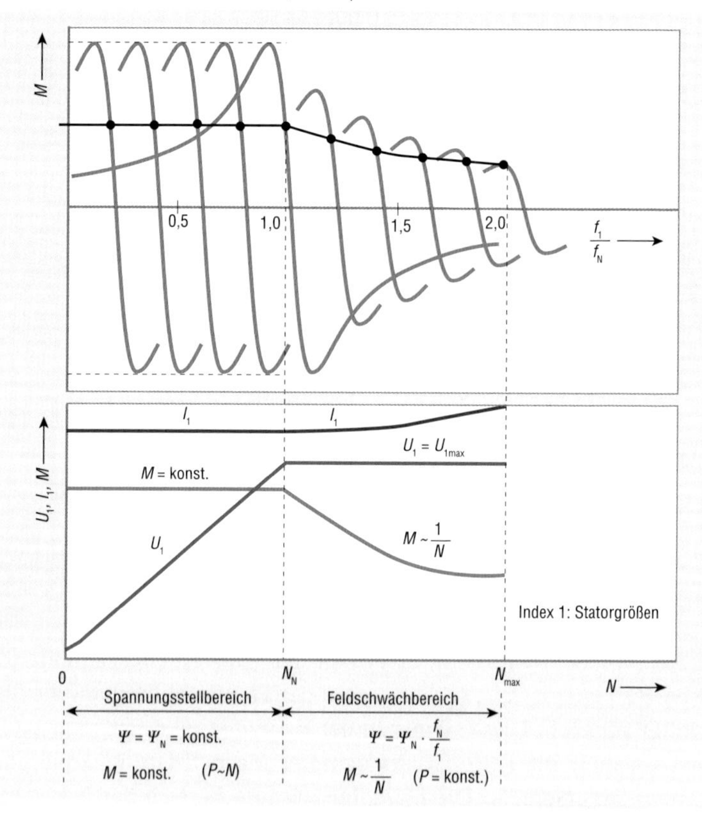

Bild 11: Drehmomentenkennlinie, Eckfrequenz, Spannungsstellbereich, Feldschwächbereich [3]

Motors hinaus werden insbesondere bei Werkzeugmaschinen erwartet, da gerade in der spanabhebenden Fertigung kleine Drehmomente bei hohen Drehzahlen gefordert werden.

Frequenzumrichter – Allgemeine Grundlagen

Frequenzumrichter erzeugen aus einer vorhandenen Versorgungsspannung (ein- oder mehrphasig) mit einer festen Frequenz und Spannung ein Drehstromsystem mit variabler Spannung und Frequenz.

Neben den Direktumrichtern sind vor allem die *U*- oder *I*-Zwischenkreis-Umrichter weit verbreitet. Die Frequenzumrichter (FU) mit Gleichspannungszwischenkreis(*U*)-Umrichter haben einen oder mehrere Kondensatoren als Energiespeicher (**Bild 12**). Die Stromzwischenkreis(*I*)-Umrichter haben Energiespeicher induktiver Art. Im Folgenden werden die *U*-Umrichter etwas näher betrachtet.

Diese Zwischenkreisumrichter bestehen aus vier Hauptgruppen (**Bild 13**):

- Gleichrichter
- Gleichspannungs-Zwischenkreis (hier also *U*-Umrichter)
- Wechselrichter
- Steuer- und Regeleinheit

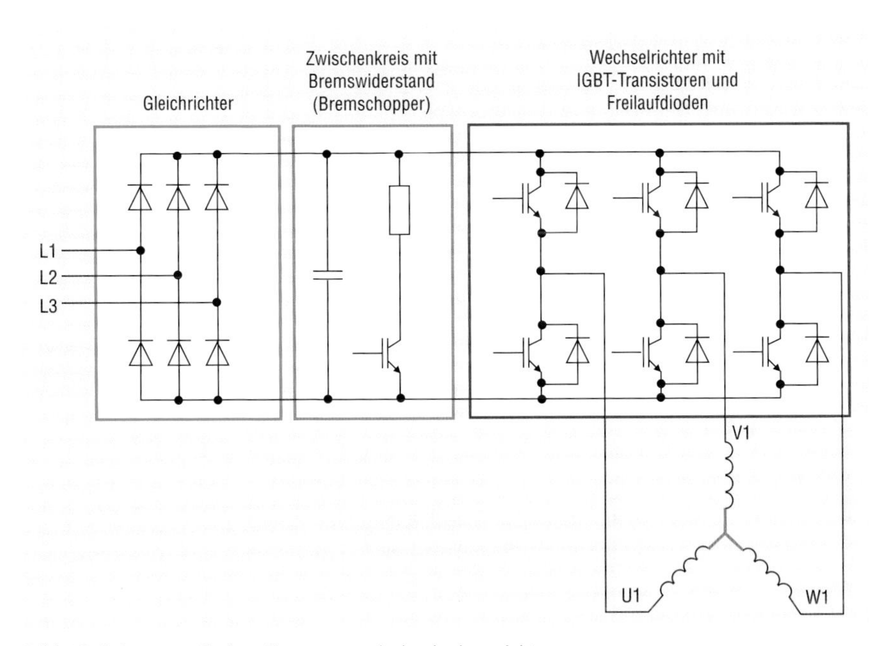

Bild 12: Leistungsteil eines Spannungszwischenkreisumrichters

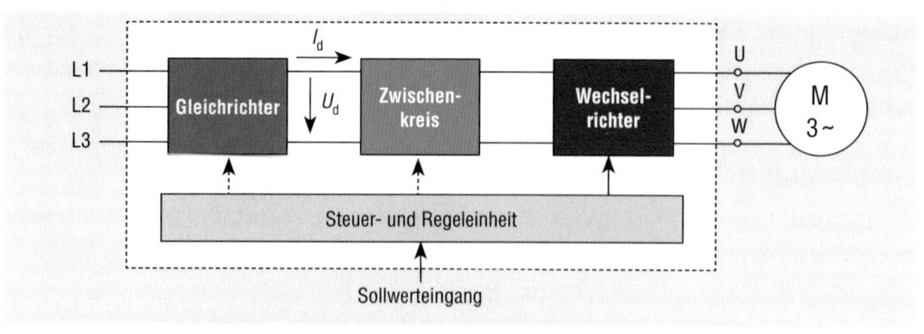

Bild 13: Hauptgruppen eines Zwischenkreisumrichters [5]

Gleichrichter

Der Gleichrichter kann aus ungesteuerten (Dioden) oder gesteuerten Brückenschaltungen bestehen. Die Aufgabe des Gleichrichters ist die Eingangsspannung (Netzwechselspannung) gleichzurichten.

Soll eine Netzrückspeisung möglich sein, muss der Gleichrichter auch als Wechselrichter arbeiten können, dann sind steuerbare Halbleiter zu verwenden.

Zwischenkreis

Der Gleichspannungszwischenkreis mit dem bzw. den Zwischenkreiskondensator(en) glättet zum einen die gleichgerichtete Spannung nach dem Gleichrichter und zum andern dient er als Energiepuffer.

Der Bremschopper soll die kinetische Energie des Motors, die der Zwischenkreiskondensator nicht verwenden kann, in Wärmeenergie umwandeln.

Soll diese kinetische Energie nicht in Wärmeenergie umgewandelt werden, so muss eine Netzrückspeisung ermöglicht werden (siehe Gleichrichter).

Wechselrichter

Die Aufgabe des Wechselrichters ist es, eine dreiphasige Ausgangsspannung mit variabler Frequenz und Amplitude zu erzeugen. Die Höhe der Amplitude und die Frequenz werden durch die Steuer- bzw. Regeleinheit vorgegeben.

Der Wechselrichter besteht aus je drei Brückenzweigen. Jeder Brückenzweig ist für den Anschluss mit einem Spulenanfang des Motors versehen. Ein Brückenzweig besteht dabei immer aus zwei steuerbaren Halbleitern mit Freilaufdioden.

Meist kommen sogenannte IGBTs (Insulated Gate Bipolar Transistoren) zum Einsatz. Diese weisen eine geringe Ansteuerleistung in Verbindung mit geringen Durchlasswiderständen auf. Die Freilaufdiode soll den Transistor vor den hohen Selbstinduktionsspannungen beim Schalten schützen.

Steuer- und Regeleinheit

Durch die Steuer- und Regeleinheit wird der Wechselrichter je nach Aufgabe angesteuert bzw. geregelt. Dabei gibt es sehr viele verschiedene Systeme bzw. Verfahren (siehe z. B. [3]). Ein gängiges Verfahren ist die *U/f*-Steuerung, bei welcher die Spannung an die Ausgangsfrequenz des Motors angepasst wird (siehe oben).

Die Hauptaufgabe der Steuer- und Regeleinheit ist das Ansteuern der Wechselrichter-Halbleiter (Ventile). Dies kann z. B. durch einen Vergleich einer dreieckigen Spannung mit der Soll-Ausgangsfrequenz erfolgen. Die Ansteuerung des Wechselrichters erfolgt dann beispielsweise mittels Pulsweitenmodulation (PWM), siehe **Bild 14**.

Die Schnittpunkte der Sollspannungskurve mit der dreieckförmigen Spannung ergeben die Umschaltzeitpunkte für die jeweilige Wechselrichterphase. Die Gleichspannung des Zwischenkreises ist z.B. bei 1 (in Bild 14) gut zu erkennen. Die Grundschwingung der Ausgangsspannung ist mit 2 gekennzeichnet. Der Stromverlauf in einer Wicklung mit 4 und die Stromgrundschwingung 3 lassen erahnen, dass dabei besonderes Augenmerk auf die elektromagnetische Verträglichkeit (EMV) gelegt werden sollte, denn die folgenden Punkte sind bei FU-Betrieb aus EMV-Sicht immer mit zu beachten:

- Oberschwingungen (können z. B. durch Filter herabgesetzt werden)
- Schirme können die Einkopplung reduzieren
- reduzierten Leitungslängen durch Wanderwellen

Bild 15 soll zeigen, dass durch die PWM nicht nur die Frequenz, sondern auch die Amplitude der Ausgangsspannung verändert werden kann.

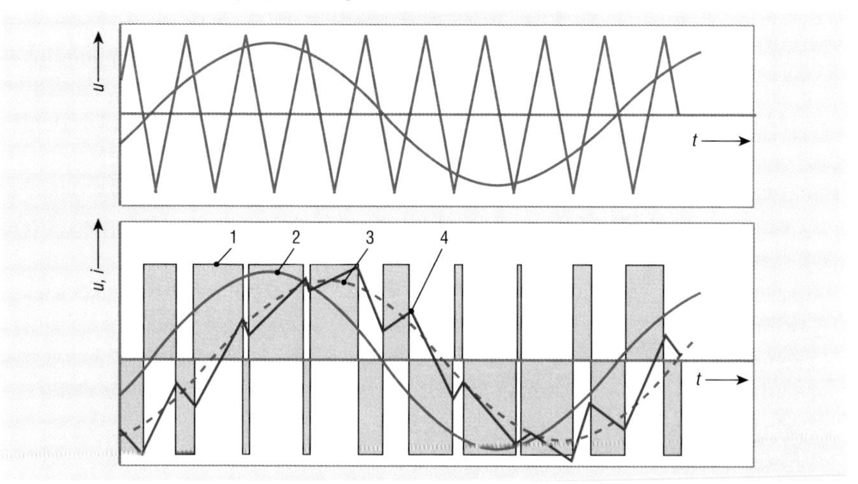

Bild 14: PWM einer U-Wechselrichterphase [3]

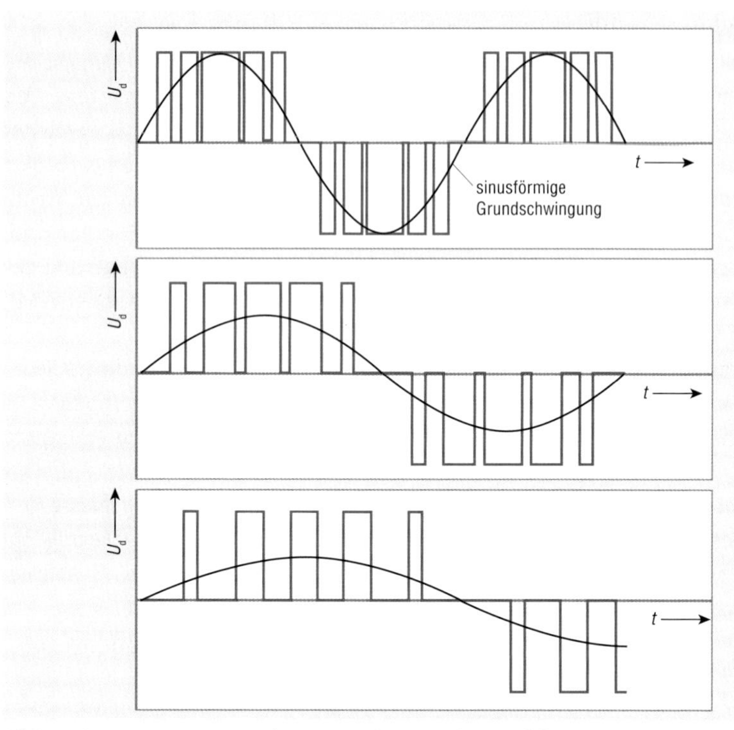

Bild 15: Ausgangsspannung und Frequenz eines FU mit PWM [5]

Frequenzumrichter an den Motor anpassen

Soll ein Drehstrommotor am Frequenzumrichter optimal betrieben werden, muss der Umrichter an die Maschine angepasst werden. Dafür werden die entsprechenden „PARAMETER" über die Tastatur oder eine PC-Schnittstelle in den Umrichter einprogrammiert. Zunächst wird der Umrichter mit dem Motor bekannt gemacht, indem die programmierte Werkseinstellung hinsichtlich der Leistungsschildangaben „Motorleistung, Motorspannung, Frequenz, Motorstrom und Motornenndrehzahl" geändert wird. Bei einem Motor mit den folgenden Angaben:

Spannung	U	230 V/400 V
Strom	I	19 A/11 A
Leistung	P	5,5 kW
Leistungsfaktor	$\cos\varphi$	0,85
Frequenz	f	50 Hz
Wirkungsgrad	η	0,85

gibt es zwei Möglichkeiten der Eingabe.

Wird der Motor in Sternschaltung betrieben, muss der Umrichter an den Ausgangsklemmen eine Spannung von 400 V bei 50 Hz erzeugen.

Die Parameter für die Sternschaltung müssen dann die folgenden Werte haben:

Motorspannung = 400 V
Motornennfrequenz = 50 Hz
Motorstrom = 11 A
U/f = 8 V/Hz

Wird die Ausgangsfrequenz reduziert, um die Motordrehzahl herabzusetzen, muss der Umrichter die Ausgangsspannung an die jeweilige Frequenz anpassen (Bild 11).

Bei kleinen Frequenzen reicht der Blindstrom für eine zuverlässige Magnetisierung nicht aus. Die Folge wäre, dass der Motor nur ein reduziertes Drehmoment an der Welle abgeben kann. Um hier Abhilfe zu schaffen, wird die Spannung im unteren Frequenzbereich angehoben.

Je nach Hersteller wird diese Spannungsanhebung z. B. mit „Startspannung", „Startkompensation", „*I* mal *R* Kompensation" oder „Boost" beschrieben (**Bild 16 b, 16 c** bzw. **Bild 17**).

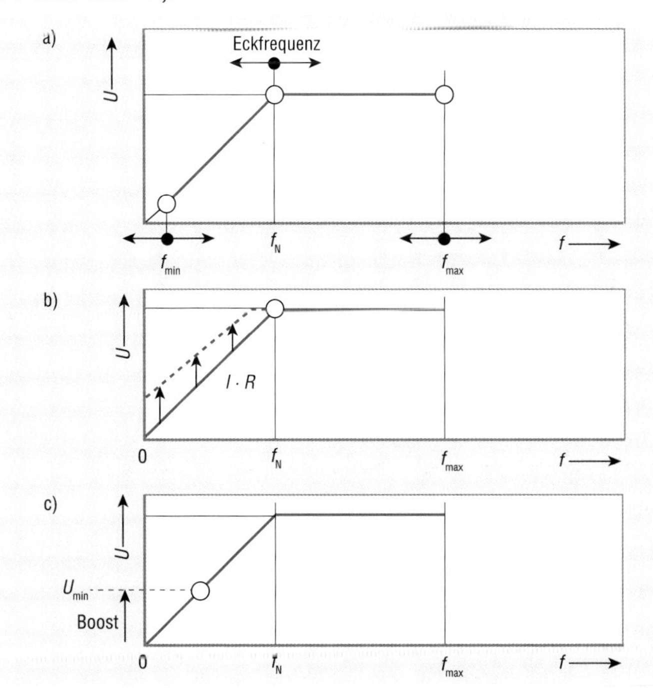

Bild 16: Einstellmöglichkeiten, z.B. Spannungsanhebung im unteren Frequenzbereich [1]

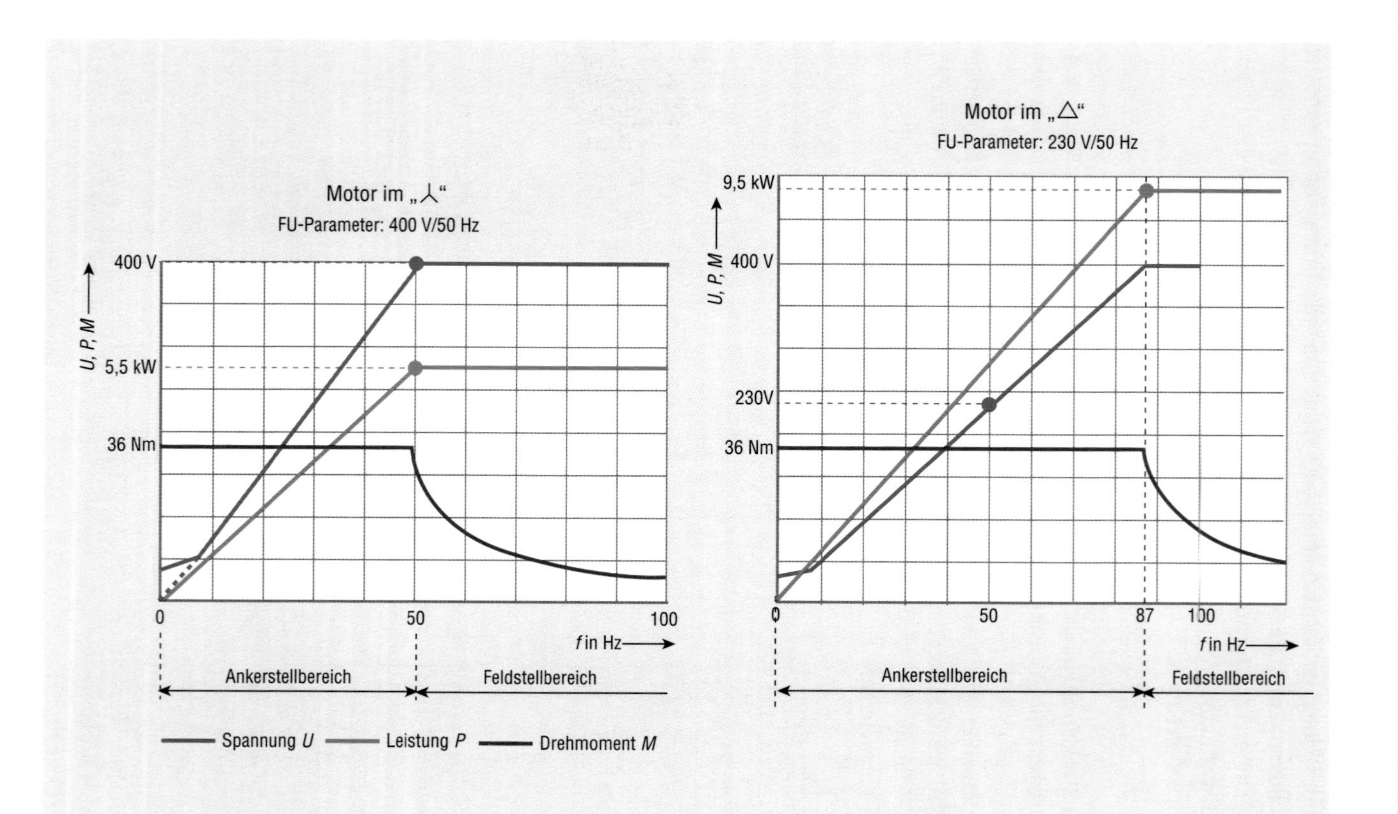

Bild 17: Motor mit einer Strangspannung von 230 V bei 50 Hz in Stern- bzw. in Dreieckschaltung an einem FU

Wird der Motor in Dreieckschaltung betrieben, müssen die Parameter auf folgende Werte eingestellt werden:

Motorspannung = 230 V
Motornennfrequenz = 50 Hz
Motorstrom = 19 A
U/f = 4,6 V/Hz

Im Frequenzbereich 0 Hz bis 50 Hz wird die Spannung wieder an die aktuelle Frequenz angepasst. Die Steigung der Kennlinie bzw. das Verhältnis „*U* zu *f*" beträgt jetzt jedoch nur noch 4,6 V/Hz.

Wird die Frequenz am Umrichter erhöht, kann die Zunahme des Scheinwiderstandes Z durch Anheben der Spannung kompensiert werden.

Dadurch vergrößert sich der Spannungsstellbereich (Ankerstellbereich) bis zu einer Frequenz von 87 Hz (**Bild 16 a**).

Ab 400 V bleibt die Spannung konstant. Auch das Drehmoment kann bis zu dieser Frequenz konstant gehalten werden. Die Leistung erreicht ihren Nennwert auch in der Dreieckschaltung bei 50 Hz.

Mit dem konstanten Drehmoment bis 87 Hz steigt die Leistung linear mit der Frequenz bzw. der Drehzahl weiter an. Sie erreicht im gezeigten Beispiel einen Wert von 9,5 kW (**Bild 17**). Der Wert liegt – wie bei der Spannung und der Frequenz – um den Faktor Wurzel 3 über der Bemessungsleistung.

Der Motor wird in diesem Arbeitspunkt in Dreieckschaltung mit 400 V Strangspannung betrieben. Da bei Erhöhung der Frequenz auch der Scheinwiderstand zugenommen hat, können der Strom und die daraus resultierenden Stromwärmeverluste von der Maschine beherrscht werden.

Motorauslegung und -kühlung

Es muss sichergestellt sein, dass durch Frequenzumrichter geregelte Motoren ausreichend gekühlt werden. In diesem Zusammenhang sind folgende Punkte besonders zu beachten:

- die Kühlluftmenge sinkt bei fallender Drehzahl,
- der Motor entwickelt eine geringfügig höhere Verlustwärme, da die Motorströme des Frequenzumrichters nicht rein sinusförmig sind (oberschwingungsbehaftete Ströme).
- lineares Wachsen der Hysteresisverluste bei steigender Frequenz (Ummagnetisierungsverluste),
- quadratisches Wachsen der Wirbelstromverluste bei steigender Frequenz.

Bei Drehzahlen unter 50 % der Nenndrehzahl darf der Motor drehzahlabhängig mit einem Moment von 50 % bis 90 % des Nennmomentes belastet werden (**Bild 18**). Im Drehzahlbereich 50 % bis 100 % der Nenndrehzahl darf der Motor dreh-

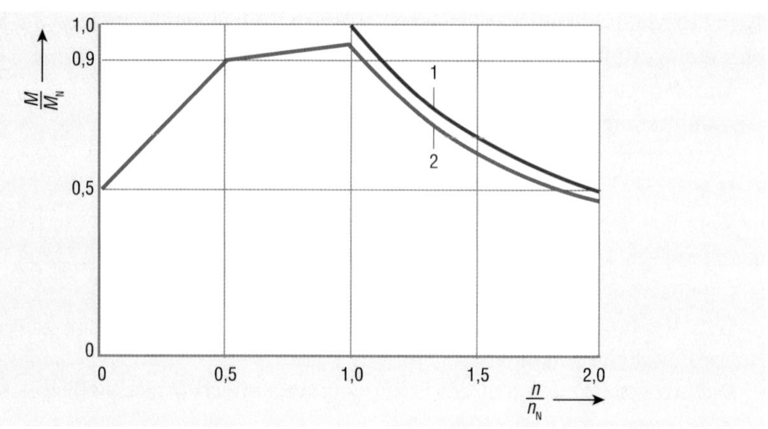

Bild 18: Drehmoment als Funktion der Drehzahl
(Kurve 1 mit Fremdbelüftung, Kurve 2 ohne Fremdbelüftung) [5]

zahlabhängig mit einem Moment von 90 % bis 95 % des Nennmomentes belastet werden. Wird vom Motor im Drehzahlbereich von 0 % bis 100% das Nennmoment erwartet, so ist eine Zusatzbelüftung (Fremdbelüftung, Kurve1 im Bild 18) erforderlich.

Der Motor sollte immer gegen das Ausfallen der Kühlung geschützt sein. Sehr gute Erfahrungen wurden mit einem eingebauten Wicklungsschutz gemacht, z. B. Kaltleiterschutz, der bei Auslösung die Stromversorgung abschaltet und ggf. eine Störmeldung signalisiert (z. B. Motorvollschutz mit Pt100 oder KTY84).

Literaturverzeichnis

[1] *Constantinescu-Simon, Liviu* (Hrsg.): Handbuch Elektrische Energietechnik: Grundlagen – Anwendungen, 2. Auflage, Braunschweig/Wiesbaden, Vieweg Verlag.

[2] *Spring, Eckhard:* Elektrische Maschinen: Eine Einführung, 1. Auflage, Berlin/Heidelberg, Springer Verlag.

[3] *Schröder, Dierk:* Leistungselektronische Schaltungen: Funktion, Auslegung und Anwendung, 2. Auflage, Berlin/Heidelberg, Springer Verlag.

[4] BFE-Lernprogramm: Elektrische Maschinen, Version 1.0, Vogel Business Media GmbH & Co. KG

[5] *Boy, Bruckert, Wessels, Meyer:* Elektrische Steuerungs- und Antriebstechnik, Die Meisterprüfung, Vogel-Buchverlag

[6] *Behrends, Peter:* Elektrische Maschinen, Die Meisterprüfung, Vogel-Buchverlag

© shutterstock_663873490_ Fishman64

Einhaltung der Schutzmaßnahmen in EMV-gerechten TN-Systemen mit ZEP

Dr.-Ing. Hartmut Kiank

Niederspannungsnetze mit Diesel-USV und ZEP sind so aufzubauen, dass hohe Spannungsqualität und EMV im Einklang mit sicherem Personenschutz stehen. Im Folgenden wird ein auf den symmetrischen Komponentensystemen und der Einhaltung der Abschaltbedingung für den Schutz gegen elektrischen Schlag beruhendes Rechenmodell zur Kontrolle auf sicheren Personenschutz vorgestellt.

Anforderungen an die Spannungsqualität und EMV

Spannungsqualität und Versorgungszuverlässigkeit sind unabdingbare Bestandteile der Versorgungsqualität. Gemessen am aktuellen Niveau der Versorgungszuverlässigkeit hat sich die direkte Abhängigkeit der Versorgungsqualität von der Spannungsqualität aber verstärkt. Der deutlich sichtbare Ausdruck dieser neuen Abhängigkeit sind die gewachsenen Anforderungen, die bei der Versorgung kritischer Prozesse und Verbraucher an die Spannungsqualität gestellt werden [1].

Sehr hohe Anforderungen an die Qualität der versorgenden Spannung stellen vor allem

- kontinuierliche Produktionsprozesse in der Plastik-, chemischen und Pharma-Industrie (z. B. Spritzgieß- und Extrusionsprozesse, pharmazeutische Konti-Prozesse),
- mikroprozessor-gesteuerte Systeme (z. B. speicherprogrammierbare Steuerungen für Maschinen und Anlagen),
- EDV-/IT-Anlagen und Serversysteme (z. B. Data Center).

Eine Übersicht über die Qualitätsstörungen der versorgenden Spannung und ihre Auswirkung auf EDV-/IT-Anlagen zeigt **Tabelle 1**. Die in Tabelle 1 aufgeführten ereignis- und verlaufsorientierten Störgrößen der Spannungsqualität lassen sich weder im MS- noch im *NS*-Netz der allgemeinen Stromversorgung absolut ausschließen.

Einen bestmöglichen Schutz gegen alle Arten von ereignis- und verlaufsorientierten Störgrößen bieten nur moderne USV-Systeme. Dazu gehören unter anderem rotierende Diesel-USV-Systeme (RUSV-Systeme). Bei der Verwendung von Piller-RUSV-Systemen wird die Stromversorgung im Normalbetrieb durch die Koppeldrossel und durch den kontinuierlich arbeitenden Motor-Generator sichergestellt [2]. Durch die Kombination von Motor-Generator und Koppeldrossel operiert das RUSV-System als aktiver Filter, der den kritischen Fertigungsprozess vor allen verlaufs- und ereignisorientierten Störgrößen der versorgenden Spannung schützt.

Störgrößen der Spannungsqualität					
ereignisorientiert			verlaufsorientiert		
Art	**Oszillogramm**	**Auswirkungen**	**Art**	**Oszillogramm**	**Auswirkungen**
Spannungs-einbrüche		diffizile Datenfehler etwaiger Systemabsturz	hochfrequente Überlagerungen (Oberschwingungen)		diffizile Datenfehler und -verluste nicht konsistente Datenbanken
Spannungs-unterbrechungen		diffizile Datenverluste und -fehler etwaiger Systemabsturz	Spannungs-schwankungen		diffizile Datenfehler etwaiger Systemabsturz
Spannungs-ausfälle		Unterbrechung der Programmausführung Verlust von Daten sogenannter Head-Crash möglich	Frequenz-schwankungen		diffizile Datenfehler und -verluste etwaiger Systemabsturz
transiente Überspannungen und Spannungsspitzen		Hardwareschäden diffizile Datenfehler	betriebsfrequente Überspannungen		Hardwareschäden diffizile Datenfehler

Tabelle 1: Qualitätsstörungen der versorgenden Spannung und ihre Auswirkungen auf EDV-/IT-Anlagen

Damit kritische Prozesse zuverlässig und in hoher Qualität ablaufen können, müssen auch alle Arten von EMV-Störungen ausgeschlossen sein.

EMV-Störungen entstehen durch

- galvanische Kopplung (leitungsgebundene Störgrößen),
- induktive Kopplung (magnetische Störgrößen),
- kapazitive Kopplung (elektrostatische Störgrößen),
- Strahlungskopplung (hoch- und/oder niederfrequente Störgrößen) [1].

Die charakteristische EMV-Störgröße in NS-Netzen sind vagabundierende Ströme. Vagabundierende Ströme sind Komponentenströme des Betriebsstromes, die unter anderem unkontrolliert über die PE-Leiter und Schirme von Daten- bzw. Informationsleitungen fließen können. Dementsprechend beeinträchtigen sie im besonderen Maße die Betriebssicherheit von elektronischen Systemen sowie von EDV-/IT-Anlagen (**Bild 1**). Gemäß [3] lassen sich 80 % aller EMV-Störungen an elektro- und informationstechnischen Anlagen auf die unsachgemäße Ausführung des NS-Netzes zurückführen. Bei der Integration von RUSV-Systemen in die Stromversorgung ist daher besonderes Augenmerk auf den EMV-gerechten Aufbau des NS-Netzes zu legen.

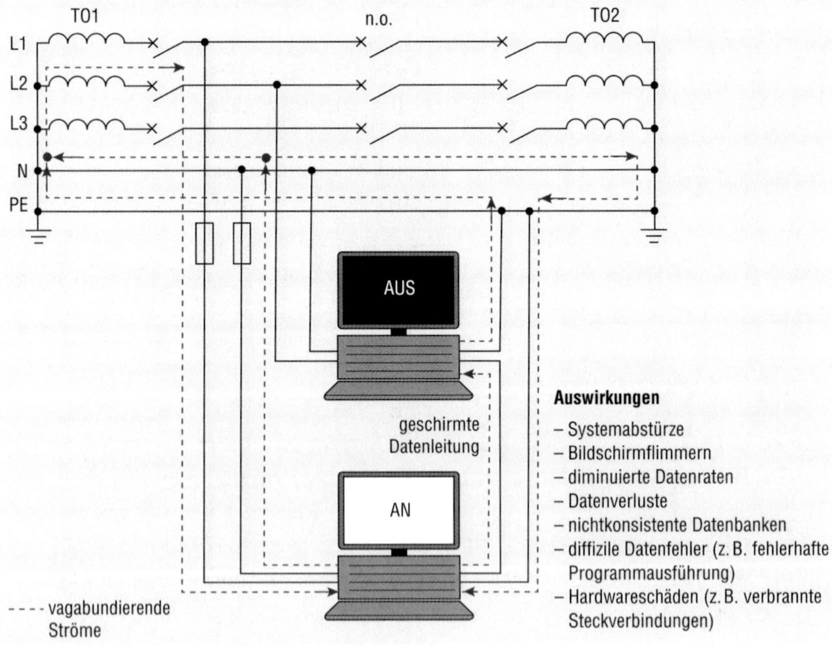

Bild 1: Leitungsgebundene EMV-Störungen durch vagabundierende Ströme und ihre Auswirkungen auf EDV-/IT-Anlagen

EMV-gerechtes NS-Netz mit integrierter RUSV

Die für den Aufbau eines EMV-gerechten NS-Netzes mit integrierter RUSV in Betracht kommenden Systemarten sind in DIN VDE 0100-100 [4] festgelegt. Einen hinreichenden Schutz vor EMV-Störungen aufgrund galvanischer Kopplung bieten nur TN-S-Systeme [5]. Der Aufbau von NS-Netzen als „lupenreines“ TN-S-System ist bei Mehrfacheinspeisung aber nicht möglich, weil bei dieser Systemvariante N- und PE-Leiter ab der Stromquelle als getrennte Leiter auszuführen sind. Eine Aufteilung in N- und PE-Leiter ab den Stromquellen der Mehrfacheinspeisung würde aber kein TN-S-System, sondern nur eine unzulässige Parallelschaltung der beiden vorgenannten Leiter ergeben (siehe Bild 1).

Die unzulässige Parallelschaltung von N- und PE-Leiter lässt sich bei Mehrfacheinspeisung nur durch den Aufbau zentral geerdeter TN-Systeme vermeiden. Solche Systeme bezeichnet die DIN VDE 0100-100 [4] als „TNC-S-System mit Mehrfacheinspeisung und mit getrenntem Schutzleiter und Neutralleiter zu elektrischen Verbrauchsmitteln“. Wegen des stark ausgeprägten negativen Images von TNC-Systemen in der IT-Industrie wurde in [1] die Bezeichnung „zentral – bzw. dezentral – mehrfachgespeistes TN-EMV-System“ gewählt. Auf die Erfüllung folgender Anforderungen ist beim Aufbau mehrfachgespeister TN-EMV-Systeme besonders zu achten:

- Die Erdung aller Transformator- und Generatorsternpunkte muss über einen zentralen Erdungspunkt (ZEP) in der Niederspannungs-Hauptverteilung (NS-HV) erfolgen (**Bild 2**).
- Die PEN-PE-Leiterbrücke des ZEP ist mithilfe eines Messwandlers und RCM-Gerätes (Residual Current Monitor) permanent zu überwachen (**Bild 3**).
- Die von den Transformator- und Generatorsternpunkten kommenden PEN-Leiter und die PEN-Schiene der NS-HV müssen isoliert verlegt bzw. installiert sein. Eine Verbindung des PEN-Leiters mit dem geerdeten PE-Leiter ist nur am ZEP zulässig.
- In den Einspeise- und Kuppelfeldern der NS-HV sind ausschließlich 3-polige Schaltgeräte zu verwenden, weil der PEN-Leiter gemäß DIN VDE 0100-460 [6] nicht getrennt oder geschaltet werden darf.
- Alle Verbraucherstromkreise sind als TNS-System auszuführen, das heißt mit getrennt verlegtem N- und PE-Leiter. Der N-Leiter der Verbraucherstromkreise muss immer an die PEN-Schiene der NS-HV angeschlossen werden (Bild 2).
- Die Bedingungen für den Schutz gegen elektrischen Schlag durch automatische Abschaltung gemäß DIN VDE 0100-410 [7] sind einzuhalten. Zur Erhöhung der Personensicherheit bei dezentraler Mehrfacheinspeisung sollten die im NS-Netz zum Einsatz kommenden Überstrom-Schutzeinrichtungen für den

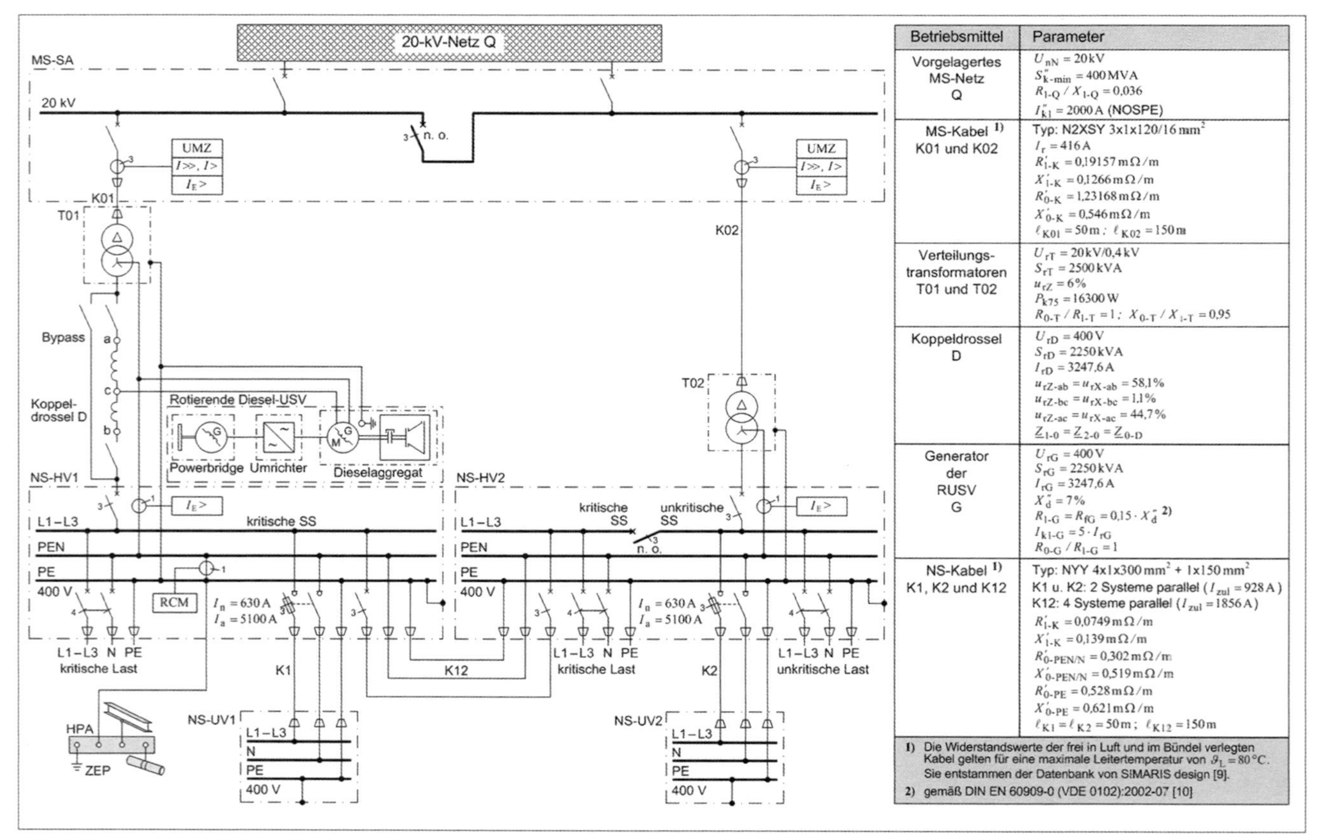

Betriebsmittel	Parameter
Vorgelagertes MS-Netz Q	$U_{nN} = 20$ kV $S''_{k\text{-min}} = 400$ MVA $R_{1\text{-Q}} / X_{1\text{-Q}} = 0{,}036$ $I''_{k1} = 2000$ A (NOSPE)
MS-Kabel [1] K01 und K02	Typ: N2XSY 3x1x120/16 mm² $I_r = 416$ A $R'_{1\text{-K}} = 0{,}19157$ mΩ/m $X'_{1\text{-K}} = 0{,}1266$ mΩ/m $R'_{0\text{-K}} = 1{,}23168$ mΩ/m $X'_{0\text{-K}} = 0{,}546$ mΩ/m $\ell_{K01} = 50$ m; $\ell_{K02} = 150$ m
Verteilungs-transformatoren T01 und T02	$U_{rT} = 20$ kV/0,4 kV $S_{rT} = 2500$ kVA $u_{rZ} = 6$ % $P_{k75} = 16300$ W $R_{0\text{-T}} / R_{1\text{-T}} = 1$; $X_{0\text{-T}} / X_{1\text{-T}} = 0{,}95$
Koppeldrossel D	$U_{rD} = 400$ V $S_{rD} = 2250$ kVA $I_{rD} = 3247{,}6$ A $u_{rZ\text{-ab}} = u_{rX\text{-ab}} = 58{,}1$ % $u_{rZ\text{-bc}} = u_{rX\text{-bc}} = 1{,}1$ % $u_{rZ\text{-ac}} = u_{rX\text{-ac}} = 44{,}7$ % $\underline{Z}_{1\text{-0}} = \underline{Z}_{2\text{-0}} = \underline{Z}_{0\text{-D}}$
Generator der RUSV G	$U_{rG} = 400$ V $S_{rG} = 2250$ kVA $I_{rG} = 3247{,}6$ A $X''_d = 7$ % $R_{1\text{-G}} = R_{fG} = 0{,}15 \cdot X''_d$ [2] $I_{k1\text{-G}} = 5 \cdot I_{rG}$ $R_{0\text{-G}} / R_{1\text{-G}} = 1$
NS-Kabel [1] K1, K2 und K12	Typ: NYY 4x1x300 mm² + 1x150 mm² K1 u. K2: 2 Systeme parallel ($I_{zul} = 928$ A) K12: 4 Systeme parallel ($I_{zul} = 1856$ A) $R'_{1\text{-K}} = 0{,}0749$ mΩ/m $X'_{1\text{-K}} = 0{,}139$ mΩ/m $R'_{0\text{-PEN/N}} = 0{,}302$ mΩ/m $X'_{0\text{-PEN/N}} = 0{,}519$ mΩ/m $R'_{0\text{-PE}} = 0{,}528$ mΩ/m $X'_{0\text{-PE}} = 0{,}621$ mΩ/m $\ell_{K1} = \ell_{K2} = 50$ m; $\ell_{K12} = 150$ m

1) Die Widerstandswerte der frei in Luft und im Bündel verlegten Kabel gelten für eine maximale Leitertemperatur von $\vartheta_L = 80$ °C. Sie entstammen der Datenbank von SIMARIS design [9].

2) gemäß DIN EN 60909-0 (VDE 0102):2002-07 [10]

Bild 2: Exemplarisches 20-/0,4-kV-Netz mit integrierter RUSV und zentralem Erdungspunkt auf der NS-Seite (Formelzeichen s. folg. Seite)

Formelzeichen Bild 1

c_{min}: minimaler Spannungsfaktor gemäß [10] (c_{min} = 0,95 bei 00 V ≤ U_{nN} ≤ 1 000 V)
I_a: Strom, der die automatische Abschaltung der Schutzeinrichtung innerhalb der vorgeschriebenen Abschaltzeit t_a bewirkt
I_k: Dauerkurzschlussstrom
I''_{k1}: einpoliger Fehlerstrom (einpoliger Anfangs-Kurzschlusswechselstrom)
I_n: Nennstrom
I_r: Bemessungsstrom
l: Länge
P_{K75}: Kupferverluste bei 75 °C
$R_{0\text{-}E01(2)}$: Resistanz der Einspeisung 01 bzw. 02 im Nullsystem
$R_{0\text{-}G}$: Resistanz des Generators im Nullsystem
$R'_{0\text{-}PE}$: PE-Wirkwiderstandsbelag im Nullsystem
$R'_{0\text{-}PEN/N}$: PEN/N-Wirkwiderstandsbelag im Nullsystem
$R_{0\text{-}T}$: Resistanz des Transformators im Nullsystem
$R_{0\text{-}TNS}$: Resistanz des TN-S-Stromkreiskabels im Nullsystem
$R_{1\text{-}E01(2)}$: Resistanz der Einspeisung 01 bzw. 02 im Mitsystem
$R_{1\text{-}G}$: Resistanz des Generators im Mitsystem
$R'_{1\text{-}K}$: Wirkwiderstandsbelag des MS- bzw. NS-Kabels im Mitsystem
$R_{1\text{-}Q}$: Resistanz des MS-Netzes im Mitsystem
$R_{1\text{-}T}$: Resistanz des Transformators im Mitsystem
$R_{1\text{-}TNS}$: Resistanz des TN-S-Stromkreiskabels im Mitsystem
$S''_{k\text{-}min}$: minimale Netzkurzschlussleistung
Sr: Bemessungsleistung
t_a: Abschaltzeit
U_{nN}: Netznennspannung (U_{nN} = 400 V)
U_r: Bemessungsspannung
u_{rZ}: relative Kurzschlussspannung
$X_{0\text{-}E01(2)}$: Reaktanz der Einspeisung 01 bzw. 02 im Nullsystem
$X_{0\text{-}G}$: Reaktanz des Generators im Nullsystem
$X'_{0\text{-}PE}$: PE-Blindwiderstandsbelag im Nullsystem
$X'_{0\text{-}PEN/N}$: PEN/N-Blindwiderstandsbelag im Nullsystem
$X_{0\text{-}T}$: Reaktanz des Transformators im Nullsystem
$X_{0\text{-}TNS}$: Reaktanz des TN-S-Stromkreiskabels im Nullsystem
$X_{1\text{-}E01(2)}$: Reaktanz der Einspeisung 01 bzw. 02 im Mitsystem
$X'_{1\text{-}K}$: Blindwiderstandsbelag des MS- bzw. NS-Kabels im Mitsystem
$X_{1\text{-}Q}$: Reaktanz des MS-Netzes im Mitsystem
$X_{1\text{-}T}$: Reaktanz des Transformators im Mitsystem
$X_{1\text{-}TNS}$: Reaktanz des TN-S-Stromkreiskabels im Mitsystem
X''_d: subtransiente Reaktanz der Synchronmaschine (Generator)
$\underline{Z}_0$: komplexe Kurzschlussnullimpedanz
$\underline{Z}_1$: komplexe Kurzschlussmitimpedanz
$\underline{Z}_2$: komplexe Kurzschlussgegenimpedanz

Fehlerschutz (Schutz bei indirektem Berühren) durch einen zusätzlichen Erdschluss-Reserveschutz (I_E>-Schutz) im PEN-Leiter zwischen dem Sternpunkt der Stromquellen und der NS-HV ergänzt werden (siehe auch Bild 2).

Hohe Spannungsqualität und EMV befinden sich erst dann im Einklang mit einem sicheren Personenschutz, wenn das NS-Netz mit integrierter RUSV und ZEP die Bedingungen für den Schutz gegen elektrischen Schlag erfüllt.

Gemäß DIN VDE 0100-410 [7] ist der Schutz gegen elektrischen Schlag immer dann sichergestellt, wenn der 1-polige Fehlerstrom I''_{k1} größer ist als der auf die vorgeschriebene Abschaltzeit t_a bezogene Abschaltstrom I_a der betreffenden Überstrom-Schutzeinrichtung. Demzufolge muss an allen Knoten des mehrfachgespeis-

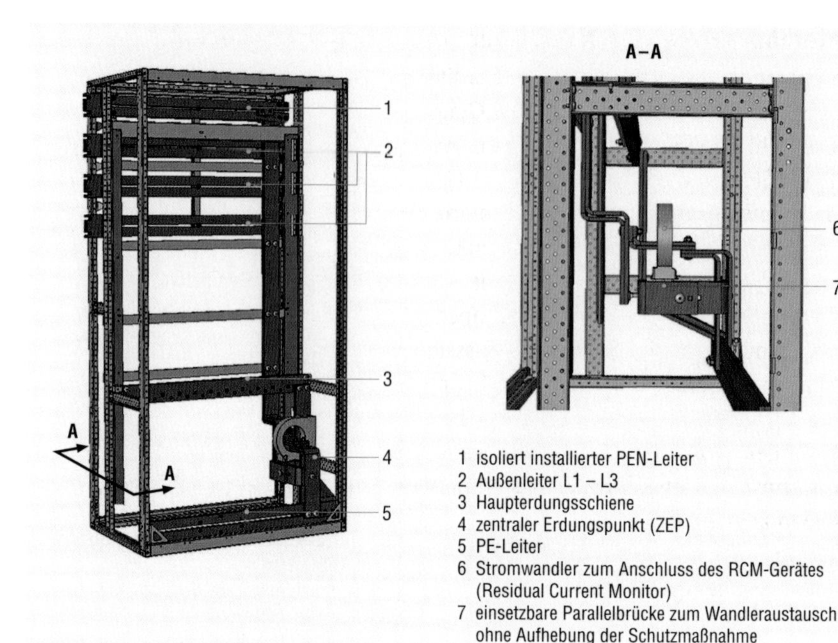

Bild 3: NS-Feld mit zentralem Erdungspunkt und Haupterdungsschiene

ten und zentral geerdeten NS-Netzes $I''_{k1} > I_a$ gelten. Der 1-polige Fehlerstrom ist in Übereinstimmung mit DIN EN 60909-0 (VDE 0102) [9] zu berechnen. Nach [9] wird der kleinste 1-polige Fehlerstrom berechnet mit:

$$I''_{k1} = \frac{c_{min} \cdot \sqrt{3} \cdot U_{nN}}{\left|\underline{Z}_1 + \underline{Z}_2 + \underline{Z}_0\right|} \tag{1}$$

Um den kleinsten 1-poligen Fehlerstrom mithilfe von Gleichung (1) zu berechnen, müssen alle Systemparameter des auf sicheren Personenschutz zu kontrollierenden Netzgebildes bekannt sein. Das in Bild 2 dargestellte 20-/0,4-kV-Netz mit integrierter RUSV und ZEP erfüllt die vorgenannte Anforderung. Dieses exemplarische TN-EMV-System besteht aus zwei Teilsystemen, das heißt aus einem Teilsystem mit einspeisenahem und aus einem Teilsystem mit einspeisefernem ZEP. In beiden NS-Teilnetzen stellt die automatische Abschaltung des 1-poligen Kurzschlusses durch eine 630-A-NH-Sicherung den Worst Case bei der Sicherstellung des Personenschutzes dar.

Fehlerabschaltung im NS-Teilnetz mit einspeisenahem ZEP

Die Stromquellen dieses NS-Teilnetzes sind der Verteilungstransformator T01 und der kontinuierlich arbeitende Motor-Generator MG des RUSV-Systems.

Die Fehlerstromverteilung für den Worst Case im NS-Teilnetz mit einspeisenahem ZEP (1-poliger Kurzschluss L1-Gehäuse in NS-UV1, Fehlerort F1-E) zeigt **Bild 4**: Sowohl der Verteilungstransformator als auch das RUSV-System liefern einen Beitrag zum 1-poligen Gesamtkurzschlussstrom. Bei der Ermittlung des 1-poligen Gesamtkurzschlussstromes besteht die alleinige Herausforderung darin, die Mit-, Gegen- und Nullimpedanz der Koppeldrossel D einfach und hinreichend genau in die Kurzschlussstromberechnung einzubeziehen. Wegen des Impedanzverhältnisses $R_{1\text{-D}} << X_{1\text{-D}}$ muss man nur die Kurzschlussreaktanzen $X_{1\text{a-D}}$, $X_{1\text{b-D}}$ und $X_{1\text{c-D}}$ im Mitsystem berechnen. Für deren Berechnung lassen sich auf der Grundlage der Rechenregeln nach VDE 0102 [10] für Dreiwicklungs-Transformatoren und Kurzschlussstrom-Begrenzungsdrosseln nachfolgende Gleichungen anwenden.

Es ist:

$$u_{\text{aX-D}} = \frac{1}{2} \cdot (u_{\text{rX-ab}} + u_{\text{rX-ac}} - u_{\text{rX-bc}}) \quad (2)$$

$$u_{\text{bX-D}} = \frac{1}{2} \cdot (u_{\text{rX-bc}} + u_{\text{rX-ab}} - u_{\text{rX-ac}})$$

$$u_{\text{cX-D}} = \frac{1}{2} \cdot (u_{\text{rX-ac}} + u_{\text{rX-bc}} - u_{\text{rX-ab}})$$

Wegen des Minusgliedes in den Gleichungen (2) kann eine der Reaktanzen $X_{1\text{a,b,c-D}}$ der Koppeldrossel negativ werden.

$$X_{1\text{a,b,c-D}} = \frac{U_{\text{a,b,cX-D}}/\%}{100} \cdot \frac{U_{\text{rD}}}{\sqrt{3} \cdot I_{\text{rD}}} \quad (3)$$

Die mit Gleichung (3) berechenbaren Reaktanzen gelten nicht nur im Mit-, sondern auch im Gegen- und Nullsystem [9]. Für die Berechnung aller weiteren Betriebsmittelimpedanzen des NS-Teilnetzes mit einspeisenahem ZEP können die hinreichend bekannten Gleichungen der DIN EN 60909-0 (VDE 0102) [9] verwendet werden. Die Kenntnis der galvanisch wirksamen Fehlerschleife (Bild 4) und der sie bildenden Kurzschlussimpedanzen der Betriebsmittel erlaubt die Entwicklung des komplexen Ersatzschaltbildes der Komponentensysteme für die 1-polige Fehlerstromberechnung bei Fehler F1-E (**Bild 5**). Unter Berücksichtigung des Impedanzverhältnisses

$$\left| \underline{Z}_{1\text{-Q}} + \underline{Z}_{1\text{-K01}} + \underline{Z}_{1\text{-T01}} + \underline{Z}_{1\text{a-D}} \right| >> \left| \underline{Z}_{1\text{-G}} + \underline{Z}_{1\text{c-D}} \right| \quad (4)$$

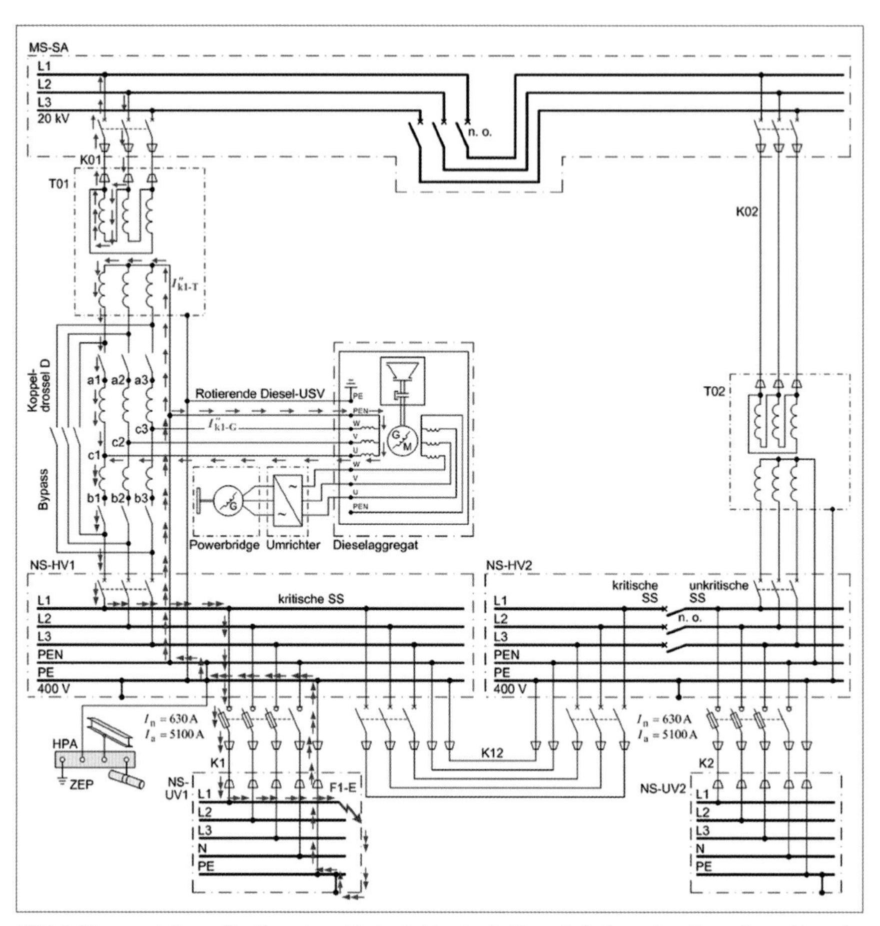

Bild 4: Stromverteilung für die automatische Fehlerabschaltung bei einem 1-poligen Kurzschluss im NS-Teilnetz mit einspeisenahem ZEP (Fehler F1-E)

und durch Anwendung der Rechenregeln für die Zusammenfassung komplexer Einzelwiderstände zu einem komplexen Ersatzwiderstand des Fehlerstromkreises ist eine Vereinfachung der in Bild 5 dargestellten Ersatzschaltung möglich. Die dementsprechend vereinfachte Ersatzschaltung für den zu überprüfenden Fehlerstromkreis F1-E zeigt **Bild 6.** Diese Ersatzschaltung zugrunde legend berechnet sich der minimale 1-polige Fehlerstrom nach Gleichung 4.

Bei einem 1-poligen Kurzschluss am Fehlerort F1-E (Bild 4) beträgt der minimale Fehlerstrom I''_{k1} = 11.336 A. Zur Sicherstellung des Personenschutzes muss dieser Fehlerstrom größer als der Abschaltstrom der 630-A-NH-Sicherung sein.

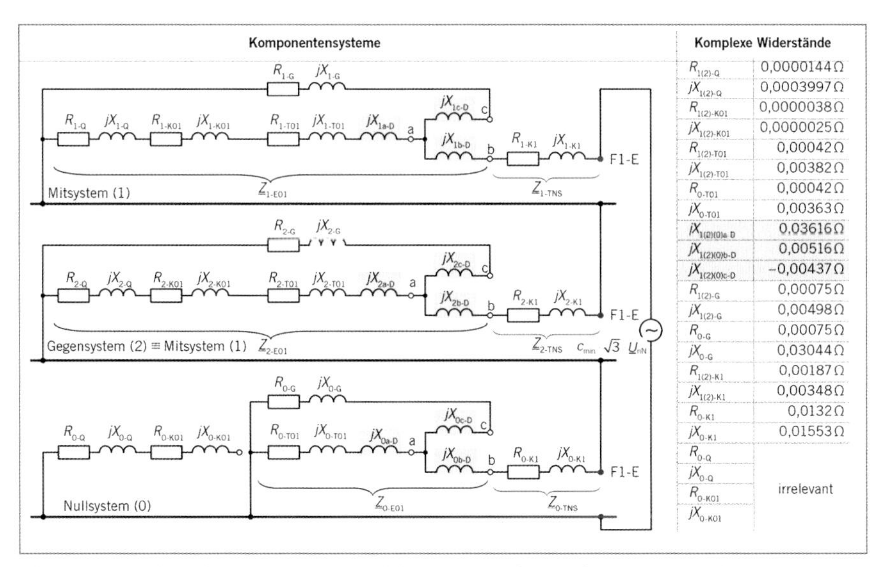

Bild 5: Vollständiges komplexes Ersatzschaltbild der Betriebsmittelwiderstände und Komponentensysteme für die Berechnung des 1-poligen Fehlerstromes (Fehlerort F1-E, einspeisenaher ZEP)

Ausgewählte Abschaltströme von NH-Sicherungen enthält **Tabelle 2.** In Verteilungsstromkreisen mit ortsfesten Betriebsmitteln ist eine vereinbarte Abschaltzeit von $t_a \leq 5\,s$ erlaubt [7]. Der auf die normativ erlaubte Abschaltzeit von $t_a \leq 5\,s$ bezogene Abschaltstrom der 630-A-NH-Sicherung beträgt I_a = 5.100 A (Tabelle 2). Wie gefordert, ist der minimale 1-polige Fehlerstrom größer als dieser Abschaltstrom. Weil die Abschaltbedingung $I''_{k1} > I_a$ auch im Worst Case eingehalten wird, bietet das NS-Teilnetz mit einspeisenahem ZEP einen hinreichend sicheren Personenschutz.

Abschaltbedingung: $I''_{k1} > I_a$

Abschaltzeit t_a in s	Abschaltströme I_a in A – Siemens-NH-Sicherung (ausgewählte Bemessungsströme I_n in A)												
	80	100	125	160	200	250	315	400	500	630	800	1.000	1.250
5,0	425	580	715	950	1.250	1.650	2.200	2.840	3.800	5.100	7.000	9.500	13.000
1,0	595	812	1.001	1.330	1.750	2.310	3.080	3.976	5.320	7.140	9.800	13.300	18.200
0,4	723	986	1.216	1.615	2.125	2.805	3.740	4.824	6.460	8.670	11.900	16.150	22.100
0,2	850	1.160	1.430	1.900	2.500	3.300	4.400	5.680	7.600	10.200	14.000	19.000	26.000

Tabelle 2: Abschaltströme I_a von Siemens-NH-Sicherungseinsätzen bezogen auf die gemäß DIN VDE 0100-410 [7] vorgeschriebenen Abschaltzeiten t_a

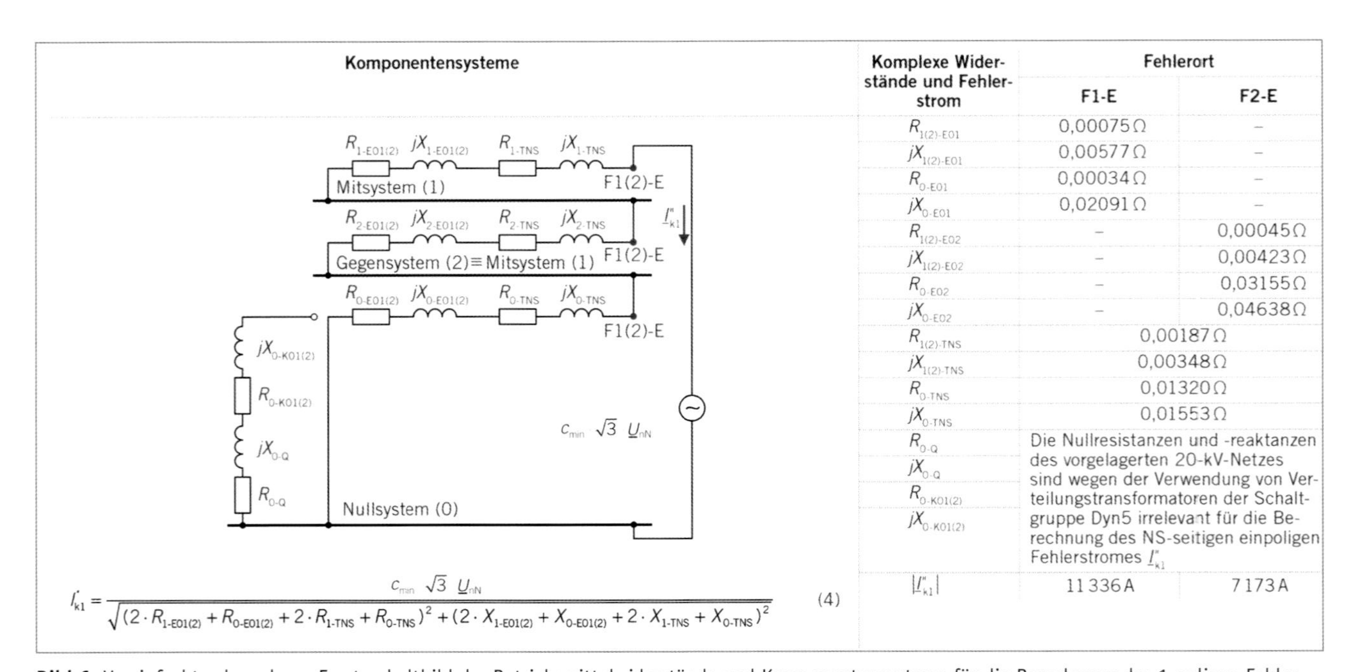

$$I'_{k1} = \frac{c_{min}\ \sqrt{3}\ \underline{U}_{nN}}{\sqrt{(2 \cdot R_{1\text{-E01(2)}} + R_{0\text{-E01(2)}} + 2 \cdot R_{1\text{-TNS}} + R_{0\text{-TNS}})^2 + (2 \cdot X_{1\text{-E01(2)}} + X_{0\text{-E01(2)}} + 2 \cdot X_{1\text{-TNS}} + X_{0\text{-TNS}})^2}} \quad (4)$$

Komplexe Widerstände und Fehlerstrom	Fehlerort	
	F1-E	F2-E
$R_{1(2)\text{-E01}}$	0,00075 Ω	–
$jX_{1(2)\text{-E01}}$	0,00577 Ω	–
$R_{0\text{-E01}}$	0,00034 Ω	–
$jX_{0\text{-E01}}$	0,02091 Ω	–
$R_{1(2)\text{-E02}}$	–	0,00045 Ω
$jX_{1(2)\text{-E02}}$	–	0,00423 Ω
$R_{0\text{-E02}}$	–	0,03155 Ω
$jX_{0\text{-E02}}$	–	0,04638 Ω
$R_{1(2)\text{-TNS}}$	0,00187 Ω	
$jX_{1(2)\text{-TNS}}$	0,00348 Ω	
$R_{0\text{-TNS}}$	0,01320 Ω	
$jX_{0\text{-TNS}}$	0,01553 Ω	
$R_{0\text{-Q}}$, $jX_{0\text{-Q}}$, $R_{0\text{-K01(2)}}$, $jX_{0\text{-K01(2)}}$	Die Nullresistanzen und -reaktanzen des vorgelagerten 20-kV-Netzes sind wegen der Verwendung von Verteilungstransformatoren der Schaltgruppe Dyn5 irrelevant für die Berechnung des NS-seitigen einpoligen Fehlerstromes $\underline{I}''_{k1}$	
$\lvert \underline{I}''_{k1} \rvert$	11 336 A	7 173 A

Bild 6: Vereinfachtes komplexes Ersatzschaltbild der Betriebsmittelwiderstände und Komponentensysteme für die Berechnung des 1-poligen Fehlerstromes (Fehlerort F1-E und F2-E)

Fehlerabschaltung im NS-Teilnetz mit einspeisefernem ZEP

Einen hinreichend sicheren Personenschutz muss auch das NS-Teilnetz mit einspeisefernem ZEP bieten. Die Stromquelle dieses NS-Teilnetzes ist der Verteilungstransformator T02. Die Fehlerstromverteilung für den Worst Case im NS-Teilnetz mit einspeisefernem ZEP (1-poliger Kurzschluss L1-Gehäuse in NS-UV2, Fehlerort F2-E) ist in **Bild 7** dargestellt. Wie Bild 7 zeigt, fließt der 1-polige Kurzschlussstrom I''_{k1} nicht direkt zum Sternpunkt des einspeisenden Transformators T02 zurück. Der Fehlerstrom muss den „Umweg" über die PEN-PE-Leiterbrücke in der NS-HV1 nehmen. Dementsprechend existiert hier zusätzlich zur L1-PE-Fehlerschleife des TN-S-Stromkreiskabels K2 eine Fehlerschleife, die eine Kombination aus dem PE- und PEN-Leiter des Verbindungskabels K12 ist. Diese zusätzliche PE-PEN-Fehlerschleife erhöht ausschließlich die Impedanz des Rückleiters. Deshalb ist sie rechnerisch im Nullsystem zu berücksichtigen.

Es ist:

$$\underline{Z}_{0\text{-K12}} = R_{0\text{-K12}} + jX_{0\text{-K12}} \tag{5}$$

$$R_{0\text{-K12}} = \frac{1}{4} \cdot l_{\text{K12}} \cdot (R'_{0\text{-PE}} + R'_{0\text{-PEN}})$$

$$X_{0\text{-K12}} = \frac{1}{4} \cdot l_{\text{K12}} \cdot (X'_{0\text{-PE}} + X'_{0\text{-PEN}})$$

Unter Berücksichtigung von $Z_{0\text{-K12}}$ zeigt **Bild 8** das vollständige komplexe Ersatzschaltbild der Betriebsmittelwiderstände und Komponentensysteme für den Fehler F2-E. Durch Anwendung der Rechenregeln für die Reihenschaltung komplexer Einzelwiderstände lässt sich dieses Ersatzschaltbild zu dem in Bild 6 dargestellten vereinfachen. Die komplexen Impedanzwerte aus dem vereinfachten Ersatzschaltbild in Gleichung (4) eingesetzt, ergeben einen minimalen 1-poligen Kurzschlussstrom von I''_{k1} = 7.173 A bei Fehler F2-E. Dieser stärker gedämpfte 1-polige Fehlerstrom ist ebenfalls größer als der 5-s-Abschaltstrom der 630-A-NH-Sicherung von I_a = 5.100 A (Tabelle 2), das heißt auch, das NS-Teilnetz mit einspeisefernem ZEP bietet einen hinreichend sicheren Personenschutz.

Zusammenfassung

Einen bestmöglichen Schutz gegen alle Arten von ereignis- und verlaufsorientierten Störgrößen der Spannungsqualität bieten RUSV-Systeme. Bei der Integration von RUSV-Systemen in die Stromversorgung ist das NS-Netz zur Vermeidung von EMV-Störungen vorzugsweise als TN-System mit ZEP auszuführen. In dezentralmehrfachgespeisten NS-Netzen ist der ZEP für mindestens eine Stromquelle ein

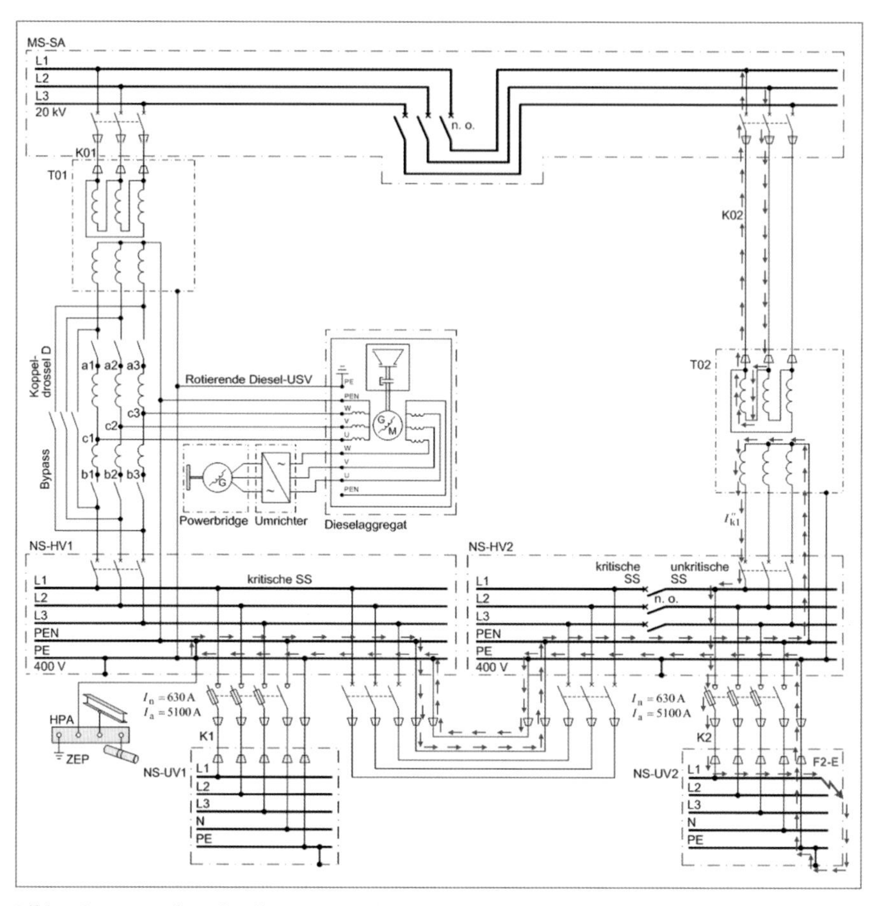

Bild 7: Stromverteilung für die automatische Fehlerabschaltung bei einem 1-poligen Kurzschluss im NS-Teilnetz mit einspeisefernem ZEP (Fehler F2-E)

einspeiseferner ZEP. Für die Stromquellen mit einspeisefernem ZEP stellt der Rückleiter jeder Fehlerschleife eine, den 1-poligen Kurzschlussstrom stark dämpfende, Kombination aus PE- und PEN-Leiter dar. Der gedämpfte 1-polige Kurzschlussstrom lässt sich durch Berücksichtigung der zusätzlichen PE-PEN-Leiterimpedanz im Nullsystem berechnen. Die auf der Anwendung der symmetrischen Komponentensysteme beruhende Fehlerstromberechnung bietet eine einfache Möglichkeit, die Einhaltung der Abschaltbedingung für den Schutz gegen elektrischen Schlag zu überprüfen und so einen sicheren Personenschutz in NS-Netzen mit integrierter RUSV und ZEP zu garantieren.

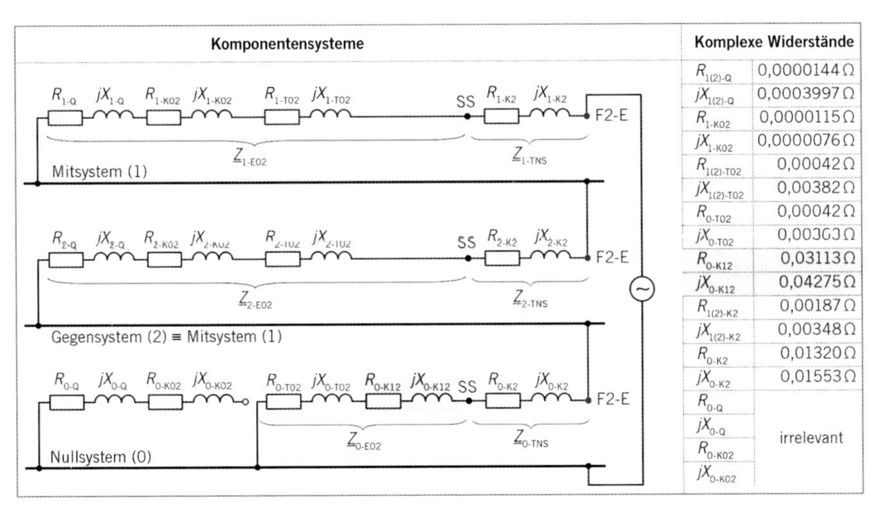

Komplexe Widerstände	
$R_{1(2)\text{-}Q}$	0,0000144 Ω
$jX_{1(2)\text{-}Q}$	0,0003997 Ω
$R_{1\text{-}K02}$	0,0000115 Ω
$jX_{1\text{-}K02}$	0,0000076 Ω
$R_{1(2)\text{-}T02}$	0,00042 Ω
$jX_{1(2)\text{-}T02}$	0,00382 Ω
$R_{0\text{-}T02}$	0,00042 Ω
$jX_{0\text{-}T02}$	0,00363 Ω
$R_{0\text{-}K12}$	0,03113 Ω
$jX_{0\text{-}K12}$	0,04275 Ω
$R_{1(2)\text{-}K2}$	0,00187 Ω
$jX_{1(2)\text{-}K2}$	0,00348 Ω
$R_{0\text{-}K2}$	0,01320 Ω
$jX_{0\text{-}K2}$	0,01553 Ω
$R_{0\text{-}Q}$	irrelevant
$jX_{0\text{-}Q}$	
$R_{0\text{-}K02}$	
$jX_{0\text{-}K02}$	

Bild 8: Vollständiges komplexes Ersatzschaltbild der Betriebsmittelwiderstände und Komponentensysteme für die Berechnung des 1-poligen Fehlerstromes (Fehlerort F2-E, einspeiseferner ZEP)

Literatur

[1] *Kiank, H.* und *Fruth, W.:* Planungsleitfaden für Energieverteilungsanlagen – Konzeption, Umsetzung und Betrieb von Industrienetzen. Erlangen: Verlag Publicis Publishing, 2011

[2] Piller Group GmbH, Osterode, Deutschland: www.piller.com

[3] *Klein, S.:* Herausforderung EMV: Aufbau richtlinienkonformer Netzwerke. de 79 (2004) H. 20, S. 40–45

[4] DIN VDE 0100-100 (VDE 0100-100) Errichten von Niederspannungsanlagen – Teil 1: Allgemeine Grundsätze, Bestimmungen allgemeiner Merkmale, Begriffe.

[5] *Kiank, H.:* EMV und Personenschutz in mehrfachgespeisten NS-Industrienetzen. etz 126 (2005) H. 11, S. 44–49

[6] DIN VDE 0100-460 (VDE 0100-460):2018-06 Errichten von Niederspannungsanlagen – Teil 4-46: Schutzmaßnahmen – Trennen und Schalten.

[7] DIN VDE 0100-410 (VDE 0100-410):2018-10 Errichten von Niederspannungsanlagen – Teil 4-46: Schutzmaßnahmen – Schutz gegen elektrischen Schlag

[8] Siemens AG, Erlangen, Deutschland: www.siemens.de/simaris

[9] DIN EN 60909-0 (VDE 0102):2016-12 Kurzschlussströme in Drehstromnetzen – Teil 0: Berechnung der Ströme

Verwendete Abkürzungen und Indizes

Abkürzung, Index	Bedeutung
D	Koppeldrossel
E	Einspeisung, Erde
EDV	elektronische Datenverarbeitung
EMV	elektromagnetische Verträglichkeit
F	Fehler- bzw. Kurzschlussstelle
G	Generator
HPA	Hauptpotentialausgleich
HV	Hauptverteilung
IT	Informationstechnik
K	Kabel
MS	Mittelspannung
N	Neutralleiter
NOSPE	niederohmige Sternpunkterdung
NS	Niederspannung

Abkürzung, Index	Bedeutung
n.o.	normal offen
PE	Protective Earth (Schutzleiter)
PEN	kombinierter Neutral- und Schutzleiter
Q	vorgeordnetes Netz
PCM	Residual Current Monitor
RUSV	rotierende Diesel-USV
SA	Schaltanlage
SPS	speicherprogrammierbare Steuerung
SS	Sammelschiene
T	Transformator
UMZ	unterbrechungsfreie Stromversorgung
UV	Unterverteilung
ZEP	zentraler Erdungspunkt

Autor

Dr.-Ing. Hartmut Kiank, VDE, ist Principal Key Expert für Stromversorgungsanlagen bei Siemens in Erlangen.

Erdung: Stiefkind der Elektrotechnik?

Holger Niedermaier

Obwohl sie eine so wichtige Rolle spielt, bleibt die elektrische Erde für viele vom Fach etwas eigenartig, mysteriös und aus elektrotechnischer Sicht langweilig. Dabei stellt das Thema „Erdung“ nicht nur ein wichtiges, sondern vor allem auch spannendes Thema dar. Dabei soll es hier weniger um die richtige Planung, Auslegung und Ausführung der Erdungsanlage gehen. Themen, mit denen sich viele Fachartikel und Fachbücher bereits beschäftigen. Vielmehr geht es um die Physik, welche dieser elektrischen Erde zugrunde liegt, und ihre theoretische sowie messtechnische Behandlung.

Definition wichtiger Begriffe

Für das weitere Verständnis empfiehlt es sich, zunächst einige Begriffe festzuhalten.

Elektrische Erde

Unter „Erde“ wird allgemein ein räumlicher Bereich verstanden, welchem ein elektrisches Potential φ, oft $\varphi = 0\,\mathrm{V}$, zugeordnet wird.

Meist werden nur zwei Dimensionen betrachtet, also eine Fläche, und dieser das Potential φ zugeschrieben.

Technisch korrekt, wird einem Punkt P_n dieser Fläche das Potential φ_n zugewiesen. Unterstellt, dass nicht nur der Punkt P_n, sondern auch die ihn umgebende Fläche dieses Potential haben, wird diese Fläche als Äquipotentialfläche bezeichnet. In vielen Anwendungen und elektrischen Anlagen ist es das erklärte Ziel, solch eine Äquipotentialfläche durch technische Maßnahmen zu erzeugen.

Die Erde ist weiterhin ein elektrischer Leiter endlicher Ausdehnung, welcher als elektrischer Zweipol beschrieben werden kann. In der Wechselstromtechnik ist dieser Zweipol eine komplexe Größe.

Erder

Ein Erder ist die elektrische Verbindung zur Erde, welche auf verschiedene Weise hergestellt werden kann. Man unterscheidet *Erder Typ A*, also Einzelerder vertikal oder horizontal, und *Erder Typ B*, welche sich aus der elektrischen Verbindung von Erdern Typ A ergeben.

Ferne oder neutrale Erde

Ein sehr wichtiger Begriff ist die sog. „ferne Erde“. Er beschreibt eine Fläche, oder richtiger, ein Gebiet, welches durch keine Erder beeinflusst wird. Die ferne

Erde ist eine Äquipotentialfläche endlicher Ausdehnung, welcher in der Regel per Definition das Potential $\varphi_0 = 0\,\mathrm{V}$ zugeordnet wird.

Grundlegende Betrachtungen

Nun wird ein Erdspieß (Erder Typ A) in die ferne Erde eingebracht und mit dem Pol einer Stromquelle verbunden. Der zweite Pol der Stromquelle wird an einem weit entfernten Punkt ebenfalls mit Erde verbunden. Dann wird es spannend: Durch den Erder tritt der Strom, welcher durch die Quelle getrieben wird, in die Erde ein. Da die Erde einen elektrischen Leiter darstellt, fließt dieser Strom über das Erdreich und über die mit dem zweiten Pol verbundene Erdungsanlage zurück zur Quelle.

Stromfluss bedeutet eine gerichtete Ladungsbewegung:

$$i(t) = \frac{\mathrm{d}Q}{\mathrm{d}t} = \frac{\Delta Q}{\Delta t}\,,$$

wenn die Ladungsänderung ΔQ konstant über den Zeitraum Δt ist. Die Frage ist jedoch: warum bewegen sich die Ladungen eigentlich in diesem Fall durch die Erde? Sie bewegen sich, weil Kräfte auf sie wirken. Diese Kräftewirkung wird dem elektrischen Feld zugeschrieben. Daraus lässt sich folgern, dass sich durch Anlegen der Quelle an den Erder und den Gegenerder ein elektrisches Feld ausgebildet hat. Den ungestörten Feldverlauf eines solchen Einzelerders zeigt **Bild 1.** Das Feld ist radialsymmetrisch. Die Feldstärke nimmt mit der Entfernung zum Erder ab.

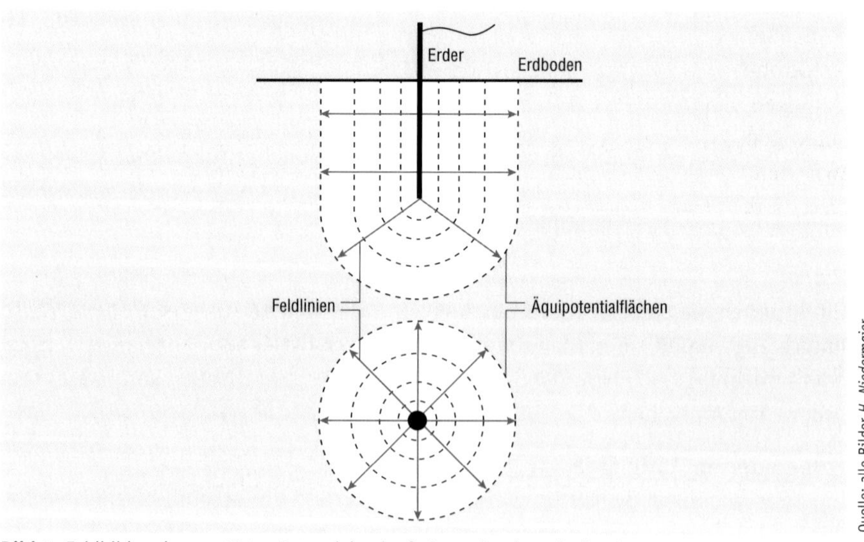

Bild 1: Feldbild und ungestörter Potentialverlauf eines einzelnen Staberders

Gleichzeitig bildet auch der Gegenerder ein solches elektrisches Feld aus. Wir nehmen hier einen Erder gleichen Typs an, an den wir die Quelle angeschlossen haben. Beide Felder überlagern sich nun, man spricht von einer Superposition der Einzelfelder. Das resultierende Feldbild zeigt **Bild 2.**

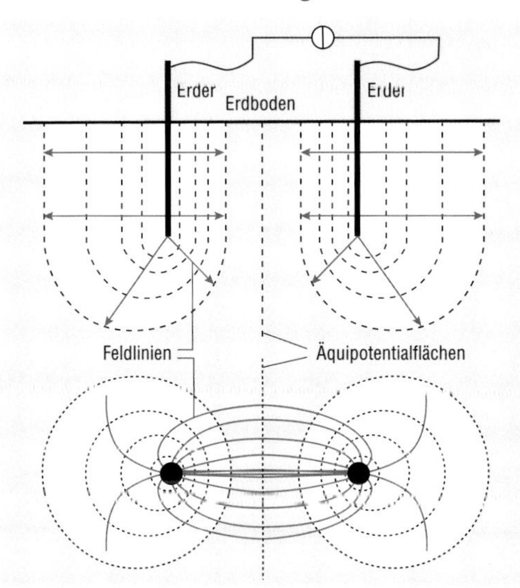

Bild 2: Feldbild und Potentialverlauf eines Staberders und eines Gegenerders

Durch das elektrische Feld wirken also Kräfte auf die im Material des Erdreiches vorhandenen, freien, negativen Ladungsträger und rufen einen räumlich verteilten Stromfluss hervor, ein sogenanntes elektrisches Strömungsfeld. Die negativen Ladungen bewegen sich in diesem Feld vom Punkt niedrigsten Potentials zum Punkt höchsten Potentials. In Bild 2 wird deutlich, dass es eine senkrechte Fläche zwischen den beiden Erdern gibt, durch welche alle elektrischen Feldlinien senkrecht durchtreten.

Diese Fläche liegt theoretisch exakt in der Mitte zwischen den Erdern. Sie markiert auch den Bereich geringster Feldstärke zwischen den beiden Erdern. Dieser senkrechten Fläche wird das Potential $\varphi_0 = 0\,\text{V}$ zugeschrieben. Die φ_0-Linie stellt die weit entfernte Erde dar. Die elektrische Feldstärke auf dieser senkrechten Fläche ist $E = E_{min}$. Den Verlauf der elektrischen Feldstärke und des elektrischen Potentials, bei einer Anordnung wie in Bild 2, zeigen **Bild 3** und **4.** Doch wie hängen jetzt der Strom und die Feldstärke zusammen? Die Vermutung liegt nahe: auch in der Erde gilt das ohmsche Gesetz. Dieses angewendet ergibt:

$$J = \kappa \cdot E$$

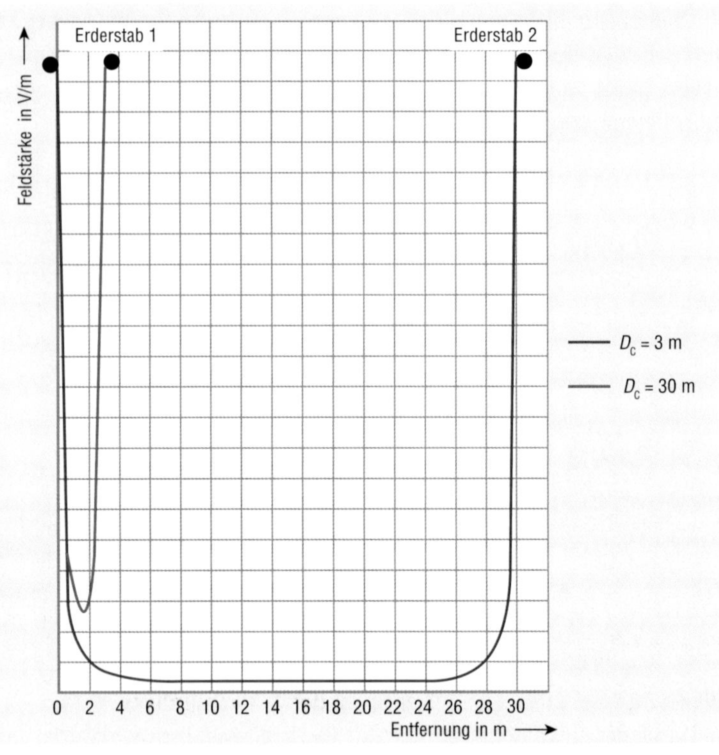

Bild 3: Verlauf der Feldstärke zwischen zwei tief eingebrachten Staberdern für eine Entfernung von 3 m und 30 m

Wobei J die Stromdichte in A/m^2 und κ der spezifische Leitwert des Erdbodens ist. Die Interpretation dieser Gleichung auf Bild 3 liefert einen wichtigen Zusammenhang. Der über den ersten Erder eingespeiste Strom I verteilt sich demnach mit wachsender Entfernung von diesem über die Querschnittsfläche der ihn umgebenden Erde. Die Stromdichte J nimmt mit wachsender Entfernung vom Erder immer weiter ab. Ihr Minimum erreicht sie genau in halbem Abstand zwischen dem ersten und dem zweiten Erder. Danach wirkt sozusagen der zweite Erder und beginnt den Stromfluss wieder zu bündeln, bis die Stromdichte wieder ihren Anfangswert annimmt.

Die Gleichung $J = \kappa \cdot E$ liefert jedoch noch einen weiteren, sehr wichtigen Zusammenhang. Bei gegebenem Erdstrom, z. B. dem Erdschlussreststrom einer Mittelspannungsanlage, ist die sich einstellende Feldstärke maßgeblich vom spezifischen Leitwert des Erdbodens im Bereich der Erder abhängig. Jetzt wird es, im wahrsten Sinne des Wortes, spannend.

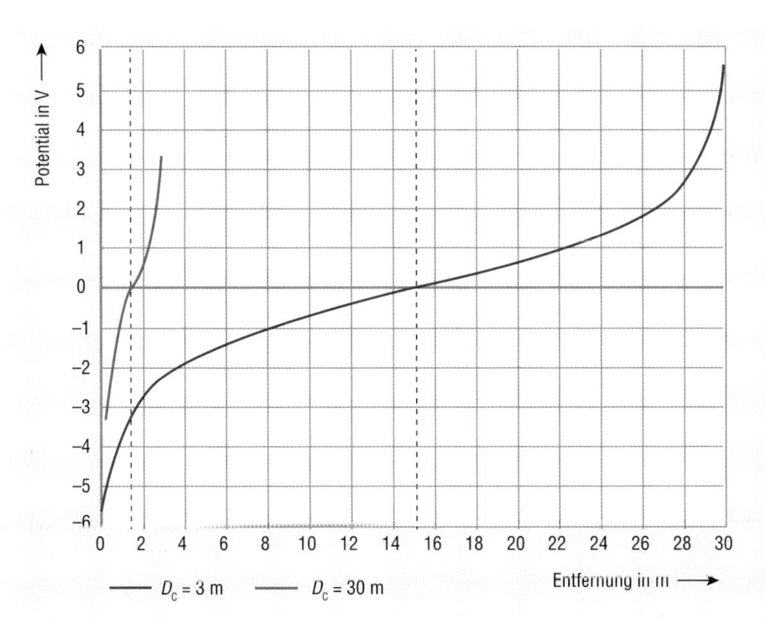

Bild 4: Verlauf des elektrischen Potentials zwischen zwei tief eingebrachten Staberdern für eine Entfernung von 3 m und 30 m

Vielleicht ist dem einen oder anderen der Zusammenhang

$$U_{nm} = \int_{n}^{m} \vec{E} \cdot d\vec{s}$$

noch in mehr oder weniger guter Erinnerung aus der Meister-/oder Technikerschulzeit. Diese Gleichung drückt vereinfacht aus, dass die Spannung zwischen einem Punkt P_n und einem Punkt P_m im elektrischen Feld der Erder gleich der Fläche ist, welche die Feldstärkekurve (Bild 3) zwischen dem Punkt P_n und dem Punkt P_m mit der *x*-Achse einschließt. Die integrale Schreibweise ist hier notwendig, da sich mit der Entfernung auch die Größe der Feldstärke ändert. Hier steht schließlich aber ein wichtiger Zusammenhang für Elektriker: Wird bei gegebenem Erdstrom und spezifischem Leitwert des Erdbodens diese Spannung im Abstand des Schrittes eines Menschen (ein Fuß steht auf dem Punkt P_n, ein anderer auf dem Punkt P_m) zu groß, kommt es zu einer gefährlichen Durchströmung des menschlichen Körpers. Befindet sich ein leitfähiges Teil, z. B. der Pfahl eines Zaunes, im elektrischen Feld der Erder, so nimmt auch dieser das Potential seines Standpunktes an. Wird ein solches fremdes, leitfähiges Teil berührt kann es ebenfalls zum Überbrücken einer gefährlichen Potentialdifferenz und einer resultierenden, gefährlichen Körperdurchströmung kommen.

Die beschriebenen Spannungen werden als *Schrittspannung* und *Berührspannung* bezeichnet. Sie lassen sich messtechnisch erfassen und durch spezifische Erdungsmaßnahmen steuern (sog. Potentialsteuerung).

Messtechnische Bewertung der Erde und der Erdung

Unter Ausnutzung dieses Wissens können mithilfe geeigneter Messverfahren die Erde bzw. die Erdungsanlage messtechnisch untersucht und eine Aussage darüber abgeleitet werden, „wie gut die Erdung" der Anlage ist.

Durch Anwendung der Zusammenhänge aus oben genannten Gleichungen ist eine messtechnische Bestimmung des spezifischen Leitwertes bzw. Widerstandes der Erde möglich. Meist wird hierzu das sog. „Wenner-Messverfahren" angewendet. Mit diesem lässt sich der spezifische Erdwiderstand in verschiedenen Tiefen messtechnisch erfassen. Der spezifische Erdwiderstand ist dabei definiert als Durchgangswiderstand eines Würfels mit der Kantenlänge 1 m. Es kann sehr hilfreich sein, diesen Wert vor der Planung einer Erdungsanlage zu ermitteln.

Um eine bestehende Erdungsanlage zu beurteilen, lässt sich der Erdungswiderstand der Anlage messtechnisch erfassen. Hierzu wird ein, seiner Größe nach bekannter elektrischer Strom über die Erdungsanlage und die Erde hin zu einem Gegenerder eingespeist, wie oben beschrieben, und der Verlauf des Potentials messtechnisch erfasst. Wie in Bild 4 zu erkennen ist, nimmt das elektrische Potential mit wachsendem Abstand zum zu messenden Erder dem Betrage nach ab. Der zwischen diesem Erder und einem beliebigen Punkt auf einer Strecke zwischen diesem und dem Gegenerder gemessene Betrag der elektrischen Spannung nimmt demnach zu. Dabei wird die Zunahme mit wachsender Entfernung immer geringer. Bei genügend großer Entfernung zwischen dem zu messenden Erder und dem Gegenerder, lässt sich ein Bereich identifizieren, in welchem die gemessene Spannung über einige Meter Strecke nahezu konstant bleibt. Siehe hierzu den sehr flachen Verlauf (Bild 4). Die gemessene Spannung ist die Erdungsspannung der Anlage bei gegebenem Erdstrom. Aus dem Zusammenhang

$$R_{\mathrm{A}} = \frac{U_{\mathrm{e}}}{I_{\mathrm{e}}}$$

kann der Erdungswiderstand des zu prüfenden Erders berechnet werden. Die Berechnung erledigt meist schon das Messgerät. Da in der Regel nicht mit Gleichstrom, sondern mit niederfrequenten Wechselströmen gemessen wird, ist der ermittelte Wert eigentlich kein ohmscher Widerstand R_{A} sondern eine Impedanz Z_{A} der Erdungsanlage.

Bewegt man sich nun, auf gedachter Linie zwischen Erder und Gegenerder, weiter Richtung Gegenerder, so nimmt der Betrag der gemessenen Spannung wieder zu. Wir bewegen uns sozusagen aus der neutralen Erde in den Einflussbereich des Gegenerders. Wie bereits in Bild 3 und Bild 4 zu erkennen ist, ist die Abmessung des Bereichs, in dem sich das elektrische Potential nur sehr gering ändert, abhängig von der Entfernung der beiden Erder zueinander.

Ist die Entfernung zu gering, ist eine Identifikation des Bereichs nicht möglich. Ist die Entfernung zu groß, lässt sich das Gebiet nicht mehr richtig eingrenzen. Ist der Abstand zwischen Erder und Gegenerder richtig gewählt, bleiben die Messwerte um den Punkt $P_{\varphi 0}$ nahezu konstant. Dies lässt sich durch schrittweise Messung des Potentialverlaufs sehr gut feststellen. DIN VDE 0100-600 schlägt z. B. einen Bereich ± 6 m um den Punkt $P_{\varphi 0}$ vor. In **Bild 5** sind zwei schrittweise gemessene Potentialverläufe dargestellt. Es zeigt sich deutlich, dass sich in der Messkurve mit 50 m Erderabstand der Bereich um $P_{\varphi 0}$ nicht sicher identifizieren lässt. In der Kurve der Messwerte bei einem Abstand zum Gegenerder von 75 m hingegen zeigt sich dieser Bereich deutlich. Der Widerstand der Erdungsanlage kann aus dieser Kurve an dieser Stelle entnommen werden.

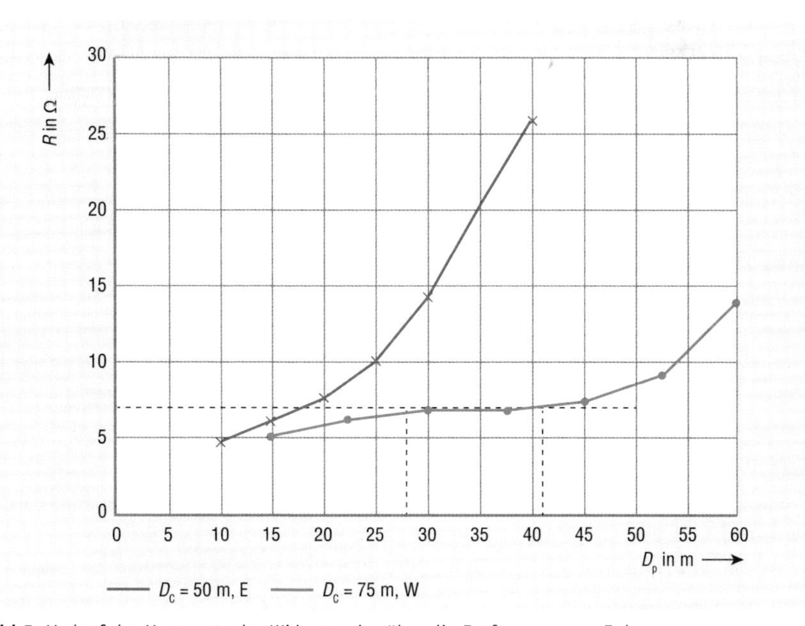

Bild 5: Verlauf der Messwerte des Widerstandes über die Entfernung vom Erder

Zwischenfazit

Die elektrische Erde ist keinesfalls so langweilig, wie es auf den ersten Blick scheint. Betrachtet man die physikalischen Grundlagen, welche sich hinter dem Thema verbergen etwas genauer, stellt man fest, dass man sich inmitten spannender Elektrotechnik befindet. Unter Anwendung dieser lassen sich messtechnische Verfahren entwickeln und verstehen. Diese ermöglichen es dem Fachmann, die Erdungsanlage/Erde detailliert zu beurteilen und Maßnahmen zu deren Verbesserung abzuleiten. Gleichzeitig wird das Zusammenspiel einer Erdungsanlage im Wirkungsfeld weiterer Erdungsanlagen deutlich. Durch das Wissen über die physikalischen Grundprinzipien lassen sich geeignete Messanordnungen aufbauen und Messfehler vermeiden.

Die wichtigsten Punkte der oben genannten Erkenntnisse sind:

- Die neutrale Erde ist dort, wo keine Beeinflussung durch eine Erdungsanlage vorliegt.
- Ihr wird das Potential $\varphi_0 = 0\,\text{V}$ zugeschrieben.
- Jeder Erder verändert das Potential in seinem Umfeld, wenn Strom durch ihn in die Erde tritt.
- Mit wachsendem Abstand vom Erder nimmt die Stromdichte J in der Erde immer weiter ab.
- Mit abnehmender Stromdichte nimmt auch die Feldstärke E ab.
- Wie die Feldstärke nimmt auch das elektrische Potential ausgehend vom Oberflächenpotential des Erders dem Betrag nach bis auf den Wert $\varphi = 0$ ab.
- Für einen einzelnen, ungestörten Erder liegt der Punkt $\varphi = 0\,\text{V}$ theoretisch im Unendlichen.
- Aufgrund des starken Abfalls des elektrischen Potentials mit der Entfernung liegt dieser Punkt in der Realität in einer genügenden Entfernung zum Erder.
- Die bei gegebenem Strom durch den Erder auftretende Potentialdifferenz zwischen dem Erder und dem „unendlich“ fernen Punkt wird als Erdspannung U_e oder Erdungsspannung bezeichnet.
- Der Quotient aus Erdspannung U_e und Strom durch den Erder I_e wird als Ausbreitungswiderstand R_a des Erders bezeichnet.
- Der Ausbreitungswiderstand ist maßgeblich vom spezifischen Leitwert des Erdbodens κ abhängig.

Das **Bild 6** stellt beispielhaft die Verläufe des elektrischen Potentials und der elektrischen Feldstärke einer Kugelelektrode über den radialen Abstand dar.

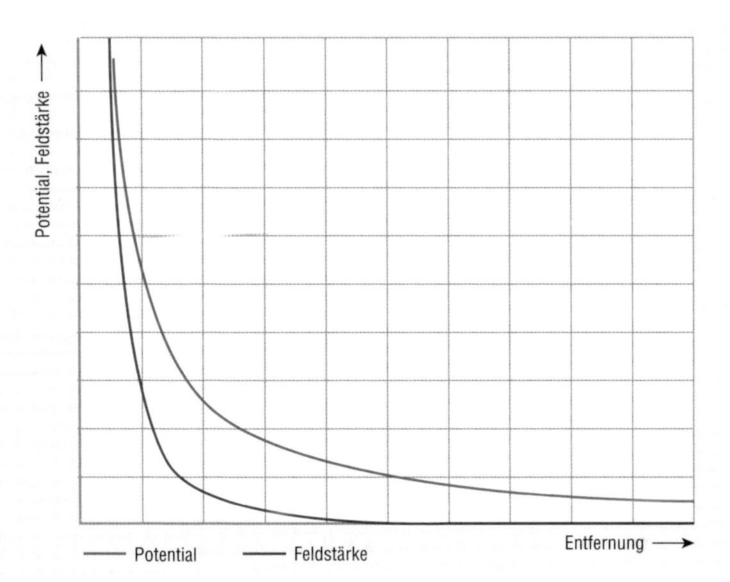

Bild 6: Prinzipieller Verlauf der Feldstärke und des Potentials eines Kugelerders in radialer Richtung

Der Spannungstrichter und dessen Folgen

Für die folgenden Überlegungen wird ein kugelförmiger Erder angenommen. Grundsätzlich bildet eine kugelförmige Elektrode ein radiales Feld aus. Das bedeutet, die Feldlinien verlaufen in Richtung des Radius der Kugel, also wie bei einer Sonne die Strahlen. Bei einer in der Erde liegenden Kugel ist die Symmetrie des elektrischen Feldes zur Erdoberfläche hin nicht mehr gegeben. Der Feldverlauf wird an der Grenzfläche zwischen Erde und Luft, je nach Tiefe des eingegrabenen Erders, stark verändert. Praktisch ist es so, dass an der Grenzfläche zwischen Erde und Luft der Vektor der Feldstärke keine senkrechte Komponente mehr haben kann. Wäre dem nicht so, würde ein Teil des Stromes über die Luft fließen.

Sehr wohl kommt es jedoch an der Oberfläche der Erde wie auch in der Erde zu einem Stromfluss. Die „Verformung“ des Feldes hat zur Folge, dass die Stromdichte im Bereich der Oberfläche höher als in tieferen Erdschichten wird. Vereinfacht könnten wir sagen, es fließt ein größerer Teil des Erdstromes nahe der Oberfläche als in tieferen Erdschichten. Da die tangentiale Feldstärke sich an der Grenzfläche nicht ändert – diese Forderung ergibt sich aus der Wirbelfreiheit des elektrischen Feldes – ist diese auch auf der Erdoberfläche vorhanden, was zu der Schlussfolgerung führt, dass auch auf der Erdoberfläche ein ortsabhängiges, elektrisches Potential vorhanden und messbar ist.

Diese Schlussfolgerung ist auch einsichtig, wenn sich der Stromfluss über Erde als Stromfluss durch eine Reihenschaltung von ohmschen Widerständen gedacht wird (**Bild 7**). Man stelle sich nun vor, jeder der Widerstände ergibt sich aus dem mit Erde der Leitfähigkeit κ gefüllten Zwischenraum von zwei konzentrischen Kugelschalen im Abstand Δr zueinander und im Abstand r und $r + \Delta r$ zum Mittelpunkt des betrachteten, kugelförmigen Erders mit dem Radius r_0.

Allgemein wird der Widerstand eines leitenden Materials nach folgender Formel berechnet:

$$R = \frac{1}{\kappa} \cdot \frac{l}{A}$$

Dabei entspricht l in der Gleichung dem Abstand Δr der beiden Kugelschalen. Für die Oberfläche der Kugel mit dem Abstand r vom Mittelpunkt des Erders findet sich → $A_1 = 4 \cdot \pi \cdot r^2$ sowie für die Oberfläche der Kugel mit dem Abstand → $r + \Delta r$ vom Mittelpunkt des Erders → $A_2 = 4 \cdot \pi \cdot (r + \Delta r)^2$.

Angenommen, man würde den Abstand Δr zwischen diesen beiden Kugelschalen immer kleiner und kleiner und noch kleiner werden lassen. In der Mathematik spricht man in diesem Zusammenhang von einem infinitesimal kleinen Wegstück und kennzeichnet ein solches mit einem vorangestellten „d“, also wird aus Δr, dr. Für einen solchen Fall sind die Flächeninhalte A_1 und A_2 quasi gleich groß. Nach oben stehender Formel ergibt sich für den ohmschen Widerstand zwischen beiden Kugelschalen dann

$$R_{\mathrm{dm}} = \frac{1}{\kappa} \cdot \frac{1}{4 \cdot \pi \cdot r^2} \cdot \mathrm{d}r$$

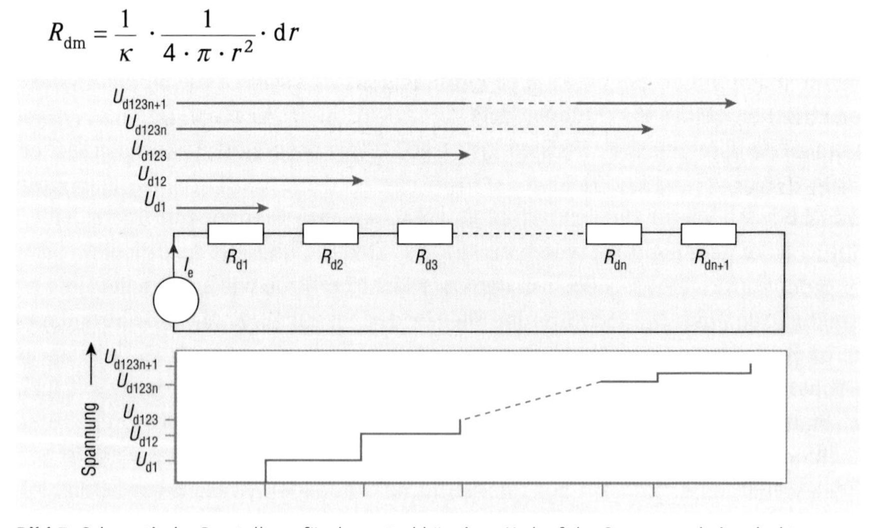

Bild 7: Schematische Darstellung für den ortsabhängigen Verlauf der Spannung, bei gedachten, diskreten Teilwiderständen

Die Betrachtung beginnt mit der ersten und der zweiten Kugelschale, wobei die erste Schale der Oberfläche des Erders entspricht. Die vorhergehende Gleichung schreibt sich dann wie folgt:

$$R_{d1} = \frac{1}{\kappa} \cdot \frac{1}{4 \cdot \pi \cdot r_0^2} \cdot \mathrm{d}r$$

Mit dieser Gleichung erhält man einen Wert für R_{d1}. Jetzt geht es um die sehr kleine Weglänge $\mathrm{d}r$ in radialer Richtung weiter und der Widerstand von der zweiten, zur gedachten dritten Kugelschale wird betrachtet. Hierzu wird wie folgt in die zweite Gleichung eingesetzt und der nächste Teilwiderstand gefunden:

$$R_{d2} = \frac{1}{\kappa} \cdot \frac{1}{4 \cdot \pi \cdot (r_0 + \mathrm{d}r)^2} \cdot \mathrm{d}r$$

Der Gesamtwiderstand von R_{d1} und R_{d2} ist dann die Summe dieser beiden Widerstände. Im nächsten Schritt geht es wieder um den kleinen Weg $\mathrm{d}r$ weiter und es wird R_{d3} berechnet und wieder die Summe gebildet und so weiter und so weiter. In der Mathematik bezeichnet man ein solches Verfahren als Integration. Das Ergebnis ist dann der Gesamtwiderstand des Kugelerders im Erdreich. Er entspricht einer Reihenschaltung von unendlich vielen Teilwiderständen R_{dm}, wie in Bild 7 angedeutet.

Da jedoch jeder weitere Teilwiderstand immer kleiner wird, konvergiert der Verlauf gegen einen Endwert. Das bedeutet, der Widerstand des Erders nähert sich immer weiter seinem Endwert an. Stellt man sich nun weiter vor, über den kugelförmigen Erder fließt ein Strom I_e in das Erdreich und unterstellt, der Strom teilt sich symmetrisch in alle vier ebenen Richtungen auf. So erzeugt jeder Teilstrom einen Spannungsabfall an jedem Teilwiderstand $4 \cdot R_{dm}$ in jeder ebenen Richtung von der Kugel weg, genau wie in Bild 7 dargestellt. Man beachte jedoch an dieser Stelle, dass diese Betrachtungen für eine bessere Anschaulichkeit stark vereinfacht dargestellt sind. Wegen der differentiellen Betrachtung (dem sehr kleinen Wegstück jedes Teilwiderstandes) wird aus dem grobstufigen Verlauf der Spannung über die Entfernung vom Erder nun jedoch eine stetige Kurve. Diese ist in **Bild 8** angedeutet. Die Erkenntnisse noch einmal zusammengefasst:

- Das elektrische Potential ändert sich in Abhängigkeit von der Entfernung zum Erder.
- Zwischen zwei Punkten tritt die Spannung als Differenz der beiden Potentiale auf der Erdoberfläche auf.
- Betrachtet man die Gleichungen für den Widerstand $1/\kappa$ …, so folgt daraus, dass der Verlauf der Potentiale auf der Erdoberfläche und damit der elektrischen Spannung, bei gegebenem Erdstrom vom spezifischen Leitwert des Erdbodens bestimmt wird.

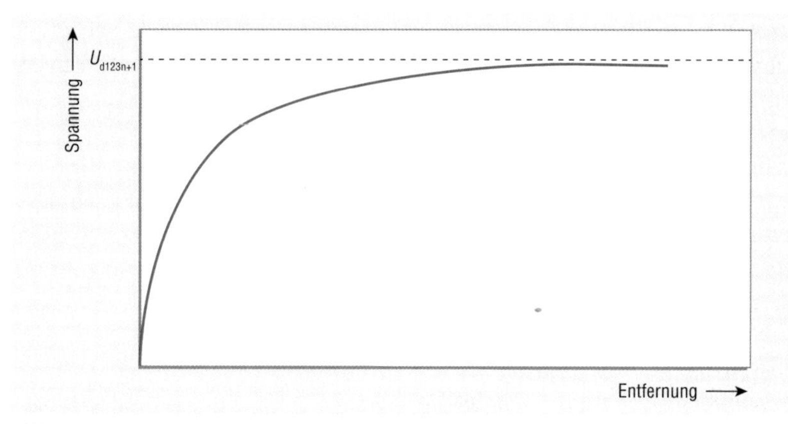

Bild 8: Ortsabhängiger Verlauf der Spannung, bei gedachten, diskreten Teilwiderständen

Die Schrittspannung

Ausgehend von den vorherigen Überlegungen ergibt sich die Schrittspannung demnach aus der Differenz der Potentiale, welche – z. B. durch den Schritt eines Menschen – überbrückt werden. Dabei kann die Potentialdifferenz so groß werden, dass es gefährlich werden kann. Da der menschliche Körper einen endlichen, ohmschen Widerstand besitzt, kommt es aufgrund der auftretenden Potentialdifferenz zwischen den beiden Standpunkten zu einem Stromfluss über den Körper.

Der Körperwiderstand liegt dabei als paralleler Strompfad über einigen der Teilwiderstände. Durch den Stromfluss über den Körper ändert sich die Potentialverteilung über der Erdoberfläche etwas, wodurch es zu einem mehr oder weniger starken Absinken der Schrittspannung kommt. Man unterscheidet zwischen

- der Leerlaufschrittspannung und
- der Schrittspannung.

Aus dem gegebenen Verlauf der Feldstärke und des Potentials (Bild 6) lässt sich weiterhin ableiten, dass die Schrittspannung im Bereich des Erders wesentlich größer ist als in weiter entfernten Bereichen. Mathematisch bedeutet dies, dass die Steigung des Potentialverlaufs mit zunehmendem Abstand von der Erdungselektrode abnimmt.

Dies soll nun praktisch nachgebildet und durch Messergebnisse belegt werden.

Vorgehensweise und Ergebnisse bei der Messung

Aufgrund fehlender Kugelelektroden wurden Staberder benutzt. Diese befanden sich in einem Abstand von 10 m in der Erde, wie in **Bild 9** dargestellt. Über einen Transformator mit einer maximalen Ausgangsspannung von U = 50 V wird ein

Strom I_e von einer Elektrode durch die Erde zur anderen Elektrode getrieben. Dabei wird mit einem Multimeter an zwei Messelektroden im Abstand von 1 m die Spannung auf der Erde an unterschiedlichen Stellen gemessen (**Bild 10**).

Folgende Messungen wurden durchgeführt:

- Messung in 30 cm Entfernung vom ersten Erder
- Messung in 4 m Entfernung vom ersten Erder
- Messung in 30 cm Entfernung vom zweiten Erder.

Die Ergebnisse fallen wie erwartet aus:

- im Nahbereich der ersten Elektrode ist eine relativ hohe Spannung von ca. 4 V zu messen (**Bild 11**)
- mit wachsender Entfernung von der Erdungselektrode nimmt die gemessene Spannung immer weiter ab, Messwert im Versuch ca. mittig: 100 mV
- nähert man sich immer weiter der zweiten Erdungselektrode, nimmt die gemessene Spannung wieder stark zu, Messwert ca. 5 V.

Bild 9: Gesamtaufbau der Messung

Bild 10: Spannungsmessung mit der Messweite von 1 m

Bild 11: Schrittspannung an Position 1 in 30 cm Entfernung zum Erder

Berührungsspannung

Ähnlich wie mit den Schrittspannungen verhält es sich mit den sogenannten Berührungsspannungen. Dabei unterscheidet man

- Spannung zwischen zwei leitfähigen, sich in Kontakt mit Erde befindlichen Teilen, welche gleichzeitig von einem Menschen berührt werden können und
- Spannung zwischen einem leitfähigen Teil, welches ein nicht definiertes oder das Potential der fernen Erde trägt, und der örtlichen Erde.

In beiden Fällen wird beim Berühren die sich aus der Differenz der Potentiale ergebende Berührungsspannung überbrückt. Abhängig von der Potentialdifferenz und dem Widerstand des überbrückenden Körpers, wird ein durch den Körper fließender, elektrischer Strom einer gewissen Stärke hervorgerufen. Besonders der Übergang Hand zu Hand ist dabei als kritisch zu bewerten, da dieser Strompfad direkt über das menschliche Herz führt. Aber auch Tiere können eine solche Brücke bilden und durch den hervorgerufenen Strom gefährdet werden, was auch für die Schrittspannung gilt.

Betrachtet man zunächst den ersten Fall. Eine solche Gefährdungssituation kann z. B. auftreten, wenn sich leitende Konstruktionselemente im Bereich einer Erdungsanlage befinden. Als klassisches Beispiel ist hier der Anlagenzaun um eine Hochspannungsanlage mit metallenen Zaunpfählen anzuführen. In einer ungünstigen Konstellation liegt an jedem Standort eines Zaunpfahles ein anderes, elektrisches Potential vor und somit zwischen jeweils zwei benachbarten Pfählen eine Spannung an. Bei großen Übergangswiderständen der Erdungsanlage und/oder hohen Fehlerströmen gegen Erde können diese Spannungen gefährliche Höhen erreichen.

Ein ähnlicher Sachverhalt liegt im zweiten Fall vor. Hier könnte man sich z. B. ein Metallgeländer denken, welches von außen in den Bereich der Erdungsanlage hineinreicht. Die Berührungsspannung tritt in diesem Fall dann zwischen dem Geländer und der örtlichen Erde auf. Die Möglichkeit des Auftretens gefährlicher Spannungen zwischen einer örtlichen Erde und der fernen Erde, welche in den Bereich der örtlichen Erde eingeführt wird, liefert z. B. die Begründung für den Metallbügel über der Wasseruhr (**Bild 12**).

Bild 12: Erzwungener Potentialausgleich an einer Wasseruhr

Potentialverschleppung

Sozusagen die Umkehrung des oben beschriebenen zweiten Falls stellt die sogenannte Potentialverschleppung dar. Hierunter versteht man den Fall, dass das Potential einer örtlichen Erde zur fernen Erde geführt wird. Zur Erinnerung, der fernen Erde wird das Potential $\varphi = 0\,\text{V}$ zugeschrieben. Hat demnach die örtliche Erde ein von 0 V verschiedenes Potential, liegt hier ebenfalls eine Potentialdifferenz vor. Wird eine leitende Verbindung zwischen der Erdungsanlage und einer entfernten Erdungsanlage (in der entfernten Erde) hergestellt, kommt es zu einem

Potentialausgleich, siehe Abschnitt Potentialausgleich, und somit zu einem Strom in der Verbindung und über Erde. Dieser Strom ruft wiederum einen Potentialverlauf um den fernen Erder hervor.

Potentialverschleppungen von Erdungsanlagen trifft man sehr häufig an und sie müssen genauer untersucht werden, um gefährliche Berührungsspannungen oder Schrittspannungen zu vermeiden. Ein klassisches Beispiel hierfür sind erdverkabelte Mittelspannungsanlagen. Dort werden die leitfähigen Schirme der Mittelspannungskabel in der Regel an beiden Stationsseiten mit der Erdungsanlage verbunden. Kommt es zu einem Erdfehler in einer Station, fließen Erdfehlerströme nicht nur über die betroffene Erdungsanlage, sondern auch über die entfernte Erdungsanlage. Je nach Sternpunktbehandlung im Mittelspannungsnetz können diese Ströme hohe Werte annehmen. Dies ist bei der Auslegung der Kabel mit zu berücksichtigen.

Eine sehr gute Darstellung des Themas Potentialverschleppung ist in DIN VDE 0101-2 enthalten.

Aber auch in Niederspannungsanlagen ist diese Thematik von hoher Relevanz. In einem TN-System wird der Schutzleiter als nicht aktiver Leiter über weite Strecken bis zu den Körpern der Betriebsmittel in den jeweiligen Anlagen geführt (ggf. teilweise als kombinierter PEN-Leiter). Kommt es zu einem Fehlerstrom über den Anlagenerder der Versorgungsanlage, wird die resultierende Potentialanhebung über die PEN- bzw. PE-Verbindung in die Verbraucheranlagen verschleppt. Daher muss sichergestellt sein, dass keine unzulässigen Berührungsspannungen entstehen.

Doch wie kann es überhaupt zu einem Fehlerstrom über den Anlagenerder der Versorgungsanlage kommen, wenn doch die Körper aller Betriebsmittel mit dem Sternpunkt der Versorgungsanlage leitend verbunden sind? Hierzu wird ein Fehler unterstellt, bei dem ein Strom über ein nicht elektrisches, also nicht mit dem Schutzleiter verbundenes, fremdes leitfähiges Teil mit Erdkontakt fließt. In einem solchen Fall wird der Fehlerstromkreis nicht über den Schutzleiter, sondern über die Erde geschlossen.

In der für den Schutz gegen elektrischen Schlag verantwortlichen Norm DIN VDE 0100-410 wird dieser Fall explizit betrachtet. Hier heißt es: *„In TN-Systemen hängt die Erdung der elektrischen Anlage von der zulässigen und wirksamen Verbindung des PEN-Leiters oder Schutzeiters mit Erde ab. Wo die Erdung durch ein öffentliches oder anderes Versorgungssystem vorgesehen wird, sind die notwendigen Bedingungen außerhalb der elektrischen Anlage in der Verantwortlichkeit des Verteilungsnetzbetreibers. In Deutschland ist es für den Verteilungsnetzbetreiber verpflichtend, die Bedingung:*

$$\frac{R_B}{R_E} \leq \frac{50\ V}{U_0 - 50\ V}$$

einzuhalten. Damit sind die Anforderungen erfüllt.

- *R_B der Erdwiderstand aller parallelen Erder*
- *R_E der kleinste Widerstand von fremden, leitfähigen Teilen, die sich in Kontakt mit Erde befinden und nicht mit einem Schutzleiter verbunden sind und über die ein Fehler zwischen Außenleiter und Erde auftreten kann*
- *U_0 die Netznennpannung gegen Erde.“*

Die zitierte Gleichung stellt dabei die Gleichung eines Spannungsteilers dar. Demnach muss der Widerstand der Erdung des Sternpunktes des Netztransformators des versorgenden Netzes gegenüber dem kleinsten, anzunehmenden Erdübergangswiderstand an der unterstellten Fehlerstelle so klein sein, dass sich die gesamte Netzspannung gegen Erde so aufteilt, dass maximal die zulässige Berührungsspannung an der Sternpunkterdung des Netztransformators abfällt. **Bild 13** illustriert die Verhältnisse. Die spannende Frage ist natürlich, wie groß ist R_E?

Da diese Frage nicht beantwortet werden kann, muss der gesamte Erdwiderstand aller parallelen Erder R_B eben so klein wie irgend möglich sein. Dies wird erreicht, in dem jeder Anschlussnehmer im Versorgungsnetz verpflichtet wird, mit eigenem Erder seinen Beitrag zum parallelen Erdungswiderstand zu leisten. Zusätzlich werden alle Betriebserder der Netzebene im Versorgungsbereich parallel geschalten und wenn notwendig weitere Erder eingebracht. Bei der Versorgung aus einem öffentlichen Netz ist daher die Erdungsbedingung oder Spannungswaage als erfüllt vorauszusetzen.

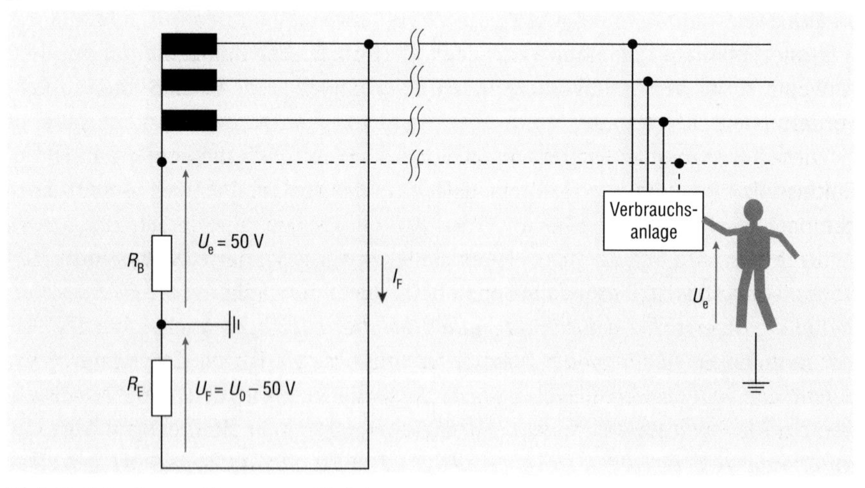

Bild 13: Potentialverschleppung im TN-Netz

Doch wie sieht es in einem nicht öffentlichen Niederspannungsnetz mit eigener Mittelspannungsstation aus, wie man dies z. B. in Industrieanlagen vorfinden kann? Hier sind Sie als Planer und/oder Errichter der elektrischen Anlage verantwortlich, die Anforderungen zu erfüllen und dies durch Messung und Berechnung ggf. nachzuweisen. In ausgedehnten Anlagen mit einer Vielzahl vermaschter Erdungsanlagen und ggf. mehreren Speisepunkten mit Betriebserdung lässt sich die Bedingung oft sicher einhalten. Schwieriger wird es bei kleinen, abgesetzten Stationen und geringer Ausdehnung der Erdungsanlage.

Können die Bedingungen nicht eingehalten werden, sind weitere Maßnahmen zur Vermeidung unzulässiger Berührungsspannungen notwendig oder das Niederspannungsnetz ist als TT-System auszuführen.

Ausführung als TT-System

Gerade in ländlichen Gebieten finden sich TT-Systeme auch im öffentlichen Versorgungsbereich, da es den Versorgern in diesen Gebieten eben nicht möglich ist, die Spannungswaage sicherzustellen. Doch auch ein TT-System hat so seine Tücken, wenn es um das Thema Erdung und die Vermeidung von Berührungsspannungen geht.

Bekanntermaßen besitzt in einem TT-System jede elektrische Anlage einen eigenen, wie es in DIN VDE 0100-100 heißt, vom Versorgungssystem unabhängigen Erder. Was ein unabhängiger Erder ist, darüber klärt DIN VDE 0100-200 im Detail auf: *„Erder, der sich in einem solchen Abstand von anderen Erdern befindet, dass sein elektrisches Potential nicht nennenswert von Strömen zwischen der Erde und anderen Erdern beeinflusst wird.“*

Diese Forderung ist einsichtig, wenn die bis jetzt erlangten Kenntnisse zur Anwendung gelangen. Doch wie groß ist der notwendige Abstand, damit diese Forderung erfüllt wird?

Diese Frage lässt sich nicht trivial und allgemein gültig beantworten, da die Einflussfaktoren, wie bereits thematisiert, vielfältig sind. In Zweifelsfällen hilft demnach nur das Ausmessen des Potentialverlaufs oder die Berechnung. Lässt sich die Unabhängigkeit nicht sicher stellen, sind gesonderte Maßnahmen zur Vermeidung unzulässiger Berührungsspannungen notwendig.

Bei TT-Systemen ist weiterhin zu beachten, dass es sich, verglichen mit TN-Systemen, in der Regel um wesentlich höhere Erdungsimpedanzen (Erdübergangswiderständen der Erdungsanlage) handelt. In ländlichen Gegenden finden sich auch heute noch Erdungsanlagen, welche lediglich aus einem in die Erde geschlagenen Kreuzprofil aus verzinktem Stahl bestehen. Widerstände im Bereich von mehreren 100 Ω sind im Sommer keine Seltenheit. Fließt ein Fehlerstrom gegen Erde, so kommt es auch hier zu einer nicht unerheblichen Potentialerhöhung und dem Risiko der Überschreitung zulässiger Berührungsspannungen.

DIN VDE 0100-410 greift dieses Thema mit dieser Forderung auf:

$$R_{A} \leq \frac{50\ V}{I_{\Delta n}}$$

Dahinter steckt die Überlegung, dass ein Fehlerstrom gegen Erde, welcher nicht zu einem sicheren Auslösen der Schutzeinrichtung gegen elektrischen Schlag führt, eben keine Potentialanhebung über 50 V AC gegen die neutrale Erde hervorrufen darf. Dies schränkt die zulässige Impedanz der Fehlerschleife massiv ein. Zum Vergleich die Angaben für eine RCD mit $I_{\Delta n} = 30\ mA$:

- die mögliche Fehlerschleifenimpedanz für die sichere Auslösung

$$Z_{S} = \frac{U_{0}}{I_{\Delta n}} = \frac{230\ V}{0{,}03\ A} = 7{,}6\ k\Omega$$

- den zulässigen, maximalen Fehlerschleifenwiderstand nach DIN VDE 0100-410.

$$R_{A_{max}} = \frac{50\ V}{I_{\Delta n}} = \frac{50\ V}{0{,}03\ A} = 1{,}6\ k\Omega$$

Es finden sich noch weitere Beispiele, die sich auf die gerade beschriebene Problematik zurückführen lassen. So ist z. B. für den Blitzschutzpotentialausgleich im TT-System nur der Einsatz von Ableitern in der sogenannten „3+1-Schaltung" zulässig.

Potentialsteuerung und Potentialausgleich

Bis jetzt fand eine intensive Auseinandersetzung mit der Frage statt, welche Folgen Ströme durch die Erde haben und welche Gefahren in Form unzulässiger Berührungs- und Schrittspannungen daraus resultieren können. Lassen sich bei gegebenen Konstellationen diese Spannungen nicht vermeiden, müssen in der elektrischen Anlage gezielte Maßnahmen zur Anwendung kommen, um diese Spannungen auf ein vertretbares Maß zu reduzieren. Im Kern gilt: *„Alles was nicht sicher getrennt werden kann, wird leitend miteinander verbunden."* So plakativ dieser Satz auch klingt, es steckt doch eine sehr wahre Aussage darin.

Bei gegebener Anlage sind folgende Maßnahmen anzuwenden:

- Potentialausgleich sowie
- Potentialsteuerung.

Potentialausgleich

Unter Potentialausgleich versteht man das *„Herstellen elektrischer Verbindungen zwischen leitfähigen Teilen, um Potentialgleichheit zu erzielen“*, so die Aussage in der DIN VDE 0100-200.

Der Gedanke ist naheliegend. Werden leitfähige Teile leitend miteinander verbunden, kann zwischen ihnen maximal das Potential auftreten, welches sich aus dem Ausgleichsstrom durch die Verbindung und ihrer Impedanz ergibt. Wir kennen den Potentialausgleich als Schutzpotentialausgleich über die Haupterdungsschiene aus der Gebäudeinstallation. Dort werden alle in das Gebäude eingeführten, leitfähigen Teile, welche das Potential einer fernen Erde führen können, mit der örtlichen Erde und den Schutzleitern der Betriebsmittel leitend verbunden. Potentialdifferenzen werden hierdurch aktiv minimiert.

In bestimmten Bereichen wird ein solcher Potentialausgleich in Anlagen zusätzlich noch einmal ausgeführt, um Berührungsspannungen weiter zu minimieren. Diese Maßnahme ist auch als zusätzlicher Potentialausgleich bekannt, wenn die Abschaltbedingungen nach DIN VDE 0100-410 nicht eingehalten werden können.

Potentialausgleich findet aber auch dort Anwendung, wo sich leitfähige Teile im Einfluss des elektrischen Potentials einer Erdungsanlage befinden. Als Beispiel kann der Anlagenzaun um die Hochspannungsanlage herangezogen werden. Wenn nicht ausgeschlossen werden kann, dass im Falle von Erdfehlern in dieser Anlage unzulässige Berührungsspannungen zwischen den einzelnen Zaunpfählen auftreten können, müssen diese untereinander leitend verbunden werden.

Potentialsteuerung

Die Maßnahme Potentialsteuerung verfolgt ebenfalls den Ansatz, das Auftreten gefährlicher Spannungen zu vermeiden. Mit der Potentialsteuerung sollen die auftretenden Potentialdifferenzen durch aktive Beeinflussung des Potentialverlaufs über der Erdoberfläche begrenzt und nach Möglichkeit Flächen nahezu gleichen, elektrischen Potentials – Äquipotentialflächen – geschaffen werden. Hierzu gibt es vielfältige Maßnahmen. So können z. B. Erdungsanlagen miteinander zu Maschen verbunden oder – wo dies nicht möglich ist – miteinander verbunden werden. Hierdurch entsteht in einem größeren Bereich nahezu Potentialgleichheit.

Eine weitere, bekannte Maßnahme zur Potentialsteuerung ist die elektrische Kontaktierung und leitfähige Verbindung der Armierung von Gebäuden mit Stahlbeton. Auch dies erzeugt große Flächen gleichen Potentials und wird z. B. in landwirtschaftlichen Stallungen angewendet.

Eine Steuerung der Schrittspannung wird auch erreicht, wenn zusätzliche Ringe aus leitendem Material im Erdboden verlegt und mit der Erdungsanlage verbunden werden. Hierdurch wird der Potentialverlauf abgeflacht (vgl. hierfür Bild 6). Dies führt zu geringeren Schritt- und Berührungsspannungen. Solche Maßnahmen werden sehr häufig im Bereich von Mittelspannungsstationen oder auch im Bereich von Ableitungen des äußeren Blitzschutzsystems angewendet.

Die richtige Maßnahme zu definieren, ist eine wichtige Aufgabe bei der Planung und Errichtung einer elektrischen Anlage. Werden solche Maßnahmen definiert, ist ihre Wirksamkeit durch Berechnung, Erprobung und Messung zu belegen und der Zustand der Anlage betriebsbegleitend zu überwachen.

Fazit

Wie in diesem kurzen Streifzug durch die elektrische Erde hoffentlich gezeigt werden konnte, ist diese nicht so neutral und unbeteiligt wie das gemeinhin gedacht wird. Immer wenn Strom durch die Erde fließt, werfen sich aus elektrotechnischer Sicht elementare Fragen der Sicherheit, Verträglichkeit und funktionalen Beeinflussung auf, von denen hier nur ein kleiner Auszug und Überblick geboten werden konnte. Die Fachleute für elektrische Anlagen sind gefragt, die Situationen vor Ort in den Anlagen richtig zu bewerten, Gefahren zu erkennen und die richtigen Maßnahmen zu treffen.

Erdung ist spannend, anspruchsvoll und ein wesentlicher Teil von elektrischen Anlagen.

Autor

Holger Niedermaier ist gelernter Energieelektroniker und absolvierte danach ein Studium der Elektrotechnik mit dem Schwerpunkt Energietechnik und Automatisierungstechnik. Eines der Schwerpunktthemen seiner anschließenden Tätigkeit in einem Ingenieurbüro war, neben Planung und Projektabwicklung, die Prüfung der Eignung elektrischer und leittechnischer Anlagen und Systeme. Mittlerweile ist *Holger Niedermaier* mit eigenem Sachverständigen- und Ingenieurbüro in der Region Nürnberg/Erlangen selbstständig.

Elektrische Sicherheit im Krankenhaus

Thomas Flügel

An keinem anderen Ort sind unser Leben und unsere Gesundheit augenfällig so unmittelbar von der Sicherheit und Zuverlässigkeit der elektrischen Versorgung abhängig wie im Krankenhaus. Krankenhäuser sind heute hochtechnologisierte Gebäude, wobei in den letzten Jahren ein starker Trend hin zu mehr Elektrifizierung zu beobachten ist. Kaum eine Technologie kommt mehr ohne Elektrizität aus. Wasser wird gepumpt, Telefone und Computer benötigen Elektrizität und selbst beim Thema Wärmeversorgung rücken im Sinne des Klimaschutzes verstärkt Elektroheizungen in den Fokus. Zugleich wird jedoch das Bewusstsein dafür geschärft, dass die Kluft wächst zwischen dem, was ökologisch für sinnvoll erachtet wird, und dem, was mit der notwendigen Zuverlässigkeit und Sicherheit angeboten werden kann. Bereits jetzt mehren sich die Zeichen, die auch die Grenzen des elektrischen Mediums aufzeigen. Welchen Beitrag können die für die Elektroversorgung verantwortlich zeichnenden Personen also liefern, um die medizinische Versorgung zu ermöglichen und zu unterstützen?

Und wie ist es um die elektrische Sicherheit in medizinischen Einrichtungen bestellt?

Schutz vor Elektrizität

Wirkung auf den Menschen

Der Umgang mit Elektrizität kann für Menschen eine nicht zu verachtende Gefahr darstellen. Effekte, die durch hohe Spannungen entstehen, z. B. Lichtbögen, können Verbrennungen oder Augenverletzungen hervorrufen. Mit solchen Lichtbögen wird man im Alltag jedoch eher selten konfrontiert.

Die Wahrscheinlichkeit ist höher, dass der Körper direkt durchströmt wird, weil er ein gestörtes Gerät berührt oder auf eine defekte Anlage trifft.

Durch seinen geringen Eigenwiderstand ist der Mensch ein relativ guter elektrischer Leiter – erhebliche Verbrennungen können die Folge sein. Auch werden Körperfunktionen des Menschen durch elektrische Impulse gesteuert, die, wenn sie durch eine fremde Frequenz dominant überlagert werden, zu Bewegungsunfähigkeit (Verkrampfung) führen oder die Herzfrequenz so durcheinanderbringen, dass es zum Herzkammerflimmern und schließlich zum Herzstillstand kommen kann. Viele Kontakte mit elektrischem Strom enden deshalb tödlich und man sollte nicht müde werden, auf die Gefährlichkeit des elektrischen Stromes hinzuweisen. Unstrittig ist es erforderlich, dass Menschen durch entsprechende Schutzmaßnahmen vor einer Durchströmung geschützt werden.

Wirkung auf den kranken Menschen

Ein gesunder Mensch ist in gewisser Hinsicht noch im Vorteil. Er kann schnell reagieren, wegzucken, weglaufen oder auf sich aufmerksam machen und, sollte er einen Unfall relativ unbeschadet überstehen, sich auch recht schnell wieder erholen. Anders hingegen sieht es bei einem kranken Menschen aus. Dieser ist in seinen Reaktionen behindert, nimmt seine Umwelt eventuell nur getrübt wahr, ist gar bewusstlos oder mit seinen Gliedmaßen fixiert. So wird er sich aufgrund seiner Vorschädigung wesentlich schlechter von einem eventuell erlittenen elektrischen Unfall erholen können. Sind folglich Schutzmaßnahmen bereits für den gesunden Menschen zwingend erforderlich, gilt dies erst recht für den kranken Menschen. Überdies müssen diese Schutzmaßnahmen auf ihre Tauglichkeit in Zusammenhang mit der Art und Schwere der jeweiligen Erkrankung hin untersucht werden.

Schutzziel Patient

In einem Umfeld, in dem heutzutage sehr viele und insbesondere ökonomische und zunehmend auch ökologische Aspekte eine vordringliche Rolle spielen, wird leicht aus den Augen verloren, wem der allgemeine Schutz zuvörderst gelten müsste, nämlich den Schwächsten der Gesellschaft und das ist im Speziellen der Patient.

Nun mag man meinen, dass diese Haltung in medizinisch genutzten Einrichtungen eine selbstverständliche ist, jedoch lehrt die Praxis nicht selten etwas anderes und die zahlreichen Vorschriften, die eigentlich zu mehr Schutz führen sollen, stiften oftmals mehr Verwirrung anstelle von Unterstützung.

Dennoch davon ausgehend, dass der Mensch das Schutzziel für den Betrieb von medizinischen Einrichtungen darstellt, setzen wir den Patienten an den Ausgangspunkt aller Betrachtungen. Die Norm DIN EN 60601 (VDE 0750) [1] definiert den Patienten als *„Lebewesen, das medizinisch oder zahnmedizinisch untersucht oder behandelt wird“*. Diese Definition ist auch so in DIN VDE 0100-710 (VDE 0100-710) [2] übernommen worden. Allerdings wirft diese Definition, so kurz und prägnant sie auch verfasst ist, neue Fragen auf, weshalb eine Erläuterung notwendig erscheint.

Wie bereits erwähnt, werden feste Regeln für den Umgang des Menschen mit Elektrizität benötigt, da hier eine nicht zu unterschätzende Gefährlichkeit besteht.

Allen diesen Regeln ist gemein, dass sie derart konzipiert sind, den Menschen, der sich in normaler körperlicher Verfassung befindet, ausreichenden Schutz zu gewähren. Diese Betrachtungsweise geht von einer geistigen und körperlichen Verfassung aus, die es erlaubt, entsprechend auf die Umwelt zu reagieren. Ein Patient aber ist ein Mensch, dessen Reaktionsfähigkeit entweder durch geistige oder körperliche Einschränkung oder sogar in einer Kombination aus beidem gemindert ist. Diese Einschränkung, welche entweder infolge einer Krankheit ein Gebrechen sein kann oder künstlich beigebracht wird (z. B. durch Narkose), unterbindet eine als normal angesehene Reaktion auf die Umwelt.

Personen, die solchermaßen eingeschränkt sind und sich in einer medizinisch genutzten Einrichtung befinden, um untersucht oder behandelt zu werden, sind die Patienten im eigentlichen Sinne.

Die elektrische Versorgung innerhalb einer medizinisch genutzten Einrichtung ist für den Patienten unter zweierlei Aspekten wichtig. Zum einen ist ein zusätzlicher Schutz vonnöten, um den Patienten vor der Gefährlichkeit der Elektrizität selbst zu schützen. Dabei muss vor allem beachtet werden, dass durch Anwendung verschiedener medizinischer elektrischer Geräte direkt auf der Körperoberfläche des Menschen oder sogar bei bestimmten Behandlungen innerhalb seines Körpers, der natürliche Widerstand des menschlichen Körpers, der ohnehin schon gering ist, noch weiter herabgesetzt wird. Elektrischer Potentialunterschied wirkt sich also unmittelbar auf den Körper des Menschen aus und wird ihm sofort gefährlich.

Zum anderen aber ist der Patient auf die Versorgung mit Elektrizität besonders angewiesen. Alle medizinischen elektrischen Geräte benötigen diese Versorgung mit großer Zuverlässigkeit. Ein Ausfall könnte ein Versagen der Lebensfunktionen bedeuten.

Einteilung der medizinisch genutzten Räume in Gruppen nach elektrischer Gefährdung

Die technische Errichtungsnorm für Starkstromanlagen in medizinisch genutzten Einrichtungen, die DIN VDE 0100-710 [2], kennt eine Einteilung von medizinisch genutzten Räumen in drei Gruppen. Diese Gruppen stellen ein Maß für die elektrische Sicherheits- und Versorgungsqualität in dem jeweiligen Raum dar. Sie orientieren sich ausschließlich am Zustand des Patienten, der in diesem Raum diagnostiziert, therapiert oder gepflegt werden soll. Fälschlicherweise wird oft angenommen, dass sich diese Gruppeneinteilung ausschließlich auf das dort eingesetzte medizinische Equipment bezieht – eine Annahme, die auch durch einige Tabellen, die in der Fachwelt bekannt sind, suggeriert wird.

Es bedarf dazu natürlich einer eingehenden Abstimmung mit dem Nutzungskonzept. Der Planer einer elektrotechnischen Anlage ist darauf angewiesen, dass er mit dem späteren Nutzer ein solches Konzept abstimmt. Dem späteren Nutzer wiederum muss vermittelt werden, dass die Nutzung des Raumes abhängig ist von den dort installierten technischen Voraussetzungen. Da es sich hierbei von Gruppe zu Gruppe stets um erhebliche Unterschiede in den Investitionssummen handelt, ist eine Genauigkeit in der Abgrenzung dringend anzuraten. Eine solche Abgrenzung ist nur zu erreichen, wenn der spätere medizinische Nutzer sehr konkret das mögliche medizinische Risiko hinterfragt und dem Planer der elektrotechnischen Anlage erläutert. Der Planer wiederum muss die einzelnen Empfehlungen zur Einteilung in die Gruppen sachgerecht erläutern, damit eine Entscheidung möglich ist. Die Entscheidung selbst fällt der medizinische Nutzer. Dies kann die ärztliche Direktion eines Krankenhauses, ein Arzt in einer Arztpraxis, eine Hebamme in ihrer Hebammenpraxis oder der Physiotherapeut in seiner Praxis sein. Allerdings haben diese Nutzer, die in der Regel die technische Problemstellung nur vage durchschauen, ein Anrecht auf eingehende Beratung. Kann eine solche technische Beratung nicht nachgewiesen werden, so kann in einem späteren Schadensfall den beratenden Planungsingenieur oder errichtenden Installateur möglicherweise eine Mitschuld treffen. Es sei deshalb angeraten, eine solche Beratung stets durch ein Beratungsprotokoll aktenkundig zu machen.

Unter großem Kostendruck kommt es vor, dass die Diskussion um die Einteilung in Gruppen äußerst kontrovers geführt wird. Es sei deshalb ausdrücklich betont, dass es nicht gestattet ist, die Qualität technischer Einrichtungen nur deshalb herabzusetzen, weil der Zustand der Patienten scheinbar eine aussichtslose Situation erwarten lässt [3].

Gruppe 0

Räume der Gruppe 0 sind im elektrischen Sinne nicht anders ausgestattet als Räume mit ganz gewöhnlicher Nutzung auch außerhalb von medizinischen Einrichtungen. Die elektrische Installation kann nach den Anforderungen der Basisnorm erfolgen. Für Räume entsprechender Nutzung müssen natürlich die Normen für diese besonderen Betriebsstätten eingehalten werden (z. B. Bäder).

Die Einteilung in die Gruppe 0 ist grundsätzlich lediglich dann von Interesse, wenn es gilt, die Gesamtzusammenhänge innerhalb einer stationären oder ambulanten medizinischen Einrichtung im elektrischen Sinne zu bewerten. In Räumen der Gruppe 0 halten sich Patienten auf, allerdings ist ein besonderer elektrischer Schutz aufgrund ihres Zustandes oder der Bestimmung dieser Räume nicht erforderlich. Dennoch ist die Einteilung in Gruppe 0 als ein deutlicher Hinweis dahingehend zu verstehen, dass diese Räume für den Ablauf der medizinischen Nutzung nicht von unerheblicher Bedeutung sind, oder aber, dass sie im Rahmen von anderen baurechtlichen Bestimmungen, die auch mit der medizinischen Nutzung zusammenhängen, besonders beachtet werden müssen. Räume der Gruppe 0 müssen also bei der Planung insbesondere auf die Notwendigkeit einer Mindestbeleuchtung oder einer Notstromversorgung im Versorgungsausfall geprüft werden.

Gruppe 1
In die Gruppe 1 sind alle diejenigen Bereiche einzuteilen, bei denen Patienten bestimmungsgemäß medizinisch betreut werden, deren Zustand und die Art der medizinischen Behandlung erhöhte Voraussetzungen an die elektrische Anlage für diesen Bereich erfordern. Eine plötzliche Unterbrechung der Elektroenergieversorgung bringt den Patienten nicht in unmittelbare Gefahr. Selbst wenn die unterbrochene Behandlung eine Wiederholung erfordert, entsteht dadurch kein Schaden für den Patienten. Eine Schutzmaßnahme durch Abschaltung ist also auch einsetzbar, wobei sicherzustellen ist, dass eine solche auch in jedem Fall zuverlässig funktioniert. Um diesem erhöhten Sicherheitsanspruch Rechnung zu tragen, wird in Bezug auf DIN VDE 0100-410 [4] gefordert, dass ein anerkannter Zusatzschutz für eine abschaltende Schutzmaßnahme einzusetzen ist. Ein solcher Zusatzschutz soll bei Fehlern der eigentlichen Schutzmaßnahme und bei Sorglosigkeit der Benutzer schützen und, wie in diesem Fall besonders zu betonen, dem möglicherweise eingeschränktem Reaktionsvermögen des Patienten Rechnung tragen.

Beim Ausfall der allgemeinen Stromversorgung ist eine Weiterversorgung insoweit sicherzustellen, als sie für die Behandlung und die Sicherheit des Patienten notwendig ist. Ein Anschluss an die Sicherheitsstromversorgung mindestens eines Teils der Anlage ist deshalb in den meisten Fällen erforderlich.

Gruppe 2
In Räumen und Bereichen, die in die Gruppe 2 eingeteilt sind, erfolgen Diagnose und Therapie am Patienten, wobei die Art der medizinischen Behandlung mittel- oder unmittelbar gefährlich für den Patienten sein kann. Diese Gefahr bezieht sich insbesondere auf die elektrische Versorgung. Hierbei sei zu betonen, dass die Gefahr sowohl durch die Elektrizität an sich als auch durch deren Ausfall in Erscheinung treten kann. Es sind deshalb größtmögliche Vorkehrungen für einen Schutz vor elektrischen Fehlern und beim Versorgungsausfall zu treffen.

In Räumen und Bereichen der Gruppe 2 ist durch einen Potentialausgleich ein hohes Maß an Potentialgleichheit in der unmittelbaren Patientenumgebung zu schaffen, damit der Patient vor möglichen Fehlerströmen geschützt ist. Durch die Anwendung des IT-Systems ist es möglich, den Schutz durch Abschaltung im ersten Fehlerfall zu vermeiden und dadurch auch eine fehlerbehaftete Anlage solange in Betrieb zu lassen, bis die medizinische Anwendung beendet worden ist oder aber das defekte Bauteil oder Gerät zuverlässig aus dem Fehlerkreis beseitigt werden konnte.

Die Versorgungssicherheit wird dadurch gewährleistet, dass bei Ausfall der allgemeinen Stromversorgung die Versorgung aus der Sicherheitsstromversorgung spätestens nach 15 s wieder einsetzt.

In der Vergangenheit sind die Anforderungen der Gruppe 2 unmittelbar mit der Entwicklung der Herzchirurgie (Kardiologie) verbunden gewesen. Noch heute verweist der entsprechende Normenabschnitt ausdrücklich auf die Gruppe 2 bei einer kardiologischen Anwendung. Inzwischen werden jedoch auch in anderen medizinischen Disziplinen Behandlungen durchgeführt, die bezüglich der Gefährdung für den Patienten einem kardiologischen Eingriff oder einer kardiologischen Behandlung in nichts nachstehen. Ebenso ist zu bedenken, dass häufig nicht nur eine Schädigung des Patienten vorliegt, sondern gleich mehrere, die in ihrer Summe ebenfalls eine hohe Gefährdung für den Patienten darstellen. Es ist deshalb unbedingt zu vermeiden, Räume und Bereiche der Gruppe 2 mit der medizinischen Anwendung in bestimmten medizinischen Disziplinen gleichzusetzen.

Patientenumgebung

Zur Einteilung in Gruppen ist unbedingt zu beachten, dass diese Einteilung nicht zwingend an die bauliche Gestaltung gebunden sein muss, sondern auch hier ein unmittelbarer Bezug zum Patienten getroffen werden kann. Hierbei handelt es sich bei der kompakten technischen Ausstattung und der vielfältigen Nutzung mancher medizinisch genutzten Räume um eine Erleichterung, die verantwortlich eingeschätzt werden muss. Dieser Bezug ist der Schutzbereich unmittelbar um den Patienten. Definiert ist der Schutzbereich in DIN EN 60601-1-1 (VDE 0750) [2].

Die Patientenumgebung könnte durch eine einzig mögliche Patientenposition – beispielsweise bei einem fest installierten Operationstisch – leicht bestimmt werden. Gibt es eine solche feste Position jedoch nicht, so müssen alle denkbaren und möglichen Positionen in Betracht gezogen werden, in die ein Patient innerhalb des Raumes bei entsprechender medizinischer Behandlung kommen kann. Ist dies der gesamte Raum, so wäre das Raumvolumen mit der Patientenumgebung gleichzusetzen.

In der Vergangenheit war die kompromisslose Gleichsetzung von Gruppe und Raum in der Praxis nicht immer umsetzbar. Dadurch wurden oftmals abenteuerliche Hilfskonstruktionen gebraucht, die selten eine Sicherheitsverbesserung darstellten. In bestimmten Fällen ist es jetzt möglich, innerhalb eines medizinisch genutzten Raumes auch Technik zu installieren, die für medizinische Behandlung oder Diagnose des Patienten nicht zwingend notwendig ist und schon gar nicht für dessen Sicherheit Bedeutung hat. Zu erwähnen wären hier z. B. Geräte der Dokumentationsassistenz.

Schutzmaßnahmen für den Patienten vor Elektrizität

Für den Schutz vor Elektrizität und gefährlicher Durchströmung von Personen sind Schutzmaßnahmen vorgesehen, die – in Standards beschrieben [4] – grundsätzlich gelten. Für Patienten ist deren Anwendung bzw. Modifikation entsprechend der Gruppeneinteilung notwendig. Für diejenigen Schutzmaßnahmen, die auf Abschaltung beruhen, bedarf es einer zusätzlichen Achtsamkeit bezüglich der Einhaltung der sicheren Abschaltzeiten in definierten Bereichen, sodass der Einsatz von Fehlerstrom-Schutzeinrichtungen erforderlich ist. Um die Leitfähigkeit des Schutzleiters zu verbessern und gleichzeitig für den Patienten besonders gefährliche Potentialunterschiede in der Patientenumgebung auszuschließen, ist ein örtlicher zusätzlicher Potentialausgleich zu installieren. Sämtliche Funktionen sind messtechnisch nachzuweisen.

Für elektrische Betriebsmittel, die mit nur geringer Leistung betrieben werden – z. B. IT- und TK-Bauteile – empfiehlt sich die Verwendung von Schutzkleinspannungen (SELV), die durch für den Menschen ungefährliche Spannungshöhen unterhalb von 25 V AC und 60 V DC arbeiten. Dabei muss jedoch durch galvanische Trennung ausgeschlossen werden, dass höhere Spannung an den Patienten gelangen kann. Auf der Basis der galvanischen Trennung im Sinne eines Grundschutzes ist es auch möglich, dass eine Schutzmaßnahme angewandt wird, die nicht auf Abschaltung beruht. Für den besonderen medizinischen Gefährdungsbereich, der hier eine Einstufung in die Gruppe 2 erfordert, ist dies vorgeschrieben. Das durch die galvanische Trennung entstehende isolierte Netz ermöglicht es, bei einem ersten Fehler diesen lediglich anzuzeigen, die eigentliche Funktion aber fortzuführen, ohne dass es zu einer Gefährdung des Patienten kommt. Zugleich erfolgt eben keine Unterbrechung, sodass sich durch diese Schutzmaßnahme der Schutz vor Elektrizität mit einer höheren Versorgungssicherheit kombinieren lässt.

Schutz vor Versorgungsunterbrechung

Indirekt ist ein Patient natürlich auch darauf angewiesen, dass die technischen Abläufe in seiner Umgebung zuverlässig funktionieren. Betrachtet man das Schutzziel Patient, so darf dennoch nicht ganz die Funktionstüchtigkeit seiner Umgebung außer Acht gelassen werden. Es besteht gerade bei der Einschätzung von Versorgungssicherheit eine große Kunst darin, abzuschätzen, inwieweit auch die Einschränkung der Arbeitsfähigkeit von Ärzten und Pflegekräften entweder sofort oder in allerkürzester Zeit eine Gefahr für den Patienten bedeutet.

Schutz durch Netzkonfiguration

Betrachtet man den Schutz vor elektrischer Versorgungsunterbrechung für den Patienten, so fällt die Versorgung des gefährdeten Bereiches durch eine Zuleitung auf. Die mögliche Unterbrechung eines solchen Zuleitungskabels würde sofort sämtliche medizinischen Geräte und auch die Beleuchtung unterbrechen, die Weiterbehandlung unmöglich machen und den Patienten unmittelbar gefährden. Deshalb ist in den Normen der letzten dreißig Jahre festgelegt worden, dass Bereiche mit besonderer Gefährdung mit einer Zwei-System-Versorgung ausgestattet werden müssen. Hierbei soll zunächst sichergestellt werden, dass bei Ausfall eines Systems ein zweites System vorhanden ist, welches die Versorgung übernehmen kann. Diese Zwei-System-Versorgung hat sich inzwischen durchgesetzt – zumal es damit möglich ist, durch unterschiedliche Verlegung, entsprechende bauliche Schutzmaßnahmen oder gar verschiedene Verlegungswege für beide Systeme eine brandschutztechnische Unabhängigkeit zu erreichen, die es ermöglicht, auch bei einem Problem entlang des Versorgungsweges einen Betrieb im geschützten Bereich aufrecht zu erhalten. Teilt man die beiden Systeme nun obendrein in ein System der Sicherheitsstromversorgung und ein System der Allgemeinversorgung auf, so erhält man ein hohes Maß an Sicherheit und Übersichtlichkeit.

Umschalteinrichtungen

Bei einer Zwei-System-Versorgung muss es möglich sein, durch automatische Umschaltung bei einer Störung im System der Sicherheitsstromversorgung auf das zweite System umzuschalten. Solche Umschalteinrichtungen sind unmittelbar vor dem zu schützenden Bereich und an strukturell sinnvollen Verbindungen zwischen beiden Systemen (z. B. Gebäudehauptverteilungen) zu installieren. Die Umschaltzeit darf dabei nie länger als 15 s sein.

Schutz durch Notstromversorgung

Um ein Höchstmaß an Unabhängigkeit bei einem Versorgungsausfall zu erreichen, ist es vorgeschrieben, dass Krankenhäuser über Notstromversorgungseinrichtungen verfügen (**Bild 1**). Diese müssen innerhalb von 15 s eine Grundversorgung der Anlagen mit dem entsprechenden Sicherheitsstatus ermöglichen und müssen diesen Betrieb auch mindestens 24 h aufrechterhalten können. Mit dem gegenwärtigen Stand der Technik erfüllen diese Bedingungen aus dem Stillstand ausschließlich Dieselnotstromaggregate.

Durch den Einzug von diversen elektronisch gesteuerten Geräten und Einrichtungen in die Krankenhäuser stellt die technisch bedingte Unterbrechung von 15 s ein Problem dar. Deshalb werden in zunehmenden Maße auch Akkumulator-

Foto: Autor

Bild 1: Notstromaggregate 2 x 850 kVA in einem Krankenhaus

Anlagen mit nachgeschalteten Wechselrichtern verwendet. Diese Konfigurationen ermöglichen es bei einer Versorgungsunterbrechung, medizinische Geräte und Anlagen in weniger als 15 s oder sogar unterbrechungsfrei weiter zu versorgen.

Notstromversorgungsanlagen für medizinische Einrichtungen stellen eine erhebliche Investition dar, die lediglich dazu dienen sollen, den Betrieb für den Notfall abzusichern. Fast zwangsläufig werden auf solche Investitionen ausschließlich betriebswirtschaftlich denkende Zeitgenossen aufmerksam und drängen darauf, diese Sicherheitseinrichtungen auch für die Energieerzeugung und Stützung der immer fragiler werdenden Stromnetze zu nutzen und damit als Erzeuger auch ökonomische Vorteile zu heben. Grundsätzlich ist das zwar möglich, jedoch muss bedacht werden, dass dabei die Gefahr besteht, dass man sich von dem eigentlichen Sicherheitszweck immer mehr entfernt. Momentan wird daran gearbeitet, die diesbezüglichen Regeln übersichtlicher und restriktiver aufzustellen, damit dem Schutzgedanken auch weiterhin Vorrang eingeräumt wird.

Aktuelle Probleme der elektrischen Sicherheit von medizinischen Einrichtungen

Auch medizinisch genutzte Einrichtungen unterliegen einer öffentlichen Versorgung und sehen sich deshalb mit den gleichen Problemen wie alle anderen Verbraucher konfrontiert. Durch den Umbau der elektrischen Versorgungsnetze sind neben einer immer größer werdenden Unruhe in den Netzen gelegentliche

Schwankungen, Frequenzabweichungen, aber auch direkte Ausfälle zu vermerken. Dies hat natürlich auch Auswirkungen auf den medizintechnischen Gerätepark, der mit sehr viel Elektronik und Rechentechnik bestückt, solche Abweichungen nicht besonders gut tolerieren kann. Für den Schutz von direkten Ausfällen werden in diesem Zusammenhang auch Forderungen nach mehr Notstromkapazität laut. Nicht immer ist diese berechtigt und manchmal auch Ausdruck von einer gewissen Hilflosigkeit. Derzeit wird angestrebt und auch in den Normenausschüssen verhandelt, dieser beständigen Forderung nach Kapazitätserweiterung vorrangig durch Kategorisierung in der Versorgungsnotwendigkeit beizukommen, um so auch die Möglichkeiten für den Einsatz alternativer Energieerzeugungsanlagen weiter zu öffnen.

In Bezug auf den unmittelbaren Schutz des Patienten haben sich bestimmte Baumuster durchgesetzt, die seit Jahren unverändert geblieben sind. Dies hat den Vorteil, dass die gegenwärtig durch die Normung bestehende Unsicherheit in Deutschland weitgehend abgefangen wurde.

Sorge hingegen bereitet der Umstand, dass die Säule der Sicherheit in Deutschland traditionellerweise die aktive Betreibung und Überwachung umfasst. Da sich der Fachkräftemangel überallhin auswirkt, ist dies auch in den medizinischen Einrichtungen zu spüren.

Stand der Normung

Gegenwärtig wird die europäische Errichtungsnorm für Niederspannungsanlagen in medizinischen Einrichtungen überarbeitet. Mit dem heute erwarteten Sicherheitsanspruch stellt die Verfassung einer internationalen Norm für derartige Einrichtungen eine Mammutaufgabe dar.

Es gilt, die technischen Notwendigkeiten, die sich aus der medizinischen Nutzung ergeben, mit den Interessen und ökonomischen Möglichkeiten der Gesundheitswirtschaft der einzelnen europäischen Länder abzugleichen. Dabei wird sehr deutlich, dass die unterschiedliche Normenkultur in Europa auch Auswirkungen darauf hat, wie wir künftig gleiche Lebensverhältnisse gestalten wollen. Eine Neuausgabe wird für das Jahr 2020 erwartet.

Wie sich in den Vorgängernormen bereits abzeichnete, wird sich die Errichternorm noch mehr auf die mit dem Gebäude fest verbundene Anlage konzentrieren müssen – auch, um damit gute Voraussetzungen für die Medizintechnik zu schaffen, bei welcher eine immer größere Innovationsgeschwindigkeit und eine Zuverlässigkeit sowie Langlebigkeit mit deutlicher Abgrenzung zu anderen Geräten maßgebend wird.

Literaturverzeichnis

[1] DIN EN 60601-1 (VDE 0750-1):2013-12
Medizinische elektrische Geräte – Teil 1: Allgemeine Festlegungen für die Sicherheit einschließlich der wesentlichen Leistungsmerkmale

[2] DIN EN 60601-1-1 (VDE 0750-1-1):2002-08
Medizinische elektrische Geräte – Allgemeine Festlegungen für die Sicherheit; Ergänzungsnorm: Festlegungen für die Sicherheit von medizinischen elektrischen Systemen

[3] DIN VDE 0100-710 (VDE 0100-710):2012-10
Errichten von Niederspannungsanlagen – Teil 7-710: Anforderungen für Betriebsstätten, Räume und Anlagen besonderer Art – Medizinisch genutzte Bereiche

[4] Grundgesetz der Bundesrepublik Deutschland Artikel 3:
Niemand darf wegen seiner Behinderung benachteiligt werden.

[5] DIN VDE 0100-410 (VDE 0100-410):2018-10
Errichten von Niederspannungsanlagen – Teil 4-41: Schutzmaßnahmen – Schutz gegen elektrischen Schlag

[6] *Uhlig, Sudkamp:* Elektrische Anlagen in medizinischen Einrichtungen: Planung, Errichtung, Prüfung, Betrieb und Instandhaltung. München, Heidelberg: Hüthig GmbH 2013

[7] *Flügel:* Stromversorgung in medizinischen Einrichtungen, TÜV-Media, Köln 2006

Betreiberverantwortung 7

Elektrische Anlagen in explosionsgefährdeten Bereichen – Pflichten und Aufgaben der Betreiber

Peter Behrends

Auch bei gewissenhafter Konstruktion und sorgfältigster Fertigung kann der Funktionserhalt technischer Systeme nie mit einer 100%igen Sicherheit gewährt werden. Hinzu kommt, dass die ursprüngliche Funktionsfähigkeit durch äußere Einflüsse über die kalkulierte Lebensdauer Änderungen durchläuft.

Neben der konstruktiven Gestaltung eines Produktes und einer angemessenen Qualität bei der Herstellung kommt es auch auf die richtige Installation sowie auf eine vorbeugende Wartung an, die alle während der gesamten Lebensdauer auf das Produkt einwirkenden Einflüsse durch geeignete Inspektionen erfasst und ihre negativen Auswirkungen auf die Funktion und Sicherheit durch angemessene Maßnahmen weitestgehend rückgängig macht. Mehr noch als bei technischen Produkten aus dem Industrie- oder Konsumbereich sind bei sicherheitstechnisch relevanten Produkten, wie z.B. bei explosionsgeschützten elektrischen Betriebsmitteln, neben der bloßen technischen Funktion (z.B. Leuchten oder Schalten) sämtliche Produkteigenschaften zu beachten, die für die Produktsicherheit bestimmend sind. Das für den Betrieb in explosionsgefährdeter Umgebung erforderliche hohe Sicherheitsniveau kann also nur gewährleistet werden, wenn die ausgelieferten Produkte eine ausreichende Qualität aufweisen, korrekt nach Herstellerangaben installiert und betrieben und in angemessenen Zeitabständen gewartet werden. Wie in anderen sicherheitskritischen Bereichen auch, kommt es beim Explosionsschutz somit auf ein ausgewogenes Zusammenspiel zwischen Herstellern und Betreibern unter Aufsicht der jeweiligen staatlichen Instanzen an.

Dieser Beitrag geht auf ausgewählte Aspekte dieses Zusammenspiels ein und betrachtet dabei insbesondere die Aufgaben des Betreibers aus Sicht eines Herstellers von explosionsgeschützten elektrischen Betriebsmitteln. Der Schwerpunkt liegt dabei auf dem elektrischen Explosionsschutz. Der mechanische Explosionsschutz wird nur am Rande betrachtet. Trotz beachtlicher Erfolge bei der Angleichung der weltweiten Rechtsvorschriften für explosionsgefährdete Bereiche gibt es nach wie vor Unterschiede zwischen verschiedenen Ländern und Regionen. In Deutschland sind die Gefahrstoffverordnung mit den Technischen Regeln für Gefahrstoffe (TRGS) sowie die Betriebssicherheit mit den Technischen Regeln für Betriebssicherheit (TRBS) zu berücksichtigen. Gerade in Bezug auf die notwendigen Prüfungen und das Prüfpersonal gibt es Abweichungen zu den IEC-Normen. Aus diesem Grund soll hier exemplarisch auf die Regelungen innerhalb der Europäischen Gemeinschaft sowie bei der Darstellung der nationalen Umsetzung auf das deutsche Recht eingegangen werden.

Arbeitsmittel (BetrSichV)

Arbeitsmittel sind Werkzeuge, Geräte, Maschinen oder Anlagen, die für die Arbeit verwendet werden, sowie überwachungsbedürftige Anlagen.

Überwachungsbedürftige Anlagen (BetrSichV)

Prüfpflichtige Änderung (BetrSichV)

Prüfpflichtige Änderung ist jede Maßnahme, durch welche die Sicherheit eines Arbeitsmittels beeinflusst wird. Auch Instandsetzungsarbeiten können solche Maßnahmen sein.

Sichtprüfung (TRBS 1201 Teil 1)

Die Sichtprüfung beinhaltet eine durch äußere Begutachtung (ohne Eingriffe in Geräte, Einrichtungen, die Installation und die Montage) erzielte rechtzeitige Feststellung von optisch zu erkennenden Mängeln. Darüber hinaus erfolgt dabei auch die Feststellung von Mängeln durch Wahrnehmungen über andere Sinnesorgane (Tast-, Gehör-, Geruchsinn; Beispiele: übermäßige Vibration, Lagergeräusche an einer Maschine, Korrosion an einem druckfesten Gerät, Undichtigkeiten).

Nahprüfung (TRBS 1201 Teil 1)

Die Nahprüfung beinhaltet die rechtzeitige Feststellung von nicht unmittelbar sicht- oder hörbaren Mängeln und wird analog zur Sichtprüfung durchgeführt, jedoch unter Verwendung von Zugangseinrichtungen (z. B. Leitern) und, falls erforderlich, anderen Hilfsmitteln. Eingriffe in die Prüfobjekte, z. B. die Öffnung eines Gehäuses, sind üblicherweise für eine Nahprüfung nicht erforderlich.

Detailprüfung (TRBS 1201 Teil 1)

Die Detailprüfung beinhaltet zusätzlich zu den Aspekten der Sicht- und Nahprüfungen die Feststellung solcher Fehler, die nur durch Eingriffe, z. B. das Öffnen von Gehäusen und/oder, falls erforderlich, unter Verwendung von Werkzeugen und Prüfeinrichtungen zu erkennen sind.

Zur Prüfung befähigte Person (BetrSichV)

Zur Prüfung befähigte Person ist eine Person, die durch ihre Berufsausbildung, ihre Berufserfahrung und ihre zeitnahe berufliche Tätigkeit über die erforderlichen Kenntnisse zur Prüfung von Arbeitsmitteln verfügt; soweit hinsichtlich der Prüfung von Arbeitsmitteln in der BetrSichV weitergehende Anforderungen festgelegt sind, sind diese zu erfüllen. Im Hinblick auf die speziellen Anforderungen, die in explosionsgefährdeten Bereichen an die Qualifikation, Kompetenz und Erfahrung der Fachkräfte gestellt werden müssen, unterscheidet die Betriebssicherheitsverordnung drei Arten von befähigten Personen.

Instandhaltung (BetrSichV)
Instandhaltung ist die Gesamtheit aller Maßnahmen zur Erhaltung des sicheren Zustands oder der Rückführung in diesen. Instandhaltung umfasst insbesondere Inspektion, Wartung und Instandsetzung.

Pflichten des Herstellers und des Betreibers

Bei der vorliegenden Betrachtung wird davon ausgegangen, dass die Gefährdungsbeurteilung gemäß § 6 GefStoffV durchgeführt und in diesem Zuge auch eine Zoneneinteilung nach Anh. I, 1.7 GefStoffV vorgenommen wurde. Die für eine korrekte Installation notwendigen Informationen bezüglich der Zonenklassifikation, der Temperaturklassen oder der für die brennbaren Substanzen charakteristischen Zündtemperaturen sowie die Einteilung von Gasen und Stäuben in die entsprechenden Gruppen müssen in Form eines Explosionsschutzdokumentes oder eines aussagekräftigen Auszugs daraus vorliegen. Vor Beginn der Montage ist zu überprüfen, ob die zu montierenden Geräte für den vorliegenden Anwendungsfall geeignet sind. Alle dazu erforderlichen Angaben sind im Typschild der Geräte vorhanden sowie der Betriebsanleitung zu entnehmen. Innerhalb der EU dürfen explosionsgeschützte Geräte nur dann in Verkehr gebracht werden, wenn der Hersteller ein von der ATEX-Richtlinie gefordertes Qualitätssicherungssystem bzw. eine Fertigungskontrolle anwendet und die dabei vorgeschriebenen Prüfungen ausgeführt und erfolgreich bestanden hat. In der IEC 60079-0 heißt es dazu im Abschnitt 28.1 „Verantwortlichkeit des Herstellers – Übereinstimmung der Unterlagen“:
„Der Hersteller muss notwendige Verifizierungsmaßnahmen und Prüfungen durchführen, um sicherzustellen, dass das gefertigte elektrische Gerät mit den Dokumentationen übereinstimmt.“

Weiter heißt es im Abschnitt 28 „Verantwortlichkeit des Herstellers“:
„Durch Anbringen der Kennzeichnung auf dem elektrischen Gerät nach Abschnitt 29 bestätigt der Hersteller in eigener Verantwortung, dass

- *das elektrische Gerät in Übereinstimmung mit den im Hinblick auf die Sicherheit zu treffenden Anforderungen der einschlägigen Normen gebaut wurde, und*
- *die in Abschnitt 28.1 angegebenen laufenden Überwachungen und Stückprüfungen erfolgreich abgeschlossen wurden und das Erzeugnis mit der Dokumentation übereinstimmt.“*

In der zur technischen Dokumentation zugehörigen EU-Konformitätserklärung bestätigt der Hersteller, dass das Produkt mit den relevanten EU-Richtlinien übereinstimmt.

Für das montierende und installierende Unternehmen bedeutet dies, dass das Gerät an sich keiner weiteren Prüfung auf Einhaltung der sicherheitstechnischen Kenngrößen zu unterziehen ist. Es ist lediglich eine Identifikation der Eignung für den Gebrauch durchzuführen.

Die Technischen Regeln für Gefahrstoffe und die Technischen Regeln für Betriebssicherheit enthalten sicherheitstechnische Festlegungen im Sinne der Gefahrstoffverordnung und der Betriebssicherheitsverordnung. Für die Errichtung von Anlagen in explosionsgefährdeten Bereichen ist die TRBS-Reihe 2152 (gefährliche explosionsfähige Atmosphäre) und die TRGS 727 (Vermeidung von Zündgefahren infolge elektrostatischer Aufladung) zu berücksichtigen. Die TRBS 2152 Teil 3 konkretisiert die Anforderungen der Betriebssicherheitsverordnung zur Vermeidung der Entzündung gefährlicher explosionsfähiger Atmosphäre. Sie legt Maßnahmen fest, die das Wirksamwerden der einzelnen Zündquellen verhindern. So sind für elektrische Anlagen viele konkrete Maßnahmen für die Installation aufgeführt. Als zusätzliche Erkenntnisquelle kann die IEC 60079-14 (DIN VDE 0165-1) „Projektierung, Auswahl und Errichtung elektrischer Anlagen in explosionsgefährdeten Bereichen" herangezogen werden.

Im Folgenden wird nicht der Originaltext der IEC 60079-14, 2013, wiedergegeben, sondern auf einzelne (An-)Forderungen beispielhaft eingegangen. Gerade diese Beachtung hat sich in der Vergangenheit als sehr wichtig herausgestellt:

Allgemeine Anforderungen

Anlagen sollten so ausgelegt und Geräte und Werkstoffe so installiert werden, dass ein leichter Zugang für die Prüfung und Instandhaltung gewährleistet ist.

Prüfungen können nur dann effektiv und richtig vorgenommen werden, wenn die zu inspizierenden Geräte einfach zugänglich sind. Unnötig gewählte und schwer zugängliche und abgelegene Montageorte provozieren „Alibi-Prüfungen" oder gar den Verzicht auf Prüfungen.

Auswahl elektrischer Geräte

In den Abschnitten 5.1 bis 5.2 sind wichtige explosionsschutztechnische Auswahlkriterien aufgeführt. Das Schutzniveau der Geräte muss auf die jeweilige Zone abgestimmt werden. Hierzu dient die Einteilung der Geräte in Gerätekategorien nach ATEX-Richtlinie bzw. in die Geräteschutzniveaus nach IEC 60079-0.

Für die Auswahl der Geräte in Bezug auf die Stoffe selber werden die Gruppe und die Zündtemperatur der Stoffe herangezogen. Bei Gasatmosphären werden die Geräte über Gruppe IIA, IIB, IIC und Temperaturklasse T1 bis T6 ausgewählt. Bei Staubatmosphären gelten die Gruppen IIIA, IIIB, IIIC und die max. Oberflächentemperatur des Gerätes bezogen auf die Zündtemperatur der Staubwolke und der Staubschicht. Hierbei sind die Sicherheitsfaktoren aus der IEC 60079-14 zu beachten.

Bei der Auswahl der Geräte findet häufig eine Forderung zu wenig Beachtung: Der Schutz gegen äußere Einflüsse. Es wird vom Errichter gefordert, dass die elektrischen Geräte gegen äußere Einflüsse, die den Explosionsschutz nachteilig beeinträchtigen könnten (z. B. chemische, thermische, mechanische Einwirkungen, Schwingungen oder Feuchte), geschützt sind.

Die Geräte sind in Bezug auf bestimmte standardisierte Umgebungsbedingungen konstruiert, geprüft und zugelassen. Liegen besondere Einsatzbedingungen vor, so ist dies vorab zwischen Betreiber und Hersteller zu besprechen, um gegebenenfalls wirksame Zusatzmaßnahmen ergreifen zu können. Insbesondere in Bezug auf den Schutz gegen das Eindringen von Wasser und Feuchtigkeit ist zu beachten, dass die IP-Schutzgrade, die vom Hersteller auf dem Typschild angegeben werden, nur auf Basis von genormten Prüfungsbedingungen ermittelt werden können, welche oft mit den in der Praxis anzutreffenden Belastungen nicht vergleichbar sind. Vielfach kann durch Anbringen eines Schutzdaches oder durch Montage eines Druckausgleichstutzens im Gehäuse eine ausreichende Wirkung gegen das Eindringen von Feuchtigkeit erzielt werden (**Bild 1**).

Bild 1: Druckausgleichstutzen schützen vor Eindringen von Feuchtigkeit

Maximale Umgebungstemperatur

Hier ist zu beachten, dass für die Installationspraxis im Nicht-Ex-Bereich eine Umgebungstemperatur von 30 °C bzw. 25 °C zugrunde gelegt wird. Die IEC 60079-0 (allgemeine Anforderungen an Geräte für explosionsgefährdete Bereiche) hat die atmosphärischen Bedingungen von –20 °C bis +60 °C festgelegt, für die Geräte in explosionsgefährdeten Bereichen zum Einsatz kommen. Allerdings wird als normale Betriebsumgebungstemperatur ein Bereich von –20 °C bis +40 °C angenommen, sofern der Hersteller keine Umgebungstemperatur auf dem Gerät angibt.

Weiterhin ist im Hinblick auf die Temperatur zu berücksichtigen, dass durch die aus Explosionsschutzgründen notwendigen Kapselungen Maßnahmen zur Wärmeabführung, wie sie aus der konventionellen Elektrotechnik her bekannt sind, nicht realisierbar sind.

Gefährdung durch aktive Teile
Bei den geforderten Berührungsschutzmaßnahmen geht es um die Vermeidung von Zündgefahren. Jede Berührung mit blanken aktiven Teilen – ausgenommen eigensichere Teile – kann einen Zündfunken erzeugen und muss verhindert werden.

Potentialausgleich
Für Anlagen in explosionsgefährdeten Bereichen ist ein Potentialausgleich erforderlich. Bei TN-, TT- und IT-Systemen müssen alle Körper elektrischer Geräte und fremde leitfähige Teile an das Potentialausgleichssystem angeschlossen sein. Die Verbindungen müssen gegen Selbstlockern gesichert sein.

Kabel und Leitungssysteme
Kabel und Leitungen sowie das Zubehör sollten nach Möglichkeit an Stellen installiert sein, an denen sie gegen mechanische Beschädigung und Korrosion oder gegen chemische Einwirkungen und Beeinträchtigung durch Wärme geschützt sind. Wenn Einwirkungen dieser Art unvermeidbar sind, müssen Maßnahmen zum Schutz der Anlage, wie beispielsweise eine Installation im Schutzrohr, getroffen oder zweckentsprechende Kabel und Leitungen ausgewählt werden. Es ist sicherzustellen, dass es während oder nach Abschluss der Montage beim Verschließen der Geräte zu keiner Beschädigung der Leiterisolation kommen kann. So muss beispielsweise bei großen druckfest gekapselten Steuerungen mit herausklappbaren Montageebenen darauf geachtet werden, dass es beim Einklappen dieser Montageplatten oder beim Schließen der Druckraumdeckel keine mechanische Beschädigung von Kabeln und Leitern geben kann (**Bild 2**). Kabel- und Leitungseinführungen in erhöhter Sicherheit bieten zwar einen geprüften Zugentlastungsschutz, sind aber trotzdem lediglich für eine ortsfeste Verlegung geeignet, d. h., die Anschlussleitung muss außerhalb des Gehäuses separat mechanisch fixiert sein. Bezüglich der Einzelbestimmungen für die Eigensicherheit ist zu sagen, dass im Gegensatz zu allen anderen Zündschutzarten bei dieser Schutzart der Bereich des eigensicheren Stromkreises, der sich im Nicht-Ex-Bereich befindet, ebenfalls mit berücksichtigt werden muss. Bei der Zündschutzart „Eigensicherheit“ handelt es sich nicht um Einzelgeräte oder Bauteile, die für sich gesehen explosionsgeschützt sind, sondern immer um geschlossene Stromkreise, die sicher gegen nicht eigensichere Stromkreise und auch gegen andere eigensichere Stromkreise getrennt sein müssen. Da-

Bild 2: Kabel und Leiter sind vor mechanischer Beschädigung geschützt

raus resultieren die Anforderungen an die Trennung und Kennzeichnung der eigensicheren Stromkreise wie z. B.:
- die getrennte Leitungsverlegung,
- die durchgehende Kennzeichnung der eigensicheren Stromkreise z. B. durch die blaue Farbe,
- die Abschirmung,
- die erdfreie Errichtung oder besondere Anforderungen an die Erdung,
- der erhöhte Abstand bei den Klemmen für den äußeren Anschluss usw. (**Bild 3**).

Beim Zusammenschalten eigensicherer Stromkreise mit zugehörigen Betriebsmitteln, welche aktiv sein können, muss die Eigensicherheit sichergestellt sein.

Bild 3: Trennplatte zur Trennung von eigensicheren und nicht eigensicheren Stromkreisen

Weitere Anforderungen an die Montage und Installation

Aus Sicht der Gewährleistung der Anforderungen des Explosionsschutzes sind bei der Montage der elektrischen Geräte weitere Forderungen zu beachten:
- Die Gehäuse der explosionsgeschützten elektrischen Geräte sollten während der Montage und Installation weitestgehend geschlossen bleiben. Dies bedeutet, dass sie nicht länger zu öffnen sind, als es für den elektrischen Anschluss und andere erforderliche Prüf- und Einstellungsarbeiten erforderlich ist. Erfahrungsgemäß führt ein langzeitiges Öffnen des Gehäuses zu einer verstärkten Ansammlung von Feuchtigkeit und Schmutz im Inneren des Gerätes. Dies verschlechtert den Zustand der Kriechstrecken auf den Isolationsoberflächen und kann über längere Zeit zur Bildung von Kriechwegen und damit zu Kurzschlüssen führen. Nach Abschluss der Montage- und Installationsarbeiten sollte das Gerät hinsichtlich Feuchtigkeit oder Schmutz überprüft und gegebenenfalls gereinigt und getrocknet werden.
- Die verwendeten Kabel- und Leitungseinführungen müssen mit der Zündschutzart des Gehäuses übereinstimmen. Bei einem druckfesten Gehäuse bedeutet dies, dass sowohl die Kabelverschraubung generell für druckfeste Kapselung zugelassen sein muss, aber auch die Übereinstimmung mit der Gruppe (IIA, IIB, IIC) muss gegeben sein. In der IEC 60079-14-2013 ist die Auswahl der richtigen Kabeleinführung in druckfeste Gehäuse beschrieben. Die einzelnen Adern müssen abgedichtet werden, damit eine mögliche Explosion im druck-

festen Gehäuse nicht durch das Kabel durchzündet. Dafür wurden spezielle Kabeleinführungen entwickelt, bei denen sich die einzelnen Adern mithilfe einer Vergussmasse abdichten lassen. Unter bestimmten Bedingungen kann auf die Abdichtung verzichtet werden, z. B. wenn das angeschlossene Kabel länger als 3 m ist und weitere Anforderungen an die Konstruktion erfüllt sind (siehe 10.6.2 der IEC 60079-14: 2013). Bei Verwendung von metallischen Verschraubungen ist die korrekte Einbeziehung in das Erdungssystem und der Potentialausgleich zu gewährleisten. Unbenutzte Öffnungen in Gehäusen des Gerätes müssen durch zugelassene und für die Zündschutzart passende Verschlussstopfen sicher verschlossen sein (**Bild 4**). Bringt der Betreiber die Öffnungen für Leitungsdurchführungen in Gehäuse der Zündschutzart „Erhöhte Sicherheit" selbst an, so muss er sicherstellen, dass die IP-Schutzart IP 54, die in der zutreffenden Norm IEC 60079-7 gefordert wird, nach Montage der Kabel- und Leitungseinführungen eingehalten ist und dass alle weiteren Vorgaben des Herstellers des Gerätes, die in der Betriebsanleitung dokumentiert sind, eingehalten werden. Bohrungen in druckfest gekapselten Gehäusen sind besonders kritisch zu betrachten, da ein nicht eingehaltenes Spaltmaß zur Durchzündung führen kann. In diesen Fällen ist entweder einer Stückprüfung durch den Hersteller oder einer zur Prüfung befähigten Person nach Anh. 2, Abschn. 3, 3.2 BetrSichV oder einer zugelassenen Überwachungsstelle (ZÜS) notwendig.

- Beim Durchführen der Anschlussleitung durch die Kabel- und Leitungseinführung ist zu beachten, dass der Außendurchmesser des Kabels mit dem Klemmbereich der Kabel- und Leitungseinführung übereinstimmen muss. Abschließend muss die Kabel- und Leitungseinführung nach den Vorgaben des Herstellers richtig angezogen werden. Bei Kabeleinführung von oben ist sicherzustellen, dass kein Wasser über das Kabelinnere in das Gehäuse gelangt. Dies kann beispielsweise durch das Formen einer Kabelschleife vor dem Eintritt in die Verschraubung geschehen (**Bild 5**).

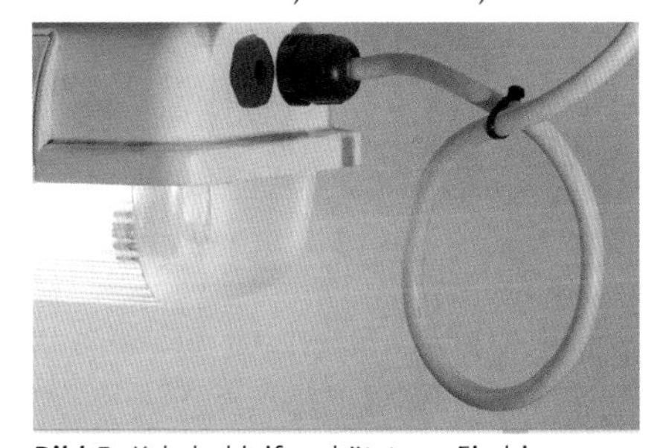

Bild 5: Kabelschleife schützt vor Eindringen des Wassers

Bild 4: Passende Verschlussstopfen schließen sicher ab

Bei der Zündschutzart „Erhöhte Sicherheit“ sind folgende Punkte besonders zu beachten:

- Beim Auflegen der Leitungen auf die Anschlussklemmen müssen die Klemmquerschnitte der Leitungen mit den Klemmvermögen der Anschlussklemmen übereinstimmen. Nach Ausführung der Anschlüsse sind die für die jeweilige Zündschutzart vorgegebenen Luft- und Kriechstrecken einzuhalten. Ein zu langes Abisolieren der Leiterenden kann ebenfalls zu einer Verringerung der Luftstrecken führen (**Bild 6**).
- Die anzuschließenden Leitungsenden sind gegen das Aufspleißen zu schützen. Das kann mit der Verwendung von geeigneten Hilfsmitteln wie Adernendhülsen oder Kabelschuhen, aber auch durch die Art der Klemme geschehen. Viele der heute marktüblichen Ex-Klemmen sind so konstruiert, dass eine Verwendung eines zusätzlichen Aufspleißschutzes nicht notwendig ist. Man sollte auch beachten, dass das Anbringen von zusätzlichem Aufspleißschutz eine Reihe von Fehlerquellen beinhaltet, die zu einer Verringerung des Explosionsschutzniveaus führen können. Generell hat zusätzlicher Aufspleißschutz nur mit den zum Leiterquerschnitt passenden Adernendhülsen bzw. Kabelschuhen und unter Verwendung der vom Hersteller vorgegebenen Werkzeuge zu erfolgen.
- Zu kurzes Abisolieren der Leiterenden ist unbedingt zu vermeiden, da dies die Gefahr des Unterklemmens von Isolationsstoffen mit sich bringt. Dies kann wiederum zu einer Entstehung von Heißpunkten führen (auch Bild 6).
- Die Anschlussräume explosionsgeschützter elektrischer Geräte sind so zu gestalten, dass sie genügend Platz aufweisen, um eingeführte Leitungen ordnungsgemäß zu verlegen. Insbesondere ist auf die Einhaltung des für den Leiterquerschnitt zulässigen Biegeradius zu achten. Weiterhin ist durch die Anordnung der eingeführten Leiter die Möglichkeit einer mechanischen Beschädigung, beispielsweise während der Bewegung von Einbauteilen, Montageplatten, Deckeln usw., zu vermeiden. Es ist darauf zu achten, dass durch die Art der Verlegung eine unzulässige Bündelung von stromführenden Leitern vermieden wird (→ Temperatur) sowie Steuerstromkreise getrennt von Hauptstromkreisen zu verlegen sind (→ gegenseitige Beeinflussung) (**Bild 7**).

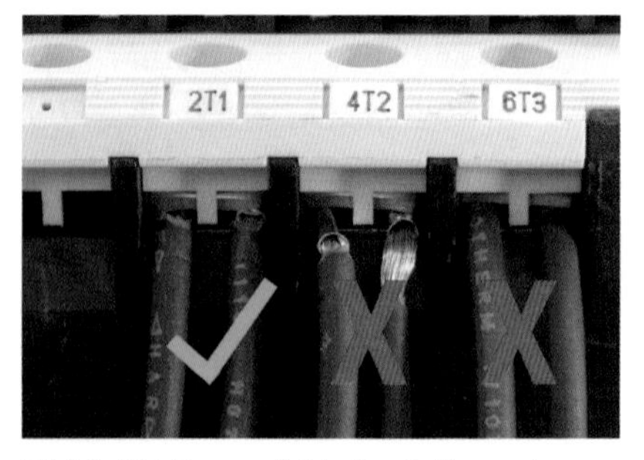

Bild 6: Richtiges und falsches Auflegen der Leitungen

Die erforderlichen Abstände von eigensicheren Stromkreisen zu nicht eigensicheren Stromkreisen sind einzuhalten. Nach Abschluss der Montage- und Installationsarbeiten sind folgende Tätigkeiten erforderlich:

- Der innere Zustand des installierten Gerätes ist zu überprüfen, gegebenenfalls ist der Anschlussraum zu reinigen und zu trocknen.
- Während der Installation abgenommener Berührungsschutz ist wieder anzubringen (**Bild 8**).
- Im Gerät montierte elektrische Auslösegeräte sind durch den Betreiber vor der ersten Benutzung auf den Nennwert einzustellen. Werksmäßig erfolgt in der Regel keine Einstellung der Auslösegeräte, da die elektrischen Daten der Anlage dem Hersteller in der Regel nicht bekannt sind.

Bild 7: Getrennte Bündelung von Leitern

Bild 8: Berührungsschutz

- Alle elektrischen und mechanischen Verbindungsstellen sind zu überprüfen.
- Das Gehäuse ist sorgfältig zu verschließen. Bei der Zündschutzart „Erhöhte Sicherheit" kommt es dabei auf die Gewährleistung der Dichtheit des Gehäuses an, bei der Zündschutzart „Druckfeste Kapselung" auf die korrekte Gestaltung und Absicherung des zünddurchschlagsicheren Spaltes. Dazu sind bei Gewindespalten die Druckraumdeckel bis zur Anschlagschraube einzudrehen und bei Flachspalten sämtliche Deckelbefestigungsschrauben fest anzuziehen. Vor Verschluss ist der zünddurchschlagsichere Spalt durch Verwendung eines korrosionshemmenden Fettes zu schützen. Die erforderlichen Angaben über Anzugsdrehmomente und Verschlusstechnik sind den Betriebsanleitungen zu entnehmen.

Gesetzliche Anforderungen

Die Anforderungen an die Prüfung von überwachungsbedürftigen Anlagen legt die Betriebssicherheitsverordnung (BetrSichV) in ihrem § 15 „Prüfung vor Inbetriebnahme und vor Wiederinbetriebnahme nach prüfpflichtigen Änderungen" und § 16 „Wiederkehrende Prüfung" fest. Besonders für explosionsgefährdete Bereiche sind weitere Details im Anhang 2 Abschnitt 3 aufgeführt.

Für die korrekte Ausführung der Prüfungen sowie der Instandhaltungsarbeiten steht dem Fachmann vor Ort eine Vielzahl von Unterlagen zur Verfügung. Dabei handelt es sich zum einen um produktspezifische Unterlagen und zum anderen um allgemeingültige Unterlagen.

Zu den produktspezifischen Unterlagen zählt man

- die Kennzeichnung auf dem Typschild des Gerätes,
- die dem Gerät beigelegte Betriebsanleitung,
- die EU-Baumusterprüfbescheinigung sowie die EU-Konformitätserklärung des Herstellers,
- bei komplexeren Schalt- und Verteilungsanlagen können noch Unterlagen wie Schaltpläne, Aufbaupläne oder Klemmenpläne zur technischen Dokumentation gehören.

Für die korrekte Ausführung der Prüfungs- und Instandhaltungsarbeiten ist es unbedingt erforderlich, dass die komplette produktspezifische Dokumentation über die gesamte Einsatzdauer des Produktes sicher aufbewahrt wird und den mit den Instandhaltungsarbeiten betrauten Fachleuten zur Verfügung gestellt werden kann.

Besonders wichtig sind Betriebsanleitungen von Geräten, die mit einem „X" gekennzeichnet sind. Für sie gelten spezielle Bedingungen für den sicheren Betrieb, die in den Betriebsanleitungen beschrieben sein müssen und vom Betreiber unbedingt einzuhalten sind.

Zu den allgemeingültigen Dokumenten für die Prüfung und Instandhaltung zählen:

- Die relevanten Rechtsvorschriften wie die GefStoffV und die BetrSichV und das dazugehörige Technische Regelwerk (TRGS und TRBS).
- Die einschlägigen Normen und Standards für die Zündschutzarten.
- Die Normen, die das Errichten, die Instandhaltung, die Prüfung sowie Reparaturen und Änderungen an elektrischen Anlagen in explosionsgefährdeten Bereichen regeln.

Wiederkehrende Prüfungen

Ein Betreiber kann unmittelbar nach der Inbetriebnahme der Anlage davon ausgehen, dass sich sowohl die einzelnen Komponenten der Anlage als auch das System als Ganzes in einem ordnungsgemäßen und überprüften Zustand befinden. Jedes technische System, so auch ein explosionsgeschütztes elektrisches Gerät, unterliegt aber einem Verschleiß. Diese Tatsache wird in den Normen, welche die einzelnen Zündschutzarten beschreiben, durch angemessene Sicherheitsfaktoren berücksichtigt. Ungeachtet dessen ist es erforderlich, dieses hohe Sicherheitsniveau über die gesamte Lebensdauer eines explosionsgeschützten elektrischen Gerätes aufrechtzuerhalten. Zu diesem Zweck gibt der Gesetzgeber dem Betreiber in § 16 der BetrSichV die Verpflichtung zur regelmäßigen Überprüfung seiner Anlagen vor:

(1) Der Arbeitgeber hat sicherzustellen, dass überwachungsbedürftige Anlagen nach Maßgabe der in der BetrSichV genannten Vorgaben wiederkehrend auf ihren sicheren Zustand hinsichtlich des Betriebs geprüft werden.

(2) Bei der wiederkehrenden Prüfung ist auch überprüfen, ob die Frist für die nächste wiederkehrende Prüfung nach § 3 Absatz 6 zutreffend festgelegt wurde. Im Streitfall entscheidet die zuständige Behörde.

Anlagen in explosionsgefährdeten Bereichen sind mindestens alle sechs Jahre auf Explosionssicherheit zu prüfen. Hierbei sind das Explosionsschutzdokument und die Zoneneinteilung zu berücksichtigen. Bei der Prüfung ist festzustellen, ob

a) die für die Prüfung benötigten technischen Unterlagen vollständig vorhanden sind und ihr Inhalt plausibel ist,
b) die Prüfungen nach den Nummern 5.2 und 5.3 durchgeführt und die dabei festgestellten Mängel behoben wurden, oder ob das Instandhaltungskonzept geeignet ist und angewendet wird,
c) sich die Anlage in einem dieser Verordnung entsprechenden Zustand befindet und sicher verwendet werden kann und
d) die festgelegten technischen Maßnahmen geeignet und funktionsfähig und die festgelegten organisatorischen Maßnahmen geeignet sind.

Diese Prüfung muss von einer zugelassenen Überwachungsstelle oder einer zur Prüfung befähigten Person durchgeführt werden.

Der Gesetzgeber verpflichtet den Betreiber also zur wiederkehrenden Prüfung und setzt ein bestimmtes Mindestkriterium, indem er diese Prüfungen in bestimmten Abständen fordert. Die konkrete Ermittlung der notwendigen Zeitabstände zwischen den Prüfungen ist aber Aufgabe des Betreibers selbst. Er muss bei der wiederkehrenden Prüfung überprüfen, ob die Frist für die nächste Prüfung zutreffend festgelegt wurde.

Welche Anhaltspunkte stehen zur Ermittlung der tatsächlich notwendigen Fristen für die periodischen Prüfungen zur Verfügung?

a) Die Berücksichtigung der Umgebungsbedingungen:
Ein elektrisches Gerät wird in Abhängigkeit von den vorliegenden Umgebungsbedingungen mehr oder weniger stark angegriffen. So sind bei der Festlegung der Prüfungs- und Wartungsintervalle solche Gesichtspunkte wie der Aufstellungsort (Aufstellung im Freien oder in Innenräumen), die Anwesenheit von korrosiven Atmosphären, Verschmutzung mit aggressiven Substanzen wie z. B. Hydrauliköl, die langzeitige direkte Sonneneinwirkung mit ihren Haupteffekten

der ultravioletten Strahlung und damit der Zersetzung von Kunststoffteilen und der Erwärmung zu berücksichtigen. Weiterhin spielt hier die Windbelastung sowie Beregnung, Überflutung oder Betauung eine wichtige Rolle.

b) Ein weiteres wichtiges Kriterium zur Ermittlung der notwendigen Prüfintervalle sind die Betriebsbedingungen. Hier sind solche Gesichtspunkte wie die mittlere Betriebsdauer, der Grad der Belastung des Gerätes relativ zur maximal zulässigen Belastung, die gegenseitige Beeinflussung von zusammengeschalteten Geräten sowie die Sicherung vor Fehlbedingungen zu berücksichtigen. Der Betreiber muss einschätzen, wie weit sich bestimmte Betriebsregime auf den Grad der Abnutzung und des Verschleißes des Gerätes auswirken und dementsprechend Prüfungen festlegen.
c) Als eine weitere wichtige Quelle für die Ermittlung notwendiger Prüfintervalle stehen dem Betreiber seine häufig langjährigen Erfahrungen zur Verfügung. Um diese Erfahrungen effektiv ausnutzen zu können, müssen die Ergebnisse von Prüfungen, Wartung und Reparaturen lückenlos aufgezeichnet sein. Nur dann ist es möglich, über einen längeren Zeitraum systematisch zu analysieren, welche Geräte unter welchen Umgebungs- und Betriebsbedingungen welche Verschleißerscheinungen aufweisen, und dementsprechend rechtzeitig Prüfungen einzuplanen.
d) Die Hersteller von explosionsgeschützten elektrischen Geräten geben, falls möglich, Hinweise zur Festlegung von Prüf- und Wartungsintervallen in den Betriebsanleitungen vor.
e) Prüfungen sind außerdem erforderlich, wenn es in der Anlage zu einer Änderung der Zoneneinteilung kommt oder der Einbauort eines Gerätes geändert wird. Der Schwerpunkt dieser Prüfungen liegt darin, festzustellen, ob das Gerät für die neuen Umgebungsbedingungen überhaupt ausreichend geeignet ist.

Die technischen Prüfungen lassen sich nach TRBS 1201 Teil 1 bzw. IEC 60079-17 bezüglich ihrer Prüftiefe in

- Sichtprüfung,
- Nahprüfung und
- Detailprüfung

unterscheiden.

Die Prüfungen können sowohl als Stichprobenprüfung bei einer größeren Anzahl gleichartiger Geräte, wie beispielsweise Leuchten in Fabrikationshallen, als auch als Stückprüfung an den einzelnen Geräten durchgeführt werden. Dabei ist zu beachten, dass bei Stichprobenprüfungen vor allem systematische Fehler zu ermitteln sind, darunter beispielsweise der Einfluss von Umgebungsbedingungen, Schwingen, Konstruktionsmängeln usw. Mit sorgfältiger Planung und Dokumentation verbunden, stellen Stichprobenprüfungen eine wirtschaftliche und effektive Überwachungsform dar. Zufällige Fehler, z. B. lockere Verbindungen oder Beschädigungen von Gehäusen, werden üblicherweise durch die Stückprüfung erkannt. Die Entscheidung, ob während der wiederkehrenden Prüfungen an bestimmten elektrischen Geräten Sicht-, Nah- oder Detailprüfungen durchgeführt werden und ob diese Prüfungen für jedes Gerät durchzuführen sind oder als Stichprobe, obliegt ebenfalls dem Betreiber. Ihm stehen dazu die unter a) bis d) genannten Entscheidungshilfen zur Verfügung. Sehr hilfreich sind auch die in der obenstehenden Norm enthaltenen Tabellen 1 bis 3, die für die wichtigsten Zündschutzarten geeignete Prüfpläne enthalten. Gemäß § 17 BetrSichV sind die Ergebnisse sämtlicher Prüfungen generell aufzuzeichnen.

Instandsetzung

In § 10 der BetrSichV ist festgelegt, dass Arbeitsmittel, zu denen natürlich auch die Anlagen in explosionsgefährdeten Bereichen zählen, nicht betrieben werden dürfen, wenn sie Mängel aufweisen, durch die Beschäftigte oder Dritte gefährdet werden können.

In § 10 Absatz 2 heißt es:

„(1) Der Arbeitgeber hat Instandhaltungsmaßnahmen zu treffen, damit die Arbeitsmittel während der gesamten Verwendungsdauer den für sie geltenden Sicherheits- und Gesundheitsschutzanforderungen entsprechen und in einem sicheren Zustand erhalten werden. Notwendige Instandhaltungsmaßnahmen sind unverzüglich durchzuführen und die dabei erforderlichen Schutzmaßnahmen zu treffen.

Berühren die Instandsetzungsarbeiten Sicherheitsaspekte des Gerätes, also im explosionsgefährdeten Bereich Eigenschaften, die den Explosionsschutz beeinflussen, muss das instandgesetzte Arbeitsmittel vor der Wiederinbetriebnahme durch eine zur Prüfung befähigte Person, die von der zuständigen Behörde anerkannt ist, überprüft werden."

In Nummer 4.2 heißt es dazu:

„Geräte, Schutzsysteme und Sicherheits-, Kontroll- oder Regelvorrichtungen im Sinne der Richtlinie 2014/34/EU dürfen nach einer Instandsetzung hinsichtlich eines Teils, von dem der Explosionsschutz abhängt, erst wieder in Betrieb genommen werden, nachdem im Rahmen einer Prüfung festgestellt wurde, dass das Teil in den für den Explosionsschutz wesentlichen Merkmalen den gestellten Anforderungen entspricht."

Diese Prüfung darf durch eine zur Prüfung befähigte Person nach BetrSichV durchgeführt werden. Weiterhin besteht die Möglichkeit, die Prüfung durch den Hersteller des instandgesetzten Produktes durchführen zu lassen.

Ob ein Gerät nach einer durchgeführten Reparatur durch eine anerkannte zur Prüfung befähigten Person des Betreibers bzw. durch den Hersteller des Gerätes selbst überprüft werden muss, hängt also davon ab, ob die Reparaturarbeiten mit dem Explosionsschutz des Gerätes zusammenhängen oder nicht. Auch hier ist, genau wie bei der Festlegung der notwendigen Prüfintervalle, eine eindeutige Entscheidung in manchen Fällen schwierig. Das Auswechseln einer Dichtung in einem Klemmenkasten der Zündschutzart „Erhöhte Sicherheit" kann genauso eine Relevanz zum Explosionsschutz haben wie das Bearbeiten von zünddurchschlagsicheren Spalten. Die Anforderungen an die Instandsetzung mit Relevanz für den Explosionsschutz werden in der Technischen Regel zur Betriebssicherheit TRBS 1201 Teil 3 konkretisiert:

Außerdem findet man dieser TRBS eine Beispielsammlung für die Abgrenzung zwischen allgemeinen Instandsetzungen ohne Relevanz für den Explosionsschutz und besonderen Instandsetzungen mit Relevanz für den Explosionsschutz.

Bei der folgenden, auf die jeweiligen Zündschutzarten bezogenen Darstellung der periodischen Prüfungen, Wartungsarbeiten und Instandsetzungsarbeiten, soll versucht werden, dem Betreiber geeignete Entscheidungshilfen zur Verfügung zu stellen.

Besondere Anforderungen an die Prüfung und Wartung bzw. Reparatur von druckfest gekapselten elektrischen Geräten

Geräte der Zündschutzart „Druckfeste Kapselungen" zeichnen sich dadurch aus, dass in ihrem Inneren Explosionen stattfinden können, eine Ausbreitung dieser Explosion auf die das Gerät umgebende explosionsfähige Atmosphäre jedoch durch konstruktive Maßnahmen verhindert wird. Dies wird zum einen dadurch gewährleistet, dass die Festigkeit der druckfesten Kapselung so groß ist, dass sie dem inneren Explosionsdruck sicher widerstehen kann, und zum anderen, dass die nach außen führenden Spalten durch Länge und Breite so gestaltet sind, dass ein sich von innen nach außen bewegender Funke oder eine Flammenfront während des Passierens des Spaltes so viel Energie verliert, dass, außen angekommen, die Restenergie nicht mehr ausreicht, die äußere Atmosphäre zu zünden. Außerdem wird durch eine Begrenzung der inneren Verlustleistung eine unzulässige Erwärmung der äußeren Gehäusewand verhindert.

Aus der Charakteristik des Schutzprinzips lässt sich die Zielsetzung für die Prüfungs-, Wartungs- und Reparaturtätigkeiten an druckfest gekapselten Betriebsmitteln ableiten:

- Das Gehäuse muss über die gesamte Lebensdauer des Betriebsmittels seine erforderliche Festigkeit behalten und

- die Spaltabmessungen müssen entsprechend den Vorgaben aus der IEC 60079-1 erhalten bleiben.
- In den Betriebsmitteln muss die während des normalen Betriebes entstehende Verlustleistung unter dem durch die Prüfstelle bestimmten Maximalwert bleiben.

Bei der Betrachtung von elektrischen Geräten der Zündschutzart „Druckfeste Kapselungen" kann in Bezug auf Prüfung, Wartung und Reparatur zwischen folgenden zwei Ausführungsvarianten unterschieden werden:

a) Vorwiegend aus Kunststoff gefertigte, dauerhaft verschlossene Geräte:
In diese Gruppe fallen alle Geräte, deren Gehäuse beim Betreiber durch nicht lösbare Verbindungstechniken, wie z. B.
– das Verschweißen,
– das Vergießen mit Kunststoff oder
das Verkleben
geschlossen werden. Diese Geräte können beim Betreiber nur äußerlich überprüft werden. Eine Wartung oder gar Reparatur an den druckfest gekapselten Einrichtungen ist hier nicht möglich. Wartungs- oder Reparaturarbeiten sind lediglich an den in einer anderen Zündschutzart ausgebildeten Anschlussteilen möglich. Dies hat beispielsweise zur Konsequenz, dass Leistungsschalter, die einmal einen Kurzschluss in der Anlage abgeschaltet haben, auszutauschen sind, da man sich nicht vom Zustand der Schaltstücke überzeugen kann.

b) Druckfeste gekapselte Geräte, deren Gehäuse durch den Betreiber zu öffnen sind: Bei diesen Geräten ist ein weitaus höherer Umfang an Prüfungs- und Wartungsarbeiten erforderlich und möglich. Bei den periodischen Prüfungen druckfest gekapselter elektrischer Geräte ist insbesondere auf Folgendes zu achten:

Äußerer Zustand des Gehäuses

Das Gehäuse eines druckfest gekapselten elektrischen Gerätes darf keinerlei sichtbare äußere Beschädigungen wie Risse, Beulen, Korrosionsstellen oder ähnliches aufweisen. Insbesondere bei Kunststoffgehäusen ist darauf zu achten, dass keine Materialversprödungen, beispielsweise durch Einwirkung von bestimmten Chemikalien oder von UV-Bestrahlung, auftreten.

Zustand der zünddurchschlagsicheren Spalte

Alle zünddurchschlagsicheren Spalten (Flachspalte, Zylinderspalte, Gewindespalte) müssen sich in einem optisch einwandfreien Zustand befinden. Es dürfen keine Korrosionserscheinungen sichtbar sein. An Gewindespalten dürfen die Gewindegänge nicht beschädigt sein. Mindestens fünf einwandfreie Gewindegänge müssen sich im Eingriff befinden. Flachspalte dürfen ebenfalls keine sichtbaren mechanischen Beschädigungen aufweisen. Die Rauigkeit der Spaltoberflächen darf 6,3 µm mittlere Rautiefe nicht überschreiten. Im Zweifelsfall können dieser Wert sowie die anderen, den zünddurchschlagsicheren Spalt bildenden Maßnahmen nachgemessen und mit den Vorgaben aus der Baumusterprüfbescheinigung verglichen werden. Bei Unklarheiten ist der Hersteller des druckfesten Gehäuses direkt zu kontaktieren. Angerostete Spalte dürfen nicht durch Schleifmittel, Drahtbürsten oder andere harte Gegenstände mechanisch gereinigt werden, sondern nur auf chemischen Weg, z. B. mit reduzierenden Ölen. Zur Vermeidung von Korrosionsangriff sind die zünddurchschlagsicheren Spalten bei Metallgehäusen regelmäßig mit einem säurefreien Fett, z. B. OKS-Seewasserfest, zu behandeln. Ein Korrosionsschutz durch Farbanstrich ist prinzipiell verboten!

Überprüfung des Zustandes der Kabeleinführungen und Rohrleitungseinführungen

Es ist zu überprüfen, ob die verwendeten Kabeleinführungen für die Zündschutzart des Gehäuses geeignet sind (Gruppe IIA, IIB, IIC). Weiterhin ist der feste Sitz der Verschraubungen sowie der Zustand der Abdichtung innerhalb der Verschraubung zu überprüfen. Es ist zu beachten, dass bei Direkteinführungen in den Druckraum der Übergang von der Dichtung der Verschraubung zur äußeren Oberfläche der Kabel den Explosionsschutz an dieser Stelle sicherstellt. Alle nicht benutzten Öffnungen in der druckfesten Kapselung müssen durch zugelassene Verschlussstopfen verschlossen sein. Das gemeinsame Gewinde zwischen Gehäuse und Verschraubung bzw. Verschlussstopfen bildet genau wie bei den Einführungen einen zünddurchschlagsicheren Gewindespalt.

Schauglasscheiben

Sie sind ein besonders kritischer Bestandteil der druckfest gekapselten Gehäuse. Der Zustand dieser Glasscheiben ist bei der Überprüfung besonders sorgfältig zu begutachten. Tiefe Kratzer setzen die Bruchfestigkeit der Schauscheiben stark herab. Unter Einwirkung von größeren Temperaturschwankungen kann es dann sogar zum Selbstzerfall des Glases kommen. Dieser Effekt wird bei Anwesenheit von Feuchte auf der Oberfläche des Glases noch verstärkt. Da die Schauscheiben als integraler Bestandteil des druckfesten Gehäuses angesehen werden müssen, ist bei tiefen sichtbaren Kratzern oder anderen mechanischen Zerstörungen der Austausch der Schauscheiben die einzige Alternative.

Gehäusedichtungen

Im Fall von metallischen Gehäusen ist der Zustand des äußeren Anschlusses des Potentialausgleichsleiters zu überprüfen. Bei druckfest gekapselten Gehäusen, die durch den Betreiber geöffnet werden können, ist der Innenraum des Gerätes ebenfalls regelmäßig zu überprüfen. Zunächst ist dabei der Zustand der Dichtungen zu begutachten und anschließend der Innenraum zu überprüfen. Eingedrungene Feuchtigkeit oder Schmutz können zur Bildung von Kriechwegen auf der Isolierstoffoberfläche führen und somit Kurzschlüsse oder unzulässige Erwärmungen im Inneren des Gehäuses verursachen. Verschmutzungen und Feuchtigkeit im Inneren des Druckraumes sind sorgfältig zu beseitigen.

Weisen Gehäusedichtungen Schäden auf, so sind sie umgehend auszutauschen. Weitere Prüfungs- und Wartungsarbeiten im Inneren des Druckraumes sind:

- Die Überprüfung der Isolation auf Schäden und auf Kriechspuren.
- Die Überprüfung der Befestigung der eingebauten Geräte (mechanische Befestigung sowie Festigkeit der elektrischen Kontakte).

Nach Abschluss der Überprüfungs- und Wartungsarbeiten ist der Druckraum wieder sachgerecht zu verschließen. Bei Flachspaltgehäusen ist darauf zu achten, dass alle vorgesehenen Deckelbefestigungsschrauben fest angezogen sind. Bei einschraubbaren Deckeln ist der Deckel bis zur Anschlagschraube in das Gehäuse einzudrehen und anschließend an der Anschlagschraube zu fixieren. Treten während des Betriebes von druckfest gekapselten elektrischen Geräten Störungen auf oder lassen sich während der Überprüfungen Mängel an diesen feststellen, müssen die Geräte umgehend repariert werden.

Besondere Anforderungen an die Prüfung und Wartung bzw. Reparatur von elektrischen Betriebsmitteln der Zündschutzart „Erhöhte Sicherheit"

Bei der Zündschutzart „Erhöhte Sicherheit" wird das Auftreten von zündfähigen Funken und Lichtbögen im Fall eines Fehlers im Normalbetrieb durch spezielle konstruktive und technische Maßnahmen verhindert. Auch das Auftreten von heißen zündfähigen Oberflächen an einem beliebigen Teil innerhalb und außerhalb des Gehäuses wird mit einem hohen Maß an Sicherheit verhindert.

Die wichtigsten Merkmale sind:

- Die Gehäuse sind so gestaltet, dass das Eindringen von Feuchtigkeit und Schmutz in gefahrbringenden Ausmaßen vermieden wird. So ist die IP-Schutzart „IP 54" als Mindestforderung festgelegt, und die Gehäuse weisen eine hohe mechanische Festigkeit auf, die an die für Industrieanlagen typischen rauen Einsatzbedingungen angepasst ist. Selbst beim Einsatz unter extremen klimatischen Bedingungen muss das Gehäuse der Geräte eine ausreichend hohe Festigkeit besitzen, um auch nach starker mechanischer Krafteinwirkung IP 54 zu gewährleisten.

- Im Inneren sind die Luft- und Kriechstrecken so dimensioniert, dass sich selbst unter rauen Umgebungsbedingungen keine Kurzschlüsse über Kriechwege bzw. Durchschläge bilden können.
- Die elektrischen Kontaktstellen sind so gestaltet, dass ein unbeabsichtigtes Lösen der kontaktierten Leiter unmöglich ist.
- Die elektrische Dimensionierung der Geräte sorgt dafür, dass sich keine unzulässigen Temperaturen im Inneren oder an Außenteilen des Gerätes bilden können.

Hieraus ergeben sich die Schwerpunkte für die periodische Prüfung der Geräte beim Betreiber:

Äußerer Zustand des Gehäuses

Das Gehäuse ist regelmäßig Sichtkontrollen zu unterziehen. Dabei ist festzustellen, ob Löcher oder Risse entstanden sind, die ein Eindringen von Feuchtigkeit und Schmutz möglich machen. Nach Öffnen des Gerätes ist zu überprüfen, ob Schmutz oder Feuchtigkeit in das Innere gelangt ist. Das Dichtungssystem ist einer gründlichen Prüfung zu unterziehen. Es dürfen weder an der Dichtung Fehlstellen oder Versprödungen noch an der Dichtlippe mechanische Beschädigungen sichtbar sein (**Bild 9**).

Bild 9: Beispiel für Beschädigungen der Dichtlippe von Gehäusen

Elektrische Leitungen und Kontaktstellen

Der Innenbereich der Betriebsmittel ist regelmäßig auf Spuren von unzulässig hoher Wärmeeinwirkung zu untersuchen. Die Kontaktstellen sind regelmäßig auf ihre Festigkeit zu überprüfen. Ist ein Nachziehen von Schraubkontakten erforderlich, so hat dies unter Einhaltung der vom Hersteller vorgeschriebenen Anzugsdrehmomente zu geschehen.

Die Prüfung der Einhaltung der zulässigen Maximaltemperaturen im Normalbetrieb ist regelmäßig durchzuführen. Dies kann in den meisten Fällen durch einfache Tätigkeiten wie das Fühlen mit der Hand erfolgen. Im Bedarfsfall können auch für den Ex-Bereich zugelassene Kontaktthermometer verwendet werden. Bewährt haben sich auch Temperaturindikatoren, die auf die Gehäuse aufgeklebt werden können. Ein weiterer effektiver Indikator ist die Verfärbung von Isolationsmaterial unter Wärmeeinwirkung. Die Einhaltung der laut Herstellerangabe zulässigen maximalen Umgebungstemperatur ist ebenfalls regelmäßig zu überprüfen.

Überprüfung des Zustandes der Kabeleinführungen

Die Kabeleinführungen müssen in der Verbindung mit den eingeführten Kabeln ebenfalls die Mindestanforderungen an die IP-Schutzart einhalten. Außerdem dienen sie zur Zugentlastung der im Inneren angeschlossenen Leitungen. Beides sollte durch Überprüfung der Festigkeit der Kabeleinführungsstelle (fester Sitz der Überwurfmutter) sowie durch eine Sichtprüfung der Verbindungsstelle zum Gehäuse und der Verbindungsstelle zwischen Kabeleinführung, Dichtung und Kabel sichergestellt werden. Für den Fall, dass nicht benutzte Öffnungen mit Verschlussstopfen verschlossen sind, ist die Dichtheit des Gehäuses an dieser Verbindungsstelle sowie der äußere Zustand der Verschlussstopfen zu überprüfen. Es dürfen nur bescheinigte Verschlussstopfen verwendet werden.

Hauptsächliche Wartungsarbeiten können sein:

- das Reinigen des Innenraumes der Gehäuse,
- das ordnungsgemäße Nachziehen der elektrischen Schraubverbindungen sowie
- ggf. das Auswechseln von Dichtungen.

Beim Reinigen der äußeren Gehäuseoberflächen sind die Hinweise des Herstellers bezüglich der Notwendigkeit der Verwendung von feuchten Lappen zu beachten. Diese Hinweise sind immer an Gehäusen angebracht, die einen hohen Oberflächenwiderstand aufweisen und somit beim Reinigen mit trockenen Tüchern elektrostatisch aufgeladen werden können. Elektrostatische Entladungen gehören zu den häufigsten Zündquellen bei Explosionen!

Die Wicklungen von Motoren der Zündschutzart „Erhöhte Sicherheit“ sind mit geeigneten Einrichtungen geschützt, um sicherzustellen, dass die Grenztemperatur nicht überschritten werden kann. Deshalb ist eine Überprüfung erforderlich, ob die Auslösezeit der Schutzeinrichtung nicht größer ist als die auf dem Leistungsschild des Motors angegebene Zeit t_E (Erwärmungsdauer).

Die Möglichkeit von Reparaturen an Betriebsmitteln dieser Zündschutzart beim Betreiber ist eher gegeben als bei Betriebsmitteln der Zündschutzart „Druckfeste Kapselung“. So ist beispielsweise der Austausch von Klemmen gemäß EU-Baumusterprüfbescheinigung oder der Austausch von Deckelschrauben und Dichtungen befähigten Personen auch ohne behördliche Anerkennung gestattet, der Austausch von Vorschaltgeräten, die nicht in der EU-Baumusterprüfbescheinigung vermerkt sind, ist als Instandsetzung unzulässig.

Besondere Anforderungen an die Prüfung und Wartung bzw. Reparatur von eigensicheren elektrischen Geräten

Das Grundprinzip der „Eigensicherheit“ besteht in der sicheren Begrenzung der elektrischen Energie im Stromkreis auf Werte, die unter der Mindestzündenergie einer explosionsfähigen Atmosphäre liegen. Außerdem wird die Erwärmung im Stromkreis auf ein ungefährliches Maß begrenzt. Dies geschieht durch eine Limitierung der Strom- und Spannungswerte und der Energiespeichermöglichkeiten in Kondensatoren und Induktivitäten. Geräte der Zündschutzart „Eigensicherheit“ sind nicht für sich allein explosionsgeschützt, wie dies beispielsweise bei druckfest gekapselten Geräten oder vergussgekapselten Geräten der Fall ist. Diese Zündschutzart muss daher immer für den gesamten betrachteten Stromkreis überprüft werden. Es ist regelmäßig zu überprüfen, ob die logische Kette zwischen der Zoneneinteilungen der Anlage, der Dokumentation für die eigensicheren Stromkreise und den installierten eigensicheren Geräten selbst richtig aufeinander abgestimmt und passend ist.

Eine eindeutige Trennung zwischen eigensicheren und nicht eigensicheren Stromkreisen ist erforderlich. Daher müssen eigensichere Stromkreise immer eindeutig gekennzeichnet sein. In der Regel geschieht dies durch die Wahl von hellblauen Leitungen und Stopfbuchsverschraubungen sowie durch entsprechende Hinweisschilder an wichtigen Stellen der Geräte und Anlagen. Es ist periodisch zu überprüfen, dass die Kennzeichnung in der erforderlichen Qualität und im erforderlichen Ausmaß vorhanden ist.

Die eigensicheren Stromkreise in den Anlagen sind darauf zu überprüfen, ob in der Zwischenzeit keine unzulässigen und undokumentierten Veränderungen vorgenommen wurden.

Es ist zu überprüfen, ob die Energiebegrenzungseinrichtungen wie Trennstufen, Remote-I/O-Stationen oder Feldbuskomponenten dem bestätigten Typ entsprechen und in Übereinstimmung mit den Vorgaben der Prüfstelle bzw. des Herstellers installiert wurden. Insbesondere ist auf die richtige und sichere Erdung bei den Geräten zu achten, für die dies aus Sicherheitsgründen erforderlich ist (Sicherheitsbarrieren).

Wesentlich für den Erhalt der Eigensicherheit in den betreffenden Stromkreisen ist die sichere Trennung der eigensicheren von den nicht eigensicheren Stromkreisen. Dies wird durch die Einhaltung von bestimmten Mindestabständen, durch eine ausreichende Isolation oder durch die Verwendung von metallischen und geerdeten Schirmen gewährleistet. Außerdem ist regelmäßig zu überprüfen, ob die erforderlichen Mindestabstände eingehalten sind, ob benachbarte nicht eigensichere und eigensichere Leitungen keine Beschädigungen an der Isolation aufweisen und ob die Metallschirme sich in einem ordentlichen Zustand befinden und sicher geerdet sind.

Für bestimmte Komponenten innerhalb von eigensicheren Systemen, wie z. B. Sicherheitsbarrieren, ist eine Erdung wichtiger Bestandteil der Zündschutzart. Diese Erdung darf nur an einem Punkt des eigensicheren Stromkreises erfolgen, um eine Verschleppung unzulässig hoher Spannungen aus dem nicht eigensicheren Bereich zu vermeiden.

Andere eigensichere Komponenten müssen isoliert gegen Erde aufgebaut werden. Es ist erforderlich, sowohl das Vorhandensein der notwendigen Erdverbindungen als auch die Gewährleistung ausreichend hoher Isolationswiderstände gegen Erde regelmäßig zu überprüfen. Die Isolationsprüfung eigensicherer Systeme oder Schaltkreise darf nur mit einem Prüfgerät durchgeführt werden, das speziell für die Verbindung solcher Systeme und Schaltkreise zugelassen ist. Um diese Prüfungen durchzuführen, muss die bestimmungsgemäße Erdverbindung getrennt werden. Das kann nur dann geschehen, wenn für die Anlage keine Gefahr besteht oder die Spannung vollständig abgeschaltet ist. Solche Bedingungen sind bei modernen integrierten Systemen nur im Fall größerer Ganzabschaltungen der Anlagen möglich. Die Prüfung ist daher nur auf Grundlage einer Stichprobe erforderlich.

Weitere wichtige Prüf- und Wartungsmaßnahmen

Abschließend sind noch weitere wichtige Prüf- und Wartungsmaßnahmen aufgeführt, die sowohl allgemein zur Aufrechterhaltung des Explosionsschutzes als auch zur Gewährleistung der allgemeinen Sicherheit der Geräte und Anlagen erforderlich sind.

Messen von Isolationswiderständen und Durchgangswiderständen

Diese notwendigen Prüfungen dürfen in den Anlagen nur mit einem entsprechenden Erlaubnisschein (Feuerschein, Heißarbeitsgenehmigung) durchgeführt werden, da die verfügbaren Messgeräte in der Regel nicht den Anforderungen der Zündschutzart „Eigensicherheit" entsprechen. Es ist außerdem grundsätzlich verboten, die zu überprüfenden elektrischen Geräte während der Anwesenheit von explosionsfähiger Atmosphäre zu öffnen.

Die notwendigen Messungen in den Anlagen können wie folgt gegliedert werden:

Messung des Isolationswiderstandes

Durch diese Messungen wird festgestellt, ob der Isolationswiderstand den für die einzelnen Arten von Anlagen jeweils geforderten Mindestwerten entspricht. Bei „Ex-e"-Motoren ist so beispielsweise regelmäßig der Isolationswiderstand der

Wicklung zu überprüfen. Dabei sind die von den Motorenherstellern vorgegebenen Richtwerte einzuhalten. Bei Bedarf sind die Wicklungen zu reinigen und zu trocknen.

Überprüfung des Potentialausgleichs

Wenn der richtige Anschluss der Potentialausgleichsleiter nicht eindeutig durch eine Inaugenscheinnahme festgestellt werden kann, empfiehlt sich eine Messung. Dazu sollte ein Isolationsmessgerät mit einer Messspannung in Höhe der Netzspannung oder mit 500 V DC benutzt werden, da einfache Durchgangsprüfer mit ihren kleinen Messspannungen hohe Übergangswiderstände vortäuschen können.

Funktionsprüfung an sonstigen Sicherheitseinrichtungen

In Anlagen vorhandene Fehlerstromschutzschalter müssen ebenfalls regelmäßig auf ihre Funktion überprüft werden. Die Funktionsprüfung umfasst auch andere Überwachungsorgane wie beispielsweise Temperaturbegrenzer.

Wartung und Überprüfung von Lagern elektrischer Maschinen

Zur Vermeidung von unzulässig hohen Erwärmungen sind die Lager von elektrischen Maschinen regelmäßig gemäß den Herstellerangaben zu schmieren. Bei der periodischen Überprüfung ist auf einen schwingungsarmen Lauf und auf unnormale Lagergeräusche zu achten.

Überprüfung des Alters der Geräte

Es ist regelmäßig zu überprüfen, ob die vom Hersteller vorgegebene Lebensdauer der Betriebsmittel nicht überschritten ist. Diese wird bei Schaltgeräten beispielweise in Form der Angabe der maximalen Schaltspiele bezogen auf ein definiertes Betriebsregime vorgegeben. Dabei geht es nicht nur um die mechanische Abnutzung der Kontakte, sondern vorrangig um den Abbrand des Kontaktmaterials, welches sich im Inneren der Schaltkammern ablagert und so die Isolationseigenschaften und Kriechstrecken verringert. Da man dies in der Regel nicht begutachten oder gar rückgängig machen kann, bleibt nur das konsequente Auswechseln nach Erreichen einer bestimmten Lebensdauer.

Neben den regelmäßig durchzuführenden Messungen und Prüfungen sind auch regelmäßige Reinigungs- und Wartungsarbeiten in den Anlagen erforderlich – unabhängig von der Zündschutzart der Geräte. Beispielsweise können zu starke Ablagerungen von Staub und Schmutz auf dem Gehäuse der Geräte zu unzulässigen Temperaturen am Gerät führen oder die Zündtemperatur des Staubes selbst kann überschritten werden und so zu einer Explosion führen. Unzulässige Verschmutzungen an explosionsgeschützten elektrischen Geräten können weiterhin zum Festfressen oder Festklemmen von Antrieben führen, z. B. an Schaltelementen, Endschaltern, Hauptschaltern oder Sicherheitsschaltern. Sie resultieren zu warmlaufenden Lagern und somit zu gefährlichen Heißpunkten.

Zusammenfassung

Die Sicherheit in einer Anlage hängt wesentlich von der Verwendung geeigneter Arbeitsmittel und von der Qualifikation des Personals ab. Sichere elektrische Betriebsmittel haben in Deutschland und vielen anderen Ländern Europas eine lange Tradition. Gleiches gilt für die organisatorischen und technischen Maßnahmen, die in explosionsgefährdeten Bereichen angewendet werden und deren Wirksamkeit durch das Ausbleiben größerer Explosionsunglücke nachweisbar ist.

Zur Aufrechterhaltung des hohen Sicherheitsniveaus ist es erforderlich, dass es auch in Zukunft gelingt, die enge Zusammenarbeit von Herstellern, Prüfstellen und Betreibern zu gewährleisten. Aufseiten der Betreiber ist es erforderlich, eine bestimmte technische Kompetenz aufrechtzuerhalten, um auch in Zeiten der allgemeinen Kostensenkungen in der Lage zu sein, sicherheitskritische Betriebsmittel richtig auszuwählen, zu installieren und zu betreiben. Das bei der Auslieferung vom Hersteller garantierte Sicherheitsniveau muss durch geeignete Prüfungs- und Wartungsmaßnahmen über die gesamte Produktlebensdauer aufrechterhalten werden. Dies ist eine Aufgabe des Betreibers.

EMV – Gesetzliche Grundlagen und Grenzwerte

Alwin Burgholte

Der zunehmende Einsatz elektrischer und elektronischer Geräte und Anlagen – sowohl im beruflichen als auch privaten Umfeld – führt im gesamten Frequenzbereich zu einer erhöhten elektromagnetischen Beeinflussung der Umwelt. Umgangssprachlich bezeichnet man diese Einwirkung auch als Elektrosmog. Die Elektromagnetische Verträglichkeit – kurz EMV – beschreibt die Fähigkeit eines technischen Geräts, andere Geräte nicht durch ungewollte elektrische oder elektromagnetische Effekte zu stören oder zu beeinflussen. Die EMVU (Umwelt) beschreibt ausschließlich biologische Auswirkungen.

In diesem Beitrag geht es um die rechtlichen Grundlagen zur Beurteilung elektrischer, magnetischer und elektromagnetischer Felder. International und auch speziell für Deutschland sind Grenzwerte für den Arbeitsschutz und den Schutz der allgemeinen Bevölkerung in Bezug auf Vorsorgemaßnahmen und verschiedene Anwendungsfelder und Gerätearten definiert. Das Gesetz zum Schutz vor nichtionisierender Strahlung bei der Anwendung am Menschen (NiSG) soll die schädlichen Wirkungen begrenzen, die durch den Betrieb von Anlagen zur medizinischen Anwendung in der Heil- und Zahnheilkunde und nichtionisierender Strahlung außerhalb der Medizin verursacht werden können, soweit die Anlagen gewerblichen Zwecken dienen. Die europäische Richtlinie 2014/53/EU regelt die Harmonisierung der Rechtsvorschriften über die Bereitstellung von Funkanlagen. Die Richtlinie 2013/35/EU enthält die Mindestvorschriften zum Schutz von Sicherheit und Gesundheit der Arbeitnehmer vor der Gefährdung durch physikalische Einwirkungen elektromagnetischer Felder. Weitere Verordnungen und berufsgenossenschaftliche Vorschriften spezialisieren sich auf den besonderen Schutz der Arbeitnehmer am Arbeitsplatz.

Richtlinie 2013/35/EU des europäischen Parlaments

Die EU-Richtlinie 2013/35/EU, zuletzt geändert am 13. Mai 2015, fordert Mindestvorschriften zum Schutz von Sicherheit und Gesundheit der Arbeitnehmer vor der Gefährdung durch physikalische Einwirkungen (Immissionsschutz elektromagnetische Felder). Sie hebt die ursprüngliche Richtlinie 2004/40/EG auf. Die Richtlinie 2013/35/EU verpflichtet die Arbeitgeber, eine Bewertung der durch elektrische, magnetische und elektromagnetische Felder am Arbeitsplatz entstehenden Risiken vorzunehmen und bei Bedarf angemessene Maßnahmen zur Beseitigung oder Minimierung solcher Risiken zu ergreifen. Explizit fordert die Richtlinie im Rahmen der Expositionsermittlung und Risikobewertung im Artikel 4, Absatz

5d die besondere Berücksichtigung von Arbeitnehmern, die aktive (Herzschrittmacher, Defibrillatoren) oder passive Körperhilfsmittel (implantierte medizinische Geräte) tragen oder medizinische Geräte am Körper (Insulinpumpen) verwenden. Artikel 5 (4) der Richtlinie 2013/35/EU führt aus, dass Maßnahmen zur Vermeidung oder Verringerung von Risiken ggf. an die Erfordernisse der Arbeitnehmer, die ein aktives oder passives implantiertes *„medizinisches Gerät tragen (...) oder ein am Körper getragenes medizinisches Gerät verwenden"*, anzupassen sind.

Die Richtlinie nennt im Anhang A 2 Expositionsgrenzwerte unter 1 Hz. Das sind Grenzwerte nach **Tabelle 1** für statische Magnetfelder, die nicht durch das Körpergewebe beeinflusst werden.

Die Expositionsgrenzwerte für sensorische Wirkungen sind die Grenzwerte für normale Arbeitsbedingungen und beziehen sich auf Schwindelgefühle und andere physiologische Symptome aufgrund einer Störung des Gleichgewichtsorgans, wie sie hauptsächlich dann auftreten, wenn sich Personen in einem statischen magnetischen Feld bewegen. Die Expositionsgrenzwerte für gesundheitliche Wirkungen unter kontrollierten Arbeitsbedingungen gelten befristet während der Arbeitszeit, wenn dies aus praxis- oder verfahrensbedingten Gründen gerechtfertigt ist, sofern Vorsorgemaßnahmen wie eine Kontrolle der Bewegungen und eine Unterrichtung der Arbeitnehmer festgelegt wurden.

Tabelle 2 nennt Auslöseschwellen gegenüber elektrischen Feldern (*E*) von 1 Hz bis zu 10 MHz und **Tabelle 3** nennt Auslöseschwellen gegenüber magnetischen Feldern (*B*) von 1 Hz bis zu 10 MHz, nach Anhang II der EMVU-Richtlinie 2013/35/EU.

	Expositionsgrenzwerte	
	für sensorische Wirkungen	**für gesundheitliche Wirkungen**
normale Arbeitsbedingungen	2 T	
lokale Exposition von Gliedmaßen	8 T	
kontrollierte Arbeitsbedingungen		8 T

Tabelle 1 Expositionsgrenzwerte für externe magnetische Flussdichte (B) bis 1 Hz (Auszug aus der EMVU-Richtlinie 2013/35/EU über Mindestvorschriften zum Schutz von Sicherheit und Gesundheit vor der Gefährdung durch elektromagnetische Felder)

Frequenzbereich *f*	niedrige Auslöseschwelle für die elektrische Feldstärke *E* in Vm^{-1} (RMS)	hohe Auslöseschwelle für die elektrische Feldstärke *E* in Vm^{-1} (RMS)
1 Hz ... 25 Hz	$2{,}0 \cdot 10^4$	$2{,}0 \cdot 10^4$
25 Hz ... 50 Hz	$5{,}0 \cdot 10^5/f$	$2{,}0 \cdot 10^4$
50 Hz ... 1,64 kHz	$5{,}0 \cdot 10^5/f$	$1{,}0 \cdot 10^6/f$
1,64 kHz ... 3 kHz	$5{,}0 \cdot 10^5/f$	$6{,}1 \cdot 10^2$
3 kHz ... 10 MHz	$1{,}7 \cdot 10^2$	$6{,}1 \cdot 10^2$

Tabelle 2 Auslöseschwellen gegenuber elektrischen Feldern (E) von 1 Hz bis 10 MHz (Auszug aus der EMVU-Richtlinie 2013/35/EU Anhang II, Tabelle B1)

Die Richtlinie definiert die Expositionsgrenzwerte als Effektivwerte (RMS). Die biologischen Wirkungen niederfrequenter elektrischer und magnetischer Felder sind aber schwellenabhängig und somit mit den Spitzenwerten verknüpft, was bei der Beurteilung für den Schutz der Gesundheit und der Sicherheit am Arbeitsplatz zu beachten ist.

Tabelle 4 nennt Expositionsgrenzwerte für gesundheitliche Wirkungen bei Frequenzen von 100 kHz bis 6 GHz nach Anhang III der EMVU-Richtlinie 2013/35/EU. Die Grenzwerte nennen die absorbierte Energie und Leistung aufgrund der Exposition gegenüber elektrischen und magnetischen Feldern, die je Masseneinheit des Körpergewebes zulässig wäre.

Tabelle 5 nennt Expositionsgrenzwerte für sensorische Wirkungen bei Exposition gegenüber elektromagnetischen Feldern von 0,3 GHz bis 6 GHz zur Unterbindung von Höreffekten, die durch die Exposition des Kopfes gegenüber gepulsten Mikrowellen bedingt sind.

Frequenzbereich *f*	niedrige Auslöseschwelle für die magnetische Flussdichte *B* in µT (RMS)	hohe Auslöseschwelle für die magnetische Flussdichte *B* in µT (RMS)	magnetische Flussdichte in µT (RMS): Auslöseschwelle für die Exposition von Gliedmaßen gegenüber einem lokalen Magnetfeld
1 Hz ... 8 Hz	$2{,}0 \cdot 10^5/f^2$	$3{,}0 \cdot 10^5/f$	$9{,}0 \cdot 10^5/f$
8 Hz ... 25 Hz	$2{,}5 \cdot 10^4/f$	$3{,}0 \cdot 10^5/f$	$9{,}0 \cdot 10^5/f$
25 Hz ... 300 Hz	$1{,}0 \cdot 10^3$	$3{,}0 \cdot 10^5/f$	$9{,}0 \cdot 10^5/f$
300 Hz ... 3 kHz	$3{,}0 \cdot 10^5/f$	$3{,}0 \cdot 10^5/f$	$9{,}0 \cdot 10^5/f$
3 kHz ... 10 MHz	$1{,}0 \cdot 10^2$	$1{,}0 \cdot 10^2$	$3{,}0 \cdot 10^2$

Tabelle 3 Auslöseschwellen gegenüber magnetischen Feldern (B) von 1 Hz bis 10 MHz (Auszug aus der EMVU-Richtlinie 2013/35/EU Anhang II, Tabelle B2)

Expositionsgrenzwerte für gesundheitliche Wirkungen	gemittelter SAR-Wert in W/kg über 6 min
Expositionsgrenzwert für Ganzkörper-Wärmebelastung, ausgedrückt als gemittelte SAR im Körper	0,4
Expositionsgrenzwert für die lokale Wärmebelastung in Kopf und Rumpf, ausgedrückt als lokale SAR im Körper	10
Expositionsgrenzwert für die lokale Wärmebelastung in Gliedmaßen, ausgedrückt als lokale SAR in Gliedmaßen	20

Tabelle 4 Über 6 min gemittelte SAR-Werte gegenüber elektrischen und magnetischen Feldern im Frequenzbereich von 100 kHz bis 6 GHz (Auszug aus der EMVU-Richtlinie 2013/35/EU Anhang III)

Frequenzbereich *f* in GHz	Expositionsgrenzwerte für gesundheitliche Wirkungen in mJ/kg
3 ... 6	10

Tabelle 5 Expositionsgrenzwert für sensorische Wirkungen gegenüber elektromagnetischen Feldern von 0,3 GHz bis 6 GHz (die zu mittelnde Gewebemasse für lokale SA beträgt 10 g) (Auszug aus der EMVU-Richtlinie 2013/35/EU Anhang III über Mindestvorschriften zum Schutz von Sicherheit und Gesundheit vor der Gefährdung durch elektromagnetische Felder)

Tabelle 6 nennt Expositionsgrenzwerte für gesundheitliche Wirkungen bei Exposition gegenüber elektromagnetischen Feldern von 6 GHz bis 300 GHz.

Frequenzbereich *f* in GHz	Expositionsgrenzwerte für gesundheitliche Wirkungen in W/m²
6 … 300	50

Tabelle 6 Expositionsgrenzwert für sensorische Wirkungen gegenüber elektromagnetischen Feldern von 6 GHz bis 300 GHz (die zu mittelnde Gewebemasse für lokale SA beträgt 10 g) (Auszug aus der EMVU-Richtlinie 2013/35/EU Anhang III über Mindestvorschriften zum Schutz von Sicherheit und Gesundheit vor der Gefährdung durch elektromagnetische Felder)

Im Weiteren sind in der EU-Richtlinie Auslöseschwellen definiert. Bei den Expositionsgrenzwerten handelt es sich um Basiswerte, bei deren Einhaltung gewährleistet ist, dass Beschäftigte, die elektromagnetischen Feldern ausgesetzt sind, gegen alle bekannten Auswirkungen geschützt sind. Die möglichen Beeinflussungen finden dabei innerhalb des Körpers statt, sind also nicht direkt messbar. Es werden deshalb Referenzwerte oder Auslösewerte unter Annahme entsprechender Sicherheitsfaktoren abgeleitet. Es handelt sich dabei um sogenannte Ersatzparameter, die bei einer Beeinflussung überschritten werden dürfen, wenn nachgewiesen werden kann, dass die Expositionsgrenzwerte nicht überschritten werden.

Bild 1 zeigt ein erweitertes Konzept unter Nutzung von unteren und oberen Auslöseniveaus, sodass für den Arbeitgeber eine größere Flexibilität beim Nachweis der nicht gefährlichen Beeinflussung von Mitarbeitern besteht.

Überwiegend werden an allen Arbeitsplätzen Beeinflussungsgrößen von unter 90 % der unteren Auslöseschwelle ermittelt. Bei diesem Nachweis sind dann keine weiteren Untersuchungen oder Schutzmaßnahmen erforderlich.

Bundesimmissionsschutzverordnung

Aufgrund der 26. Verordnung zur Durchführung des Bundesimmissionsschutzgesetzes (Verordnung über elektromagnetische Felder (26. BImSchV, zuletzt geändert am 26.07.2016) und des Bundes-Immissionsschutzgesetzes in der Fassung der Bekanntmachung vom 17. Mai 2013 (geändert am 30.11.2016) werden in beiden Veröffentlichungen im § 1 verbindlich Schutz- und Vorsorgemaßnahmen für die allgemeine Öffentlichkeit und deren Nachbarschaft gegen elektromagnetische Felder gefordert. Diese verbindlichen Schutz- und Vorsorgeanforderungen wurden auf der Grundlage der übereinstimmenden Grenzwertempfehlungen der Deutschen Strahlenschutzkommission (SSK), des internationalen Strahlenschutzverbundes (IR-PA) und der internationalen Kommission zum Schutz vor nichtionisierender Strahlung (ICNIRP) festgelegt und bilden ein wichtiges Fundament des deutschen Umweltrechts. Die Verordnung gilt allgemein für die Errichtung

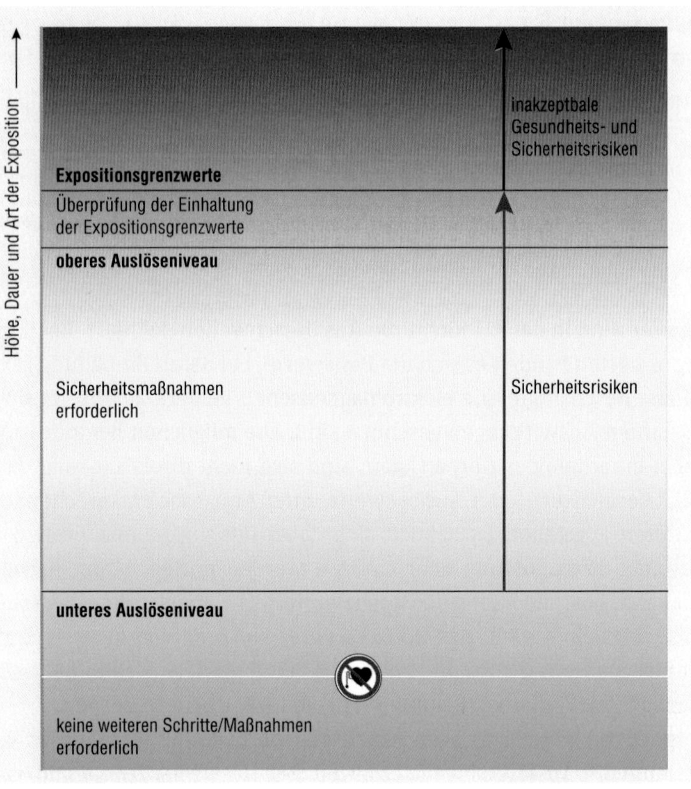

Bild 1: Schematische Beziehung zwischen Expositionsgrenzwerten und dem oberen bzw. unterem Auslöseniveau

und den Betrieb von Anlagen mit höheren Spannungen. Der § 4 der 26. BImSchV beschreibt die Anforderungen zur Vorsorge und der § 5 die erforderlichen Messgeräte und Berechnungsverfahren für die Ermittlung der elektrischen und magnetischen Felder.

Betroffen sind Hoch- und Niederfrequenzanlagen mit $U \geq 1.000$ V sowie Gleichstromanlagen mit $U \geq 2.000$ V. Die **Tabellen 7** und **8** listen die im Anhang 1a und 1b genannten zulässigen Grenzwerte auf, die nicht nur zum vorübergehenden Aufenthalt von Personen bestimmt sind. In Tabelle 8 sind die zulässigen Grenzwerte als Effektivwerte aufgelistet.

Das Einhalten der Grenzwerte kann aber nicht garantieren, dass Personen durch die Beeinflussung elektromagnetischer Felder keinerlei Wirkung empfinden. Verstöße gegen die Vorgaben werden als Ordnungswidrigkeit mit Geldbußen bestraft. Nicht anzuwenden ist die 26. BImSchV bei Sendefunkanlagen des Bun-

Frequenzbereich f in Hz	elektrische Feldstärke E in kV/m	magnetische Flussdichte B in µT
0 (für U > 2.000 V)	–	500
1 … 8 (für alle f mit U > 1.000 V)	5	40.000/f^2
8 … 25	5	5.000/f
25 … 50	5	200
50 … 400	250/f	200
400 … 3.000	250/f	80.000/f
3.000 … 10.000.000	0,083	27

Tabelle 7 Grenzwerte niederfrequenter Felder (Anhang 1a der 26. BImSchV)

Frequenzbereich f in Hz	Grenzwerte, quadratisch gemittelt über 6 min (Effektivwerte)	
	elektrische Feldstärke in V/m	magnetische Flussdichte in A/m
0,1 … 1	87	0,73/f
1 … 10	87/$\sqrt{f}$	0,73/f
10 … 400	28	0,073
400 … 2.000	1,375/$\sqrt{f}$	0,0037/$\sqrt{f}$
2.000 … 300.000	61	0,16

Tabelle 8 Grenzwerte hochfrequenter Felder – Die Mittelung über 6 min entspricht der thermischen Körperzeitkonstanten (Anhang 1b der 26. BImSchV).

desgrenzschutzes, der Polizei und der Bundeswehr, der Wasser- und Schifffahrtsverwaltung sowie bei ortsfesten Anlagen, beispielsweise Sender für Mobiltelefone, Schiffsradar oder Sende- und Amateurfunkanlagen.

Für Niederfrequenzanlagen sind u. a. jedoch nur Grenzwerte für Freifeldleitungen und Erdkabel, Elektroumspannanlagen einschließlich der Schaltanlagen mit einer Frequenz von 16 2/3 Hz und von 50 Hz bis maximal 9 kHz und einer Spannung von 1.000 V oder mehr festgelegt. Der Frequenzbereich von 30 kHz bis 100 kHz wird als Übergang zur Hochfrequenz angesehen. Die genannten Grenzwerte gelten in Gebäuden oder auf Grundstücken, die nicht nur zum vorübergehenden Aufenthalt von Menschen bestimmt sind.

Für Spannungen unter 1.000 V und Frequenzen über 50 Hz sowie für Arbeitsstätten und Arbeitsplätze nennt die 26. BImSchV keine Grenzwerte. In allen diesen Fällen müssen die gemessenen Werte nach den allgemein anerkannten Regeln der Technik, den DIN-VDE-Normen oder den Berufsgenossenschaftlichen DGUV Regeln 103-013 (identisch mit BGR B11) bzw. DGUV Regel 103-014 (identisch mit BGV B11) bewertet werden.

Der Länderausschuss für Immissionsschutz (LAI) veröffentlichte in seiner 128. Sitzung im September 2014 Hinweise für die Umsetzung der 26. BImSchV. Danach sind die Mindestabstände zu Stromversorgungseinrichtungen (**Tabelle 9**) einzuhalten.

Stromversorgungseinrichtung		Bereich	Mindestabstand in m
Freileitung	380 kV	Breite des jeweils an den ruhenden äußeren Leitern angrenzenden Streifens	20
	220 kV		15
	110 kV		10
	unter 110 kV		5
Erdkabel		Bereich im Radius um das Kabel	1
Bahnoberleitung		Breite der jeweils zu beiden Seiten an das elektrifizierte Gleis angrenzenden Streifen, von Gleismitte	10
Umspannanlage		angrenzende Streifen	5
Ortsnetzstation, Netzstation		angrenzende Streifen	1

Tabelle 9 Mindestabstände zu Stromversorgungseinrichtungen nach LAI-Hinweisen

Nach §3 Absatz 1 bleiben kurzzeitige Überschreitungen der Grenzwerte um nicht mehr als 100 % mit einer Dauer von nicht mehr als 5 % eines Beurteilungszeitraumes von einem Tag und kleinräumige Überschreitungen um nicht mehr als 100 % außerhalb von Gebäuden außer Betracht. Für Anlagen, die nach dem 22.08.2013 errichtet wurden, ist generell eine Grenzwertüberschreitung unzulässig.

Mit der Verwaltungsvorschrift des Bundesrates BR-Drs. 547/15 von November 2015 wurde die 26. BImSchV durch eine „Minimierungspflicht" für Stromleitungen, Umspann- und Schaltanlagen erweitert. **Bild 2** zeigt Beispiele zur Ermittlung der Bezugspunkte. So können jetzt Mindestabstände entsprechend der **Tabellen 10** und **11** gefordert werden, wenn kein maßgeblicher „Minimierungsort" verfügbar ist.

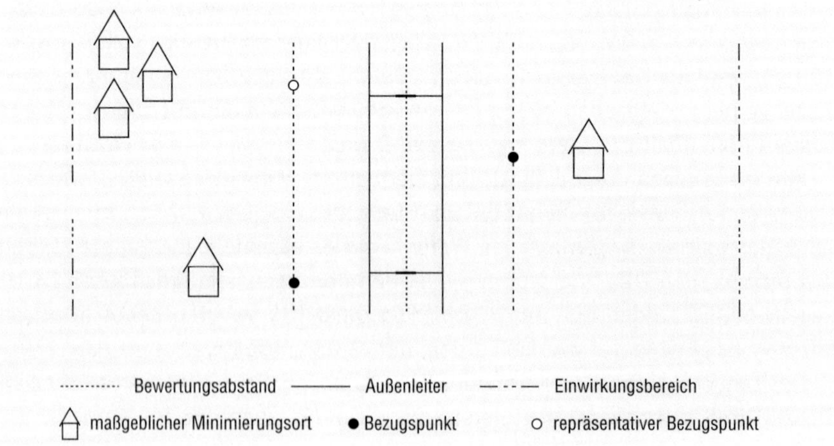

Bild 2: Beispiel für die Ermittlung von Bezugspunkten für Grenzwertüberschreitung nach BR-Drs. 547/15

Nennspannung in kV	Abstand in m
≥ 380	400
220 … 380	300
110 … 220	200
< 110	100

Tabelle 10 Einwirkungsbereich von Freileitungen einschließlich Bahnstromfernleitungen nach BR-Drs. 547/15

Nennspannung in kV	Abstand in m
≥ 500	400
300 … 500	300
< 300	200

Tabelle 11 Einwirkungsbereich von Gleichstromanlagen nach BR-Drs. 547/15

Grenzwerte für Hochfrequenzanlagen

Die Verordnung 26. BImSchV gilt für alle ortsfesten Anlagen, die im Frequenzbereich von 9 kHz bis 300 GHz elektromagnetische Felder erzeugen:

„Nach § 2 Absatz (1) der 26. BImSchV sind zum Schutz vor schädlichen Umwelteinwirkungen Hochfrequenzanlagen mit einer äquivalenten isotropen Strahlungsleistung (EIRP) von 10 W oder mehr so zu errichten und zu betreiben, dass in ihrem Einwirkungsbereich an Orten, die zum dauerhaften oder vorübergehenden Aufenthalt von Menschen bestimmt sind, bei höchster betrieblicher Anlagenauslastung

1. *die in Anhang 1a und 1b bestimmten Grenzwerte für den jeweiligen Frequenzbereich unter Berücksichtigung von Immissionen durch andere ortsfeste Hochfrequenzanlagen sowie Niederfrequenzanlagen gemäß Anhang 2 nicht überschritten werden und*
2. *bei gepulsten elektromagnetischen Feldern zusätzlich die in Anhang 3 festgelegten Kriterien eingehalten werden. Das Gleiche gilt für eine Hochfrequenzanlage mit einer äquivalenten isotropen Strahlungsleistung (EIRP) von weniger als 10 Watt, wenn diese an einem Standort gemäß § 2 Nummer 3 der Verordnung über das Nachweisverfahren zur Begrenzung elektromagnetischer Felder vom 20. August 2002 (BGBl. I S. 3366), die zuletzt durch Artikel 3 Absatz 20 des Gesetzes vom 7. Juli 2005 (BGBl. I S. 1970) geändert worden ist, in der jeweils geltenden Fassung, mit einer äquivalenten isotropen Strahlungsleistung (equivalent isotropically radiated power = EIRP) der dort vorhandenen Hochfrequenzanlagen (Gesamtstrahlungsleistung) von 10 W oder mehr errichtet wird oder wenn durch diese die Gesamtstrahlungsleistung von 10 W erreicht oder überschritten wird. Satz 2 gilt nicht für Hochfrequenz-*

anlagen, die eine äquivalente isotrope Strahlungsleistung (EIRP) von 100 mW oder weniger aufweisen."

Nach § 2 Absatz 2 bleiben kurzzeitige Überschreitungen aufgrund einer vorübergehenden Gefahr für die öffentliche Sicherheit und Ordnung oder zum Schutz der Sicherheit des Staates außer Betracht.

Die Bund-/Länder-Arbeitsgemeinschaft für Immissionsschutz hat am 17. und 18. September 2014 Hinweise zur Durchführung der Verordnung über elektromagnetische Felder (26. BImSchV) beschlossen und veröffentlicht. Die Hinweise sollen den Vollzugsbehörden Erläuterungen und Empfehlungen mit dem Ziel geben, einen bundesweit einheitlichen Vollzug der 26. BImSchV zu erreichen. Dabei wurden Aussagen aus der amtlichen Begründung zum Verordnungsentwurf (BT-Drucksache 17/12372) und aus den Ausführungen des Bundesrates (BR-Drucksache 209/13) aufgenommen, soweit sie für die nachfolgenden Durchführungshinweise von Bedeutung sind.

Der Einwirkungsbereich einer Hochfrequenzanlage beschreibt den Bereich, in dem die Anlage einen signifikanten, von der Hintergrundbelastung abhebenden, Immissionsbeitrag verursacht, unabhängig davon, ob die Immissionen tatsächlich schädliche Umwelteinwirkungen auslösen. Für die Ermittlung des maßgeblichen Einwirkungsortes und für die Berücksichtigung der Vorbelastung im Einwirkungsbereich reicht es aus, den 10-fachen Sicherheitsabstand des von der Bundesnetzagentur (BNetzA) festgelegten systembezogenen Sicherheitsabstandes zu verwenden.

Bei der Prüfung, ob die zutreffenden Grenzwerte eingehalten sind, ist die Vorbelastung durch alle anderen Hochfrequenzanlagen einzubeziehen. Für Hochfrequenzanlagen im Frequenzbereich von 9 kHz bis 10 MHz ist auch die Exposition durch Niederfrequenzanlagen einzubeziehen.

Für Hochfrequenzanlagen, die gepulste elektromagnetische Felder erzeugen, (z. B. Radaranlagen) sind zusätzlich die Regelungen zur Einhaltung von Spitzenwerten zu berücksichtigen.

Tabelle 12 listet die zulässigen kleinräumigen und kurzzeitigen Grenzwertüberschreitungen in Abhängigkeit des Errichtungszeitpunktes einer Anlage auf.

Zeitpunkt der Errichtung oder der wesentlichen Änderung	Zulässigkeit kurzzeitiger und kleinräumiger Überschreitungen an Orten des nicht nur vorübergehenden Aufenthalts
vor dem 01.01.1997 errichtet	In den genannten Grenzen zulässig bis zu einer wesentlichen Änderung
zwischen dem 01.01.1997 und dem 22.08.2013 errichtet oder in diesem Zeitraum oder danach geändert	In der Nähe von Wohnungen, Krankenhäusern, Schulen, Kindergärten, Kinderhorten, Spielplätzen oder ähnlichen Einrichtungen unzulässig
nach dem 22.08.2013 errichtet	generell unzulässig (außer § 8 trifft zu)

Tabelle 12 Zulässige Grenzwertüberschreitungen in Abhängigkeit des Errichtungszeitpunktes einer Anlage, Hinweise zur Durchführung der Verordnung über elektromagnetische Felder (26. BImSchV)

DIN-VDE 0848 – DIN EN 50357

In Deutschland befasste sich das 1974 gegründete DIN-DKE-Komitee K 764 „Sicherheit in elektromagnetischen Feldern“ mit der Erarbeitung von Regelungen und Schutzvorschriften zum Schutz des Menschen vor negativen Wirkungen elektrischer, magnetischer und elektromagnetischer Felder. Diese Regeln haben ihren Niederschlag in der Standardreihe DIN-VDE 0848, Teil 1 bis 4, Sicherheit in elektromagnetischen Feldern gefunden. Aufgrund des Stillhalteabkommens mit der europäischen Normungsorganisation (CENELEC, Comité Européen de Normalisation Électrotechnique) ist eine Verabschiedung der revidierten Entwürfe nicht mehr möglich.

Der Entwurf der Norm wurde zurückgezogen. Solange keine gesetzlichen Festlegungen entgegenstehen, können aber empfohlene Grenzwerte in Verordnungen oder Unfallverhütungsvorschriften der Berufsgenossenschaften und des Berufsgenossenschaftlichen Instituts für Arbeitssicherheit eingebunden werden. Folgerichtig wird die Begutachtung der niederfrequenten Felder an Arbeitsplätzen durch die Berufsgenossenschaftlichen Vorschriften und Regeln für Sicherheit und Gesundheit bei der Arbeit definiert.

Berufsgenossenschaftliche Vorschriften – DGUV Regel

Die Unfallverhütungsvorschriften „Elektromagnetische Felder“ DGUV Regel 103-013, alte Bezeichnung BGR B11, und DGUV Regel 103-014, alte Bezeichnung BGV B11, sind identisch. Sie gelten nicht für Spannungen größer 1.000 V, soweit die 26. BImSchV zur Anwendung kommt.

In den BG-Regeln werden drei Expositionsbereiche unterschieden:

a) **Grenzwerte für den Expositionsbereich 1** gelten u. a. für kontrollierte Bereiche, z. B. Arbeitsstätten und Betriebsräume, in denen aufgrund der Betriebsweise oder der Aufenthaltsdauer sichergestellt ist, dass eine Exposition oberhalb der zulässigen Werte von Expositionsbereich 2 nur vorübergehend erfolgt. Diese Grenzwerte orientieren sich am Konzept zur Vermeidung von Gefährdungen unter Berücksichtigung von Sicherheitszuschlägen.

b) **Grenzwerte für erhöhte Exposition** gelten für kontrollierte Bereiche, in denen Werte des Expositionsbereichs 1 nur für einen zeitlich begrenzten Aufenthalt befugter Personen maximal für 2 h pro Tag für niederfrequente und 6 min pro Tag für hochfrequente Emissionen gestattet ist. Bereiche mit erhöhter Exposition sind zu kennzeichnen und so zu sichern, dass sich dort während des Betriebes keine unbefugten Personen aufhalten können. Die Werte des Bereichs erhöhter Exposition dürfen nicht überschritten werden. Andernfalls ist der Betriebsbereich als Gefahrenbereich auszuweisen. Diese Bereiche dürfen nur mit geeigneter Schutzausrüstung betreten werden.

c) **Grenzwerte für den Expositionsbereich 2** gelten für alle Bereiche, in denen nicht nur mit Kurzzeitexposition gerechnet werden kann, das sind
   - allgemein zugängliche Bereiche, Besucherzonen,
   - Büro- und Sozialräume,
   - Arbeitsstätten, in denen eine EM-Feldexposition bestimmungsgemäß nicht erwartet werden kann.

Zulässige Werte für Personen mit Herzschrittmachern

Die 26. Verordnung zur Durchführung des Bundesimmissionsschutzgesetzes berücksichtigt nicht die Wirkungen elektromagnetischer Felder auf elektrisch oder elektronisch betriebene Implantate. In den Berufsgenossenschaftlichen Regeln BGR B11 ist für Personen mit Herzschrittmachern aber die Grenze des Aufenthaltsbereichs auf der Basis eines zulässigen Wertes von $B = 0{,}7\,\mathrm{mT}$ festgelegt. Gemäß Anhang 3 der BGR B11 wird darüber hinaus hinsichtlich zulässiger Werte für Personen mit Herzschrittmachern auf die Festlegung der Norm DIN VDE 0848-3-1 „Sicherheit in elektrischen, magnetischen und elektromagnetischen Feldern; Teil 3-1 Schutz von Personen mit aktiven Körperhilfsmitteln im Frequenzbereich 0 Hz bis 300 GHz“ verwiesen. Diese Norm hat mit DIN VDE 0848-3-1/A1/02.2001 7 eine aktuelle Ergänzung erhalten. Demnach ist die vorgenannte Grenze von $B = 0{,}7\,\mathrm{mT}$ für die direkte Beeinflussung eines Herzschrittmachers zur Verhinderung des ungewollten Ansprechens des Reedkontaktes im Herzschrittmachergerät festgelegt. Darüber hinaus ist eine frequenzabhängige Störschwelle für implantierte Herzschrittmachergeräte zu beachten. Bei der vorgegebenen Störschwelle lässt sich dann die zulässige Feldstärke bei nicht verkoppelten Strahlungsquellen berechnen.

Gemäß Anhang A obiger Vorschrift liegt die Störschwelle für implantierte unipolare Herzschrittmachergeräte bei kontinuierlichen Schwingungen und bei Schwingungspaketen bei nicht verkoppelten Strahlungsquellen für 50 Hz bei 55,4 µT (Spitzenwert). Für Frequenzen über 50 Hz bis 30 kHz sind noch keine Störschwellen festgelegt.

Verpflichtungen der Arbeitgeber

Der Unternehmer hat nach § 3 (2) dafür zu sorgen, dass in Arbeitsstätten und an Arbeitsplätzen weder unzulässige Expositionen noch unzulässige mittelbare Wirkungen durch EM-Felder auftreten und nach § 10 die Versicherten über die bei ihren Tätigkeiten auftretenden Gefahren sowie über die Maßnahmen zu ihrer Abwendung vor Beginn der Tätigkeit und danach in angemessenen Zeitabständen, mindestens jedoch einmal jährlich, zu unterweisen. Er hat ferner die Expositionsbereiche festzulegen und sicherzustellen, dass die zulässigen Werte der verschiedenen Expositionsbereiche nicht überschritten werden, und er hat die Bereiche mit erhöhter Exposition zu kennzeichnen. Dabei ist der Gefahrbereich so zu kennzeichnen und durch dauerhafte Abgrenzungen oder Schutzeinrichtungen zu sichern, dass während des Betriebes Personen nicht hineingreifen, hineingelangen oder sich darin aufhalten können. In abgeschlossenen Betriebsstätten, zu denen nur befugte Personen Zugang haben, ist eine Kennzeichnung des Gefahrbereiches ausreichend. Der Unternehmer hat geeignete persönliche Schutzausrüstungen auszuwählen und den Versicherten zur Verfügung zu stellen, die auch von den versicherten Personen benutzt werden müssen. Der Nachweis der auftretenden Exposition ist messtechnisch durch Sachkundige, die aufgrund ihrer fachlichen Ausbildung und Erfahrung ausreichende Kenntnisse auf dem Gebiet der EM-Felder haben und mit den einschlägigen staatlichen Arbeitsschutzvorschriften, Unfallverhütungsvorschriften und allgemein anerkannten Regeln der Technik (z. B. BG-Regeln, DIN EN-Normen, VDE-Bestimmungen, technische Regeln) soweit vertraut sind, dass der arbeitssichere Zustand der Anlagen, Maschinen und Geräte beurteilt werden kann, zu erbringen.

Bereiche mit kritischen Feldstärken sind mit Hinweisschildern und mit Zutrittsverbots-Schildern für Herzschrittmacher- bzw. Implantate-Träger nach **Bild 3** zu kennzeichnen.

Neben den drei Expositionsbereichen werden die zulässigen Grenzwerte nach **Tabelle 13** für unterschiedliche Frequenzbereiche definiert. Der niederfrequente Bereich reicht von 0 Hz bis 29 kHz, der Übergangsbereich von 29 kHz bis 91 kHz und der Höchstfrequenzbereich von 91 kHz bis 300 MHz.

Bereich	Frequenzbereich *f*	Grenzwerte (Effektivwerte)	
		elektrische Feldstärke in kV/m im Frequenzbereich	elektrische Feldstärke in kV/m bei 50 Hz
Expositionsbereich 2	0 Hz ... 35,53 Hz	20	**6,67**
	35,53 Hz ... 1 kHz	333,3/*f*	
	1 kHz ... 29 kHz	0,3333	
	29 kHz ... 91 kHz	333,3	
Expositionsbereich 1	0 Hz ... 35,53 Hz	30	**21,32**
	35,53 Hz ... 1 kHz	1.066/*f*	
	1 kHz ... 91 kHz	1.066	
erhöhter Expositionsbereich Aufenthalt maximal 2h/d	0 Hz ... 67,67 Hz	30	**30,00**
	67,67 Hz ... 1 kHz	2.000/*f*	
	1 kHz ... 48,5 kHz	2	
	48,5 kHz ... 91 kHz	97/*f*	

Tabelle 13 Grenzwerte elektrischer Felder (Auszug Grenzwerte für niederfrequente elektrische Felder nach BGR B 11 identisch mit BGV B11)

Bild 3: Warnschilder vor elektromagnetischer Strahlung

Zur Begrenzung von Sekundäreffekten darf beim elektrischen Feld ein Wert von 30 kV/m nicht überschritten werden. **Tabelle 14** listet die geltenden Grenzwerte für niederfrequente magnetische Felder und die **Tabellen 15** und **16** für hochfrequente elektrische und magnetische Felder auf.

Die **Bilder 4** und **5** zeigen die Frequenzabhängigkeit der Grenzwerte in den verschiedenen Expositionsbereichen nach DGUV Regel 103-013 (BGR B 11).

Bereich	Frequenzbereich *f*	Grenzwerte (Effektivwerte)	
		magnetische Flussdichte in mT im Frequenzbereich	magnetische Flussdichte in mT bei 50 Hz
Expositionsbereich 2	0 Hz … 1 Hz	21,22	
	1 Hz … 1 kHz	21,22/*f*	**0,4244**
	1 kHz … 91 kHz	21,22 µT	
Expositionsbereich 1	0 Hz … 1 Hz	67,9	
	1 Hz … 1 kHz	67,9/*f*	**1,358**
	1 kHz … 91 kHz	67,9 µT	
erhöhter Expositionsbereich	0 Hz … 1 Hz	127,3	
Aufenthalt maximal 2h/d	1 Hz … 1 kHz	127,3/*f*	
	1 kHz … 48,5 kHz	127,3 µT	**2,546**
	48,5 kHz … 91 kHz	6.176 µT	

Tabelle 14 Grenzwerte der magnetischen Flussdichte (Auszug Grenzwerte für niederfrequente elektrische Felder nach BGR B 11 identisch mit BGV B11)

Bereich	Frequenzbereich *f* in MHz	Grenzwert (Effektivwert) magnetische Feldstärke in A/m
Expositionsbereich 2	0,091 … 0,14	16,8
	0,14 … 30	2,35/*f*
	30 … 400	0,073
	400 … 2.000	$3{,}64\sqrt{f}10^{-3}$
	2.000 … 300.000	0,163
Expositionsbereich 1	0,091 … 30	4,9/*f*
	30 … 400	0,163
	400 … 2.000	$8{,}14\sqrt{f}10^{-3}$
	2.000 … 300.000	0,364
erhöhter Expositionsbereich	0,091 … 0,2	10/*f*
	0,2 … 3	50
	3 … 30	150/*f*
	30 … 400	5
	400 … 2.000	$0{,}25\sqrt{f}10^{-3}$
	2.000 … 300.000	11,2

Tabelle 15 Grenzwerte magnetischer Felder (Auszug Grenzwerte für hochfrequente magnetische Felder nach DGUV Regel 103-013)

Bereich	Frequenzbereich *f* in MHz	Grenzwert (Effektivwert) elektrische Feldstärke in V/m	Frequenzbereich *f* in MHz	Leistungsflussdichte in W/m² Mittelwert
Expositions-bereich 2	0,091 ... 0,826	333,3	0,091 ... 0,826	–
	0,826 ... 10	275/*f*	0,826 ... 10	–
	10 ... 400	27,5	10 ... 400	2
	400 ... 2.000	1,375 $\sqrt{f}$	400 ... 2.000	*f*/200
	2.000 ... 300.000	61,5	2.000 ... 300.000	10
Expositions-bereich 1	0,091 ... 0,576	1.066	0,091 ... 0,576	–
	0,576 ... 10	614/*f*	0,576 ... 30	–
Aufenthalt größer 6 min	10 ... 400	61,4	30 ... 400	10
	400 ... 2.000	3,07 $\sqrt{f}$	400 ... 2.000	*f*/40
	2.000 ... 300.000	137,3	2.000 ... 300.000	50
erhöhter Expositions-bereich	0,091 ... 0,1	2.222	0,091 ... 0,576	–
	0,1 ... 0,3	22.222 /*f*	0,576 ... 30	–
	0,3 ... 3	6.667	30 ... 400	10.000
Aufenthalt kleiner 6 min	3 ... 10	20.000/*f*	400 ... 2.000	25/*f*
	10 ... 400	2.000	2.000 ... 300.000	50.000
	400 ... 2.000	100 $\sqrt{f}$		
	2.000 ... 300.000	4.472		

Tabelle 16 Grenzwerte elektrischer Felder und der Leistungsflussdichte (Auszug Grenzwerte für hochfrequente elektrische Felder nach DGUV Regel 103-013)

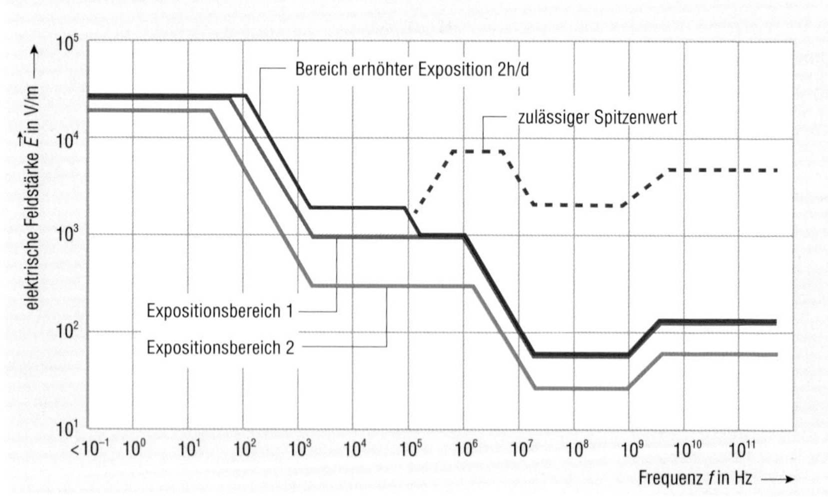

Bild 4: Vergleich der zulässigen Werte elektrischer Felder in verschiedenen Expositionsbereichen

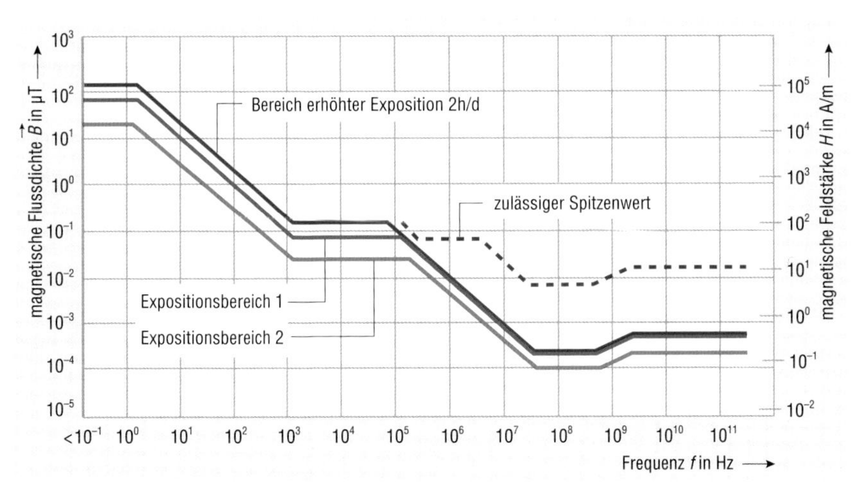

Bild 5: Vergleich der zulässigen Werte magnetischer Felder in verschiedenen Expositionsbereichen

Internationale Grenzwerte im Vergleich

Im Folgenden sind Grenzwertregelungen verschiedener Staaten und internationaler Organisationen sowie ergänzende Bestimmungen aufgeführt. Die Werte dienen dem vorsorgenden Schutz der Bevölkerung vor elektrischen, magnetischen und elektromagnetischen Feldern. Internationale Organisationen, die Weltgesundheitsorganisation (WHO), die internationale Strahlenschutzvereinigung (IRPA) und die International Commission on Nonionizing Radiation Protection (ICNIRP, deutsch Internationale Kommission für den Schutz vor nichtionisierender Strahlung), drängen auf eine Harmonisierung der Grenzwerte in der europäischen Union und in den Ländern Großbritannien, Italien, Niederlande, Russland und Schweden. In den außereuropäischen Ländern China, Kanada und USA weichen die einzuhaltenden Grenzwerte zum Teil noch erheblich voneinander ab. **Tabelle 17** listet die Grenzwertempfehlungen der ICNIRP auf.

Frequenz f	Effektivwerte		
	elektrische Feldstärke E in kV/m	magnetische Feldstärke H in A/m	magnetische Flussdichte B in T
1 Hz … 8 Hz	5	$3{,}2 \cdot 10^4/f^2$	$4 \cdot 10^{-2}/f^2$
8 Hz … 25 Hz	5	$4 \cdot 10^3/f$	$5 \cdot 10^{-3}/f$
25 Hz … 50 Hz	5	$1{,}6 \cdot 10^2$	$2 \cdot 10^{-2}$
50 Hz … 400 Hz	$2{,}5 \cdot 10^2/f$	$1{,}6 \cdot 10^2$	$2 \cdot 10^{-2}$
400 Hz … 3 kHz	$2{,}5 \cdot 10^2/f$	$6{,}4 \cdot 10^4/f$	$8 \cdot 10^{-2}/f$
3 kHz … 10 MHz	$8{,}3 \cdot 10^{-2}$	21	$2{,}7 \cdot 10^{-5}$

Tabelle 17 Grenzwertempfehlungen der ICNIRP (Allgemeinbevölkerung)

In den Ländern Russland und China sind die Abweichungen am signifikantesten, sodass dort insbesondere bei hochfrequenten Feldern größere Gefahren bestehen.

Die **Bilder 6** und **7** stellen die unterschiedlichen Grenzwertanforderungen aus EU-Richtlinie, 26. BImSchV, der berufsgenossenschaftlichen Anforderungen DGUV Regel 103- 013 (alt BGR B11), der internationalen Kommission ICNIRP und der Empfehlung des Rates vom 12.07.1999 (1999/519/EC) und § 3 BEMFV für die allgemeine Bevölkerung (veröffentlicht auf der EMVU-Internetseite der BNetzA) gegenüber.

Wesentlich niedrigere Vorsorgegrenzwerte enthält die „Verordnung zum Schutz vor nichtionisierender Strahlung“ in der Schweiz.

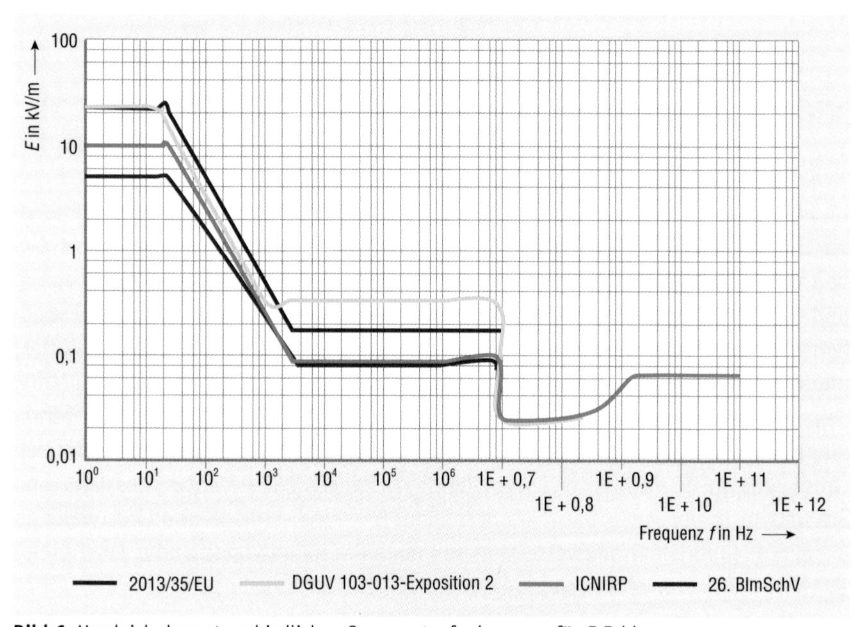

Bild 6: Vergleich der unterschiedlichen Grenzwertanforderungen für *E*-Felder

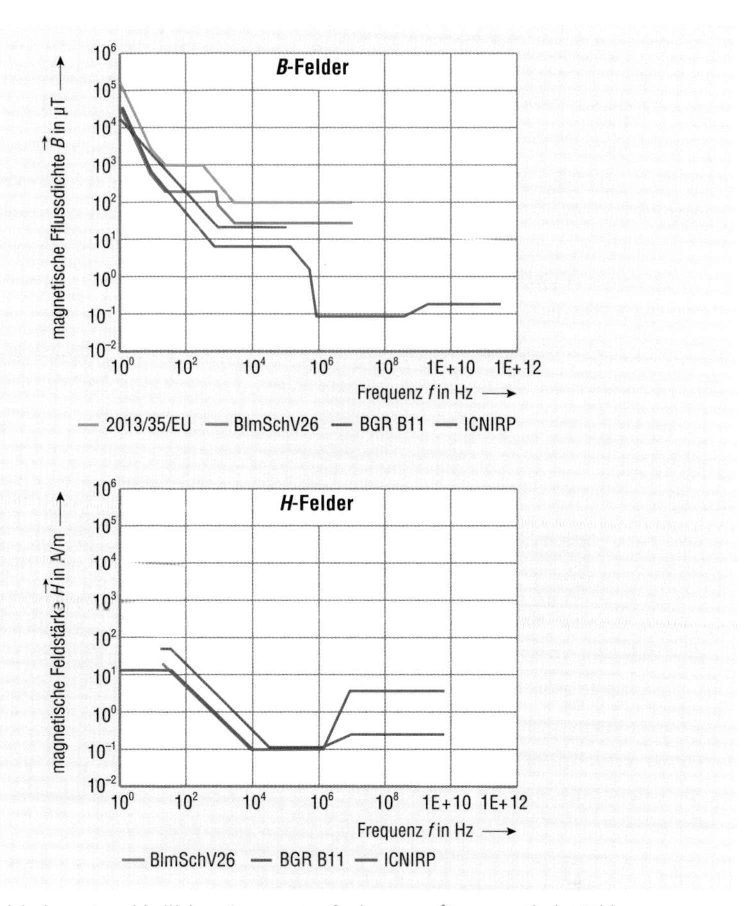

Bild 7: Vergleich der unterschiedlichen Grenzwertanforderungen für magnetische Felder

Mobilfunksender – Grenzwerte

Strahlenschutz bei Mobilfunkbasisstationen

In Deutschland sind für ortsfeste Sendeanlagen (wie Basisstationen) Grenzwerte für elektromagnetische Felder in verschiedenen Richtlinien und Verordnungen beschrieben. Für Mobilfunkbasisstationen nennt das Bundesamt für Strahlenschutz in **Tabelle 18** Grenzwerte für elektrische und magnetische Felder. Im Nahfeld sind *E*- und *H*-Felder getrennt zu messen.

Tabelle 19 nennt Mindestanforderungen für die Leistungsdichte, die nicht überschritten werden sollen.

Netz		Frequenz *f* in MHz	Grenzwerte (quadratisch gemittelt über 6 min)	
			elektrische Feldstärke Effektivwerte in V/m	magnetische Feldstärke Effektivwerte in AV/m
GSM-Netz	D-Netz	≈ 900	41	11
	E-Netz	≈ 1.800	58	0,16
UMTS-Netz		≈ 2.000	61	0,16
LTE-Netz		≈ 800	38	0,10
		≈ 1.800	58	0,16
		≈ 2.600	61	0,16

Tabelle 18 Grenzwerte Mobilfunkbasisstationen nach Bundesamt für Strahlenschutz

Netz		Frequenz *f* in MHz	maximale Sendeleistung in W	ICNIRP-Grenzwert Leistungsdichte in W/m²
GSM-Netz	D-Netz	≈ 900	20 … 50	4,5
	E-Netz	≈ 1.800	10 … 20	9
UMTS-Netz		≈ 2.000	60 (mit drei Sendern á 20 W)	10
LTE-Netz		≈ 800	2	4
		≈ 1.800	2	9
		≈ 2.600	2	13

Tabelle 19 Mindestanforderungen für die Leistungsdichte, Bundesamt für Strahlenschutz

Die LTE-Netze (Long Term Evolution) befinden sich derzeit im weiteren Aufbau. Sie bieten eine höhere Datenrate und kurze Signallaufzeiten und decken vor allem den ländlichen Bereich besser ab.

Wenn eine Mobilfunksendeanlage mehrere Dienste oder Frequenzen nutzt, müssen die Immissionen gemeinsam bewertet werden. Auch hierbei ist die Frequenzabhängigkeit der Grenzwerte zu berücksichtigen.

Strahlenschutz bei mobilen Endgeräten

Beim Mobilfunk werden hochfrequente elektromagnetische Felder genutzt, um Sprache oder Daten zu übertragen. Beim Telefonieren mit dem Handy wird ein Teil der Energie dieser Felder im Kopf aufgenommen. Führt man das Handy zum Beispiel in einer Tasche seiner Kleidung bei sich und benutzt zum Telefonieren ein Headset, wird die Energie überwiegend von dem Körperteil aufgenommen, in dessen Nähe sich das Handy befindet.

Die Verbindung zum Headset benötigt wesentlich geringere Sendeleistungen. Die mobilen Endgeräte wie Handys, Smartphones und ähnliche Produkte fallen nicht unter die Regelungen der 26. BImSchV. Der Gesundheitsschutz der Nutzerinnen und Nutzer von mobilen Endgeräten wird im Rahmen der Produktsicherheit geregelt. Um gesundheitlich relevante Wirkungen der Felder auszuschließen, soll die beim Betrieb auftretende Energie- beziehungsweise Leistungsaufnahme im

Körper festgelegte Höchstwerte nicht übersteigen. Als Maß dient die spezifische Absorptionsrate (SAR), gemessen in W/kg.

Für die maximale Exposition mit dem Grenzwert des SAR-Werts von 2 W/kg durch Mobilgeräte gilt DIN EN 50360:2013-01; VDE 0848-360:2013-01, „Produktnorm zum Nachweis der Übereinstimmung von Mobiltelefonen mit den Basisgrenzwerten hinsichtlich der Sicherheit von Personen in elektromagnetischen Feldern (300 MHz bis 3 GHz)“ sowie der dazugehörige Messstandard „Grundnorm zur Messung der spezifischen Absorptionsrate (SAR)“ DIN EN 50361 VDE 0848-361:2002-06, der seit 2007 durch den global gültigen, inhaltlich vergleichbaren Standard IEC/EN 62209-1 ersetzt wurde.

Die heutigen Handys halten diesen Grenzwert somit grundsätzlich ein und unterschreiten ihn teilweise deutlich. Die Hersteller ermitteln die SAR-Werte gemäß der europäischen Messnorm DIN EN 62209-1:2007-03; VDE 0848-209-1:2007-03 „Sicherheit von Personen in hochfrequenten Feldern von handgehaltenen und am Körper getragenen schnurlosen Kommunikationsgeräten – Körpermodelle, Messgeräte und Verfahren“. DIN EN 62209-1 beschreibt die genau festgelegten standardisierten Verfahren zur Bestimmung der spezifischen Absorptionsrate (SAR) im Anwendungsfall „Telefonieren mit dem Handy am Ohr“ von handgehaltenen Geräten, die in enger Nachbarschaft zum Ohr benutzt werden (Frequenzbereich von 300 MHz bis 3 GHz, IEC 62209-1:2005) und DIN EN 62209-2 analog den Anwendungsfall „Betrieb beim Tragen des Handys am Körper“. Daher sind die Werte des jeweiligen Anwendungsfalles in der Regel miteinander vergleichbar.

Das Bundesamt für Strahlenschutz (BfS) kontrolliert seit 2002 die SAR-Werte in regelmäßigen Abständen bei den Herstellern der auf dem deutschen Markt verfügbaren Mobiltelefone. Diese Werte werden in einer Liste zusammengestellt, die – soweit verfügbar für das jeweilige Handy – die SAR-Werte für beide Anwendungsfälle enthält (Telefonieren am Ohr, Betrieb beim Tragen am Körper).

Einschränkend muss aber darauf hingewiesen werden, dass die Messnorm EN 62209-2 unterschiedliche Messabstände zulässt. Bei der Ermittlung der SAR-Werte für diesen Anwendungsfall gehen die Hersteller davon aus, dass die von ihnen empfohlenen Handytaschen mit eingebautem Abstandshalter verwendet werden. Die Dicken der von den Herstellern verwendeten Abstandshalter sind nicht einheitlich. Daher sind auch die gewählten Messabstände bei der Ermittlung der “body worn”-Werte unterschiedlich. Um dies zu dokumentieren und eine bessere Vergleichbarkeit dieser SAR-Werte zu ermöglichen, werden die herstellerseitig genannten Messabstände in einer Liste veröffentlicht.

Der für den Betrieb beim Tragen des Handys am Körper ermittelte und angegebene SAR-Wert wird bei dem vom Hersteller üblicherweise in der Gebrauchsanweisung genannten Abstand zur Körperoberfläche beziehungsweise bei Benutzung des von ihm empfohlenen Tragezubehörs eingehalten.

Die Einhaltung dieser Standards ist eine der Voraussetzungen zur Erfüllung der Funkanlagenrichtlinie 2014/53/EU (R&TTE-Richtlinie), die in Deutschland durch das „Gesetz über Funkanlagen und Telekommunikationsendeinrichtungen" vom 31.01.2001 (BGBl. I S. 170) umgesetzt wurde. Das Gesetz wurde durch Artikel 2 Absatz 3 des Gesetzes vom 14.12.2016 (BGBl. I S. 2879) geändert (FTEG).

Quelle

Burgholte, A.: Elektromagnetische Verträglichkeit Umwelt (EMVU). Heidelberg: Hüthig Verlag 2018

Autor

Prof. (i.R.) Alwin Burgholte, Diplom-Ingenieur der Elektrotechnik, verfügt über eine zwanzigjährige Erfahrung in der messtechnischen Untersuchung der Emission elektromagnetischer Felder, insbesondere bezogen auf die Einhaltung der einschlägigen Grenzwerte zum Schutz von Personen, führte diverse Tagesseminare durch und arbeitete an zahlreichen Forschungs- und Entwicklungsprojekten, deren Ergebnisse auf diversen Fachkongressen vorgestellt und publiziert wurden.

Was ist eigentlich Künstliche Intelligenz?

Prof. Dr. Michael Bernecker, Bastian Foerster

Künstliche Intelligenz (KI) gilt als ein bedeutendes Trendthema, mit welchem man sich aktuell im Business Development und Marketing auseinandersetzen muss. Doch was genau versteht man unter Künstlicher Intelligenz? Inwieweit beeinflusst und verändert Künstliche Intelligenz Geschäftsfelder und schafft neue Möglichkeiten für Märkte, Dienstleistungen, Produkte und damit auch Geschäftsmodelle?

Definition Künstliche Intelligenz

Der Begriff der Künstlichen Intelligenz (KI) wird als abstrakter Begriff, der vielfältige Aspekte und Themenkomplexe abdeckt, unterschiedlich definiert. Im Kern lassen sich verschiedene Richtungen abgrenzen, um sich dem Begriff der Künstlichen Intelligenz (KI) zu nähern. Sie ist ein Teilgebiet der Informatik und beinhaltet unter anderem den Prozess des maschinellen Lernens.

Die AI (Artificial Intelligence) bzw. KI bietet ein breit gefächertes Feld und unendliche Möglichkeiten. Künstliche Intelligenz ist ein Begriff, der in Wissenschaft und Praxis nicht eindeutig definiert ist. Da auch für den Terminus der Intelligenz als solchen keine eindeutige Definition existiert, weist folglich auch der Begriff der Künstlichen Intelligenz einige Unschärfen auf. Das Deutsche Institut für Marketing zum Beispiel hat in Anlehnung an den Turing-Test folgendes Grundverständnis von KI:

Künstliche Intelligenz setzt sich damit auseinander, wie Computer Wahrnehmungen verarbeiten, mit erlernten Algorithmen abgleichen und dadurch eine zielgerichtete Response/Handlung auslösen.

Bei KI unterscheidet man zwischen maschinellem Lernen (Machine Learning), dem Verarbeiten natürlicher Sprache (NLP – Natural Language Processing) und dem tiefgehenden Lernen (Deep Learning). Die Maschinen sollen mithilfe von Algorithmen Aufgaben bewältigen, die dem Menschen zugeschrieben werden. Dies beinhaltet menschliche Leistungen, wie z. B. Lernen, Urteilen und Problemlösen.

Teilgebiete der Künstlichen Intelligenz

Das Forschungsgebiet der Künstlichen Intelligenz gliedert sich in verschiedene Teilgebiete, welche in **Bild 1** aufgeführt sind.

Die Künstliche Intelligenz setzt sich aus den drei Gebieten Wahrnehmung, Handeln und Lernen zusammen. Diese wiederum beruhen auf weiteren Teildisziplinen, die essenziell für die Künstliche Intelligenz sind.

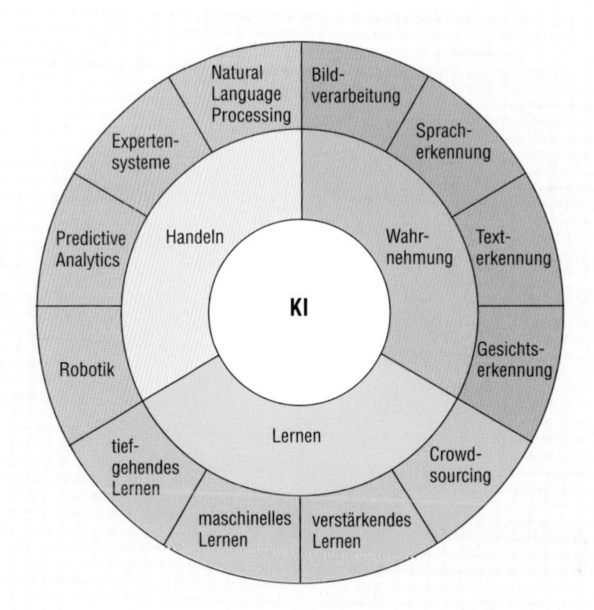

Bild 1: Die Teilgebiete der Künstlichen Intelligenz

Das Teilgebiet der Wahrnehmung besteht aus der Bildverarbeitung, welche mithilfe von Algorithmen beispielsweise industrielle Prozesse analysiert. Die Spracherkennung, ebenfalls dem Teilgebiet der Wahrnehmung zugehörig, kommt als digitaler Assistent in Form von Chatbots oder Sprachassistenten zum Einsatz.

Das maschinelle Lernen und das tiefgehende Lernen bilden zusammen das Teilgebiet des Lernens ab. Das Handeln umfasst das Natural Language Processing und Expertensysteme. Das Natural Language Processing (NLP) befasst sich mit Techniken und Methoden, die der maschinellen Verarbeitung natürlicher Sprache dienen. Das Ziel dabei ist es, eine direkte Kommunikation zwischen Mensch und Computer in natürlicher Sprache zu ermöglichen. Mit Expertensystemen bezeichnet man Programme, welche dazu beitragen sollen, Lösungen für Probleme anzubieten. Sie fungieren als Unterstützung und Entlastung für die menschlichen Experten.

Der Begriff der Künstlichen Intelligenz weist zum einen eine Überschneidung mit anderen modernen Themenfeldern auf, wie z. B. Digitalisierung und Big Data, zum anderen mit klassischen Themen, darunter Mathematik und Statistik (**Bild 2**).

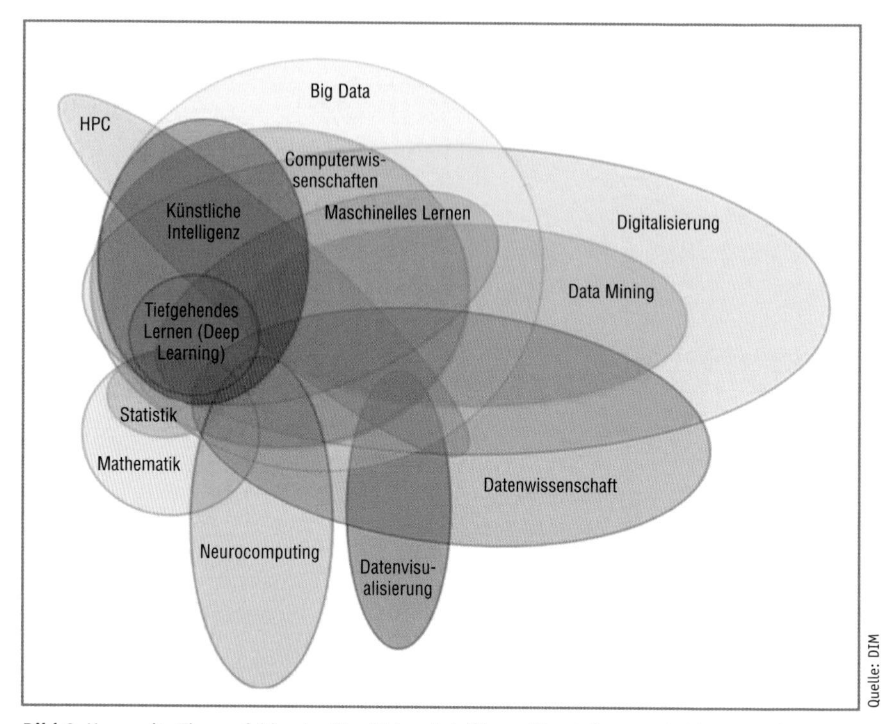

Bild 2: Verwandte Themenfelder der Künstlichen Intelligenz (Darstellung nach *Nisarg Dave*).

Turing-Test

Mithilfe des 1950 entwickelten Turing-Tests (**Bild 3**), nach dem Naturwissenschaftler *Alan Turing* benannt, lässt sich untersuchen, ob ein Computer wie ein Mensch denken und handeln kann und ob dessen Intelligenz mit der eines Menschen vergleichbar ist.

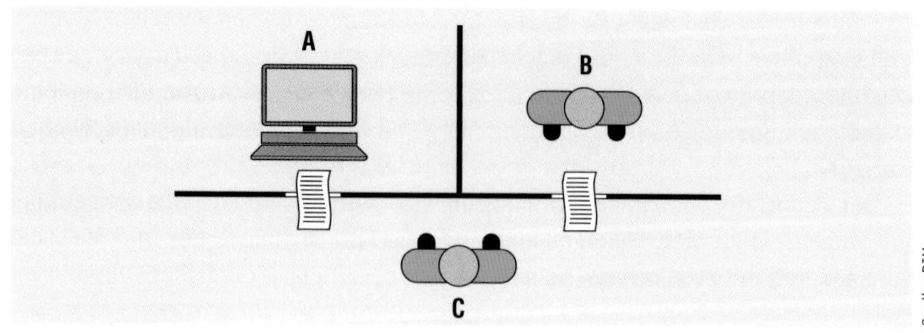

Bild 3: Der Turing-Test

Beim Turing-Test erfolgt die Kommunikation über eine Tastatur und ohne Hör- und Sehkontakt zwischen den Testteilnehmern. Die Testteilnehmer sind ein Computer (A) und zwei reale Personen (B und C). Hierbei versuchen nun der Computer A und eine Testperson B die Testperson C davon zu überzeugen, dass die Interaktion mit einem Menschen abläuft. Dies kann beispielsweise mithilfe eines Gesprächs oder eines Schachspiels erfolgen. Am Ende muss Testperson C mittels verschiedener Fragen entscheiden, welcher Testteilnehmer ein Mensch oder ein Computer ist. Der Test gilt zugunsten des Computers als bestanden, wenn Testperson C nicht mehr einwandfrei bestimmen kann, ob es sich anhand der vorliegenden Antworten um einen Menschen oder einen Computer handelt.

Heutzutage begegnet man diesem Test in veränderter Form täglich im Internet. Auf vielen Internetseiten wird man zur Überprüfung dazu aufgefordert, eine angezeigte Buchstaben- und Zahlenkombination abzuschreiben. Hierdurch soll bewiesen werden, dass hinter der Eingabe ein menschlicher Nutzer steht. Dieses Verfahren wird mit dem Wort CAPTCHA abgekürzt, welches für „completely automated public Turing test to tell computers and humans apart" steht. Bereits im Jahre 1996 gelang es IBM und deren Computer namens Deep Blue im Duell Mensch gegen Maschine den damaligen Schachweltmeister *Garri Kasparow* zu besiegen. Dieser Wettkampf sollte die immense Entwicklung der Künstlichen Intelligenz beweisen und war sowohl für Schachspieler als auch für Wissenschaftler und Forscher von Relevanz und Interesse. Momentan arbeitet Google an dem Sprachassistenten Duplex, welcher selbstständig Anrufe tätigt und Termine vereinbart. Diese können beispielsweise ein Ortstermin auf der Baustelle oder ein Besuch beim Kunden sein. Auch sonstige alltägliche organisatorische Aufgaben sind denkbar. Die Stimme des Assistenten lässt sich dabei nicht von einer menschlichen Stimme unterscheiden. Verschiedene Laute oder vorsätzlich eingebaute Denkpausen verstärken diesen Eindruck und sorgen für menschliche und natürliche Komponenten in der Künstlichen Intelligenz.

In welchen Bereichen kommt es bereits zur Anwendung von KI?

Die bereits erwähnten Schachcomputer dienten lange Zeit als Musterexemplar für eine angewandte KI. Doch der heutige Alltag bietet offensichtlichere Beispiele für den Einsatz von Künstlicher Intelligenz. Dazu zählen beispielsweise die Übersetzungsmaschine Google Translate, die ständig dazu lernt und mittlerweile in der Lage ist, korrekte Sätze wiederzugeben. Digitale Sprachassistenten wie Alexa, Siri oder Cortana, die die Sprachsuche anbieten oder online eingesetzte Chatbots, die die menschliche Kommunikation übernehmen und Kundenangelegenheiten betreuen.

Turing-Test: Kriterien

Welche Kriterien sind für die Durchführung erheblich und welche Bedingungen muss der Computer erfüllen? Der eingesetzte Computer sollte dazu in der Lage sein, eine natürliche Sprache (z. B. Deutsch oder Englisch) zu verwenden, um eine einwandfreie Kommunikation zu gewährleisten. Darüber hinaus ist die Wissensrepräsentation von Bedeutung, damit der Computer abspeichern kann, was er weiß oder hört. Daraus resultiert die automatische logische Schlussfolgerung: Der Computer nutzt die bereits gespeicherten Informationen, um die Fragen des Chatpartners zu beantworten und infolgedessen neue Schlüsse für weitere Handlungen zu ziehen. Das Maschinenlernen trägt dazu bei, dass sich der Computer an die neuen Gegebenheiten adaptiert und daraus neue Muster identifiziert, um in Zukunft darauf zurückzugreifen.

Wie bereits beschrieben, sollte die physische Nähe zum menschlichen Chatpartner ausgeschlossen werden, da die physische Simulation des Gegenübers bezogen auf die Intelligenz bei diesem Test nicht von Relevanz ist.

Der „totale Turing-Test“, welcher unter der Verwendung eines Videosignals bzw. einer Videoübertragung durchgeführt wird, umfasst hingegen zwei weitere Kriterien: die Computervision, die es dem Computer ermöglicht, Objekte wahrzunehmen, und die Robotik, um die besagten Objekte einschätzen und sowohl manipulieren als auch bewegen zu können.

Maschinelles Lernen

Das maschinelle Lernen bezeichnet man als Teilgebiet der Künstlichen Intelligenz. Dabei ist es einem Computer möglich, mithilfe von Algorithmen und Beispielen zu lernen. Die Maschine bezieht ihr Wissen aus Erfahrungen. Bei diesem Prozess eignet sich der Computer selbstständig Muster und Gesetzmäßigkeiten an und kann diese folglich für Problemlösungen einsetzen. Dies dient sowohl dem Zweck, Daten miteinander zu verknüpfen und Zusammenhänge zu erschließen als auch dazu, Vorhersagen und Entscheidungen zu treffen.

Um den stetig wachsenden und sich mehrenden Daten(mengen) heutzutage Herr zu werden, bietet sich das maschinelle Lernen an, da es präziser, schneller und automatisierter vonstattengeht. Unternehmen wird dadurch die Chance zuteil, genauere Ergebnisse und Erkenntnisse zu erhalten und zudem effizientere Analysemodelle anzufertigen und zu ihren Gunsten zu nutzen.

Aufgrund dieser Hilfe ist es beispielsweise möglich, Risiken zu minimieren oder gänzlich zu vermeiden, aber auch Potenziale auszuschöpfen und sich einen gewissen Vorsprung gegenüber den Wettbewerbern zu sichern.

Tiefgehendes Lernen

Das tiefgehende Lernen (Deep Learning) stellt eine spezielle Informationsverarbeitungsmethode dar, die das menschliche Lernen imitiert und dabei die menschlichen Gehirnfunktionen aufgreift. Dies geschieht mithilfe von künstlichen neuronalen Netzwerken, die sich der Computer durch das Nachahmen zu eigen macht und die es erlauben, große Datenmengen zu verarbeiten. Hierbei generiert eine Maschine Wissen aus Erfahrung. Die Maschine erhält Informationen, analysiert diese im Anschluss und zieht eine Schlussfolgerung daraus.

Der Computer ist bei diesem Prozess in der Lage, Dinge eigenständig zu erkennen und zu unterscheiden. Des Weiteren kommt diese Methode auch in der Sprachübersetzung oder beim Börsenhandel zum Einsatz. Weitere Anwendung findet sie beispielsweise in der heutzutage omnipräsenten Sprachassistenz (Siri, Alexa, Cortana etc.). Der Begriff „Deep" leitet sich von den verschiedenen Schichten (Eingabe-, Ausgabeschicht und Zwischenschichten) ab, die sich während des Prozesses anhäufen.

Zusammenfassend lässt sich feststellen, dass das tiefgehende Lernen die Algorithmen in Schichten anlegt, um mithilfe des konstruierten künstlichen neuronalen Netzwerks, den Computer zu befähigen, Dinge zu erlernen. Wie bereits erwähnt, wird das tiefgehende Lernen bei komplexeren und großen Datenmengen beinhaltenden Systemen verwendet. Dazu zählen z. B. Gesichts- und Spracherkennungssysteme.

Big Data

Der Begriff Big Data stammt aus dem Englischen und steht für eine große Datenmenge oder einen großen Datensatz. Dabei handelt es sich beispielsweise um Daten aus den Bereichen Internet, Finanzindustrie, Energiewirtschaft, Gesundheitswesen und Verkehr. Des Weiteren zählen Datenmengen aus neuen Quellen dazu, wie z. B. den sozialen Medien, Kredit- und Kundenkarten, Assistenzgeräten, Überwachungskameras und sogar Flug- als auch Fahrzeugdaten. Diese immensen Datenmengen werden aus den verschiedenen Bereichen gespeichert, verarbeitet und schließlich ausgewertet.

Seit Entstehung des Internets und in Verbindung mit dem Internet der Dinge (IoT) wächst die Anzahl der Geräte, die mit dem Internet vernetzt sind und damit Daten sammeln. Diese Daten geben unter anderem Aufschluss über Kunden(verhalten), Geräte und Produktleistungen. Die täglich entstehenden Datensätze gelten als die Währung der Zukunft. Infolgedessen können sich die Wirtschaft bzw. Unternehmen diese zunutze machen, indem sie mithilfe von Analysen Erkenntnisse über das Kaufverhalten ihrer Kunden gewinnen, Potenziale und Risiken erkennen oder auch Produktionsprozesse innerhalb des Unternehmens optimieren.

Allerdings steht Big Data auch im Zusammenhang mit Künstlicher Intelligenz. Die Künstliche Intelligenz gibt die notwendige Hilfestellung, um Datenmengen zu verwalten und aufzubereiten. Dies bedeutet konkret, dass ein KI-System eine effektivere Datenanalyse vornehmen kann, je größer die Datenmengen sind. Dadurch kann Künstliche Intelligenz neue Muster und Trends erfassen, die ohne ihre Zuhilfenahme nicht erkennbar und nicht einzuordnen wären. Big Data wird beispielsweise im Straßenverkehr der Zukunft eine große Rolle spielen, da das autonome Fahren riesige Datenmengen erzeugen wird.

Das Hauptaugenmerk wird darauf liegen, die Daten korrekt zu erfassen und wirkungsvoll zu analysieren. Es kommt in erster Linie nicht darauf an, wie viele Daten gesammelt werden, sondern darauf, wie sich der Umgang mit diesen gestaltet. Aus unternehmerischer Sicht geht es darum, mithilfe von Big Data Kosten zu senken, Produkte und Prozesse zu optimieren und zu entwickeln sowie in Zukunft richtige Entscheidungen zu treffen.

Die vier Arten der Künstlichen Intelligenz

Als omnipräsenter (allgegenwärtigerer) Oberbegriff beinhaltet die Künstliche Intelligenz die bereits zuvor erklärten Teilgebiete, wie z. B. maschinelles und tiefgehendes Lernen. Man differenziert zudem zwischen vier verschiedenen Typen.

Rein reaktive Künstliche Intelligenz

Die rein reaktive KI gilt als die elementarste Art von Künstlicher Intelligenz. Dabei ist der Computer, indem er sich der aktuellen Situation annimmt, dazu imstande, eine einzige Aufgabe zu erledigen. Es besteht keine Möglichkeit, auf vergangene Erfahrungswerte oder Erinnerungen zurückzugreifen und sich dieser zu bedienen, um gegenwärtige Entscheidungen und Handlungen zu steuern. Eine Vorstellung über das darüber hinaus gehende Welt- und Zeitgeschehen existiert nicht. Ein Beispiel für diese Art stellt der Schachcomputer Deep Blue dar.

Begrenzte Speicher

Eine weitere Art ist der begrenzte Speicher. Hier kann sich der Computer auf vergangene Daten beziehen und an das vorherige Wissen anknüpfen. Diese(s) kann er für (weitere) Entscheidungen verwenden, indem er das Gelernte mit der aktuellen Situation kombiniert. Unter Berücksichtigung seiner Erfahrungen lassen sich dementsprechend Urteile fällen und Handlungen ausführen.

Die bekanntesten Beispiele für diese Art von Künstlicher Intelligenz finden sich in der Anwendung autonomer Fahrsysteme wieder. Die selbstfahrenden Autos sind dazu in der Lage, Hindernisse, wie z. B. den Gegenverkehr oder Ampeln, zu erkennen und diese zu umfahren. Weitere allgegenwärtige Beispiele der Verwendung dieses Typus findet man in Smartphones vor: Die Google-Suche, der Google-Übersetzer oder auch Chatbots beinhalten diese Technik und stellen damit die am häufigsten verwendete Art von Künstlicher Intelligenz dar.

Theorie des Denkens

Die dritte und vierte Art stellen eine erweiterte Version der ersten beiden Arten dar und sind heutzutage noch nicht existent. Dabei handelt es sich um die Theorie des Denkens und das Selbstbewusstsein. Die Theorie des Denkens besagt, dass Maschinen ein eigenes Bewusstsein entwickeln und dadurch fähig sind, menschliche Emotionen wahrzunehmen und ihr Verhalten an die vorgegebene Situation anpassen zu können. Sie können Gefühle, Motivationen und Intentionen deuten und auf diese Weise mit Menschen interagieren. R2-D2 aus der Science-Fiction-Reihe „Star Wars“ und der Film „I, Robot“ stehen beispielhaft für diese Art der Künstlichen Intelligenz.

Selbstbewusstsein

Das Selbstbewusstsein stellt die vierte Art der Künstlichen Intelligenz dar und hat die Gleichstellung des Computers mit dem Menschen zum Inhalt. Diese zukünftige Generation von Computern besitzt dabei ein menschliches Bewusstsein, eine komplette Wahrnehmungsfähigkeit sowie menschliche Emotionen und Reaktionen und ist sich überdies des eigenen Zustandes bewusst und hochintelligent.

Methoden der Künstlichen Intelligenz

Die Methoden der Künstlichen Intelligenz lassen sich grob in die symbolische und die neuronale Künstliche Intelligenz bzw. in die Simulationsmethode und die phänomenologische Methode unterteilen.

Symbolische Künstliche Intelligenz

Die symbolische Künstliche Intelligenz ist auch als regelbasierte Künstliche Intelligenz bekannt und beruht auf der Idee, dass menschliche Intelligenz ohne Erfahrungswerte und allein über die logisch-begriffliche Ebene rekonstruiert werden kann (Top-down-Ansatz). Hierbei lernen Maschinen über Symbolmanipulation. Sie eignen sich die Erkennung abstrakter Symbole – wie zum Beispiel Schrift- und Lautsprache – mithilfe von bestimmten Algorithmen an. Die symbolische Künstliche Intelligenz bezieht ihre Informationen und Schlussfolgerungen aus sogenannten Expertensystemen. In diesen Systemen werden Informationen eingeordnet und anschließend Antworten nach dem logischen „Wenn-dann-Prinzip“ ausgegeben. Also ähnlich wie beim bekannten Programmierparadigma „Wenn X, dann Y, sonst Z".

Zu den Anwendungsgebieten der symbolischen Künstlichen Intelligenz gehören die Textverarbeitung sowie die Spracherkennung. Auf der Grundlage formalisierten Fachwissens können logische Schlussfolgerungen gezogen werden.

Die Problematik der symbolischen Künstlichen Intelligenz liegt darin, dass sie zu undynamisch ist und im Umgang mit unsicherem Wissen Schwierigkeiten aufweist – ganz egal, wie komplex ihr Expertensystem ist.

Neuronale Künstliche Intelligenz

Es dauerte einige Jahre bis die Forschung die Grenzen der Künstlichen Intelligenz überwinden konnte. Schließlich gelang ihr dieser Fortschritt durch die Entwicklung der selbstlernenden Systeme bzw. des maschinellen Lernens. Dieser Ansatz belebte die KI-Forschung aufs Neue und die neuronale Künstliche Intelligenz wurde ins Leben gerufen.

Die neuronale Künstliche Intelligenz hat zum Ziel, die Strukturen des menschlichen Gehirns möglichst präzise wiederzugeben. Sie ähnelt der Struktur des menschlichen Gehirns insofern, als dass das Wissen zunächst in winzige Funktionseinheiten unterteilt wird, welche sich dann zu immer größeren Gruppen vernetzen können (Bottom-up-Ansatz). Daraus entsteht ein vielschichtiges Netzwerk aus künstlichen Neuronen.

Durch diese Fähigkeiten entwickelt sich das neuronale Netzwerk immer weiter und lernt stetig dazu. Dies gelingt der neuronalen Künstlichen Intelligenz unter anderem mit dem Deep Learning.

Einsatzgebiete der Künstlichen Intelligenz

Künstliche Intelligenz spielt gegenwärtig bereits eine große Rolle (z. B. im Marketing) und ist für Unternehmen von immenser Bedeutung. Die Künstliche Intelligenz wird im digitalen Marketing vor allem verwendet, um Daten zu analysieren und diese auszuwerten. Neben den bereits angesprochenen Themen, wie z. B. digitale Sprachassistenten, Big Data und autonome Fahr- und Flugsysteme, gibt es im Marketing weitere Anwendungsfelder der Künstlichen Intelligenz. Mit den zunehmend auftretenden Chatbots, die mittels sozialer Medien eingesetzt werden, eröffnen sich neue Kommunikationswege für Unternehmen und Kunden.

Chatbots

In diversen Unternehmen setzen insbesondere die Bereiche Kundenservice und Support Chatbots (**Bild 4**) in den sozialen Medien und auf den eigenen Webseiten ein, um die Kundenwünsche und Anfragen zu bearbeiten und Mitarbeiter zu entlasten. Einfache Produktfragen über die Verfügbarkeit von Artikeln aus einem Onlineshop, Essensbestellungen, Wetterauskünfte oder Reiseinformationen können die Chatbots dank des maschinellen Lernens beantworten.

Beim Betrachten der Facebookseite eines Unternehmens öffnet sich das Chatfenster am unteren rechten Bildrand selbstständig und der Chatbot bietet dem Nutzer die Möglichkeit, eine eigene Nachricht zu verfassen oder zwischen zwei vorgefertigten Optionen („Kann ich mit jemandem chatten?" oder „Ich habe eine Frage. Kannst du helfen?") zu wählen, die dem Chatbot signalisieren, worauf das Anliegen hinauslaufen soll. Bei der individuellen Nachricht verfügt der Chatbot über die Fähigkeit, eigenständig bestimmte Signalwörter zu erfassen und darauf zu reagieren. Selbstlernende Algorithmen verbessern die Fähigkeiten des Chatbots ständig.

Eine weitere Form des Chatbots bietet die „tagesschau" an. Der Nachrichten-Bot „Novi" versendet aktuelle News mit Bildern und Grafiken und stellt es dem Nutzer frei, ob er durch direkte Nachfragen detailliertere Informationen zu einer Nachricht haben möchte oder weitere News ansehen will. Diese Art der Informationsverbreitung eröffnet neue Möglichkeiten für das Content Marketing und gewährt den Unternehmen präzisere Einblicke in das Nutzerverhalten und Nutzerinteresse.

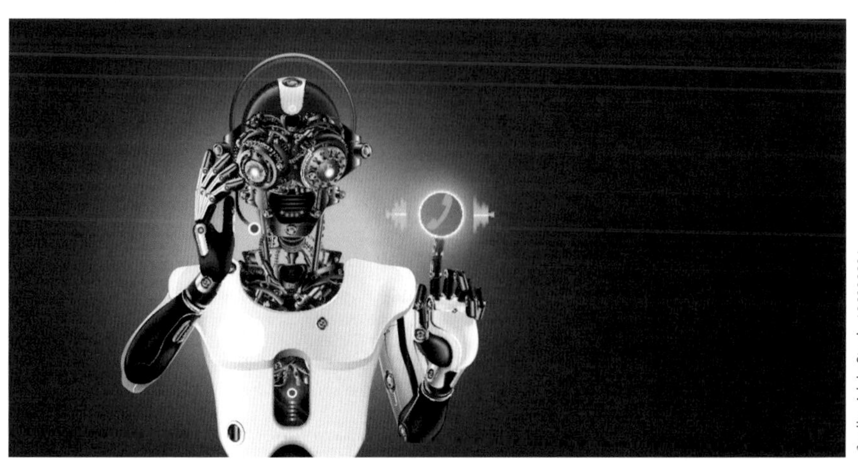

Quelle: AdobeStock_196338831

Bild 4: Der Chatbot ist ein textbasiertes Dialogsystem. Es erlaubt das Chatten in natürlicher Sprache mit technischen Systemen.

Zudem ist ein Chatbot ständig erreichbar. Die Verfügbarkeit für die Kunden besteht rund um die Uhr, womit eine direkte Rückmeldung entsprechend gewährleistet wird. Ein weiterer Vorteil besteht darin, dass Unternehmen die Mitarbeiter entlasten und sowohl Zeit als auch Geld einsparen können. Die vielseitigen Fähigkeiten des Chatbots ermöglichen es dem Nutzer, ab dem Zeitpunkt seiner Anfrage bis hin zu einer finalen Bestellung alle Schritte über diesen Kanal abzuwickeln, somit sinkt die Absprungrate und der Nutzer verweilt auf der Seite.

Obwohl es derzeit bereits ca. 300.000 aktive Chatbots im Facebook Messenger gibt, wird die Anzahl dieser weiter anwachsen und die Zukunft im Messenger Marketing darstellen.

Social Bots

Social Bots – auch Social Networking Bots genannt – können als eine Weiterentwicklung der Chat Bots angesehen werden, **Bild 5**. Die automatisierten Programme werden überwiegend für Social-Media-Kanäle genutzt, wo sie zahlreiche Aufgaben übernehmen und vielfältig auf den sozialen Plattformen interagieren können (Beiträge teilen, liken, kommentieren). Zudem können sie auch eigene Beiträge erstellen.

Weiterhin können Social Bots ein sehr realistisch wirkendes Profil – inklusive Fotos, Verlauf und Kontakten – aufweisen und dank der einprogrammierten Künstlichen Intelligenz sogar menschliche Verhaltensmuster simulieren. Sie sind damit imstande, anderen Nutzern zu folgen, sich an Diskussionen zu beteiligen und eigenständig in Interaktion zu treten.

Quelle: AdobeStock_212390858.

Bild 5: Dank der Künstlichen Intelligenz können Social Bots sogar menschliche Verhaltensmuster simulieren.

Social Bots analysieren zahlreiche Posts und Tweets und werden automatisch aktiv, wenn sie bestimmte Keywords oder Hashtags erkennen. Durch die Analyse unterschiedlichster Inhalte sind sie sogar in der Lage, sich Allgemeinwissen und Informationen zu aktuellen Ereignissen anzueignen.

Im Marketing können Social Bots insofern eingesetzt werden, als dass sie Produkte positiv bewerten, diese empfehlen und somit potenzielle Konsumenten bei ihrer Kaufentscheidung signifikant beeinflussen. Dies setzt natürlich voraus, dass die Bots über eine vorprogrammierte Meinung oder Einstellung verfügen.

Für eine Vielzahl von Unternehmen ist Social Media Marketing heutzutage unabkömmlich und genau deswegen sind Social Bots so interessant für ihre Arbeit. Im Vergleich zu realen Personen können Social Bots rund um die Uhr und ohne Unterbrechung Beiträge anderer Nutzer analysieren, teilen und kommentieren und eben auch eigene Beiträge verfassen. Außerdem kann ein Social Bot eine Aufgabe deutlich preiswerter erledigen als ein menschlicher Mitarbeiter.

Hyper Targeting

Mithilfe Künstlicher Intelligenz bietet das Hyper Targeting neue Wege der Personalisierung und der gezielten Kundenansprache. Was vor dem Zeitalter der Künstlichen Intelligenz mit großem Aufwand verbunden war, gestaltet sich nun durch den Einsatz Künstlicher Intelligenz einfacher. Große Datenmengen sind ohne die Zuhilfenahme von KI-Systemen nahezu unmöglich zu bewältigen. Diese Datenmengen umfassen beispielsweise die Interessen, Fragen, Probleme und Wünsche eines Nutzers oder sein Klickverhalten und tragen dazu bei, personalisierte Angebote und Werbeanzeigen zu erstellen, die den Nutzer tatsächlich erreichen und exklusiv an ihn adressiert sind. Diesem Prozess geht eine kontinuierliche und präzise Analyse der vorliegenden Daten voraus, um die Kundenbindung effektiv zu stärken. Die Analyse erfolgt, indem ein Algorithmus herangezogen wird, der die Nutzerdaten bündelt und analysiert. Der Algorithmus greift die Ergebnisse der Analysen auf und lernt anhand der Ergebnisse fortlaufend dazu.

Hierbei profitieren Kunde und Unternehmen gleichermaßen, denn der Kunde erhält auf ihn zugeschnittene und relevante Angebote und das Unternehmen kann aus dem Nutzerverhalten Rückschlüsse auf den Kunden und dessen Entscheidungsprozess ziehen. Zudem hilft das Hyper Targeting, Streuverluste zu vermeiden und gleichzeitig den maximalen Werbeeffekt zu bewirken, da die Botschaft den richtigen Nutzer erreicht.

Verhaltensbasierte Vorhersagen durch Künstliche Intelligenz

Die Fähigkeit, Kundenbedürfnisse zu identifizieren und zu verstehen, stellt für viele Unternehmen eine Herausforderung dar. Mithilfe der Künstlichen Intelligenz können Kundenbedürfnisse nicht nur identifiziert, sondern auch prognostiziert werden. Dabei basieren die Vorhersagen nicht mehr nur auf vagen Vermutungen, ihnen liegen datengesteuerte Einsichten zugrunde. Auf verschiedenen Online-Kanälen sowie Webseiten, Apps, etc. kann das bisherige Verhalten eines jeden Kunden analysiert werden, denn aus den gewonnenen Daten können Zusammenhänge zwischen Nutz- bzw. Kaufverhalten der Kunden untersucht werden. Daraus lassen sich wiederum Rückschlüsse auf das zukünftige Kaufverhalten ziehen.

Diese Einsatzmöglichkeit der Künstlichen Intelligenz basiert auf einem selbstlernenden System: Erfahrungen und Beispiele werden nach Beendigung der Lernphase verallgemeinert, woraus anschließend Wissen generiert wird. Durch zuverlässige Vorhersagen können Unternehmen die richtigen Maßnahmen zum richtigen Zeitpunkt anstoßen.

Ein Beispiel zum Thema verhaltensbasierte Vorhersagen zeigt Amazon, einer der weltweit größten Online-Händler. Schon während der Suche nach einem geeigneten Produkt werden dem Kunden Alternativprodukte angezeigt. Aber gerade das Cross-Selling, also das Verkaufen eines zweiten Produktes mit möglichem Zusatznutzen zum Erstkauf, wird bei Amazon deutlich. Dem Kunden werden während des gesamten Online-Kaufprozesses Produkte angezeigt, die mithilfe von Künstlicher Intelligenz als empfohlenes Zusatzprodukt analysiert wurden. Diese Empfehlung basiert zunächst auf den Erfahrungen aller vergangenen Käufe, mittlerweile spielt aber zusätzlich die individuelle Kaufhistorie eine entscheidende Rolle. Somit erhält jeder Kunde individuelle Produktempfehlungen. Auch der Streaming-Anbieter Netflix nutzt Künstliche Intelligenz zur spezifischen Kundenansprache. Algorithmen ermitteln, welcher Film- und Serientyp der Kunde ist und empfehlen auf dieser Basis weitere Inhalte. Üblicherweise werden die Empfehlungen mit Prozentwerten zur Übereinstimmung dargestellt. Das Empfehlungssystem dient der Kundenbindung, denn eine passende Empfehlung regt den Kunden zum weiteren Konsum an.

Optimierte Platzierungen von Werbeinhalten

Mithilfe der KI-Technologie ist es nun möglich, die Internetwerbung gezielt einzusetzen und die relevante Zielgruppe somit direkt zu erreichen. Dadurch werden die für den Content irrelevanten Werbeflächen nicht unnötig eingenommen. Die entsprechenden Algorithmen ermöglichen eine Beurteilung des Umfeldes im Hinblick auf die Eignung für Werbeinhalte. Abhängig von dieser Beurteilung kann die

Ausspielung der Werbung auf dieser Webseite unterbunden werden. Die methodische Vorgehensweise ist das A/B-Testing, durch das ermittelt wird, welche Version eine optimale Schaltfläche bietet. Der Unterschied zum Hyper Targeting liegt darin, dass es sich bei der Klassifizierung der Werbeinhalte nicht um den personalisierten Inhalt, sondern um die passende Schaltfläche der Werbeinhalte handelt.

Ob eine Werbefläche für den Content geeignet ist und der Betrachter die geschaltete Werbung anklickt, ist abhängig von verschiedenen Kriterien. Dabei geht es nicht nur um die Gestaltung und den Inhalt der Werbung, wesentlich bedeutsamer ist die Kombination aus Botschaft/Position der Werbung und der Motivation des jeweiligen Betrachters. Auf Webseiten, auf welchen Personen Informationen ausführlich prüfen, ist die Wahrscheinlichkeit relativ hoch, dass auch Werbeanzeigen, die detaillierte Angaben beinhalten, genauer betrachtet werden. Andererseits sollten Webseiten eher einfach gestaltete Werbungen anzeigen, wenn zu erwarten ist, dass Besucher die Informationen der Webseite lediglich überfliegen. Mithilfe der Künstlichen Intelligenz wird dieses Wissen basierend auf Erfahrungswerten automatisch umgesetzt und die Werbeinhalte werden entsprechend platziert.

Sentiment-Analyse

Die Sentiment-Analyse beschreibt die Auswertung unstrukturierter Daten. Bezogen auf das Marketing zählen zu den zu untersuchenden Daten hauptsächlich Kommentare, Beiträge oder Rezensionen im Internet bzw. in den relevanten Social-Media-Kanälen. Daher wird die Sentiment-Analyse im Marketing als Instrument des Social Media Monitorings bezeichnet. Die Sentiment-Analyse, auch Stimmungsanalyse genannt, liefert Erkenntnisse über den Ruf einer Marke sowie über Kritikpunkte einer Marke, eines Produktes oder einer Dienstleistung. Zudem liefert sie Ansätze für Verbesserungsmöglichkeiten des Kundenservices und Möglichkeiten der Optimierung von Marketingkampagnen.

Die Künstliche Intelligenz wird hier im Rahmen des maschinellen Lernens eingesetzt. Einer Software werden Beispieldaten geliefert, anhand welcher sie erkennen soll, ob es sich um positive oder negative Äußerungen handelt. Das erlangte Wissen ermöglicht der Software die Analyse ihr unbekannter Daten. Dabei wird die Tonalität eines gesamten Satzes und nicht nur einzelner Wörter analysiert. Dies stellt einen wichtigen Teil der maschinellen Sentiment-Analyse dar, denn so können komplexe Sprachmuster verstanden und grundlegende Formen von Sarkasmus und Ironie erfasst werden. Die Sentiment-Analyse beschränkt sich jedoch nicht nur auf Texte, sie analysiert zudem Videos, Bilder und Podcasts.

Methode der logischen Schlussfolgerung

Die Methode der logischen Schlussfolgerung, auch Inferenz genannt, kommt vor allem bei der Neukundenakquise zum Einsatz. Hierbei werden die Technologien der Künstlichen Intelligenz dazu verwendet, bereits vorhandene Kundendaten auszuwerten und daraus logische Schlussfolgerungen in Bezug auf die Identifizierung von potenziellen Neukunden zu ziehen.

Mithilfe dieser Methode können Unternehmen nicht nur definieren, welche Zielgruppe zu ihren potenziellen Neukunden gehört, sondern auch herausfinden, welche Investitionen sich lohnen. Sie können ihre Marketingkampagnen für die Neukundenakquise effizienter gestalten und gezielter einsetzen.

Ein erfolgreiches Praxisbeispiel hierfür liefert Foodora. Der Lieferdienst hat sein Marketingbudget parallel in verschiedene Kampagnen investiert. Zum einen lief eine Displaykampagne, welche die Kernzielgruppe ansprechen sollte, und zum anderen wurde eine Werbekampagne zur Neukundenakquirierung durchgeführt. Die zusätzliche Kampagne ließ sich – dank der Technologien der Künstlichen Intelligenz – so ausrichten, dass sie erfolgreich potenzielle Kundengruppen angesprochen hat. Foodora konnte in kürzester Zeit einen immensen Erfolg verzeichnen: über 3,7 Millionen Neukunden wurden mit der Marketingkampagne erreicht und der Kundenstamm dadurch langfristig ausgebaut.

Intelligente Preise

Dass Benzinpreise an Tankstellen je nach Tageszeit variieren oder Hotelpreise an Wochenenden und Feiertagen ansteigen, ist bereits bekannt. Mit Künstlicher Intelligenz ist es möglich, Preise nicht nur zeitbezogen, sondern individuell an den Konsumenten und seine Zahlungsbereitschaft anzupassen. Die intelligente Preisgestaltung findet im Online-Handel schon seit längerem basierend auf Big-Data-Analysen statt. Neben den unternehmensbezogenen Faktoren fließen dabei personenbezogene Faktoren in die Analyse mit ein. Bei den personenbezogenen Faktoren handelt es sich zum Beispiel um Muster im Kaufverhalten, die Art und Marke des Endgerätes, mit dem online gekauft wird, die Region oder Größe des Wohnortes. Aufgrund dieser Daten kann die Preisakzeptanz eines jeden Kunden analysiert und dem Kunden als Produktpreis angezeigt werden.

Auch im Offline-Handel kann die Datenanalyse der Kunden mithilfe Künstlicher Intelligenz stattfinden. Mit dem Einsatz von Electronic Shelf Labels (ESL) – digitalen Preisschildern – gelingt es dann, die Produktpreise im stationären Handel individualisiert zu gestalten. Dabei können Kundendaten, darunter Häufigkeit und Dauer des Produktkontaktes, gemessen sowie weiteres passendes Zubehör angezeigt oder personalisierte Gutscheine vergeben werden. Die digitalen Preisschilder werden hierfür mit NFC-Technologie (Near Field Communication, kontaktlose Datenübertragung mithilfe der Radio Frequenz Identification, kurz: RFID-Technologie) kombiniert, sodass eine kontaktlose Datenübertragung mit dem Smartphone stattfinden kann.

Autoren

Der Marketingunternehmer *Prof. Dr. Michael Bernecker* ist Geschäftsführer des Deutschen Instituts für Marketing in Köln. Der Marketingprofi forscht, berät und trainiert im Kompetenzfeld Marketing & Business Development. Seine Kernkompetenz wird geprägt durch sein umfangreiches Fachwissen gepaart mit einer konsequenten unternehmerischen Sichtweise und der Fähigkeit, auch komplette Sachverhalte zielgruppenadäquat zu kommunizieren. Sein unternehmerisches Profil hat er sich als Geschäftsführer und Vorstand verschiedener Marketingunternehmen angeeignet.

Als Professor für Marketing lehrt *Michael Bernecker* an der Hochschule Fresenius in Köln. Mehrere Buchveröffentlichungen, die mittlerweile als Standardwerke gelten, und Fachbeiträge stützen diese Kompetenz.

Bastian Foerster ist Projektleiter für Marktforschungs- und Marketingberatungsprojekte beim Deutschen Institut für Marketing in Köln.

Als Experte für Datenerhebungen und statistische Analysen zu Studienzwecken liefert er fundierte Informationen und filtert Erkenntnisse heraus, die als erfolgreiche Basis für marketing- und unternehmensrelevante Entscheidungen dienen. Seine praktischen Erfahrungen konnte Herr *Foerster* zudem im Rahmen mehrerer (Online-)Seminare vermitteln.

Unterbrechungsfreie Stromversorgung – Auswahl der richtigen Batterietechnologie für langlebige und sichere DC-USV-Systeme

Peter Behrends

Die Komplexität von Prozessen und Abläufen in der Industrie und Medizintechnik erfordert in zunehmendem Maße die ausfallsichere Verfügbarkeit von prozessrelevanten Systemen und Komponenten. Dies beginnt ganz elementar bei der unterbrechungsfreien Stromversorgung (USV) und dem damit verbundenen Schutz vor Stromausfällen, Flicker, Schwankungen oder Spannungseinbrüchen der 12-V- bzw. 24-V-DC-Stromversorgung.

Unabhängig davon, ob es sich bei den zu versorgenden Komponenten um Embedded-Industrie-PCs, IIoT-Gateways, Steuerungen, Motorantriebe, Sensorik oder Sicherheitstechnik handelt, beim Ausfall derartiger Komponenten beginnt in einer zunehmend vernetzten Welt – Stichwort Industrie 4.0 – eine Kaskade von Problemen und Risikofaktoren, die es unbedingt zu vermeiden gilt. Für diese Aufgabe kommen immer öfter dezentrale und kompakte DC-USV-Systeme zum Einsatz, die direkt an der Maschine oder sogar in die Systeme integriert werden (**Bild 1**).

Die Anforderungen an eine unterbrechungsfreie DC-Stromversorgung sind vielfältig und individuell. Nicht zuletzt soll eine derartige „Versicherung gegen Stromausfälle" möglichst kostengünstig, langlebig, flexibel und zuverlässig umgesetzt werden. Um diese Ziele optimal zu erreichen, bedarf es einer genauen Analyse der Applikation und detaillierter Kenntnisse der Vor- und Nachteile unterschiedlicher Batterietechnologien sowie einer gesamtheitlichen Betrachtung der TCO (Total Cost of Ownership).

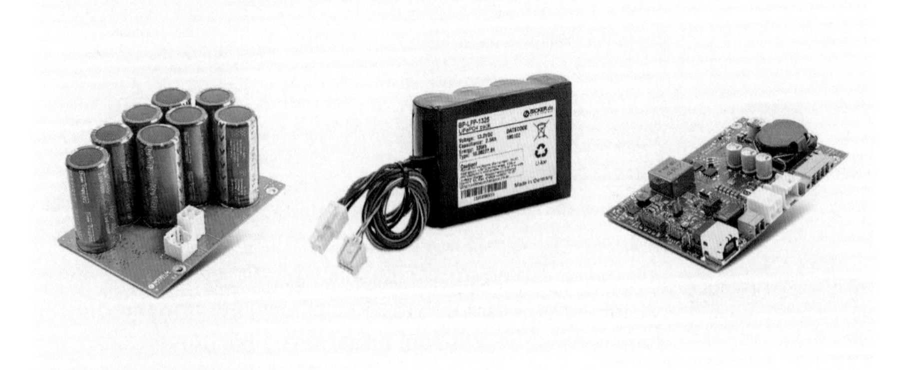

Bild 1: : Modulares DC-USV-System UPSI

Batterietechnologien für DC-USV-Systeme

Im Wesentlichen sind folgende Batterietechnologien für den Einsatz in derartigen DC-USV-Systemen relevant:

- Supercaps (Ultrakondensatoren),
- Lithium-Ionen-Batterien (insbesondere Lithium-Eisen-Phosphat $LiFePO_4$),
- Reinblei-Zinn-Batterien (Cyclon-Zellen),
- klassische Blei-Gel-Batterien.

In **Bild 2** sind die verschiedenen Technologien und deren Eigenschaften im direkten Vergleich dargestellt:

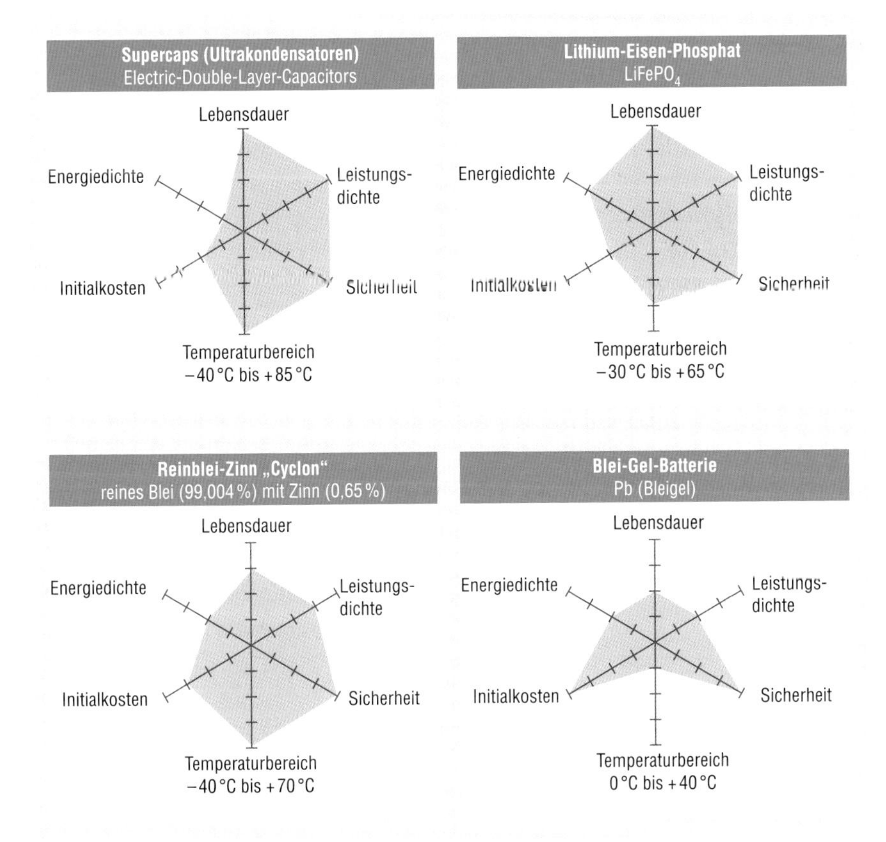

Bild 2: Vergleich der Eigenschaften auf Basis herstellerspezifischer Beispiele. Die jeweiligen Parameter werden von innen nach außen besser.

Dezentrale USV-Systeme mit umfangreichen Features

Große, zentrale USV-Systeme mit sehr vielen parallel und in Reihe geschalteten Akkuzellen für die Versorgung ganzer Gerätegruppen sind sehr wartungsintensiv und aufgrund der eingesetzten AC/DC-Eingangswandler und DC/AC-Ausgangswandler in der Regel wenig energieeffizient. Im Gegensatz dazu sind die hier dargestellten dezentralen DC-USV-Systeme kompakt ausgeführt und erreichen einen hohen Wirkungsgrad von bis zu 97 %.

Gerade im Bereich Industrie 4.0/IIoT mit seiner verteilten Systemarchitektur, aber auch bei autarken Systemen ist dieser dezentrale Ansatz unumgänglich. Viele kleinere DC-USV-Einheiten mit entsprechend langlebigen und wartungsfreien Energiespeichern nahe an den einzelnen Verbrauchern erhöhen zudem die Gesamtverfügbarkeit der Anlage und senken den Wartungsaufwand signifikant.

Intelligente DC-USV-Systeme verfügen über ein Echtzeit-Monitoring und können mittels integrierter Kommunikationsschnittstellen fernüberwacht und -gesteuert werden. Mithilfe der USV-Management-Software lassen sich Betriebsdaten übersichtlich visualisieren, Parameter anpassen und mögliche Alarm- und Hinweisroutinen definieren. Die individuelle Einbindung und Überwachung kann zudem anhand umfangreicher Befehlssätze auf Basis des Kommunikationsprotokolls umgesetzt werden. Bei PC-basierten Applikationen besteht darüber hinaus die Möglichkeit, das System bei längerer Absenz der Versorgungsspannung kontrolliert herunterzufahren und wichtige Betriebsdaten zu sichern. Zusätzlich verhindert die automatische Trennung des Batteriepacks, dass nach erfolgtem Shut-Down der Energiespeicher durch den Wandler weiter belastet wird und so in die Tiefenentladung gerät, welche bei einigen Batterie-Chemien äußerst negative Folgen im Hinblick auf die Lebensdauer hätte.

Die integrierte Reboot-Funktion leitet nach wiederkehrender Versorgungsspannung selbstständig den Neustart des PC-Systems ein, ohne dass eine aufwendige Vorort-Intervention eines Service-Mitarbeiters notwendig wäre, z. B. bei vollkommen autarken Rechnersystemen an unzugänglichen Standorten. Zusätzlich erlaubt es die Batterie-Start-Funktion, den (getrennten) Energiespeicher manuell zu aktivieren und so das System initial aus der Batterie heraus zu starten, um beispielsweise eine Diagnose durchzuführen.

Applikationsspezifische Dimensionierung der DC-USV

Zunächst sollte im Rahmen der Dimensionierung einer DC-USV hinterfragt werden, welche Systemkomponenten bei einem Stromausfall tatsächlich abgesichert werden müssen. Beispielsweise kann in einem Industrie-PC-System der Anteil des Energieverbrauches für ein integriertes Display bei rund 40 % liegen. Das heißt, wenn das Display bei einem Stromausfall nicht zwingend weiter betrieben werden muss, sondern lediglich die Rechnereinheit, lassen sich bis zu 40 % Batteriekapazität und somit Platz und Kosten einsparen.

Zur Berechnung der benötigten Batteriekapazität wird die definierte Leistungsaufnahme im USV-Betrieb mit der gewünschten Überbrückungszeit multipliziert. Je nach Applikation kann sich die geforderte Überbrückungszeit im Sekunden-, Minuten- oder Stundenbereich bewegen. Soll beispielsweise ein System mit einer mittleren Leistungsaufnahme von 100 W bei Stromausfall für 80 s überbrückt werden, benötigen wir eine Batteriekapazität von 8.000 Ws (Wattsekunden) bzw. 8.000 J (Joule). Bei längeren Überbrückungszeiten findet die Berechnung entsprechend in Wh statt. Die tatsächlich benötigte Batteriekapazität liegt jedoch höher als der rein rechnerisch ermittelte nominale Wert, da Wirkungsgradverluste und niedrigere Spannungen aufgrund von Temperaturänderungen berücksichtigt werden müssen, sowie die Tatsache, dass Batteriezellen in Abhängigkeit vom Entladestrom und der Temperatur unterschiedlich nutzbare Kapazitäten aufweisen und letztlich auch altern. Zudem kann die auf den Zellen angegebene Batteriekapazität nicht voll genutzt werden, da die Einhaltung der Grenzwerte für Überspannung (OV) und Unterspannung (UV) immer eine gewisse Restkapazität erfordert. Generell sollten auch immer Leistungsreserven eingeplant werden. Einige Stromversorgungshersteller setzen hierfür eigens programmierte Berechnungstabellen und -formeln ein, um all diese Parameter und entsprechende Sicherheitspuffer bei der Kapazitätsberechnung zu berücksichtigen.

Einfluss der Betriebstemperatur

Für die gezielte Auswahl einer passenden Batterietechnologie spielt die Platzierung und die damit verbundene Betriebstemperatur eine wichtige Rolle. Besteht die Möglichkeit, DC-USV und Energiespeicher von der heißen Maschinenumgebung zu separieren, so sind klassische Lithium-Ionen-Batterien eine gute Wahl, da sie aufgrund der hohen Energiedichte verhältnismäßig kostengünstig sind.

Muss der Energiespeicher nah an der Maschine oder in einer wärmeren Umgebung platziert werden und damit höhere Einsatztemperaturen verkraften, eignen sich Lithium-Eisenphosphat-Batterien ($LiFePO_4$) oder wartungsfreie Superkondensatoren (EDLC = Electric Double Layer Capacitor), kurz Supercaps, wesentlich besser.

Bei extrem niedrigen oder hohen Temperaturen und entsprechend großem Energiebedarf bieten sich schließlich Reinblei-Zinn-Zellen als besonders robuste und langlebige Energiespeicher an.

Generell gilt in diesem Zusammenhang die RGT-Regel (Reaktionsgeschwindigkeit-Temperatur-Regel), welche besagt, dass sich die Reaktionsgeschwindigkeit einer chemischen Reaktion bei einer Temperaturerhöhung um 10 K (Kelvin) mindestens verdoppelt. Übertragen auf elektronische Bauteile und Batteriezellen bedeutet dies vereinfacht formuliert, dass sich bei einer Temperaturerhöhung von 10 °C die Lebensdauer der Komponenten halbiert. Deshalb sollten der Analyse und Optimierung des Temperatur- und Wärmemanagements einer Applikation besonderes Augenmerk geschenkt werden.

Energie- und Leistungsdichte

Da sich die genannten Batterietechnologien neben dem Arbeitstemperaturbereich auch hinsichtlich des Gewichts, der Kosten, Zyklenanzahl, Lade-/Entladeströme, Sicherheit sowie Leistungs- und Energiedichte (siehe **Bild 3**) teilweise deutlich unterscheiden, gilt es, diese Aspekte genau gegeneinander abzuwägen. Dieser Prozess sollte im Rahmen einer professionellen Design-In-Beratung seitens des Stromversorgungsherstellers und bereits zu einem sehr frühen Zeitpunkt der Applikationsentwicklung stattfinden.

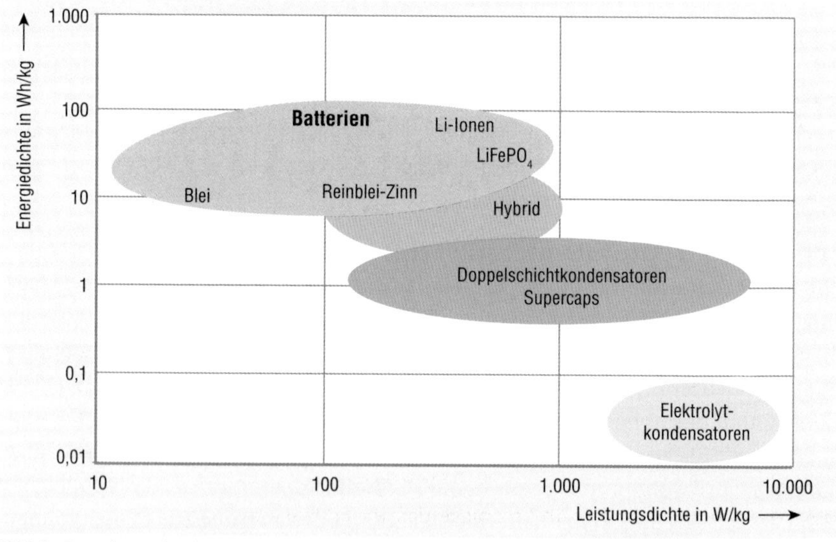

Bild 3: Energie- und Leistungsdichte verschiedener Energiespeicher im Vergleich

Steuerungs- und Ladetechnik von DC-USV-Systemen

Neben der reinen Batterietechnik spielt selbstverständlich auch die Steuerungs- und Ladeeinheit des DC-USV-Systems und deren funktionale Ausstattung eine entscheidende Rolle. Beim UPSI-System leitet die Steuerungseinheit der USV im Normalbetrieb die DC-Eingangsspannung direkt an den Ausgang weiter und lädt parallel den Energiespeicher. Gleichzeitig misst und überwacht das DC-USV-System alle relevanten Parameter, Ströme und Spannungen. Unterschreitet die Eingangsspannung den unteren Schwellwert aufgrund starker Spannungsschwankungen oder eines kompletten Stromausfalls, trennt ein MOSFET den Eingang ab und der DC-Ausgang bzw. die angeschlossene Last wird aus dem Energiespeicher heraus versorgt. Der Wechsel vom Netz- in den Backup-USV-Betrieb erfolgt innerhalb weniger Mikrosekunden.

Für den Lade- und Entladeprozess wurde beim UPSI-System ein bidirektionaler Wandler (Buck-Boost) als zentrales Element implementiert (**Bild 4**). Dadurch ist es möglich, Bauteile und Kosten einzusparen, sowie gleichzeitig einen sehr effizienten und sicheren Betrieb zu gewährleisten.

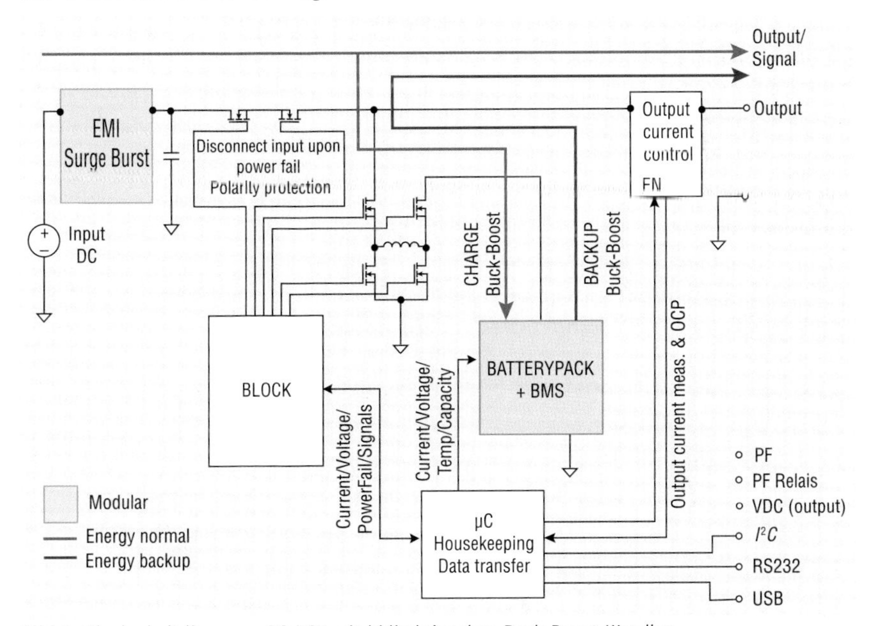

Bild 4: Blockschaltdiagramm DC-USV mit bidirektionalem Buck-Boost-Wandler

PowerSharing vermeidet Überdimensionierung der Stromversorgung

Im Normalbetrieb teilt das DC-USV-System die eingehende Leistung gleichmäßig zwischen der zu versorgenden Last und dem Lader des Energiespeichers auf, sodass die Eingangsleistung konstant gehalten werden kann. Beispielsweise besitzt die 24-V-DC-USV UPSI-2406 eine nominale Leistung von circa 140 W im Backup-

Betrieb. Die sehr leistungsstarke Ladeschaltung kann den Energiespeicher mit bis zu 4 A laden. Angenommen, die Applikation wäre für 120 W ausgelegt und der Lader würde gleichzeitig mit 4 A den Batteriepack laden, ergäbe sich ein Gesamtleistungsbedarf von ca. 216 W (120 W für den laufenden Betrieb plus 4 A · 24 V für die Ladung des Energiespeichers). Unter Berücksichtigung des Wirkungsgrades wird unter Umständen ein Netzteil der 300-W-Klasse am Eingang notwendig, um ein 120-W-System zu versorgen. Da dies weder energie- noch kosteneffizient wäre, drosselt die DC-USV den Ladestrom in Abhängigkeit von der Last und begrenzt somit die Leistung am Eingang. Eine Überdimensionierung des speisenden Netzteils lässt sich somit vermeiden, was wiederum Geld und Platz spart.

Flexibler Einsatz unterschiedlicher Batterietechnologien

Damit das UPSI-System flexibel mit verschiedenen Batteriechemien eingesetzt werden kann, sind drei Ladeverfahren mit individueller Anpassung der Ladeschlussspannung implementiert: Constant Current, Constant Voltage und Constant Power. Die Temperaturkurven der Batteriepacks überwacht das BMS (Batterie-Management-System). Jeder Energiespeicher verfügt über ein Batteriemanagement-IC, das via I^2C-Bus mit der USV-Steuerelektronik kommuniziert. Ein Mikrocontroller (µC) erkennt Art und Daten des Akkus und passt die Lade- und Entladeparameter an. Somit kann sich ein Kunde auch zu einem späteren Zeitpunkt für eine andere Batterietechnologie entscheiden. Durch die Hot-Swap-Funktion lässt sich der Energiespeicher sogar während des Betriebs wechseln.

Supercaps als wartungsfreie Energiespeicher für kurze und mittlere Überbrückungszeiten

Zur Absicherung von instabilen Versorgungsnetzen oder kurzzeitigen Stromausfällen bieten sich Energiespeicher mit absolut wartungsfreien Ultrakondensatoren an, auch bekannt als Superkondensatoren oder kurz Supercaps. Diese arbeiten nach dem Prinzip des Doppelschicht-Kondensators und weisen eine besonders hohe Leistungsdichte auf. Die realisierbaren Überbrückungszeiten bewegen sich bis in den Minutenbereich, je nach zu versorgender Last. PC-gestützte Systeme können bei einem sich abzeichnenden längeren Ausfall kontrolliert heruntergefahren, Aktoren in eine definierte Grundposition bewegt oder der aktuelle Prozessschritt in der Automation abgeschlossen werden, um nur einige Anwendungsbeispiele zu nennen.

Im Gegensatz zu Batterien, die Energie über den Umweg einer chemischen Reaktion speichern, basieren Supercaps auf elektrophysikalischen Prinzipien und sind innerhalb kürzester Zeit geladen und einsatzbereit, arbeiten in einem weiten

Betriebstemperaturbereich (–40 °C bis +85 °C) und überzeugen mit einer hohen Strombelastbarkeit, Leistungsdichte und Zuverlässigkeit. Aufgrund der hohen Zyklenfestigkeit (>500.000 Be- und Entladezyklen) haben Energiespeicher mit Doppelschicht-Kondensatoren eine besonders lange Lebensdauer. Für die versorgte Applikation bedeutet dies eine Erhöhung der langjährigen Verfügbarkeit bei gleichzeitiger Minimierung des Wartungsaufwandes. Auch nach dem Erreichen der EOL (End of Life) ist ein Doppelschicht-Kondensator nicht defekt, sondern weist lediglich eine vordefinierte Minderung der Kapazität und einen höheren ESR (Ersatzserienwiderstand) auf.

Doppelschicht-Kondensatoren – Hocheffiziente Energiespeicher

Prinzipiell bestehen Kondensatoren aus zwei Elektrodenflächen, die sich in geringem Abstand gegenüberstehen, und einem Dielektrikum als nichtleitende Isolationsschicht dazwischen. Schließt man die Elektroden an eine Spannungsquelle an, so werden diese – vereinfacht beschrieben – gegenpolig aufgeladen und erzeugen aufgrund des elektrischen Potentials zwischen den beiden Elektrodenflächen ein elektrisches Feld. Sind beide Elektrodenflächen vollständig positiv bzw. negativ geladen, kommt der Stromfluss zum Erliegen, d.h. der Kondensator ist geladen und speichert die elektrische Energie, sodass diese durch den Anschluss eines Verbraucherstromkreises wieder entnommen werden kann. Die Speicherkapazität oder kurz Kapazität *C* eines Kondensators hängt hierbei wesentlich von der Oberflächengröße der Elektroden und ihrem Abstand zueinander ab. Auch die Beschaffenheit des Dielektrikums fließt in Form der Dielektrizitätszahl in die Formel für die Kapazitätsberechnung eines Kondensators ein:

$$C\,[\mathrm{F}] = \varepsilon \cdot A/d$$

- C Kapazität
- ε Dielektrizitätszahl
- A Plattenfläche
- d Plattenabstand

Bei der Entwicklung von Doppelschicht-Kondensatoren bzw. Supercaps wurden diese Parameter an einigen Stellen entscheidend optimiert, sodass, im Vergleich zu Keramik-, Tantal- oder Elektrolytkondensatoren, auf wesentlich kleinerem Raum hohe Kapazitäten (bis zu mehreren tausend Farad) realisiert werden können: Zum einen bestehen die Elektroden aus Aktivkohle, also reinem Kohlenstoff mit einer besonders großen Oberfläche von bis zu 1.000 m^2/g. Zum anderen wurde das Dielektrikum durch einen elektrisch leitenden Elektrolyten und einen ionendurchlässigen Separator ersetzt.

Bild 5 zeigt den prinzipiellen Aufbau eines Doppelschicht-Kondensators. Beim Ladevorgang wandern die negativen Anionen durch den Separator hindurch zur positiven Elektrode, die positiven Kationen bewegen sich zur negativen Elektrode. An den beiden Grenzschichten zwischen Kohlenstoff-Elektroden und Elektrolyt bilden sich die nur wenige Molekülschichten dünnen Helmholtz-Doppelschichten. Durch den extrem kleinen Abstand entstehen elektrische Ladungsträger-Schichten mit besonders hoher Leistungsdichte, die sich wie zwei Kondensatoren gleicher Kapazität verhalten, welche über den Elektrolyten in Reihe miteinander verbunden sind. Die Kombination aus großer Elektrodenfläche und minimalen Abständen an den Grenzschichten macht den Doppelschicht-Kondensator letztlich zu einem Kapazitätsriesen mit kompakten Abmessungen.

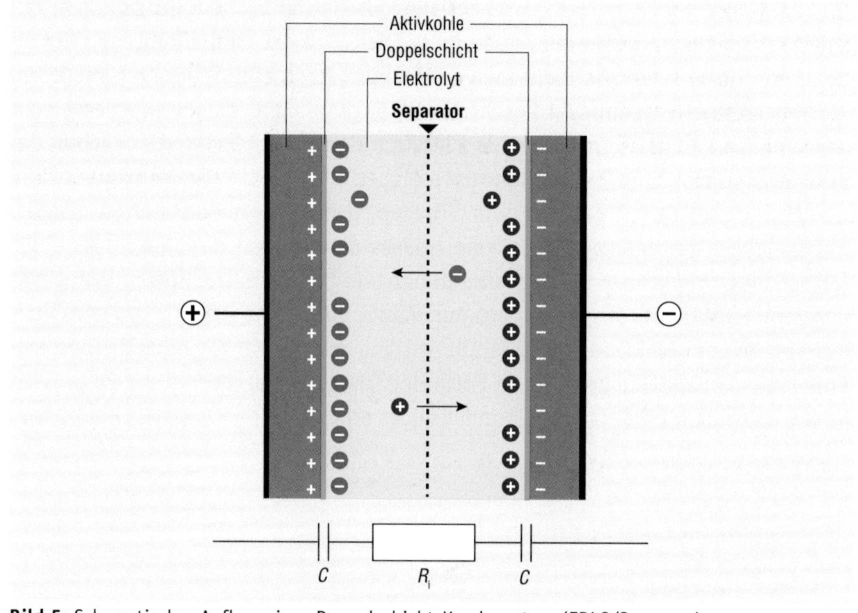

Bild 5: Schematischer Aufbau eines Doppelschicht-Kondensators (EDLC/Supercap)

Optimale Zellspannung verlängert Supercap-Lebensdauer

Obgleich die Temperaturfestigkeit und Lebensdauer von Doppelschicht-Kondensatoren im Vergleich zu anderen Energiespeichern besonders hoch sind, verändert sich im Laufe der Lebenszeit deren Kapazität (*C*) und Innenwiderstand (ESR Equivalent Serial Resistor). Das Ende der Lebensdauer eines Supercaps ist erreicht, wenn die Kapazität auf 70 % des ursprünglichen Wertes sinkt oder der Innenwiderstand sich verdoppelt. Hierbei hängt die effektive Lebensdauer entscheidend von der Umgebungstemperatur, der Zellspannung und den Lade-/Entladeströmen ab. Minus-Temperaturen bereiten den Supercaps – im Gegensatz zu Standard-Lithium-Ionen-Batterien – keine allzu großen Probleme, obgleich der Innenwiderstand bei niedrigen Temperaturen aufgrund der verminderten Ionenbeweglichkeit im Elektrolyten ansteigt, dies jedoch durch die resultierende Wärmeentwicklung im Supercap schnell wieder ausgeglichen wird. Hohe Temperaturen beeinflussen allerdings die Lebensdauer negativ.

Ein wichtiger Faktor ist daneben auch die gewählte Zellspannung. **Bild 6** zeigt den direkten Zusammenhang von Temperatur und Lebensdauer bei unterschiedlichen Zellspannungen eines Supercaps mit einer nominellen Zellspannung von je 3,0 V und einer Kapazität von 100 F. Für die Supercap-Energiespeicher-Module BP-SUC (Open-Frame) und BP-SUC-D (DIN-Rail) von Bicker Elektronik wurde beispielsweise eine ausgewogene Lösung mit einer reduzierten Zellspannung von 2,6 V (nominell 3,0 V) pro Supercap gewählt, um den langjährigen Betrieb im definierten Betriebstemperaturbereich von −30 °C bis +70 °C sicherzustellen.

Da die gespeicherte Energiemenge im Kondensator abhängig von der Zellspannung im Quadrat zu- oder abnimmt ($W = 0{,}5 \cdot C \cdot U^2$), galt es bei der Entwicklung

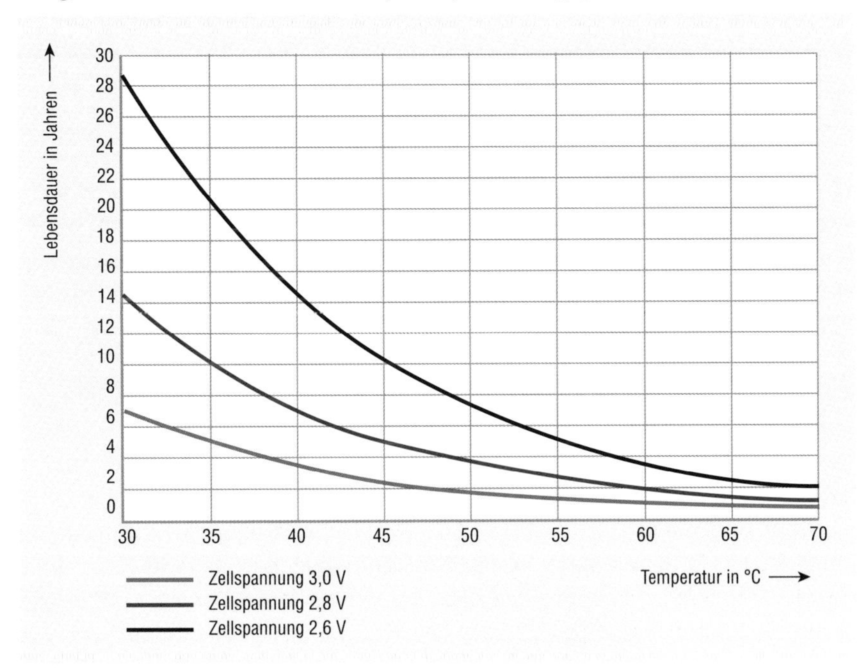

Bild 6: Zusammenhang von Temperatur und Lebensdauer bei unterschiedlichen Supercap-Zellspannungen

die Reduzierung der Zellspannung genau abzuwägen. Zumal sich die nutzbare Energiemenge aufgrund der Tatsache weiter reduziert, da die Supercaps in der Praxis nur bis zu einer minimalen Spannung U_{min} von ca. 1,0 V entladen werden.

Bereits beim Absinken der Kondensator-Nennspannung U_{max} auf die Hälfte ihres Wertes werden rund 75 % der gespeicherten Energie abgegeben. Es steht somit die effektive Energiemenge

$$W_{effektiv} = 0{,}5 \cdot C\,(U_{2max} - U_{2min})^2$$

für die Applikation zur Verfügung. Eine Tiefenentladung unterhalb von U_{min} ist somit technisch nicht sinnvoll, obgleich eine vollständige Entladung dem Supercaps keinen Schaden zufügen würde.

Komplett entladene Supercaps sind insbesondere für die längere Lagerung sowie den sicheren Transport vorteilhaft. Allerdings neigen Supercaps generell zu einer hohen Selbstentladung, was die Langzeitspeicherung von Energie wie in herkömmlichen Batterien unmöglich macht. Zudem erfordert die Reihenschaltung einzelner Supercaps zur Erhöhung der Nennspannung eines Energiespeichers zwingend ein sogenanntes Cell-Balancing für den Ladungsausgleich, da ansonsten aufgrund von produktionstechnisch bedingten Unterschieden in Kapazität und Innenwiderstand ein Ungleichgewicht beim Ladezustand der Supercaps entstehen könnte, welches zu Kapazitätseinbußen und der möglichen Überladung einzelner Kondensatoren führen kann.

Lithium-Ionen-Technologie ermöglicht längere Überbrückungszeiten

Obgleich die schnellen und leistungsfähigen Supercap-Energiespeicher beeindruckende Eigenschaften und Einsatzmöglichkeiten für die unterbrechungsfreie Stromversorgung bieten, lassen sich längere Überbrückungszeiten und die Absicherung von Anwendungen mit erhöhtem Energiebedarf mit Doppelschicht-Kondensatoren meist nicht mehr wirtschaftlich sinnvoll umsetzen, da dies nur mit großen Batteriepack-Volumen und hohen Kosten zu lösen wäre. Hier kommen Energiespeicher auf Blei- oder Lithium-Basis mit hoher Kapazität zum Einsatz, die je nach Leistungsbedarf Überbrückungszeiten bis zu mehreren Stunden ermöglichen. Als Nachfolger der herkömmlichen Blei-Schwefelsäure-Batteriechemie haben sich nicht nur bei portablen elektrischen Geräten und in der Elektromobilität moderne Lithium-Ionen-Batterien durchgesetzt. Zwar sind diese in der Anschaffung teurer als klassische Blei-Gel-Batterien, jedoch lassen sich mit Lithium-Ionen-Technologie besonders hohe Energiedichten mit einer Platz- und Gewichtseinsparung von bis zu 75 % realisieren. Lithium ist das leichteste Metall des Periodensystems und besitzt gleichzeitig ideale elektrochemische Eigenschaften für die Realisierung hoher spezifischer Energiedichten (Wh/kg). Ebenfalls vielfach größer als bei Blei-Gel-Batterien ist die Anzahl der Ladezyklen, die realisierbare Entladetiefe DoD (Depth of Discharge) sowie die Lebensdauer. Neben zahlreichen weiteren Materialkombinationen haben sich unter anderem drei Kathodenmaterialien für Energiespeicher etabliert (**Bild 7**). Die verschiedenen Kathodenmaterialen entsprechender Lithium-Ionen-Batteriezellen bedingen neben unterschiedlichen Nennspannungen eine Vielzahl weiterer Eigenschaften.

Aufbau und Funktionsweise von Lithium-Ionen-Zellen

Eine Lithium-Ionen-Zelle (**Bild 8**) besteht, vereinfacht gesagt, aus einer Kathode und einer Anode umgeben von einer extrem reinen und wasserfreien Elektrolyt-Flüssigkeit, welche für den optimalen Transport der Lithium-Ionen verantwortlich ist (bei einem festen Elektrolyt spricht man von Lithium-Polymer-Batterien).

Die Anode besteht aktuell meist aus Kohlenstoff (C) in Form von Graphit zur Einlagerung der Lithium-Ionen aus dem Aktivmaterial der Kathode. Der mikroporöse Separator, welcher nur für die Lithium-Ionen durchlässig ist, trennt die Kathode (mit Aluminiumelektrode) elektrisch von der Anode (mit Kupferelektrode). Die beiden Elektroden werden beim Ladevorgang über eine Spannungsquelle verbunden, welche einen externen

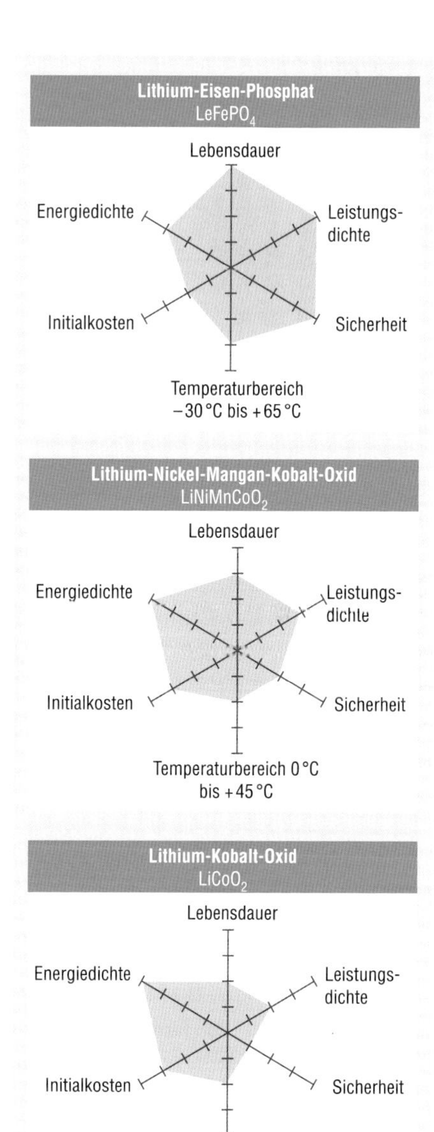

Bild 7: Vergleich der Eigenschaften auf Basis herstellerspezifischer Beispiele. Die jeweiligen Parameter werden von innen nach außen besser.

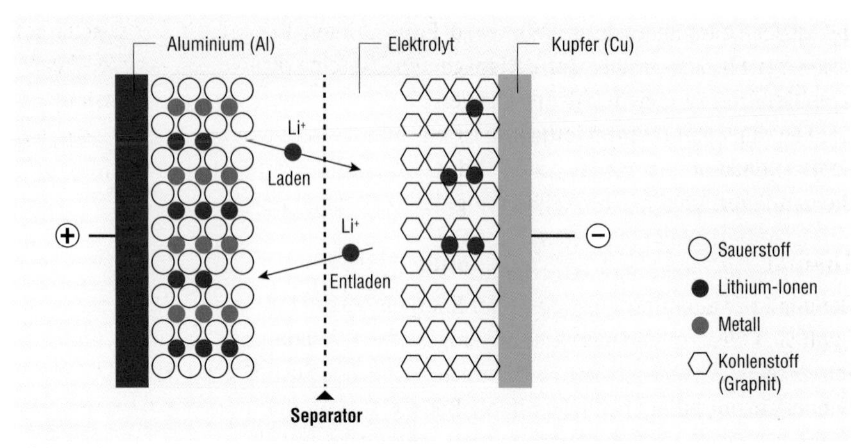

Bild 8: Schematischer Aufbau einer Lithium-Ionen-Zelle (stark vereinfacht)

Elektronenfluss von der Kathode zur Anode in Gang setzt. Durch die Entfernung von Elektronen aus den Kathodenmaterial-Verbindungen beginnen sich die Lithium-Atome in der Kathode zu ionisieren. Die positiv geladenen Lithium-Ionen (Li^+) lösen sich aus dem Verbund des Kathodenmaterials und diffundieren nun durch den Separator zur negativen Anode, verbinden sich mit den Elektronen wieder zu neutralen Lithium-Atomen und lagern sich in der molekularen Graphit-Schichtstruktur der Anode ein ($LiC_6 \longleftrightarrow C_6 + Li^+ + e^-$).

Beim Entladevorgang über einen angeschlossenen Verbraucher findet der Prozess der Elektronen- und Lithium-Ionen-Bewegung in umgekehrter Richtung statt und die durch den Ladevorgang aufgenommene Energie wird über den Entladestrom an den Verbraucher abgegeben.

Zyklenlebensdauer von Lithium-Ionen-Batterien

Bei jedem Vollzyklus (Laden/Entladen) ist die Lithium-Ionen-Zelle chemischen, thermischen und mechanischen Belastungen (Ausdehnung) unterworfen, die eine Alterung der Zelle verursachen. Insbesondere das Laden mit hohen Strömen (Schnellladung) sowie bei tiefen Temperaturen kann zu Lithium-Plating an der Anode führen. Hierbei lagern sich die Lithium-Ionen nicht wie vorgesehen in die Graphit-Schichtstruktur der Anode ein, sondern werden an der Oberfläche der Graphitanode metallisch abgeschieden und führen so zu erheblichen Leistungseinbußen oder gar Kurzschlüssen innerhalb der Zelle.

Hohe Ladeschlussspannungen führen ebenfalls zu einer starken Wärmeentwicklung, Ausdehnung und Belastung der Lithium-Ionen-Zelle – ebenso eine Überladung. Auf den Energiespeicher optimierte Lade- und Entladeprofile mit angepassten Ladeschlussspannungen und Entladetiefen DoD (Depth of Discharge) sowie der Einsatz eines Batterie-Management-Systems (BMS) schonen die Materialien der Lithium-Ionen-Zelle und sorgen für eine lange Lebensdauer. Hinsichtlich der Lagerung von Lithium-Ionen-Batterien sollten diese trotz der äußerst geringen Selbstentladung regelmäßig nachgeladen werden, um eine Tiefenentladung und die damit verbundene Destabilisierung der Zellchemie zu vermeiden.

Thermal Runaway bei Lithium-Ionen-Zellen

Bei der Auswahl eines Lithium-Ionen-Energiespeichers für DC-USV-Systeme empfiehlt sich ein genauer Blick auf das eingesetzte Kathodenmaterial, denn Lithium-Ionen-Technologie sorgt insbesondere in sicherheitstechnischer Hinsicht immer wieder für negative Schlagzeilen mit Bildern von brennenden Elektroautos oder schmelzenden Mobiltelefonen (**Bild 9**). Die hohe erzielbare Energiedichte aufgrund der elektrochemischen Vorteile von Lithium birgt u. a. auch ein erhöhtes Brandrisiko, weshalb Lithium-Ionen-Batterien besonderen Transport- und Luftfrachtbestimmungen unterliegen.

Gerade bei Zellen mit chemisch und thermisch instabilem Kathodenmaterial wie Lithium-Kobalt-Oxid (LCO) oder Lithium-Nickel-Mangan-Kobalt-Oxid (NMC) können starke Wärmeentwicklungen bei Überladung, interne oder externe Kurzschlüsse, mechanische Beschädigungen, produktionsbedingte Verunreinigungen oder starke äußere Hitzeeinwirkungen eine zellinterne exothermische chemische Reaktion auslösen. Die freiwerdende Wärmeenergie erhöht die Reaktionsgeschwindigkeit der Zellchemie und lässt die zellinterne Temperatur weiter ansteigen. Dieser sich selbstbeschleunigende Prozess kann bei Überschreitung einer spezifischen Temperaturgrenze nicht mehr gestoppt werden. Diese Temperatur-

Bild 9: Schwerwiegende Folgen eines Thermal Runaway: Mobiltelefon und Batterie sind komplett zerstört

grenze ist abhängig von der eingesetzten Zell-Chemie und beträgt beispielsweise 150 °C bei Lithium-Kobalt-Oxid (LCO). Es kommt zum Thermal Runaway (thermisches Durchgehen), was letztlich zum Brand oder zur Explosion der Zelle führen kann. Da der im Kathodenmaterial gebundene Sauerstoff in einem solchen Fall freigesetzt wird, ist ein derartiger Brand nur sehr schwer zu löschen.

Deshalb müssen Lithium-Ionen-Energiespeicher mit Schutzschaltungen gegen Übertemperatur (OTP), Überstrom (OCP), Überspannung (OVP) und Kurzschluss (SCP) ausgestattet sein sowie die direkte Einwirkung von Hitze und mechanische Beschädigungen der Zellen verhindert werden.

Lithium-Eisen-Phosphat ($LiFePO_4$) – die sichere und langlebige Lithium-Ionen-Technologie

Mit Lithium-Eisen-Phosphat ($LiFePO_4$) steht für das Kathodenmaterial eine wesentlich stabilere chemische Verbindung mit erhöhter Sicherheit zur Verfügung. Im Falle einer Überladung ist die entstehende Wärmeenergie wesentlich geringer und selbst beim „Nageltest" (interner Kurzschluss der Zelle durch Eindringen eines metallischen Körpers) ist ein thermisches Durchgehen der Zelle nahezu ausgeschlossen, da Lithium-Eisen-Phosphat im Fehlerfall nur wenig bis gar keinen Sauerstoff abgibt und die spezifische Temperatur für einen Thermal Runaway mit 270 °C wesentlich höher liegt als bei anderen Kathodenmaterialien.

Insgesamt sind $LiFePO_4$-Zellen wesentlich unempfindlicher gegenüber Hitze und selbst der Einsatz bei Minus-Temperaturen ist möglich. Der Temperaturbereich handelsüblicher $LiFePO_4$-Zellen erstreckt sich hierbei von −30 °C bis +65 °C. Wobei der Arbeitstemperaturbereich für die $LiFePO_4$-Batteriepacks BP-LFP/BP-LFP-D von Bicker Elektronik bewusst auf −20 °C bis +55 °C spezifiziert wurde: Einerseits ist bei extremen Minustemperaturen keine praktikable Ladung der Zellen mehr möglich. Andererseits erreichen die Zellen innerhalb eines Batteriepacks im Normalbetrieb bei einer Umgebungstemperatur von +55 °C aufgrund der Eigenerwärmung bereits eine Zelltemperatur von +65 °C (und würden somit bei höheren Umgebungstemperaturen überlastet) – ein wichtiges Detail, welches man beim Produktvergleich von verschiedenen Zell- und Batteriepacks hinsichtlich der Temperaturangaben berücksichtigen sollte.

Ausgestattet mit einem Hochleistungs-Batterie-Management-System (BMS) sind $LiFePO_4$-Energiespeicher sowohl als geschrumpfte Batteriepacks BP-LFP (**Bild 10**), als auch in einer robusten DIN-Rail-Gehäusevariante BP-LFP-D bei Bicker Elektronik verfügbar.

Aufgrund der etwas niedrigeren Zellspannung von 3,2 V ist die Energiedichte von $LiFePO_4$-Zellen zwar nicht ganz so hoch wie bei NMC/LCO-Zellen, jedoch

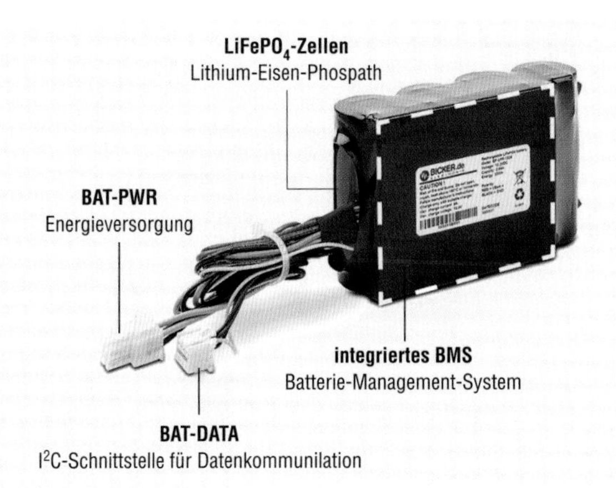

Bild 10: $LiFePO_4$-Batteripack BP-LFP von Bicker Elektronik mit integriertem BMS

wird dieser vermeintliche Nachteil bereits nach kurzer Einsatzdauer durch eine rund zehnfach höhere Zyklenfestigkeit (> 3.000 Lade- und Entladezyklen bei 80 % der Anfangskapazität) mehr als ausgeglichen. NMC/LCO-Zellen altern zyklisch wesentlich schneller und weisen bereits nach ca. 300 Zyklen nur noch 80 % der Anfangskapazität auf. Dahingehend relativieren sich auch die etwas höheren Initialkosten beim Einsatz von Lithium-Eisen-Phosphat.

Darüber hinaus verfügen Lithium-Eisenphosphat-Energiespeicher im direkten Vergleich zu anderen Lithium-Ionen-Batterien über eine höhere Leistungsdichte, die hohe Lade- und Entladeströme sowie eine erhöhte Impulsbelastbarkeit ermöglicht.

Nicht zuletzt leistet die $LiFePO_4$-Batterietechnologie durch den Verzicht auf giftige Schwermetalle wie Nickel oder dem seltenen Rohstoff Kobalt einen aktiven Beitrag zum Schutz von Mensch und Umwelt bei. All diese Vorteile prädestinieren Lithium-Eisen-Phosphat-Batteriezellen als sichere und besonders langlebige Energiespeicher für DC-USV-Systeme.

Batterie-Management-System (BMS)

Wie bereits erwähnt, benötigen gerade Lithium-Ionen-Energiespeicher hinsichtlich der Optimierung von Lebensdauer und Sicherheit zwingend ein Batterie-Management-System (BMS), welches entweder extern oder als integraler Bestandteil des Energiespeichers umgesetzt werden kann. Das BMS überwacht und steuert den kompletten Lade- und Entladevorgang jeder Batteriezelle des Energiespeichers (**Bild 11**). Zu den Aufgaben des BMS zählen:

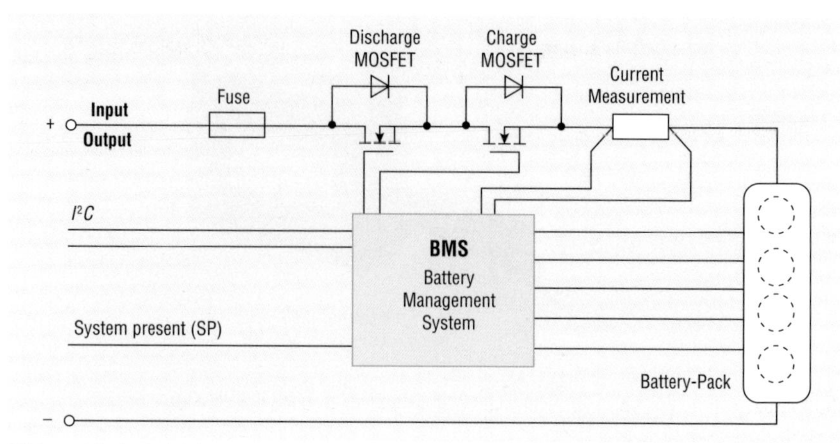

Bild 11: Blockschaltbild Battery Management System (BMS) mit Batteriepack

- Batterietyp-Authentifizierung zur automatischen Einstellung der passenden Ladeschlussspannung (BMS übermittelt Batterie-ID an UPSI-Steuereinheit),
- Ladezustandsanzeige und SOC-Überwachung (State of Charge),
- Überwachung der Zellspannungen,
- Stromfluss-Überwachung,
- Battery-Health- und Zyklen-Monitoring,
- Temperaturüberwachung des Batteriepacks mit Abschaltung bei Über-/ Untertemperatur,
- Schutz vor Über-/Unterspannung an den Zellen, Überstrom und Tiefen-entladung,
- Trennung des Hauptstrompfades bei Kurzschluss.

Eine weitere Kernaufgabe des BMS (Batterie-Management-System) ist das Cell-Balancing. Innerhalb eines Energiespeichers werden zur Erhöhung der Nennspannung mehrere Einzelzellen in Reihe geschaltet. Aufgrund von Fertigungstoleranzen und unterschiedlich starker Alterung der Zellen unterscheiden sich diese in Kapazität und Innenwiderstand. Die Leistungsfähigkeit und Gesamtkapazität des Lithium-Ionen-Batteriepacks richtet sich in diesem Fall nach der „schwächsten" Zelle im Verbund, da diese beim Ladevorgang als erste den Spannungsgrenzwert für die Ladebegrenzung erreicht und somit die vollständige Aufladung der restlichen Zellen verhindert (**Bild 12**). Dies beeinflusst Lebensdauer, Zyklenanzahl und Kapazität des Energiespeichers negativ und kann letztlich sogar die Beschädigung des Batteriepacks hervorrufen.

Das Cell-Balancing (aktiv oder passiv) gleicht diese Unterschiede zwischen den einzelnen Verbund-Batteriezellen durch eine entsprechende Beschaltung aus und

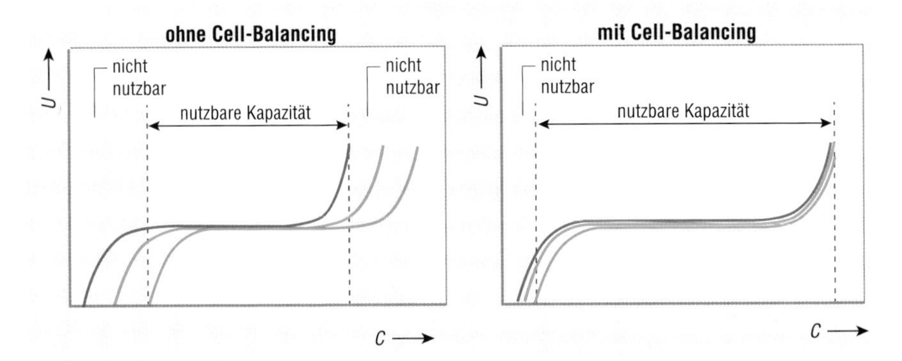

Bild 12: Das Cell-Balancing gleicht die Ladekurven einzelner Zellen an, sodass die maximale Kapazität des Batteriepacks erreicht wird.

sorgt für eine ausgewogene und gleichmäßige Ladung aller Zellen, sodass die volle Kapazität des Lithium-Ionen-Batteriepacks nutzbar bleibt und keine kritischen Extremsituationen an einzelnen Zellen entstehen. Durch das übergeordnete Cell-Balancing kann die Lebensdauer des Batteriepacks entscheidend verlängert werden.

Zusatzfunktionen von BMS und Energiespeicher

Beim modularen DC-USV-System UPSI und den zugehörigen Energiespeichern integriert Bicker Elektronik zwei spezielle Features für zusätzliche Sicherheit und höhere Lebensdauer der Batteriepacks: den Batterie-Relax-Modus und die System-Present-Funktion.

Batterie-Relax-Modus verlängert Lebensdauer von Lithium-Ionen-Batterien

Mit dem Batterie-Relax-Modus greift Bicker Elektronik die Problematik auf, dass in vielen DC-USV-Systemen der Batteriepack oft über sehr lange Zeit (ggf. über Monate) auf Ladeschlussspannung am Lader betrieben wird, um die volle USV-Bereitschaft jederzeit zu gewährleisten. Wenn jedoch Lithium-Ionen-Zellen über derart lange Zeiträume unter ständiger Belastung im Ladeschluss-Zustand bleiben, nimmt die Lebensdauer der Zellen nach einigen Monaten stark ab. Zur Schonung der Zellen ist es daher notwendig, dass nach einer definierten Zeit der Lade-MOSFET bei Ladeschluss deaktiviert wird. Der Entlade-MOSFET bleibt weiterhin aktiv, sodass eine Entladung jederzeit möglich ist. Bei detektierter Entladung (USV-Betrieb nach Stromausfall) wird der zuvor deaktivierte Lade-MOSFET wieder unmittelbar zugeschaltet, sodass der Stromfluss über die Body-Diode nur wenige Mikrosekunden andauert und der Lader in den regulären Betriebsmodus zurückkehrt. Die

Schonung des Batteriepacks durch den Relax-Modus resultiert in einer deutlich verlängerten Lebensdauer und somit einer erhöhten Systemverfügbarkeit.

Bei der System-Present-Funktion bleibt der Ausgang des Batteriepacks solange deaktiviert (Ausgangsspannung = 0 V) bis dieser mit der DC-USV-Einheit verbunden und freigeschaltet wird. Da die Bauteile auf der BMS-Platine im Standby-Betrieb laufen, erhöht diese Stromsparfunktion die Lagerfähigkeit des (geladenen) Batteriepacks.

Reinblei-Zinn-Batterien für extreme Umgebungsbedingungen

Für den Einsatz von DC-USV-Systemen in Umgebungen mit permanent hohen bzw. niedrigen Temperaturen im Bereich zwischen –40 °C und +70 °C und hohen Entladeströmen bieten sich Reinblei-Zinn-Batteriezellen, wie die „Hawker Cyclon", als Energiespeicher an.

Im Gegensatz zur herkömmlichen Bleibatterie verwenden die extrem robust aufgebauten Zellen gewickelte, dünne Elektroden-Gitter aus reinem Blei (99,004 %) mit einer Zinn-Legierung (0,65 %). Die optimierten elektrochemischen Prozesse in den ventilgeregelten Cyclon-Zellen (VRLA) ermöglichen die hohe Temperaturbeständigkeit und eine besonders lange Lebensdauer.

Die konstruktive Gebrauchsdauer wird unter Erhaltungsladebedingung mit bis zu 15 Jahren bei 20 °C spezifiziert. Klassische Blei-Gel-Batterien haben unter gleichen Bedingungen eine wesentliche kürzere Lebensdauer von max. drei bis fünf Jahren bei 20 °C. Bei Anwendung der bereits beschriebenen RGT-Regel wird deutlich, dass beispielsweise bei einer Betriebstemperatur von +60 °C eine Standard-Blei-Gel-Batterie bereits nach ca. drei Monaten das Lebensende (EOL End-Of-Life) erreicht hätte und ausgetauscht werden müsste.

Die Reinblei-Zinn-Batterien sind besonders stoß- und vibrationsresistent und können in jeder Lage eingebaut, geladen und entladen werden. Ein komplexes BMS-System wie für Lithium-Ionen-Batterien ist nicht notwendig. Jedoch ist die korrekte und temperaturgeführte Ladung derartiger Zellen anspruchsvoll und erfordert eine optimal abgestimmte U-I-Kennlinie. Ebenfalls sind Gewicht und Volumen im Vergleich zu Lithium-Ionen-Batterien wesentlich größer.

Integrierte DC-USV-Kompaktlösungen

Neben Chemie und Aufbau einzelner Supercaps und Batteriezellen (zylindrisch, prismatisch oder als Pouch-Zelle) spielt für die konkrete Umsetzung in einer Applikation die Auswahl der Bauform des kompletten DC-USV-Systems, bestehend aus Energiespeicher, Steuerungs- und Ladeeinheit, ebenfalls eine wichtige Rolle. Abhängig von Laststrom, Überbrückungszeit, Platzangebot und Temperaturbereich resultiert zunächst die Kapazität und Technologie des Energiespeichers.

Für die Implementierung bieten sich entweder besonders kompakte Bauformen, welche alle Komponenten auf einem Modul vereinen, oder modular aufgebaute DC-USV-Systeme an. Beispielsweise kann das Supercap-DC-USV-Modul der UPSIC-Serie (**Bild 13**) mit einer Grundfläche von nur 135 mm x 79,5 mm direkt in kompakte Robotik- und Automatisierungssysteme zur Absicherung einzelner Aktoren oder Sensoren integriert werden oder Low-Power-Embedded-Computersysteme absichern. Zusätzlich steht noch eine erweiterte Version UPSIC-D im DIN-Rail-Gehäuse zur Verfügung.

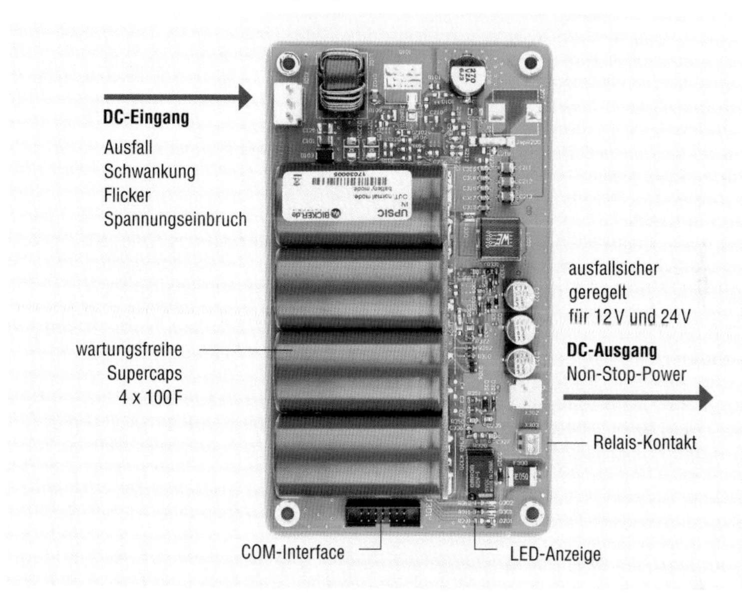

Bild 13: Kompaktes DC-USV-Modul als Open-Frame-Version

Modulare DC-USV-Systeme für maximale Flexibilität

Bei größerem Energiebedarf, z. B. in der Steuerungs-, Sicherheits- und Regeltechnik, bieten sich modulare und flexible DC-USV-Systeme mit separaten Energiespeichern an. Diese können bei Bedarf zu einem späteren Zeitpunkt gegen Energiespeicher höherer Kapazität oder mit alternativer Batterietechnologie ausgetauscht werden. Für die Anwendung der genannten DC-USV-Lösungen innerhalb von Schaltschränken bieten einige Hersteller neben voll integrierbaren Open-Frame-Versionen auch besonders robuste und geschlossene DIN-Rail-Versionen der Energiespeicher mit Aluminiumgehäuse und Schnell-Montage-Halterung für die Hutschiene an (**Bild 14**).

Bild 14: : DC-USV-Systeme UPSI-D im DIN-Rail-Gehäuse mit Energiespeichern BP-SUP-D (Supercaps) und BP-LFP-D (LiFePO4)

Fazit

In Anbetracht der höchst unterschiedlichen Anforderungsprofile an eine unterbrechungsfreie DC-Stromversorgung sollte bei der Auswahl eines DC-USV-Systems zunächst immer die individuelle Design-In-Beratung und applikationsspezifische Konzeption gemeinsam mit dem Stromversorgungshersteller an oberster Stelle stehen. Eine flexibel einsetzbare Steuerungs- und Ladeelektronik vorausgesetzt, ist ein passender Energiespeicher hinsichtlich Zuverlässigkeit, Sicherheit, Lebensdauer, Leistungsfähigkeit und Kosten unter Berücksichtigung der dargestellten Faktoren zu definieren.

Bei der Beurteilung der Investitionskosten sollte insbesondere die Betrachtung der TCO (Total-Cost-Of-Ownership) über die gesamte Nutzungsdauer eines industriellen oder medizintechnischen Systems im Mittelpunkt stehen. Vermeintlich günstige Batterietechnologien können sich wie dargestellt unter bestimmten Anwendungsbedingungen bereits nach kurzer Einsatzdauer durch hohen Wartungsaufwand oder gar frühzeitigen Ausfall als Mehrkosten- und Unsicherheitsfaktor entpuppen. Hingegen kann ein durchdachtes und bedarfsgerechtes Konzept hinsichtlich der tatsächlich abzusichernden Komponenten die Gesamtkosten für das DC-USV-System deutlich senken, ohne das Risiko zu erhöhen.

Darüber hinaus verlängert die Investition in ein effektives Wärmemanagement nicht nur die Lebensdauer des Energiespeichers, sondern aller elektronischen Komponenten eines Endgerätes. In Kombination mit besonders zyklenfesten Energiespeichern auf Basis von wartungsfreien Supercaps oder sicheren Lithium-Eisenphosphat-Batteriezellen mit Hochleistungs-BMS erhalten Systementwickler eine sichere, langlebige und kosteneffiziente Absicherung gegen Ausfälle und Schwankungen der Stromversorgung.

Hinsichtlich der verfügbaren Batterietechnologien wird man in den nächsten Jahren, nicht zuletzt getrieben durch die rasante Entwicklung der Elektromobilität, vielversprechende Weiter- und Neuwicklungen sehen, die letztlich auch für Energiespeicher in DC-USV-Systemen hochinteressant sein können. Gerade in der Lithium-Ionen-Technologie versprechen neue Anodenmaterialien wie Silizium und weiterentwickelte Zellbauformen enorme Fortschritte hinsichtlich Leistungsfähigkeit und Sicherheit.

Hersteller von DC-USV-Systemen werden mit Ihren Entwicklungsingenieuren diese Entwicklungen genau beobachten und entsprechende Komponenten für den Einsatz in neuen Energiespeichern prüfen und qualifizieren, um so für jedes Anforderungsprofil die passende Lösung liefern zu können.

Hinweis zu den Formeln, Tabellen und Schaltzeichen

An dieser Stelle fanden Sie bis zur Ausgabe 2012 Formeln und Tabellen mit nachstehendem Inhalt:

Formeln

- Mechanische Grundbegriffe
- Basiseinheiten und internationales Einheitensystem
- Vorsätze für dezimale Vielfache und Teile von Einheiten
- Griechisches Alphabet
- Grundlagen der Mathematik
- Winkelfunktionen
- Dezibeltafel für Spannungsverhältnisse
- Logarithmus
- Formelsammlung Elektro

Tabellen und Schaltzeichen

- Auswahl und Klassifizierung von Elektroinstallationsrohren
- Schlitze und Aussparungen in tragenden Wänden
- Ausstattung von Wohngebäuden mit elektrischen Anlagen
- Kennzeichnung von Leuchten
- Anordnung und Bedeutung des IP-Codes
- Umstellung der Pg-Kabelverschraubungen auf metrische Betriebsmittel
- Betriebsmittelkennzeichnung Alt-Neu
- Schaltzeichen für Installationspläne
- Schaltzeichen für Schutz- und Sicherungseinrichtungen
- Schaltzeichen für elektrische Maschinen und Anlasser

Aus Platzgründen haben Herausgeber und Verlag diese Teile herausgenommen und für Sie online gestellt. Auf diese Weise wurde Raum für viele interessante Themen geschaffen.

Damit Ihnen als Leser des Jahrbuches diese Inhalte nicht verloren gehen, können Sie die Inhalte zu den Themen „Formeln, Tabellen und Schaltzeichen" auf unserer Website kostenfrei abrufen.

Der Zugang erfolgt unter:
www.elektro.net/downloads-jahrbuecher-2020
Passwort: Jbet2020

© shutterstock_622249568–Production Perig

Messen und Veranstaltungen 2019/2020

(Stand August 2019. Alle Angaben ohne Gewähr)

November 2019

12.11. bis 15.11.2019
Productronica – Messe für Entwicklung und Fertigung von Elektronik
München

26.11. bis 28.11.2019
SPS/IPC/Drives – Internationale Fachmesse und Kongress für elektrische Automatisierung
Nürnberg

Januar 2020

21.01. bis 23.01.2020
Fachschulung für Gebäudetechnik
Rostock

Februar 2020

11.02. bis 13.02.2020
E-World Energy & Water – Fachmesse und Kongress
Essen

18.02. bis 21.02.2020
bautec – Internationale Fachmesse für Bauen und Gebäudetechnik
Berlin

März 2020

06.03.2020
Haus 2020 – Baumesse mit Fachausstellung Energie
Dresden

08.03. bis 13.03.2020
Light & Building – Weltleitmesse für Architektur und Technik
Frankfurt am Main

17.03. bis 19.03.2020
EMV – Internationale Fachmesse und Kongress für Elektromagnetische Verträglichkeit
Köln

April 2020

20.04. bis 24.04.2020
Hannover Messe Industrie – Internationale Industriemesse
Hannover

Mai 2020

12.05. bis 14.05.2020
Anga Com – Fachmesse für Kabel, Breitband und Satellit
Köln

Juni 2020

17.06. bis 18.06.2020
Servparc (ehem. InservFM) – Messe, Kongress und Networking-Event für Facility Management, Industrieservice und IT-Lösungen
Frankfurt am Main

17.06. bis 19.06.2020
Intersolar – Internationale Fachmesse und Kongress für Solartechnik
München

September 2020

09.2020, genauer Termin noch nicht bekannt
IFA – Internationale Funkausstellung
Berlin

22.09. bis 25.09.2020
Security – Weltmarkt für Sicherheits- und Brandschutztechnik
Essen

Oktober 2020

13.10. bis 15.10.2020
Chillventa – Internationale Fachmesse für Kältetechnik, Raumluft, Wärmepumpen
Nürnberg

November 2020

03.11. bis 05.11.2020
Belektro – Fachmesse für Elektrotechnik, Elektronik, Licht
Berlin

10.11. bis 13.11.2020
electronica – Messe für Komponenten, Systeme und Anwendungen in der Elektronik
München

19.11. bis 21.11.2020
GET Nord – Fachmesse für Elektro, Sanitär, Heizung und Klima
Hamburg

Stichwortverzeichnis

E

F

G

H

Notizen

Notizen

Notizen

Notizen